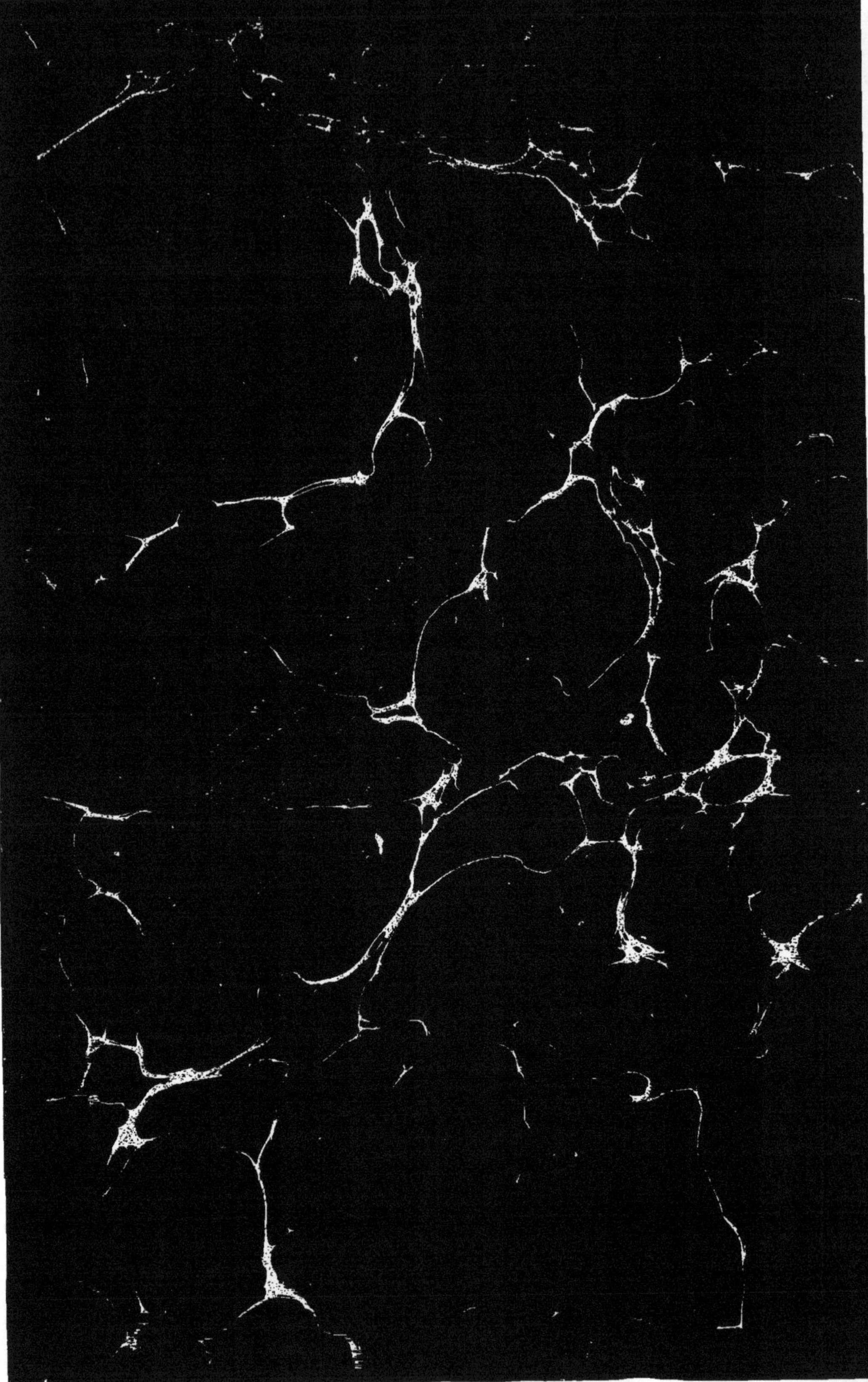

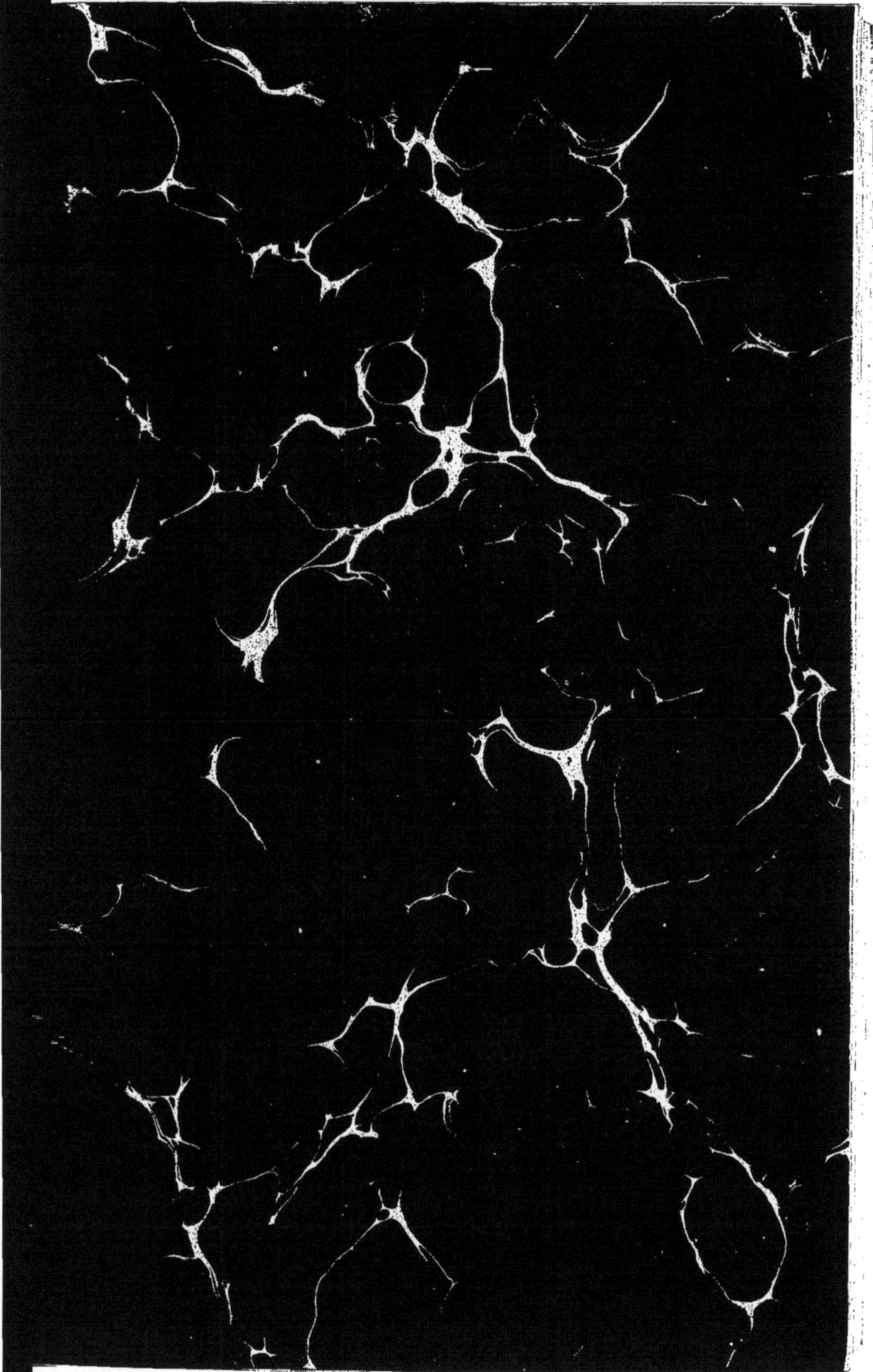

SYNOPSIS DES

DIATOMÉES DE BELGIQUE.

OUVRAGES DU MÊME AUTEUR :

Le microscope, sa construction, son maniement et son application à l'anatomie végétale et aux Diatomées par le Dr Henri Van Heurck. — 3e édition, Bruxelles, 1878 in-8, avec 12 planches et 170 figures dans le texte . . . . . . fr. 10 »

Antwerpsche analytische Flora, door Henri Van Heurck en J.-I. De Beucker ; Antwerpen, 1ste deel, 1861 . . . . fr. 3 »

Prodrôme de la Flore du Brabant, par Henri Van Heurck et Alfred Wesmael ; in-8, 1862 . . . . fr. 1 25

Flore médicale Belge, par le Dr Henri Van Heurck et le Dr Victor Guibert ; un volume in-8° de 450 pages. Louvain, 1865 . . . . fr. 4 »

Herbier des plantes rares ou critiques de Belgique. Huit fascicules sont publiés. Prix du fascicule . . . . fr. 10 »

Notice sur un nouvel objectif à immersion construit par E. Hartnack, suivi de recherches sur le *Navicula affinis* ; in-8° de 8 pages avec planches. . . . . fr. 1 »

Notice sur une prolification axillaire floripare du Papaver setigerum D. C. ; in-8° avec planches. . . . . fr. 1 »

De la fécondation dans l'Hyacinthus orientalis et le Narcissus Jonquilla ; in-8° avec planche . . . . fr. » 50

Notice sur les collections botaniques de M. Henri Van Heurck, par M. Arthur Martinis, conservateur de ces collections . . . . fr. 1 »

Observationes botanicæ et descriptiones plantarum novarum herbarii Vanheurckiani. — Recueil d'observations botaniques et de descriptions de plantes nouvelles publié par le Dr Henri Van Heurck, avec la collaboration du Dr J. Müller et de MM. C. de Candolle, Crépin, Spring, etc. ; texte latin-français. Deux fascicules sont publiés. Prix du fascicule . . . . fr. 3 50

Du Boldo. Anvers, 1873. . . . . fr. » 50

Du Jaborandi. Anvers, 1875 . . . . fr. » 50

Notice sur les nouveaux objectifs de MM. Ross & Co, de MM. Powell et Lealand et de M. Hasert, Anvers, 1876 . . . . fr. 1 »

Notions succinctes sur l'origine et l'emploi des drogues simples de toutes les régions du globe. Bruxelles, 1876. Grand in-8 de 260 pages . . . . fr. 3 50

SYNOPSIS

DES

DIATOMÉES

DE BELGIQUE

PAR LE

Dr HENRI VAN HEURCK,

CHEVALIER DE L'ORDRE ROYAL DE LA COURONNE D'ITALIE,
DIRECTEUR DU JARDIN BOTANIQUE D'ANVERS ET PROFESSEUR DE BOTANIQUE PURE ET MEDICO-COMMERCIALE
AU MÊME ÉTABLISSEMENT,
PROFESSEUR DE CHIMIE A L'ÉCOLE INDUSTRIELLE, PRÉSIDENT DE LA SOCIÉTÉ PHYTOLOGIQUE
ET MICROGRAPHIQUE DE BELGIQUE;
VICE-PRÉSIDENT DU KRUIDKUNDIG GENOOTSCHAP ET DE LA SOCIÉTÉ BELGE DE MICROSCOPIE,
MEMBRE CORRESPONDANT DE L'ACADÉMIE DES SCIENCES DE NEW-YORK,
DE L'ACADÉMIE ROYALE DES SCIENCES DE BARCELONE, DE L'ACADÉMIE IMPÉRIALE LÉOPOLDINE DES CURIEUX
DE LA NATURE, ETC., ETC.

ATLAS.

ANVERS.
ÉDITÉ PAR L'AUTEUR.

1880-1881.

IMPRIMERIE J. DUCAJU & Cie A ANVERS.

INTRODUCTION.

L'Atlas contient les figures de toutes les formes de Diatomées jusqu'ici trouvées en Belgique, de même que de celles dont la présence dans les pays circonvoisins fait présumer l'existence dans notre pays. Un certain nombre de formes étrangères à la Belgique, soit nouvelles, soit importantes par suite de la liaison qu'elles démontrent entre des formes qui de prime abord paraissent constituer des espèces distinctes, ont aussi été dessinées.

Quelques groupes ont été traités un peu monographiquement, par exemple les Navicules radiosées, minutissimées et sériantées ; les Gomphonémées, les Synédrées, les Nitzschiées etc.

Dans le même cas se trouvent aussi essentiellement les Schizonémées dont le chaos jusqu'ici inextricable est débrouillé sur les planches XV et XVI qui représentent les types de presque tous les Schizonema que l'on connait à présent.

Les Schizonémées ont été étudiées par M. Grunow sur un nombre énorme d'échantillons dont une grande partie, qui contient beaucoup d'espèces authentiques appartient à l'auteur de ce Synopsis et avait été rassemblée avec beaucoup de peines et de frais par feu le D^r. Eulenstein qui se proposait de publier une monographie de ce groupe. Pour les autres parties de l'Atlas l'auteur a pu également utiliser les matériaux les plus complets ; son Musée botanique renferme les types originaux des principaux Diatomographes :

Kützing, de Brébisson, Walker-Arnott, Eulenstein, etc. etc. Toutes les déterminations de l'auteur ont été revues par M. A. Grunow.

Toutes les figures de l'Atlas ont été dessinées avec la plus grande exactitude, au moyen des objectifs les plus parfaits qui existent actuellement. Elles ont été ou dessinées par l'auteur ou sous ses yeux, et retouchées par lui ou par M. Grunow, qui a dessiné complètement les planches des groupes les plus ardus. Les dessins ont été faits à un grossissement de 900 diamètres pour les formes faciles et de 1500 diamètres pour les formes les plus difficiles. Ces dessins ont été réduits d'un tiers à l'aide de l'héliographie.

Graces au soin apporté aux dessins, à l'excellence des objectifs employés et au choix de l'héliographie pour la reproduction des dessins on peut dire qu'il ne restera plus de doutes sur les espèces figurées.

On ne peut malheureusement pas en dire autant pour la plupart des dessins de Diatomées publiés depuis un demi-siècle. Une grande partie de ces dessins sont des énigmes plus ou moins insolubles, même avec l'aide des échantillons authentiques et ce, par ce que les auteurs étaient incapables de reconnaître beaucoup de leurs propres espèces avec les objectifs trop imparfaits des temps passés.

Tous les dessins qui ont été faits par M. Grunow sont marqués par un astérisque (*).

L'auteur exprime ici toute sa reconnaissance à cet éminent diatomographe pour l'amitié qu'il lui a témoignée et le désintéressement dont il a fait preuve en l'assistant aussi complètement dans ce long et pénible travail.

Il adresse également ici tous ses remerciements à une de ses élèves les plus distinguées, Me L. S. qui l'a également aidée dans ce travail en dessinant d'après nature, avec une extrême minutie, bon nombre des types les plus compliqués de la 3e partie (Crypto-raphidées).

Les noms qui sont donnés dans les légendes des planches, par M. Grunow, sont, généralement d'après la comparaison scrupuleuse des types authentiques, les noms originaux qui appartiennent aux formes figurées, mais n'engagent pas l'auteur quant aux types spécifiques auxquels il se propose de rapporter ces formes dans le texte de l'ouvrage.

PLANCHE I.

AMPHORA.

1. A. OVALIS KUTZING.*
2. A. AFFINIS KG. (*A. abbreviata Bleisch*, *A. libyca Ehrg partim*, = *A. ovalis var ?*)
3. A. GRACILIS EHR ? FORMA PARVA (= *A. ovalis var ?*)
4-5. A. PEDICULUS KG. FORMA MAJOR (peut également bien porter le nom de *A. affinis forma minor*.)*
6-7. A. PEDICULUS (KG.) GRUN. (*Cymbella Pediculus Kg*, *Amphora minutissima W. Sm*).*
8. A. PEDICULUS VAR. MINOR GRUN.*
9-10. A. PEDICULUS VAR. EXILIS GRUN.*
11. A. GLOBULOSA SCHUM. VAR. PERPUSILLA GRUN.*
12. A. HUMICOLA GRUN.*
13. A. LINEOLATA EHR. (NEC KG) FORMA MINOR.*
14. A. COMMUTATA GRUN. (*A. affinis W. Sm nec Kg*).
15. A. LAEVISSIMA GREGORY.*
16. A. MARINA W. SM.*
17. A. VENETA KG ! (*A. quadricostata Rabenh.*)*
18. A. ACUTIUSCULA KG.*
19. A. SALINA W. SM. (*A. lineolata Kg nec Ehrb.* = *A. Coffeaeformis var ?*) *
20. A. BOREALIS KG. (*A. salina forma minor ?*)
21. A. ANGULOSA GREG. VAR. HYBRIDA GRUN.*
22. A. LYRATA GREG. (intimement lié à l'*A. angulosa*).*
23. A. LINEOLATA EHR (*A. plicata Greg*)*
24. A. QUADRATA BRÉB.*
25. A. OSTREARIA BRÉB.*
26. A. OCELLATA DONK. FORMA MINOR.

A.B. *A. Ovalis Kg.* contenu et coupe idéale du frustule.*

C. Développement des *Amphora* d'après M. H. L. Smith.

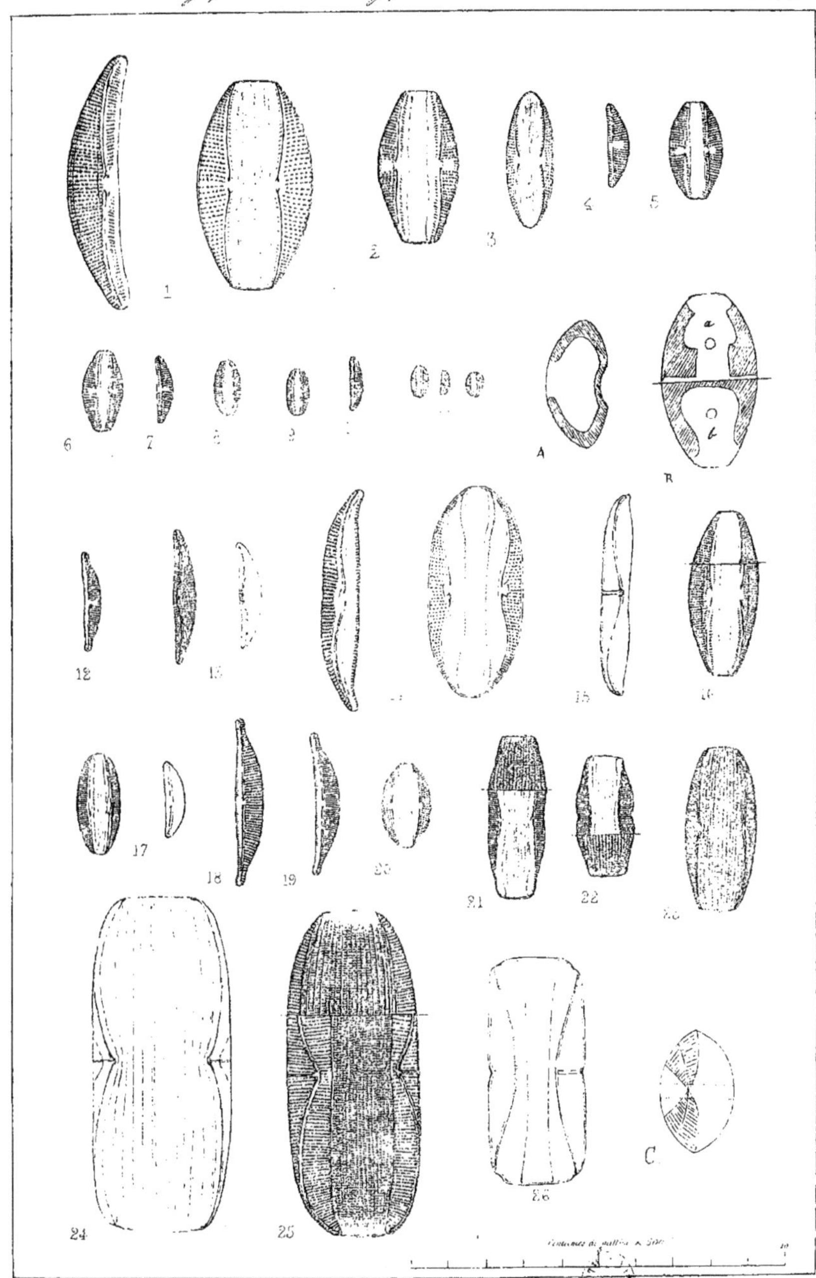

A. Grunow et H. Van Heurck ad nat. delin.

PLANCHE II.

CYMBELLA.

1. C. EHRENBERGII Kg. major *
2. C. EHRENBERGII Kg. minor *
3. C. CUSPIDATA Kg.
4. C. ANGLICA Lagerstedt.
5. C. NAVICULIFORMIS Auerswald var.*
6. C. AMPHICEPHALA Naegeli ! *
7. C. (Cocconema) LANCEOLATA Ehr.
8. C. GASTROIDES Kg.
9. C. GASTROIDES Kg. minor.
10. C. (Cocc.) TUMIDA Breb !
    (= *Coc. stomatophorum Grun*).
11. C. (Cocc.) CYMBIFORMIS Ehr.*
12. C. (Cocc.) CISTULA Hempr.*
13. C. (Cocc.) CISTULA forma minor.
14. C. (Cymbiformis var) PARVA W. Sm.*
    (*Cocconema parvum W. Sm.*)
15. C. (Cocconema ?) HELVETICA Kg.
16. C. (Cocc.) (Cistula var) MACULATA (Kg).
    (*Cymbella maculata Kg* nec *Breb.*)
17. Idem idem forma curta.
18. C. LEPTOCERAS (EHR ?) Kg. Rabh ; peut être difficilement considéré comme étant le *Cocconema leptoceras Ehr*).
19. C. AFFINIS Kg.

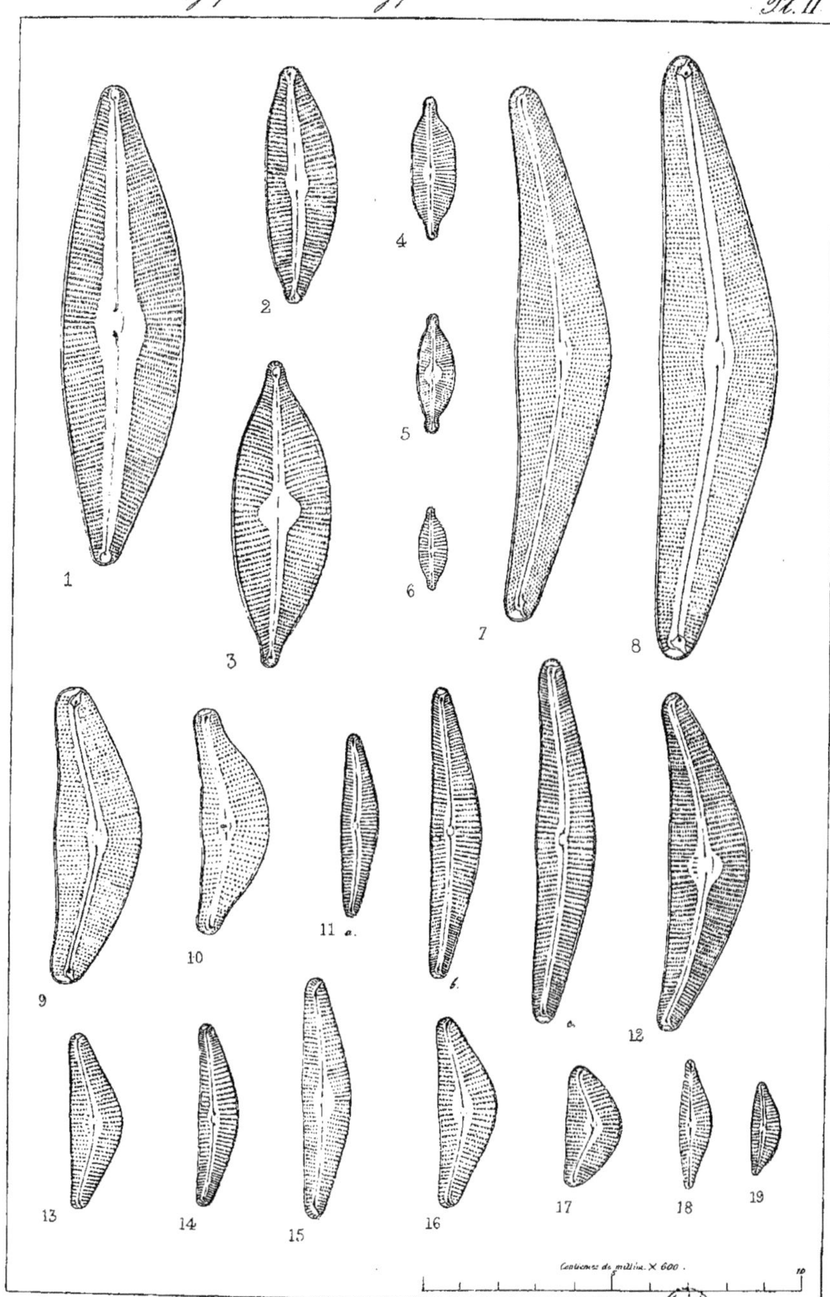

A. Grunow et H. Van Heurck ad nat. del.n

PLANCHE III.

CYMBELLA (Suite).

1A. C. OBTUSA GREG. ! *
1B. C. GRACILIS VAR LAEVIS KG ! (*C. pisciculus Gregory*).
2. C. SUBAEQUALIS GRUN. (*C. pisciculus Grun. nec Greg*).
3. C. SUBAEQUALIS VAR FLORENTINA GRUN.*
4. C. SUBAEQUALIS GRUN. FORMA MINOR.*
5. C. PUSILLA GRUN.*
6. C. DELICATULA KG *
7. C. LAEVIS NAEGELI ! *
8. C. ABNORMIS GRUN *
24. C. LEPTOCERAS (EHRB. ??) KG. RABH. FORMA CURTA, OBTUSA.*

ENCYONEMA.

9-10-11. E. PROSTRATUM (BERK) RALFS.
12. E. TURGIDUM (GREG) GRUN. *Cymbella turgida Greg.**
13. E. CÆSPITOSUM KG VAR.*
14. E. CÆSPITOSUM VAR. (= *E. Auerswaldi Rabh.*)
15. E. VENTRICOSUM (KG) passant à l'*E. Lunula Ehr.** (*Cymbella ventricosa Kg nec C. Agardh*) ; l'espèce originale de C. AGARDH est l'*Epithemia gibberula var*).
16. E. VENTRICOSUM KG forme un peu étroite (*Cymbella Silesiaca Bleisch*) passant également à l' *E. Lunula.**
17. E. VENTRICOSUM KG FORMA MINUTA (*Cymbella minuta Hilse*),*
18. Forme moyenne entre l'E. CÆSPITOSUM et l' E. LUNULA.*
19. E. VENTRICOSUM (KG) VAR. (*Cymbophora maculata Bréb partim*).*
20. E. GRACILE (EHBG ?) RABENH (*Cocconema Ehr ?*)*
21. E. GRACILE VAR (= *Cymbella Scotica W. Sm. partim*)*
22. E. GRACILE FORMA MINOR.
23. E. (GRACILE VAR ?) LUNATUM (W. SM) (*Cymbella lunata W. Sm.* ($\frac{1000}{1}$).

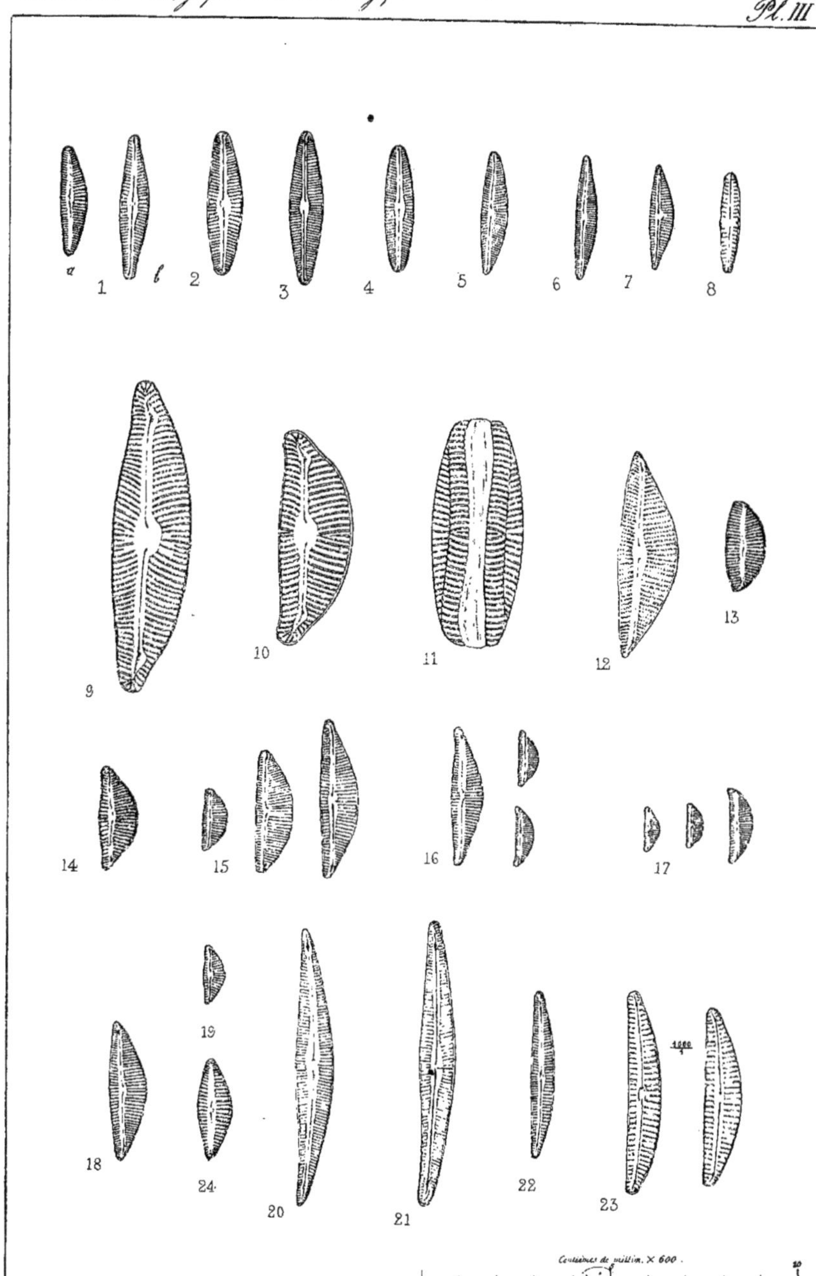

A. Grunow et H. Van Heurck ad nat. delin.

PLANCHE IV.

STAURONEIS.

1A S. HEUFLERI GRUN.*
1B S. VENTRICOSA KG.*
2. S. PHŒNICENTERON EHR.
3. S. ACUTA W. SM.
4-.5 S. ANCEPS EHR.
6. S. ANCEPS VAR AMPHICEPHALA (KG.)
7. Le même se rapprochant de la forme suivante.
8. S. ANCEPS VAR. LINEARIS GRUN. (*S. linearis Kg. Ehb.* ?
9. S. SPICULA DICKIE $\frac{1000}{1}$ *
10. S. SMITHII GRUN.
11. S. LEGUMEN EHR. FORMA PARVA.*
12. S. PRODUCTA GRUN.*

MASTOGLOIA.

13. M. SMITHII THWAITES
14. M. (SMITHII VAR ?) LACUSTRIS GRUN.
15-17. M. LANCEOLATA THWAITES
18. M. DANSEI THWAITES.*
19. M. (DANSEI VAR ?) ELLIPTICA (C. AG)* (*Frustulia elliptica C. Agardh!*)
20. M. GREVILLEI W. SM.*
21-22. M. BRAUNII GRUN.
23. M. BRAUNII VAR PUMILA GRUN.*
24. M. BALTICA GRUN.
25-26. M. EXIGUA LEWIS *
27. M. SMITHII VAR. AMPHICEPHALA GRUN.*
28. M. BISULCATA VAR CORSICANA GRUN.*

Dr Henri Van Heurck, Synopsis des Diatomées de Belgique. Pl. IV

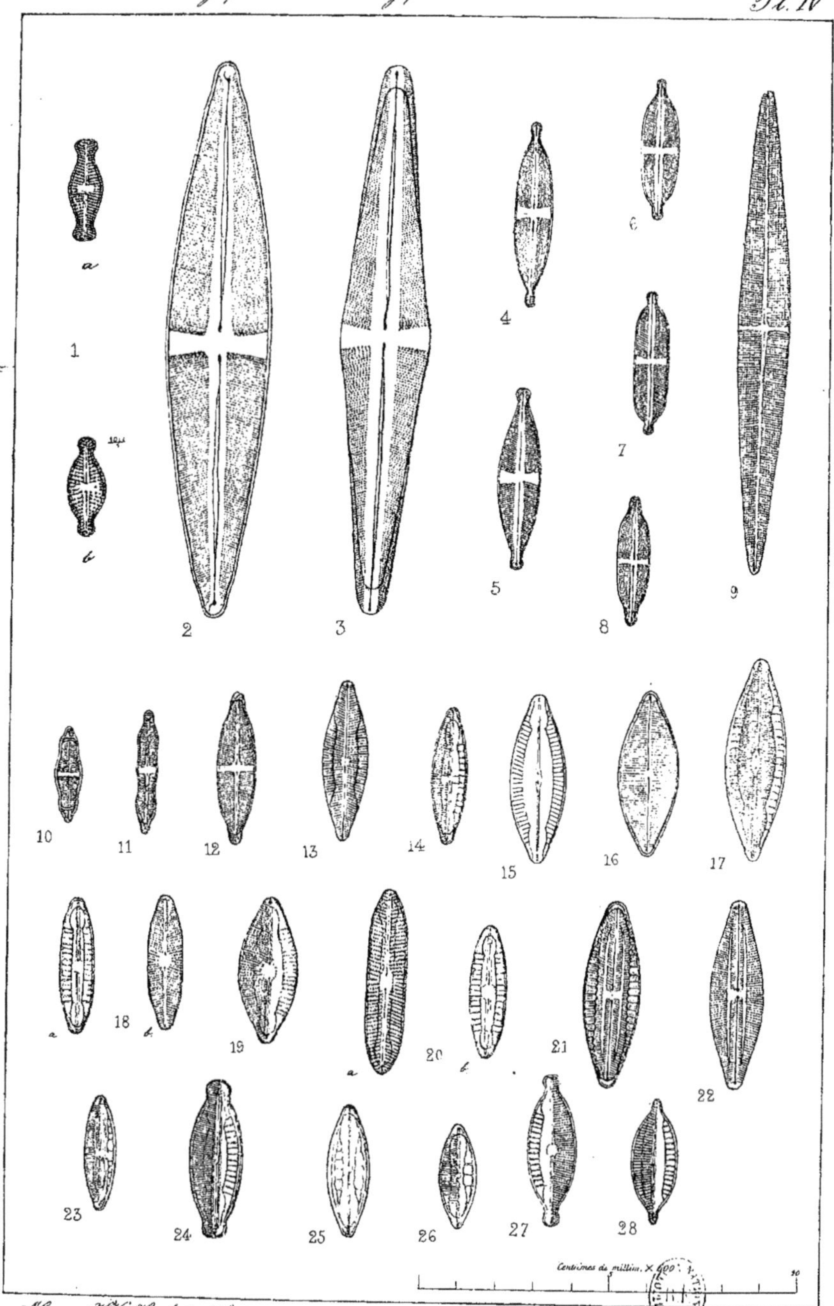

A. Grunow et H. Van Heurck ad nat. delin.

PLANCHE V.

NAVICULA.

1. N. DACTYLUS (EHR.) KG. FORMA MAXIMA.
2. N. NOBILIS (EHR.) KG. VAR.
3-4. N. MAJOR KG.
5. N. VIRIDIS KG.
6. N. VIRIDIS VAR. COMMUTATA GRUN.
7. N. BREBISSONII KG.*
8. N. BREBISSONII VAR DIMINUTA GRUN.*
9. N. BREBISSONII VAR SUBPRODUCTA GRUN.*
A Coupe idéale d'un *Navicula*.

Dr Henri Van Heurck, Synopsis des Diatomées de Belgique — Pl. V.

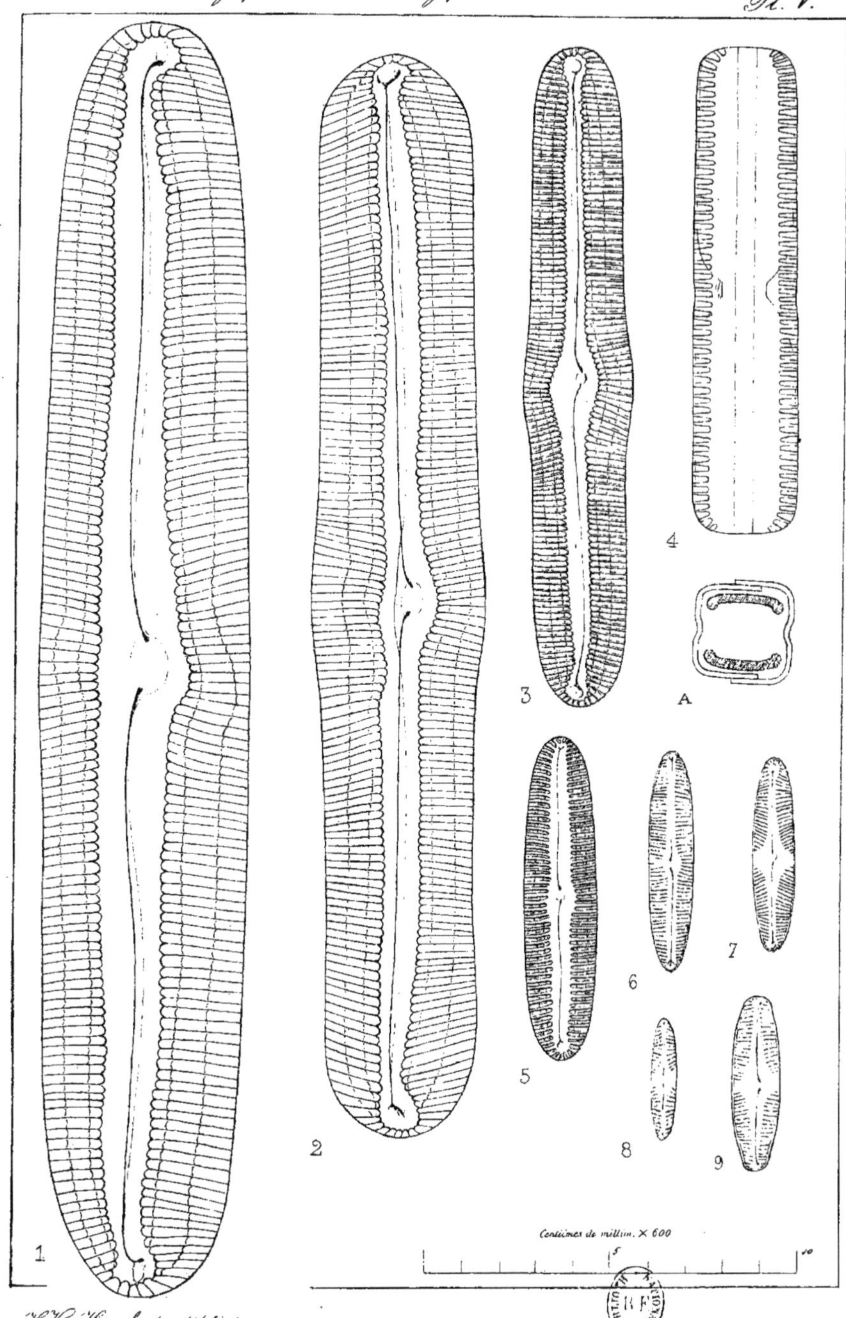

H. Van Heurck ad nat. delin.

PLANCHE VI.

NAVICULA (Suite).

1-2. N. LATA Bréb.
3. N. BOREALIS (Ehr) Kg.
4. N. BOREALIS forma evidentius punctata $\frac{1000}{1}$.*
5. N. (gibba. var) BREVISTRIATA Grun.
5. N. PARVA (Ehr.) (*Stauroptera parva Ehbg., Nav. Stauroptera β parva Grun*).
7. N. STAUROPTERA Grun. (*N. stauroptera α gracilis Grun., N. leptogongyla (Ehr.) var stauronciformis ?*)
8. N.TABELLARIA(Ehr.partim).var stauroneiformis (*N.stauroptera var ?*).
9. N. BICAPITATA Lagerst. var. hybrida Grun. (se rapproche du *N. subcapitata*).
10-11. N. MESOLEPTA (Ehr.) var., var.
12-13. N. TERMES (Ehr.) var stauroneiformis.
14. N. BICAPITATA Lagerst. (*N. biceps Greg. N. dicephala Ehr. partim*).
15. N. MESOLEPTA (Ehr.) var stauroneiformis.
16. N. LEGUMEN (Ehr.) var decrescens Grun.
17. Idem. forma vix undulata.
18-19. N. APPENDICULATA (Ag.) Kg.*
20. N. MOLARIS Grun.*
21. N. BRAUNII Grun.
22. N. SUBCAPITATA Greg. var stauroneiformis.
23. N. SUBCAPITATA Greg. var paucistriata Grun.*
24. N. GRACILLIMA Greg. var.*
25-26. N. (tenuis Greg. var ?) SUBLINEARIS Grun.*
27-28. N. (appendiculata var ?) BUDENSIS Grun.*
29. N. (appendiculata var ?) NAVEANA Grun.*
30-31. N. APPENDICULATA var irrorata Grun.*
32. N. DIVERGENTISSIMA Grun.*

La figure 31 montre que, même chez ces petites formes, l'absence des stries, au milieu de la valve, n'a aucune importance spécifique.

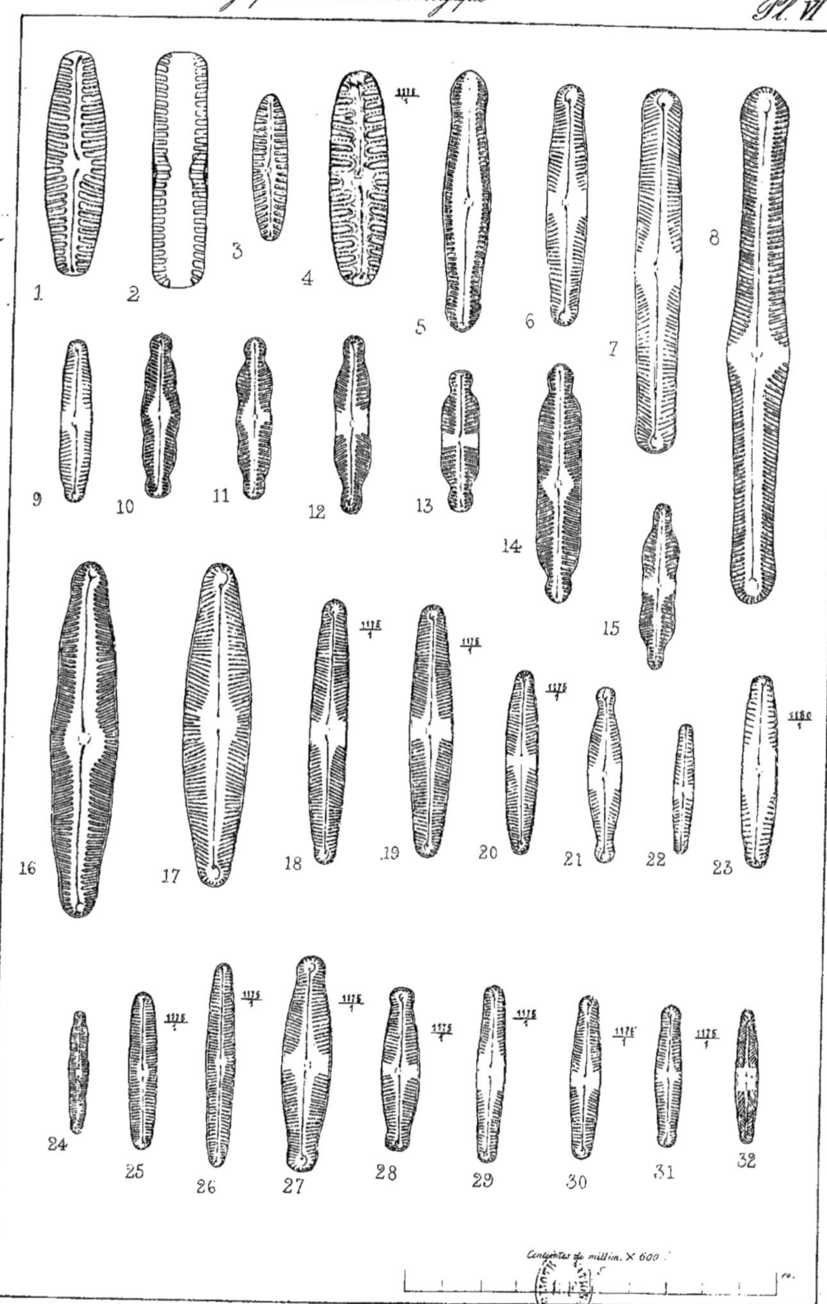

A. Grunow et H. Van Heurck ad nat. delin.

PLANCHE VII.

NAVICULA (Suite).

1. N. OBLONGA Kg.*
2. N. PEREGRINA (Ehr ?) Kg.*
3. N. CYPRINUS (Ehr ?) W. Sm. (*Pinnularia Normanni Rabh.*)*
4. N. DIGITO-RADIATA (Greg.)*
5. N. REINHARDTI Grun. (*Stauroneis ? Reinhardti Grun, N. vernalis Donkin*).*

7-8. N. GRACILIS (Ehr ?) Kg. Grun.*

9.10. IDEM var. == Schizonema neglectum Thwaites (*nec Navicula neglecta Kg*).*

11. N. CARI Ehr.*

12. N. (cincta var) HEUFLERI Grun.*

13-14. N. CINCTA (Ehr.) Kg.*

15. N. (cincta var) HEUFLERI Grun.*

16. N. (cincta var) LEPTOCEPHALA Bréb. (*N. exilis Kg. partim, N. leptocephala Breb. in Herb. Kützing*).*

17. N. (Cari Ehr. var) ANGUSTA Grun.*

18. N. VULPINA Kg.*

19. N. RADIOSA Kg. var acuta. (*Pinnularia acuta W. Sm.*)*

20. N. RADIOSA Kg.*

21-22. N. TENELLA Bréb. (*N. radiosae formae minutae ?*).*

23. N. ROSTELLATA Kg ? (*N. viridulae affinis*).*

24. Idem forma minor.*

25. N. VIRIDULA Kg ! typica. (*Pinnularia silesiaca Bleisch*).*

26. N. VIRIDULA Kg. forma minor.*

27, N. (viridula var.) AVENACEA Bréb.*

28-29. N. SLESVICENSIS Grun. (*N. dicephala Ehbg. partim ?*)*

30. N. RHYNCHOCEPHALA var amphiceros Kg.*

31. N. RHYNCHOCEPHALA Kg.*

32. N. CYMBULA Donkin.*

23. N. BOTTNICA Grun.*

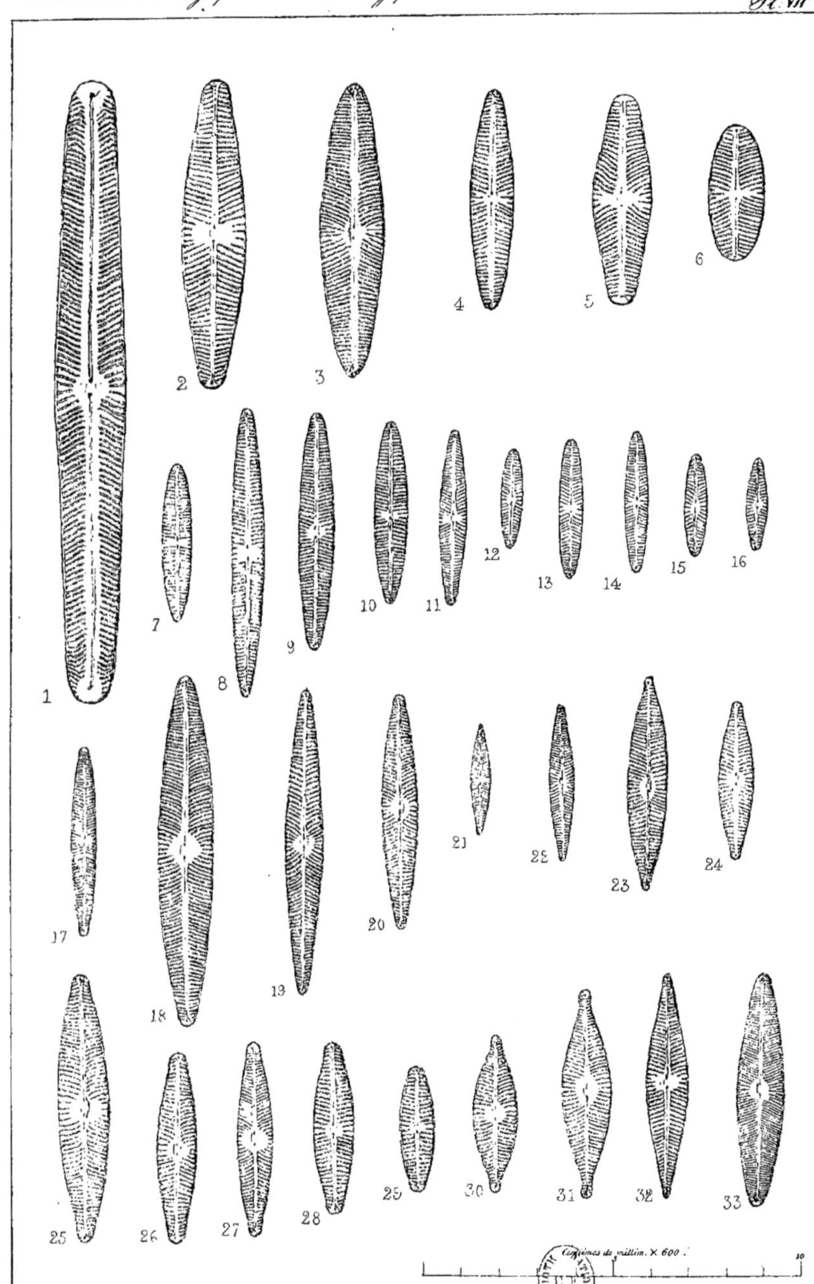

A. Grunow ad nat. delin.

PLANCHE VIII.

NAVICULA (Suite).

1. N. CRYPTOCEPHALA Kg ! (*Nec. W. Sm.*) $\frac{1000}{1}$ *
2. N. CRYPTOCEPHALA VAR EXILIS GRUN (*Nav. exilis Kg. partim*). $\frac{1000}{1}$*
3. N. VENETA KG. $\frac{1000}{1}$ ne diffère des petites formes du *N. Cryptocephala Kg.* que par des stries un peu plus distantes.*
4. Comme la fig. 2. $\frac{1000}{1}$.*
5. N. CRYPTOCEPHALA KG. $\frac{600}{1}$.*

6-7. N. (VENETA VAR ?) PUMILA GRUN. (*N. Rhombulus Schumann* ??)*

8. N. GOTTLANDICA GRUN. (Proche du *N. cryptocephala Kg.* avec lequel on ne peut cependant pas le réunir).*
9. N. SALINARUM GRUN.*
10. N. CRYPTOCEPHALA KG. VAR INTERMEDIA (se rapprochant du *N. salinarum*).*
11. N. (CRYPTOCEPHALA KG. VAR.) LANCETTULA SCHUMANN $\frac{1000}{1}$ (*N. exilis Kg. partim*).*

12-13-14. N. GREGARIA DONKIN. (*Nav. cryptocephala W. Sm ?*) $\frac{1000}{1}$.*

15. N. GREGARIA DONKIN $\frac{600}{1}$.*
16. N. LANCEOLATA KG ! *
17. IDEM FORMA CURTA.*
18. N. ARENARIA DONKIN VAR ? *
19. N. (PEREGRINA VAR ?) MENISCUS SCHUM.*
20. N. (PEREGRINA VAR ?) MENISCULUS SCHUM.*

21-22. N. MENISCULUS SCHUM. VAR VAR.*

23-24. N. MENISCULUS SCHUM. VAR. UPSALIENSIS GRUN.*

25. N. GASTRUM (EHR.) DONKIN. (Se distingue du *N. Reinhardti*, de forme analogue, par des stries à granulation beaucoup plus delicate).*
26. N. PLACENTULA EHR. FORMA MINOR.*
27. N. GASTRUM EHR. FORMA MINOR.*
28. N. PLACENTULA EHR ! *

29-30. N. (PLACENTULA VAR ?) ANGLICA. RALFS.*

31. N. ANGLICA VAR SUBSALINA GRUN.*
32. N. (GASTRUM EHR. VAR ?) EXIGUA GREG.*
33. N. DICEPHALA (EHR ?) W. SMITH, FORMA MINOR.*
34. N. DICEPHALA (EHR ?) W SM. (Peut être à peine considérée comme l'espèce d'EHRENBERG et devrait plutôt être nommée *N. Elginensis. Gregory*, s'il était certain que cette espèce appartint à ce groupe).*
35. N. CESATII RABH. $\frac{1000}{1}$. (Cette espèce qui est très repandue pourrait bien être une *Cymbella*).*
36. CYMBELLA MICROCEPHALA GRUN. FORMA MAJOR $\frac{1000}{1}$.*

37-39. IDEM. FORMAE MINORES $\frac{1000}{1}$.*

40. N. PHYLLEPTA KG ! (*N. lanceolata Ktg. var ?*)*

Dr Henri Van Heurck, Synopsis des Diatomées de Belgique

Pl. VIII

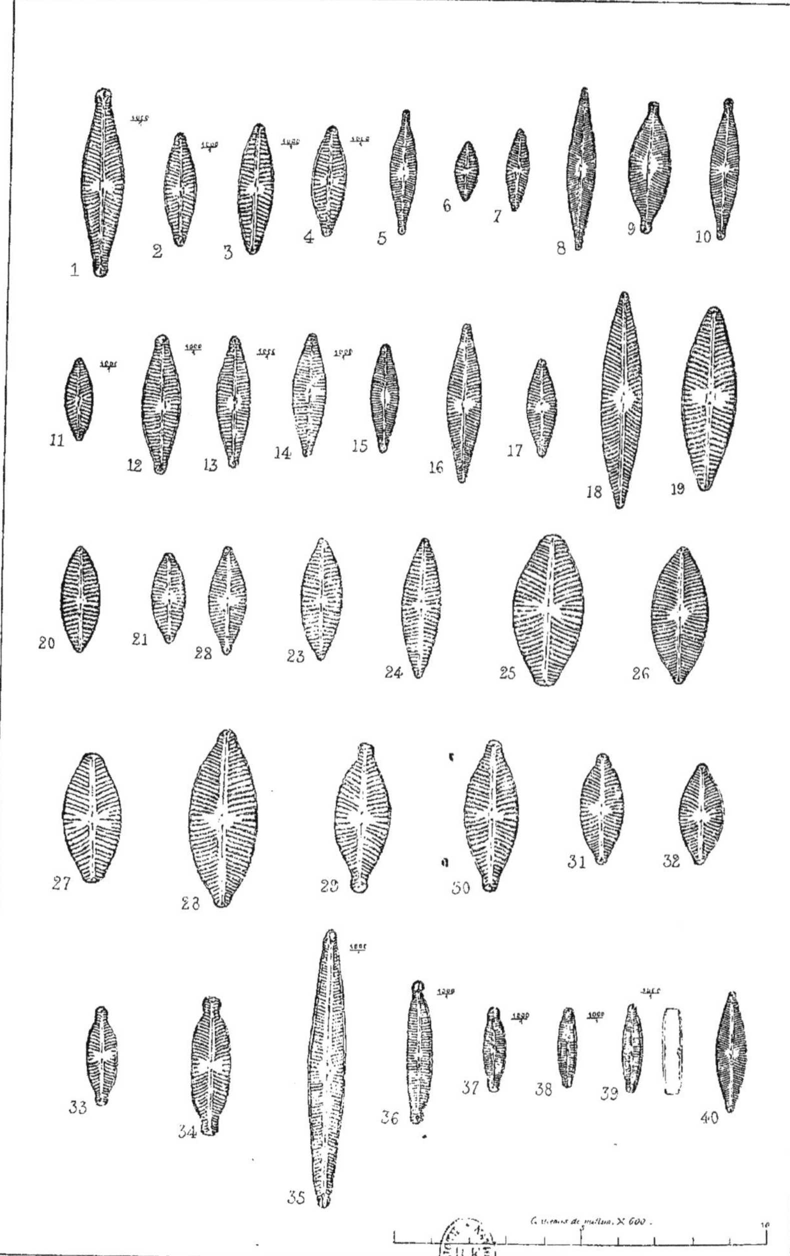

A. Grunow ad nat. delin.

PLANCHE IX.

NAVICULA (Suite).

1. N. CRABRO (EHR). VAR. PANDURA BRÉB. (*N. Pandura Bréb.*).
2. N. CRABRO (EHR.) VAR. MULTICOSTATA GRUN. (*N. multicostata Grun*).
3. N. WILLIAMSONII O'MEARA.
4. N. SPLENDIDA GREG. VAR.
5-6. N. DIDYMA EHR.
7. N. INTERRUPTA KG.
8. N. INTERRUPTA KG. VAR.
9. N. VACILLANS A. SCHMIDT. FORMA MINUTA (*N. Pfitzeriana O'Meara*) $\frac{1125}{1}$.*
10. N. OCULATA BRÉB. $\frac{1125}{1}$.*
11. N. SCUTELLUM O'MEARA.
12. N. SMITHII BRÉB.
13. N. PRAETEXTA EHR.
14. N, HENNEDYI W. SMITH.

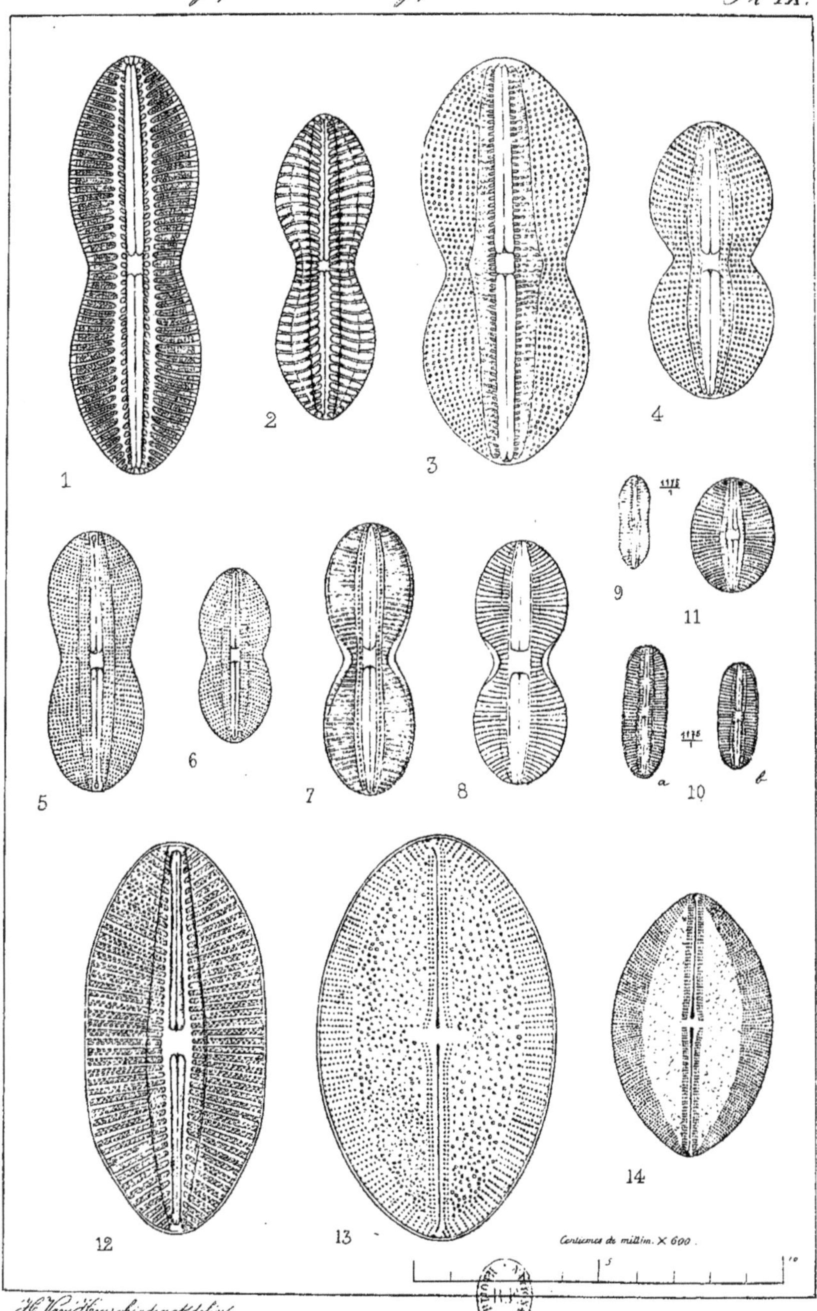

H. Van Heurck ad nat. delin.

PLANCHE X.

NAVICULA (Suite).

1. N. LYRA Ehr. typica.
2. N. LYRA Ehr. elliptica.
3. N. FORCIPATA Greville.
4. N. ABRUPTA Greg. var.
5. N. FORCIPATA Grev. var suborbicularis.*
6. N. FORCIPATA Grev. var versicolor Grun.*
7. N. PYGMAEA Kg. $\frac{1000}{1}$ * (*N. minutula W. Smith, N. rotundata Hantzsch*, nec *Pinnularia pygmaea Ehr.*)
8. N. (pygmaea var ?) BALNEARIS Grun.*
9. N. REICHARDTI Grun.*
10. N. ELLIPTICA Kg.
11. N. ELLIPTICA var minutissima Grun. (*N. Puella Schum ?*) *
12. N. ELLIPTICA var oblongella (Naeg.) (*N. oblongella Naegeli !*) *
13. STAURONEIS ASPERA (Ehr.) Kg. (*Navicula ?*)
14. N. TUSCULA (Ehr.) Grun. (*Pinnularia Tuscula Ehr.* 1840*! Stauroneis punctata Kg.* 1844).

Le *N. punctata Bréb., Arnott*, est le *N. acrosphaeria Donk.* et le mieux serait de garder ce nom pour cette espèce. Dans l'herbier de Kutzing se trouve comme *N. acrosphaeria* déterminée par de Brébisson lui-même une forme proche du *N. Gibba* mais non tout à fait identique avec celui-ci.

15. NAVICULA CRUCICULA (W. Sm.) Donkin.
16. STAURONEIS SALINA W. Smith.
17. N. MUTICA Kg. var Cohnii (Hilse) (*Stauroneis Cohnii Hilse*).*
18. N. MUTICA Kg. var Göppertiana. (Bleisch) (*Stauroneis Göppertiana Bleisch*).*

18b. Idem. $\frac{1000}{1}$ *

19. La même forme, type original du *Navicula mutica Kutz.**

20a N. MUTICA var producta.*

20b N. MUTICA var subundulata.*

20c N. MUTICA var undulata (Hilse) * (*Stauroneis undulata Hilse*).*

21. N. (mutica var ?) QUINQUENODIS Grun. (*Nav. nivalis Ehr ?*).*
22. N. KOTSCHYANA Grun $\frac{1000}{1}$ *

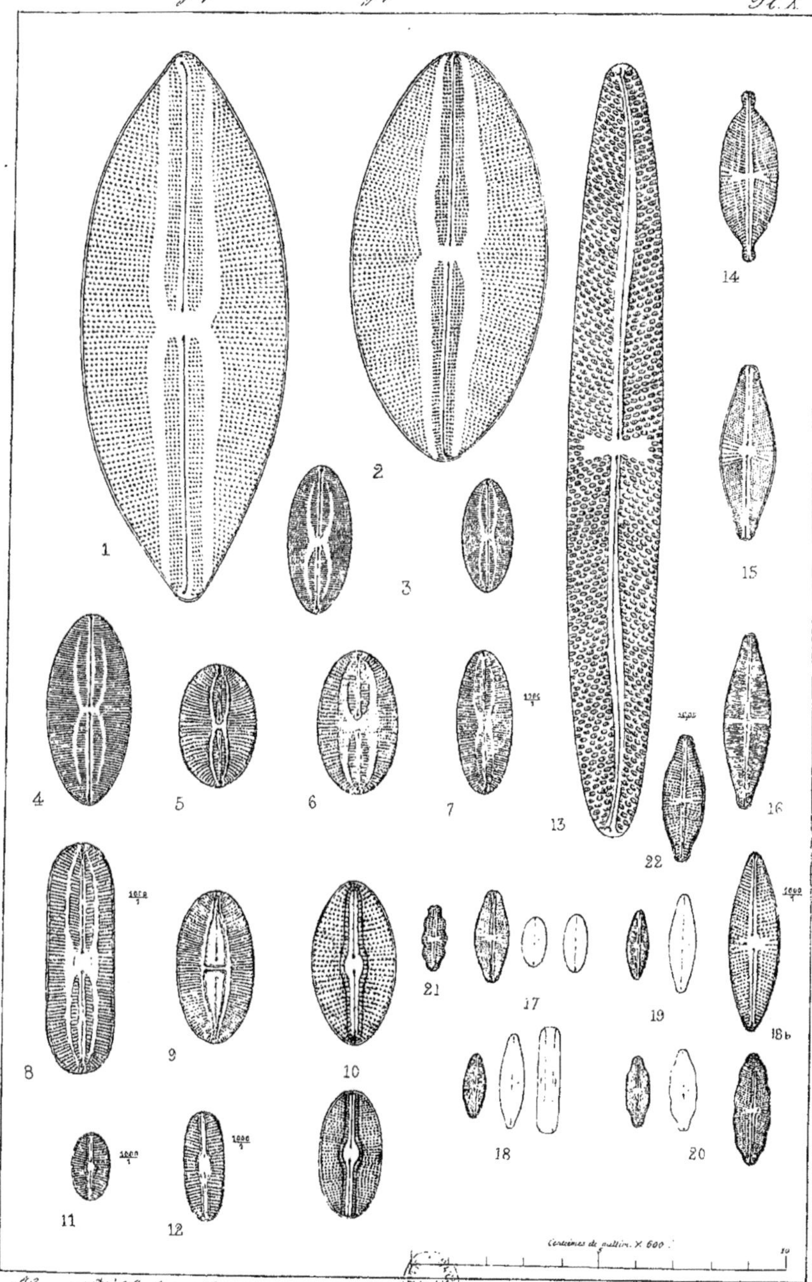

A. Grunow et H. Van Heurck ad nat. delin.

PLANCHE XI.

NAVICULA (Suite).

1. N. PERMAGNA BAILEY.*
2. N. FORMOSA GREGORY, TYPICA.*
3. N. (FORMOSA VAR ?) LIBURNICA GRUN.*
4. N. (AMPHISBAENA VAR ?) SUBSALINA DONKIN, FORMA MAJOR (*Nav. Barkeriana O'Meara ?*).
5. N. (AMPHISBAENA VAR ?) FENZLII GRUN (*N. Grunowii O'Meara*).
6. N. (AMPHISBAENA VAR ?) SUBSALINA DONKIN. (*N. amphisbaena var β W. Smith*)
7. N. AMPHISBAENA BORY.
8. N. PALPEBRALIS BRÉB., VAR.
9. N. PALPEBRALIS BRÉBISSON.
10. N. ANGULOSA GREG., VAR.
11. N. (PALPEBRALIS VAR.) MINOR GREG. (*N. minor Gregory*).
12. N. (PALPEBRALIS VAR) BARKLAYANA GREGORY, FORMA MINOR, OBTUSA. La distinction de toutes les formes alliées au *N. palpebralis* est très précaire.
13. N. DELOGNEI VAN HEURCK.
14. N. SCUTUM SCHUMANN ?
15. N. GRANULATA BRÉB., FORMA MINOR.
16. N. MARINA RALFS, (*N. punctulata W. Smith*).
17. N. PUSILLA W. SMITH (*N. gastroides Gregory*).
18. N. BREVIS GREGORY VAR.* (Se distingue du *Navicula crassa Greg.* par la ponctuation excessivement délicate des stries transversales).
19. N. BREVIS GREG., MAGIS TYPICA.* (Le *N. brevis* se rencontre aussi avec des sillons longitudinaux et se rapproche en outre très fortement du *N. amphisbaena*).
20. N. HUMEROSA BRÉB., VAR.* (Cette forme est très voisine du *N. Kamorthensis Grun*).
21. N. SCHUMANNIANA GRUNOW. (N. TROCHUS, [EHR ? ?] SCHUMANN) (Cette espèce exc.ssivement bien caracterisée par les sillons semilunaires profonds placés près du nodule médian a parfois le bord des valves ondulé (*var. biconstricta Grun. Casp. See Alg.*) et est probablement identique avec le *N. gibberula Kg.* (partim) et le *N. Silicula Ehr.* (partim) ce qui, toutefois, ne peut être établi d'une façon certaine. Le *N. Trochus Ehr.* ne paraît pas être distinct du *N. Follis Ehr.*
22. N. INTEGRA W. SMITH Br. Diat.* (*N. rostrata* W. *Sm. micr. Journ. nec. Ehr*).
23. N. HUMILIS DONKIN.* (Cette espèce appartient au groupe du *N. Hungarica Grun.* (*Pinnularia pygmæa Ehr. P. Nana Gregory ?*).

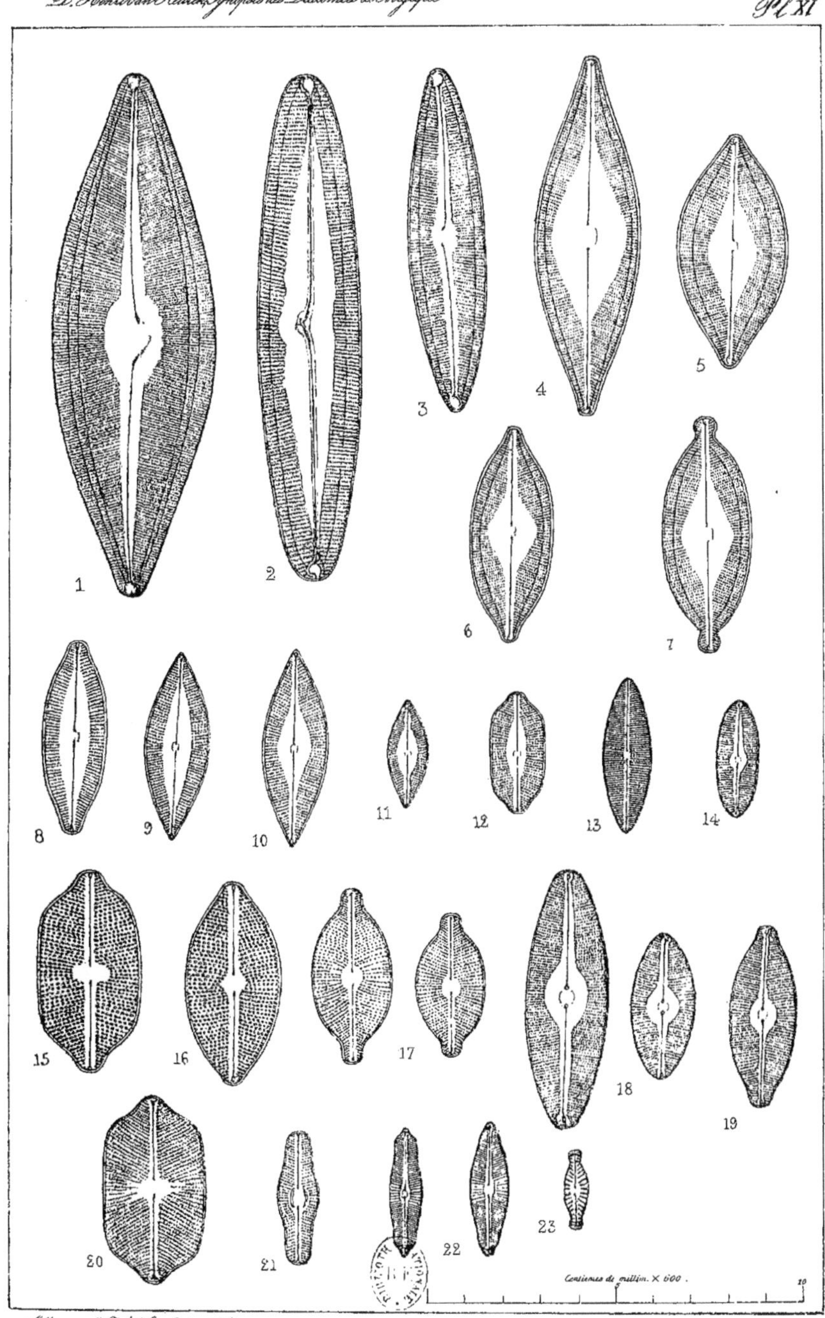

A. Grunow et H. Van Heurck ad nat delin.

PLANCHE XII.

NAVICULA (Suite).

1. N. SCULPTA Ehr.* (*Nav. rostrata Ehr?, N. tumens W. Sm.*)
2. N. SPHAEROPHORA Kütz*.
3. N. SPHAEROPHORA forma minor* (*Nav. biceps Ehr. partim.*)
   Les fig. 1, 2 et 3, appartiennent au groupe Anomoeoneis de *M. Pfitzer*,
4. N. CUSPIDATA Kütz.
5. N. AMBIGUA Ehr.
6. IDEM, forme craticulaire.
7. N. SERIANS (Bréb). Kütz.* (*N. punctulata et lineolata Ehr.*)
8. N. SERIANS var. minor Grun.*
9. N. SERIANS var. minima Grun.*
10. N. SERIANS var. thermalis Grun*.
11-12. N. EXILIS Grun* (*Nav. Exilis Kütz. partim*).
13. N. GOMPHONEMACEA Grun.* (*Gomphonema ? vitreum Grun. Caspi Sec Alg.*)
14. N. ZELLENSIS Grun.* (*N. tabida Rylands mspt.*)
15. N. APONINA Kütz.*
   Les fig. 7—15 forment un groupe de formes étroitement unies auquel appartient encore le *N. Follis Ehr.*
16. N. DIFFICILIS Grun.* — Préparé à sec.
17. IDEM, préparé au baume.*
   Les fig. 7 à 17 (incl.) sont représentées à 1000 diamètres.

(fig. 7–17 : $\frac{1000}{1}$)

18. N. LIMOSA Kütz.*
19. N. LIMOSA var. gibberula Grun.* (*N. gibberula Kg ?*)
20. N. LIMOSA var. subinflata Grun.*
21. N. (limosa var?) SILICULA Grun.* (*N. Silicula Ehr. partim?*)
22. N. LIMOSA var. undulata Grun.*
23. N. LIMOSA var. curta Grun.*
24. N. (limosa var?) VENTRICOSA (Ehr?) Donkin.*
25. N. VENTRICOSA var. truncatula Grun.*
26. N. VENTRICOSA forma minuta?*
27. N. BACILLARIS Greg. var. thermalis Grun.*
28. N. BACILLARIS Greg. var. inconstantissima Grun.*
29. N. LEPTOSOMA Grun. (*N. Claviculus Arnott herb. nec Greg.*)*
30. N. ALPESTRIS Grun.*
   Ce Navicula possède des sillons semi-lunaires analogues à ceux du N. Schumanniana mais plus petits. Dans une forme analogues du Turkestan, (*N. Nubicola Grun.*) la striation manque dans la partie médiane et les bords sont faiblement tri-ondulés.
31. N. LACUNARUM Grun. (*Stauroneis Bacillum Grun*).* $\frac{1000}{1}$
32. N. FONTICOLA Grun. $\frac{1000}{1}$ *
33. N. (bacillaris var?) FONTINALIS Grun.*
34. N. FASCIATA Lagerstedt $\frac{1000}{1}$ *
   Cette forme du *Spitzberg* appartient aux Pinnulariées et est placée ici pour comparaison.
35. N. LIBER W. Smith. var. linearis Grun. (*N. Linearis Grun.*)
36. N. LIBER W. Smith.
37. N. AMERICANA Ehr.*

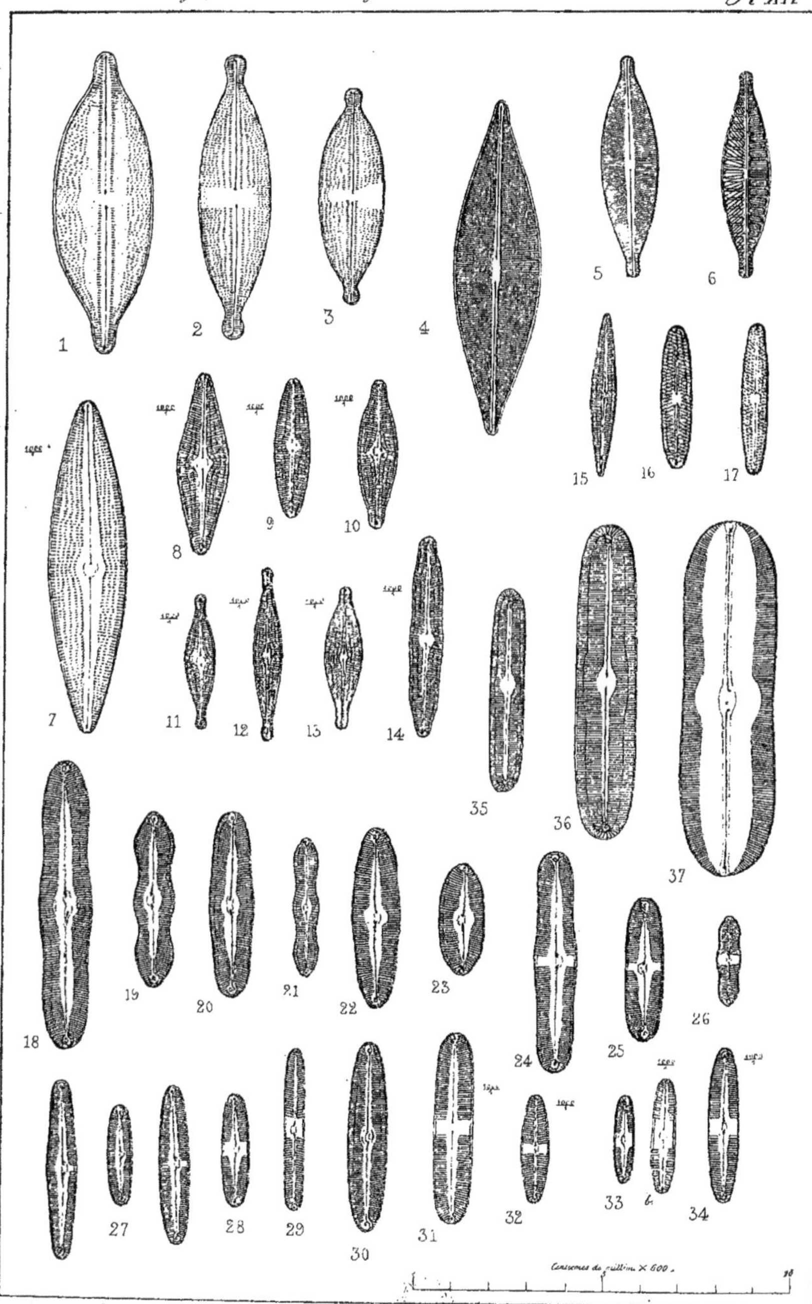

A. Grunow et H. Van Heurck, ad nat. delin.

PLANCHE XIII.

NAVICULA (Suite).

1. N. IRIDIS EHR. VAR.
Se rapproche du *N. Iridis var. firma Grun.* (*N. firma Kütz.*) qui est plus petit mais n'en diffère pas spécifiquement.
2. N. (IRIDIS VAR.) AMPHIGOMPHUS EHR.
3. N. PRODUCTA W. SMITH.
4. N. AFFINIS EHR., VAR. (se rapproche du *N. producta Ehr.*)
5. N. AMPHIRHYNCHUS EHR.
6. N. AFFINIS VAR UNDULATA GRUN.
Toutes ces formes sont intimement liées au *N. Iridis.*
7. N. BIPUNCTATA GRUN. $\frac{1000}{1}$ *
8. N. BACILLUM EHR.*
9. N. PSEUDO-BACILLUM GRUN. *Arct. Diat.**
10. N. BACILLUM EHR., FORMA MINOR.*
11. N. BACILLIFORMIS GRUN. *Arct. Diat.**
12. N. LEPIDA GREGORY, FORMA CURTA.*
13. N. LAEVISSIMA (Kütz?) GRUN. *loc. cit.* (*N. leptogongyla Ehr. partim? N. Granum Schum?*)*
14. N. SUBHAMULATA GRUN. $\frac{1000}{1}$ * Lié aux *N. lepida et laevissima*, mais très caractérisé par ses nodules terminaux courbés en crochet et ses bords internes qui sont un peu ondulés.
15. N. PUPULA Kütz! * (*Stauroneis rectangularis Greg.*)
16. N. PUPULA Kütz., FORMA MINUTA.*

Dr. Henri Van Heurck, Synopsis des Diatomées de Belgique — Pl. XIII

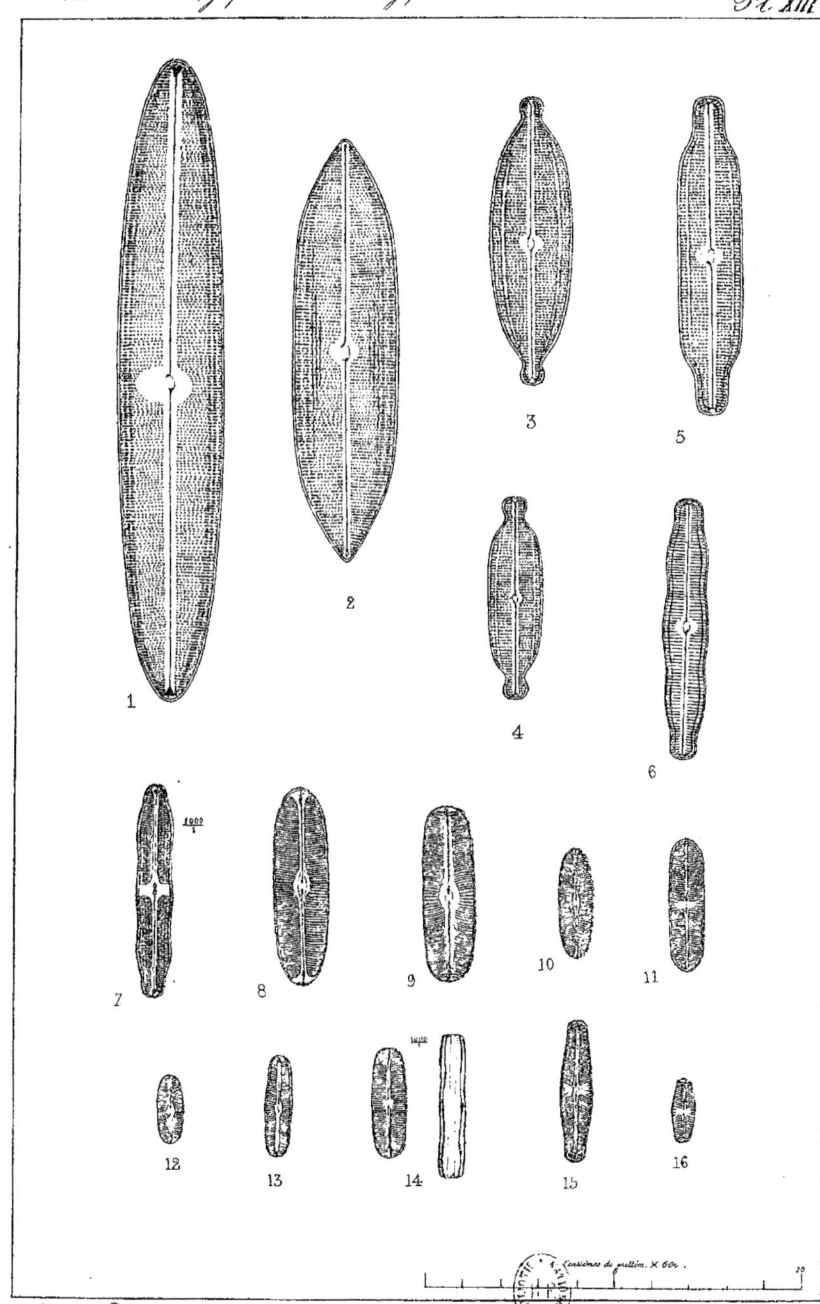

A. Grunow et H. Van Heurck ad nat. delin.

PLANCHE XIV.

NAVICULA (Suite).

Toutes les figures de cette Planche sont représentées à un grossissement de 1000 diamètres, sauf les fig. 33 et 40 qui sont grossies 600 fois.

1. N. COCCONEIFORMIS GREG.* (*N. Carassius Ehr. partim ?*).
2. N. MINUSCULA GRUN. VAR. BAHUSIENSIS GRUN.*
3. N. MINUSCULA GRUN.*
4. N. MINUSCULA GRUN. VAR. ISTRIANA GRUN.*
5. N. FALAISIENSIS GRUN. (*N. exilis Kütz. partim*).*
6. N. BULNHEIMII GRUN.* (forme, melé avec le *Nitzschia Frustulum, l'Homœocladia Bulnheimiana Rabh.*

6B N. FALAISENSIS GRUN., VAR ? LANCEOLA GRUN.* Est intermédiaire entre les deux précedents.

7. N. (VENETA VAR ?) PERMINUTA GRUN.*

8A N. SAUGERRI DESMAZIÈRES ! *

8B N. SEMINULUM GRUN.*

9A. N. SEMINULUM GRUN. FORMA MAJOR.*

9B N. SEMINULUM GRUN. VAR.*

10. N. SEMINULUM VAR. FRAGILARIOIDES GRUN.*

11A N. ATOMOIDES GRUN. VAR.* Se rapproche du *N. muralis.*

11B N. ATOMOIDES VAR. SUBSERIANS GRUN.*

12. N. ATOMOIDES GRUN. (N. ATOMUS AUTOR. NEC Kütz.)*

13-14. N. ATOMOIDES GRUN. FORMA MAGIS STAURONEIFORMIS.*

15. N. MINIMA GRUN. (*N. minutissima Grun. nec. Rabenh.*)*

16. Forme moyenne entre le *N. minima* et le *N. atomoides.**

16B N. SAUGERRI VAR. STRIIS TENUIORIBUS? (*Synedra Pusilla Kg.!*)*

17. N. (PSEUDOPLEUROSIGMA) ROTAEANA (RAB.) GRUN. (*Stauroneis Rabenhorst.*)*

18. N. ROTAEANA GRUN., VAR. (*Stauroneis minuta Hantzsch*).*

19. N. ROTAEANA GRUN. FORMA MINOR, TENUISTRIATA.*

20. N. ROTAEANA GRUN. VAR. EXCENTRICA GRUN.*

21. N. ROTAEANA GRUN. VAR. OBLONGELLA GRUN.* Les nodules terminaux de toutes les formes prennent des directions opposées.

22. N. PERPUSILA GRUN.*

23. IDEM.

24. N. ATOMUS NAEGELI !, Kütz !*

25. IDEM. FORMAE TENUSTRIATÆ.*

26. N. MURALIS GRUN. FORMA MINUTA. (*N. Atomus Autor nec Kütz.*)*

27. N. MURALIS GRUN.*

28. N. MURALIS GRUN. FORMA SUBLANCEOLATA.*

29. N. MICROCEPHALA GRUN.* (*Achnantidium microcephalum* W. SM ?)

30. N. EXILISSIMA GRUN. (très lié au N. MURALIS).*

31A N. TRINODIS W. SM., FORMA MINUTA. (*nec Achnantes trinodis*).*

31B N. TRINODIS VAR. BICEPS GRUN. (*Diadesmis biceps Arnott*).*

32. N. PELLICULOSA (BRÉB.) HILSE* (*Frustulia pelliculosa Bréb !*) Présente une striation beaucoup plus fine que les *N. atomus, atomoides* et *muralis.*

33. N. FUSIFORMIS GRUN. VAR. OSTREARIA.* (*N. Ostrearia Turp. nec Bréb., Amphipleura Danica Kütz ?*)* $\frac{600}{1}$

34. N. VENETA KG !*

35. N. (VENETA VAR. ?) PUMILA GRUN.*

36. N. (DIADESMIS) CONFERVACEA (Kütz) GRUN.*

37. N. CONFERVACEA VAR. PEREGRINA GRUN.* (*Diadesmis peregrina* W. SM.)

38. N. CONFERVACEA VAR. HUNGARICA GRUN.*

39. DIADESMIS GALLICA. W. SM.) Très caractérisé par les perles du bord qui sont à une distance double de celle des stries.*

40. N. (DIADESMIS) LUCIDULA GRUN.* Analogue au *N. lucida O'Meara*, mais plus petit et se présentant en bandes plus ou moins longues. $\frac{600}{1}$

41. N. (DIADESMIS) FLOTOWII GRUN.*

42. N. LEPIDULA GRUN.*

43. N. INCERTA GRUN.*

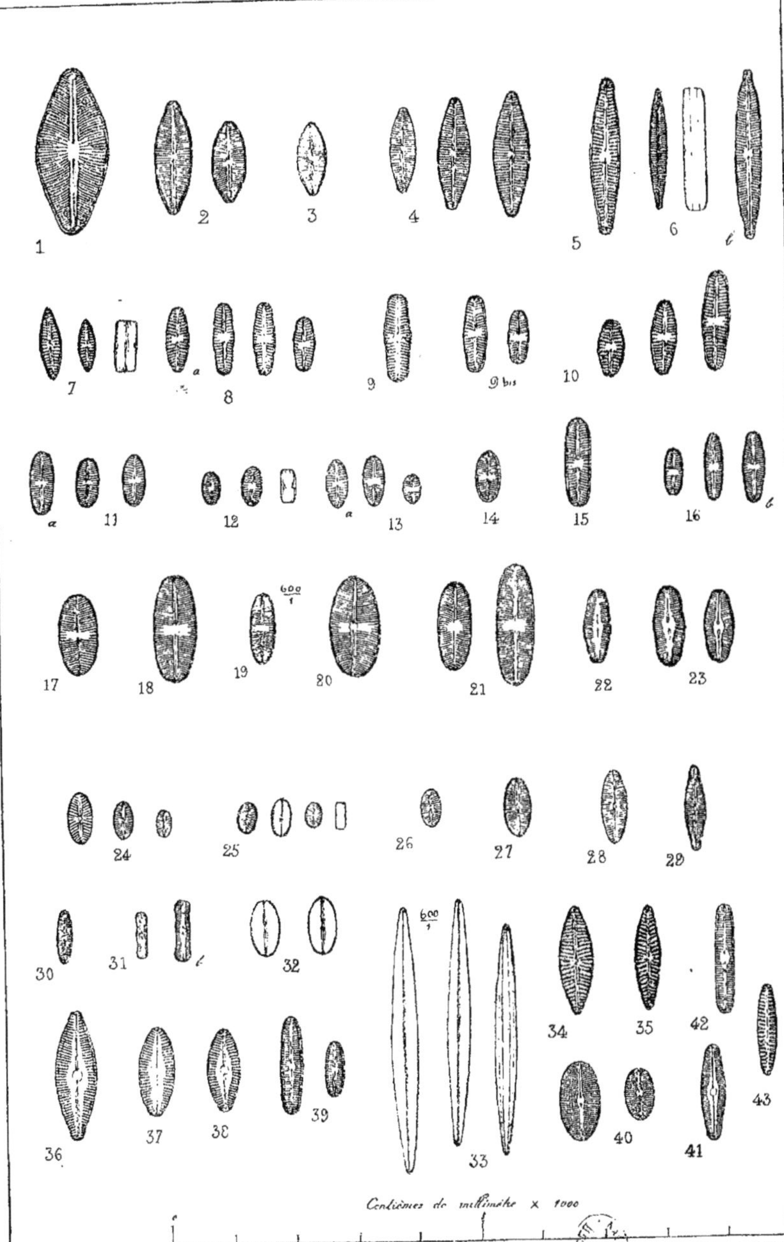

A. Grunow ad nat. delin.

PLANCHE XV.

SCHIZONEMA.

Groupe RAMOSISSIMA GRUN. — Valves striées délicatement en longeur.

1. SCH. MYXACANTHUM MENEGHINI ! (*Micromega Kütz.*) Spalato.*
2. SCH. MYXACANTHUM VAR. INTERMEDIUM GRUN. Aberdeen.*
3. SCH. AMPLIUS GRUN. (*Sch. rutilans β amplius Kütz. !*) Brest.*
4. SCH. RAMOSISSIMUM C. AGARDH ! (*Sch. Smithii Harv. Kütz. nec Ag.*)*
5. SCH. RAMOSISSIMUM VAR. POLYCLADOS GRUN. (*Sch. polyclados Kütz. !* partim) Sidmouth.*
6. SCH. RAMOSISSIMUM VAR. SPLENDENS GRUN. (*Sch. splendens Menegh. !*) Vénise.*
   (*Micromega aureum Kütz. M. corymbosum Kütz.* (nec Ag.) *M. apiculatum Kütz.* (nec Ag) *Sch. spinescens Menegh.* et *Sch. Wyattiae Harv.* ont des frustules semblables *
7. SCH. SCOPARIUM KÜTZ.* Torbay.
8. SCH. HYALINUM (KÜTZ.) RABENH.* (*Micromega hyalinum Kütz. !*) Mer adriatique *Micromega tenellum Kütz*, a des frustules semblables).
9. SCH. RAMOSISSIMUM VAR. SUBSETACEA GRUN.* (*Micromega setaceum Kütz. partim !*) Spalato.
10. SCH. DIVERGENS W. SMITH. ! * Larne Lough.
11. SCH. NEBULOSUM MENEGH ! * Dalmatie.
12. SCH. FLOCCOSUM KÜTZ. !* (*Micromega Kützingii Ralfs.* nec *Rabenh. Sch. arancosum Kutz. partim*) Trouville. — De pl s petits frustules sont semblables à la fig. 13 A.
13. SCH. SETACEUM (KÜTZ. PARTIM) GRUN.* (*Micromega setaceum Kutz.* partim !) Calvados.
14. SCH. MEDUSINUM VAR. ? COMOSUM. GRUN.* Capo d'Istria.
    Le *Sch. setaceum* a des frustules plus petits à striation plus radiante, comme le *Sch. ramosissimum* et varie d'une façon analogue. Il faut rapporter ici le *S. ramosissimum Aut.* partim et le *Micromega setacea var. corymbosa Kütz.* Ont de pareils frustules les : *Micromega hyalopus M. Jadrense Menegh. M. medusinum Kütz.* et *M. penicillatum Ag.* qui se rapprochent partiellement de l'espèce suivante.
15. SCH. CORNICULATUM C. AGARDH. (*Micromega corniculatum C. Ag. !*)
16. SCH. PALLIDUM C. AG.* (*Micromega pallidum C. Ag. !*) Trieste·
17. SCH. KÜTZINGII RABENH. (nec Ralfs.) *Micromega floccosum Kutz. Ralfs.* Dalmatie.*
18. SCH. SIROSPERMUM (KUTZ.)* *Micromega sirospermum Kutz. !* Angleterre.
19. SCH. MUCOSUM W. SMITHII. (nec Kütz.) Brest.
20. SCH. ALBICANS (KÜTZ. NEC MENEGH.)* (*Micromega Albicans Kutz. !*) Trieste.
21. SCH. TORQUATUM W. SMITH. ! * Torbay.
22. SCH. MOLLE W. SMITH FORMA MAJOR.* Aberdeen.
23. SCH. MOLLE W. SMITH FORMA MEDIA.* Gourvell.
24. SCH. MOLLE W. SMITH.* Exmouth.
25. SCH. LACINIATUM HARVEY ! * Kilkel.
26. SCH. BRYOPSIS KÜTZ. ! * Helgoland.
27. SCH. MESOGLOIOIDES KÜTZ. ! * (*Dickieia pinnata Ralfs. !*) Aberden.
28. SCH. ZANARDINII MENEGH. ! * Vénise.
29. SCH. (ZANARDINII VAR. ?) LAPIDICOLA GRUN.* Cherbourg.
30. SCH. PARVUM MENEGH. ! * Vénise.
    Les *Sch. humile Kütz.* et *Sch.* (*humile var !*) *Tilmanum Grun.* ont de pareils frustules.
31. SCH. vivant dans les gaines du *Bercheleya patens* (Kütz.) Grun. et du *Sch. comoides* Ag.
41. SCH. MINUTUM KÜTZ.*
    Les frustules ont une longueur plus grande que celle indiquée par Kützing, mais sont semblables pour le restant. C'est peut-être le jeune âge d'une autre espèce ?)

Groupe RADIOSA GRUN. — Stries transversales plus fortement radiantes, distinctement ponctuées, à ponctuations ne formant pas des lignes longitudinales.

32. SCH. LIEBMANNI GRUN.* Vera-Cruz.
33. SCH. SMITHII C. AGARDH. !! (*nec Kutz. Smith.* etc.).
    Le *Sch. arbuscula Kütz. ! Sch. helminthosum Chauv.* (*Sch. fruticulosum Kütz.*) est une forme large de l'espèce d'AGARDH.
34. SCH. TENUE C. AGARDH ! * (*Sch. mucosum Kütz.*).
35. SCH. (TENUE VAR.) AMERICANUM GRUN.* New-York.
36. SCH. DAMAECORNE HARVEY. Manuscr.* Cap de Bonne-Espérence.

Groupe COLLETONEMA. — (Espèces d'eau douce).

37. SCH. NEGLECTUM THW. ! * (*Colletonema neglectum Thwaites* (*W. Sm. partim*).
    Bristol récolte de THWAITES.
38. SCH. THWAITESII GRUN. (*Colletonema Thwaitesii W. Smith* partim).
    Bristol, récolte par THWAITES, très proche du *Navicula viridula.*
39. IDEM, in *Rab. Alg. Europ. n.* 1406.

Groupe PSEUDO-ENCYONEMA GRUN. — Espèce d'eau douce à valves à structure un peu excentrique.

40. SCH. LACUSTRE C. AGARDH. ! (*Colletonema subcohaerens Thwaites, Encyonema Ungeri Grun.* in A. SCHMIDT *Diatomaceen Atlas.*

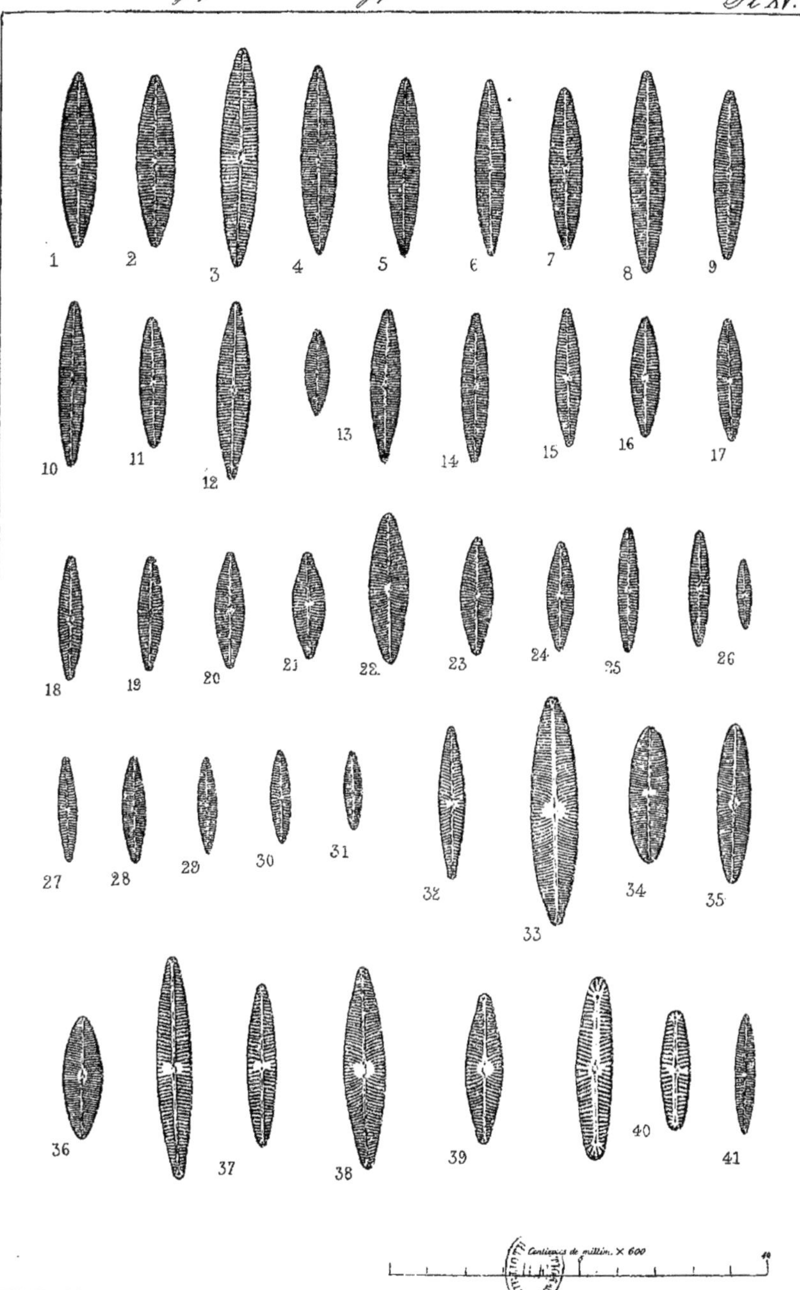

A. Grunow ad nat. delin.

PLANCHE XVI.

SCHIZONEMA (Suite).

Toutes les figures sont représentées au grossissement de 1000 diamètres.

Groupe : Endostauron Grun.

1. SCH. CRUCIGERUM W. Sm., dans le Laume.*
2. IDEM, partie médiane à sec.*

Groupe Comoidia Grun.

2. SCH. GREVILLEI C. Agardh.—Le frustule est souvent plus grand.*
3. SCH. COMOIDES C. Ag. (*S. comoides et araneosum Aut. partim.* Les *Sch. Lenormandi Kütz ; tortuosum Crouan,* et *reptabundum Grun.* ont des fustules semblables).*
4. SCH. APICULATUM C. Ag. var. intermedia Grun. (*Sch. ramosissimum Harvey partim*).*
5. SCH. APICULATUM C. Ag. var. ramosissima (*Sch. ramosissimum Harvey partim, nec Kütz. nec Ag.*).*

5b. Le même à $\frac{600}{1}$.*

6. SCH. APICULATUM C. Ag. var. minor (*Sch. Harveyanum Menegh. ; Sch. ramosissimum Harvey partim*).*
7. SCH. APICULATUM C. Ag. var. minima (*Sch. ramosissimum Harvey partim*).*
8. SCH. (apiculatum var.) FASTIGIATUM Kütz.*
9. SCH. (apiculatum var. ?) SCOTICUM Grun.*

DICKIEIA.

10. D. ULVACEA Berkeley.*

BERKELEYA.

11. B. MICANS (Lyngb.) Grun (*Bangia micans Lyngbye.*)*
    Les *Berkeleya fragilis Greville, partim (cum frustulis liberis) B. adriatica Kg.* (*nec. Ag.*) et *Homœocladia penicillata Kütz.* ont des frustules semblables.
12. B. FRAGILIS Greville (partim) (*Nec. B. fragilis W. Sm.*)*
    Les *Homœocladia interrupta Kütz, H. manipulata Kütz, H. medusina Kütz,* ont des frustules semblables. — Les stries transversales sont plus fines et plus rapprochées que dans l'espèce précédente.
13. B. PUMILA (Ag.) Grun. (*Schizonema pumilum C. Ag., Homœocladia Kütz.*)*
14. B. HARVEYANA Grun. (*Alga quam maxima paradoxa Harvey,* Friend. Islands Algae.) stries transversales très fines.*
15. B. DILLWYNII (Ag.) Grun. (*Schizonema Dillwynii Autor.*)*
16. B. OBTUSA (Greville) (*Schizonema obtusum Grev.*)*

17-18. B. OBTUSA var. adriatica (C. Ag.) Grun. (*Schizonema adriaticum C. Ag.* nec. *Berkeleya adriatica Kütz.*)*

19. B. PARASITICA (Griff.) Grun. (*Schizonema parasiticum Griff. Harv.*)*
    Stries plus fines que celles du *B. Dillwynii.*
20. B. ANTARCTICA (Harv.) Grun. (*Schizonema antarcticum Harv.*)*
    Des îles Falkland ; les stries transversales sont encore plus fines que dans le *B. parasitica.*

APPENDICE :

SCHIZONEMA, groupe Ramosissima.

21. SCH. CORYMBOSUM. C. Ag.*

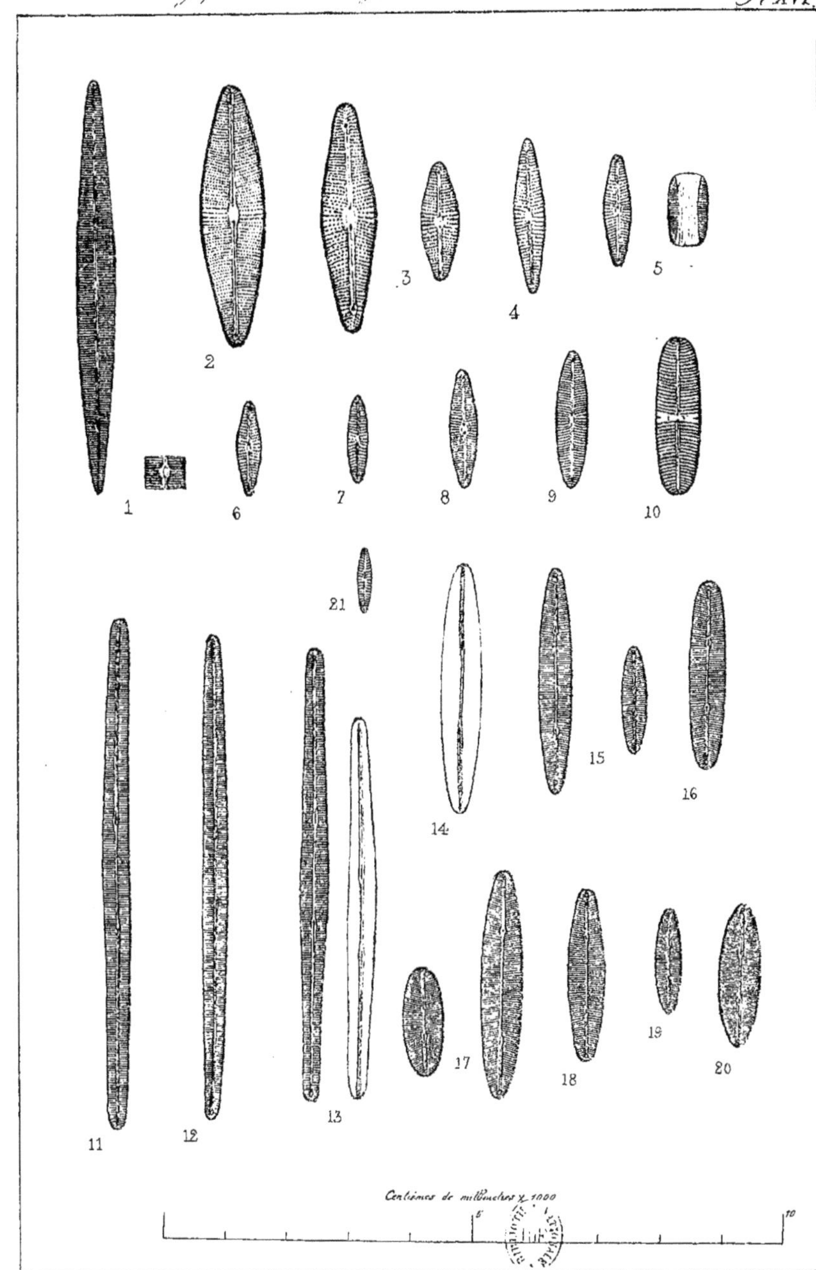

A. Grunow ad nat. delin.

PLANCHE XVII.

VANHEURCKIA.

1. V. RHOMBOIDES Bréb. (*Navicula Ehrg*).
2. V. RHOMBOIDES Bréb.
   Fragment d'une photographie du Dr Woodward $\frac{1800}{1}$
3. SCHIZONEMA (Vanheurckia ?) VIRIDULUM (Bréb). (*Van Heurckia viridula Bréb.* et *Colletonema viridulum Bréb. olim.*)*
4. V. (rhomboides var.) CRASSINERVIA Bréb. (*Navicula Crassinervia Bréb. ol.*)*
5. IDEM. Copie d'une photographie du Dr Woodward.
6. SCHIZONEMA (Vanheurckia ?) VULGARE Thwaites. An. nat. hist. (*Colletonema vulgare Autor.*)* $\frac{1000}{1}$

7. 8. NAVICULA (Vanheurckia ?) STYRIACA Grun.* $\frac{1000}{1}$

DONKINIA.

9. DONKINIA RECTA (Donkin) Grun. (*Pleurosigma rectum Donkin*, *Amphiprora Ralfsii Arnott*, nec. *Pleurosigma compactum Greville*).

TOXONIDEA.

10. TOXONIDEA INSIGNIS Donkin.
   (Les stries sont dessinées à un écartement double de leur distance réelle).

SCOLIOPLEURA.

11. SCOLIOPLEURA TUMIDA (Bréb.) Rabenh. (*Navicula tumida Bréb.*, *Nav. Jenneri W. Smith*).*
12. SCOLIOPLEURA LATESTRIATA (Bréb.) Grun. (*Amphiprora latestriata Bréb.*, *Navicula convexa W. Smith*).
13. SCOLIOPLEURA TUMIDA, forma minor.

AMPHIPLEURA.

14. AMPHIPLEURA PELLUCIDA (Ehrg.) Kütz. (*Navicula Ehrg*).

14A AMPHIPLEURA PELLUCIDA, coupe idéale.

15. AMPHIPLEURA PELLUCIDA. (Copie d'une photographie du Dr Woodward $\frac{1830}{1}$

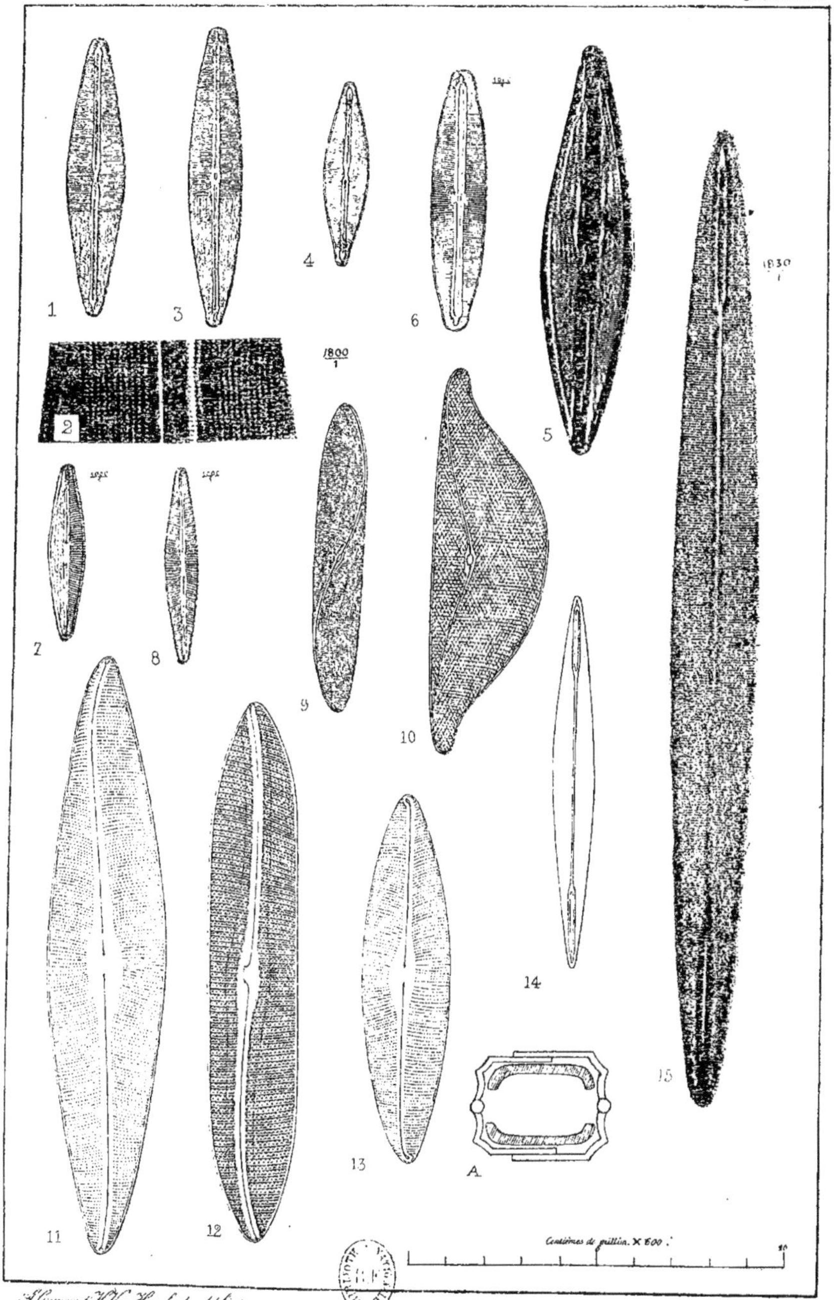

1 2 3 4 5 6 7 8 9 10 11 12 13 14 15 A.

1800/1

1830/1

Centièmes de millim. × 600.

A. Grunow et H. Van Heurck ad nat. delin.

PLANCHE XVIII.

PLEUROSIGMA.

Toutes les stries sont dessinées à un écartement double de leur distance réelle, afin d'éviter l'empâtement qui se fût produit avec des stries si nombreuses rapprochées.

1. PL. QUADRATUM W. SM.
2. PL. ANGULATUM W. SM. (*Navicula Thuringiaca Kütz. !*)

   Cette espèce devrait donc porter le nom de PL. THURINGIACA, ce changement de nom est cependant impossible, car cette diatomée si répandue et si employée comme test, est universellement connue sous le nom donné par W. SMITH.
3. Fragment d'une photographie du Dr WOODWARD. $\frac{720}{1}$
4. Fragment d'une photographie du Dr WOODWARD, montrant les lignes qui peuvent être produites par la réunion des perles les plus distantes.

   Ces lignes peuvent être produites dans les trois directions. $\frac{720}{1}$
5. PL. ANGULATUM W. SM. FORMA MAJOR.
6. PL. INTERMEDIUM W. SM.
7. PL. ELONGATUM W. SM.
8. PL. AESTUARII W. SM.
9. PL. AFFINE GRUN.

Dr. Henri Van Heurck, Synopsis des Diatomées de Belgique. Pl. XVIII

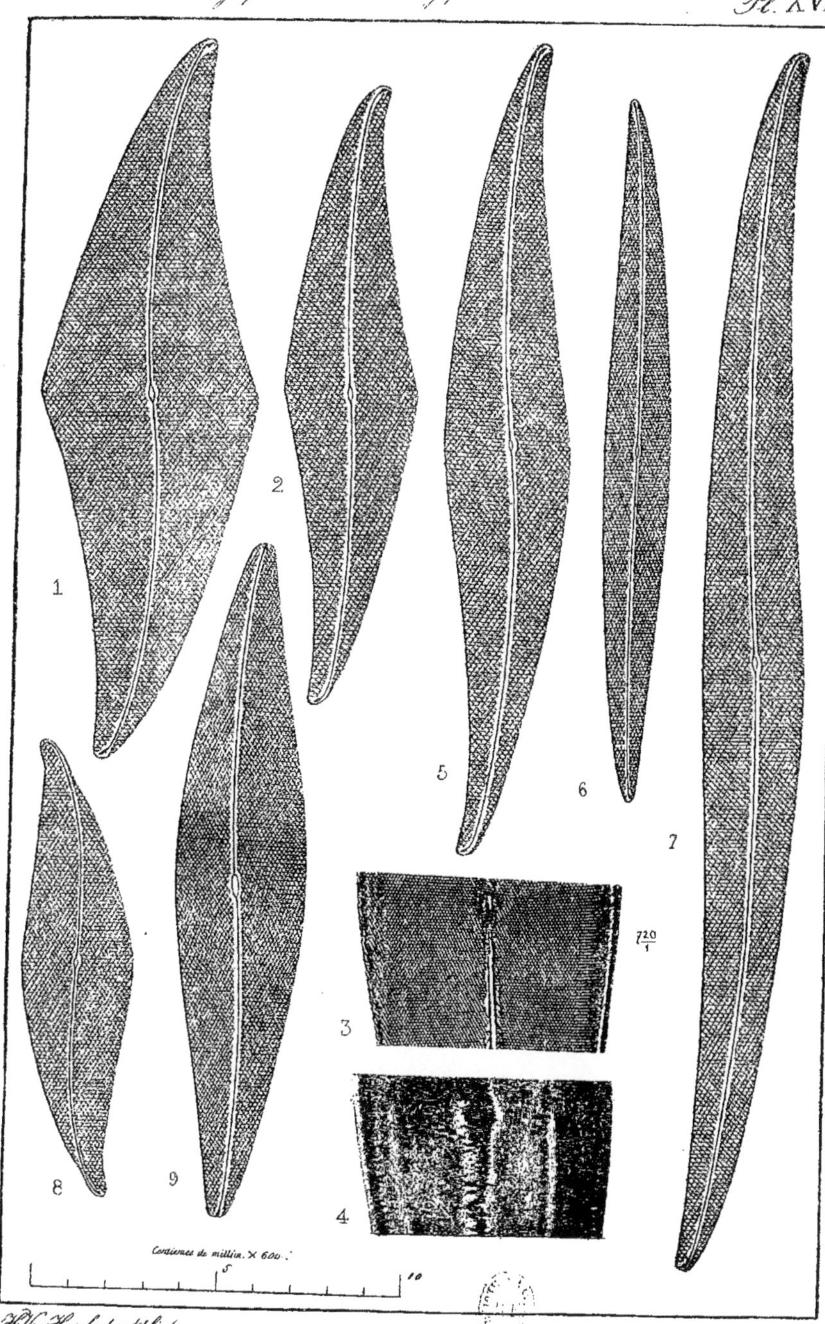

H. Van Heurck ad nat. delin.

PLANCHE XIX.

PLEUROSIGMA *(Suite).*

Même observations pour les stries que dans la Planche précédente, sauf pour les figures 3 et 4.

1. PL. DECORUM. W. SMITH.
2. PL. STRIGOSUM. W. SM.
3. PL. RIGIDUM. W. SM.
4. PL. FORMOSUM. W. SM.

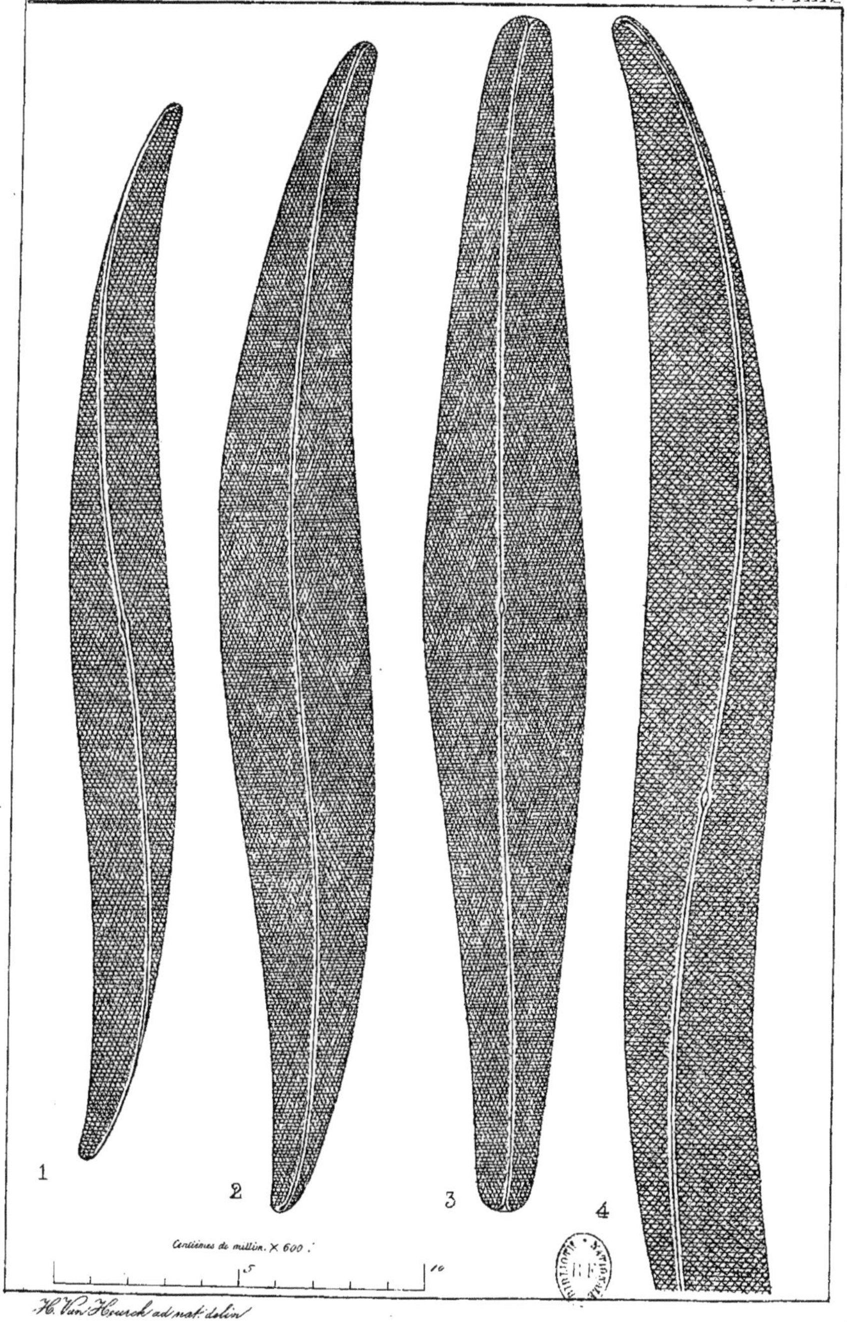

1

2

3

4

Centièmes de millim. × 600.

5 10

H. Van Heurck ad nat. delin.

PLANCHE XX.

PLEUROSIGMA (Suite).

1. Pl. BALTICUM (Ehrg.) W. Sm. (*Navicula Ehrg.*).
2. Pl. STRIGILIS W. Sm.
3. Pl. HIPPOCAMPUS (Ehrg.) W. Sm. (*Navicula Ehrg.*).
4. Pl. SCALPRUM Grun. (*Pl. acuminatum W. Sm.* nec *Navicula acuminata Kütz. Nav. Scalprum Gaillon et Turpin ?* Le *Pl. Smithii Grun.* est une autre espèce ; voir pour cette dernière *Clève et Grun. Arkt. Diat.*

Dr Henri Van Heurck, Synopsis des Diatomées de Belgique

Pl. XX

1
2
3
4
Centièmes de millim. × 600.
5
10

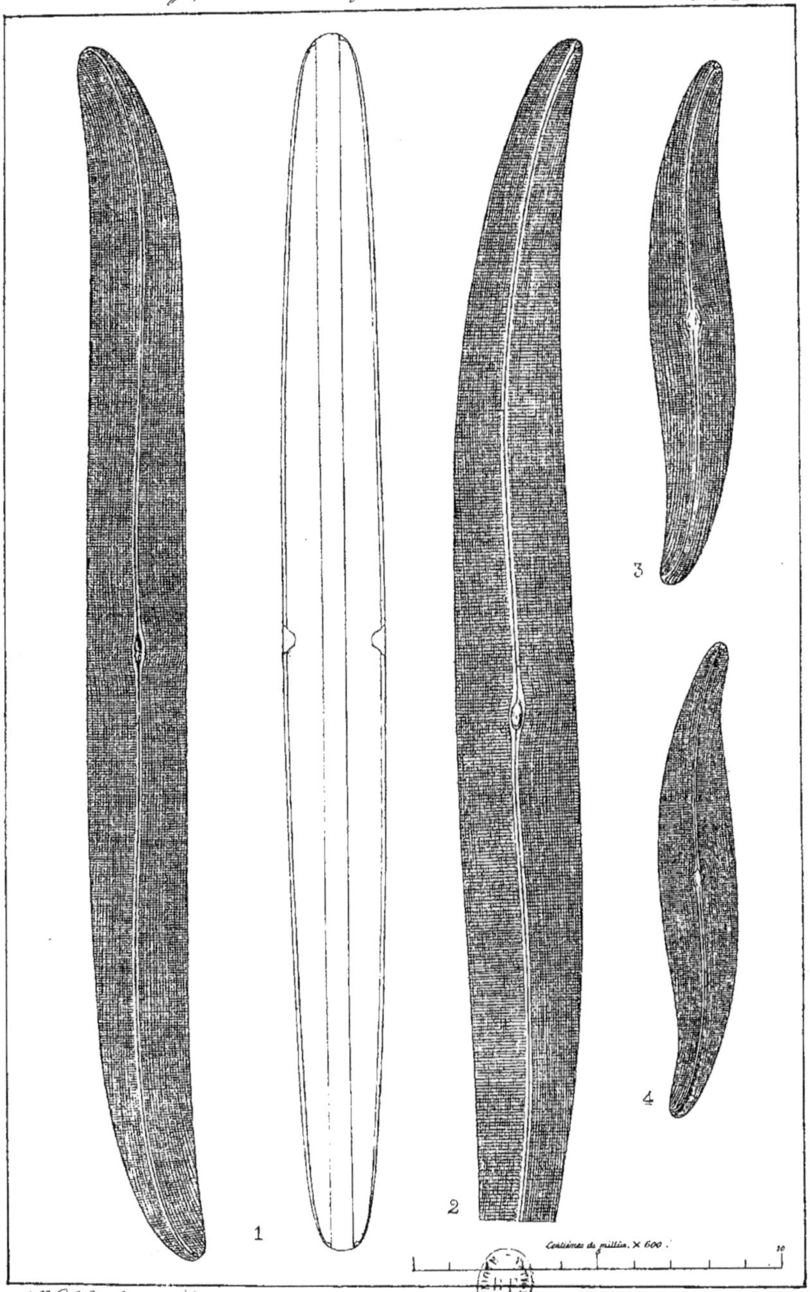

H. Van Heurck ad nat. delin

PLANCHE XXI.

PLEUROSIGMA (Suite).

1. Pl. SCALPROIDES Rabenh.
2. ENDOSIGMA EXIMIUM Bréb. (*Schizonema eximium Thwaites, Gloionema sigmoideum Ehrg. Pleurosigma obtusatum Sull.*)
3. Pl. (Spencerii var ?) CURVULUM Grun. forma longior (*Navicula curvula Ehrg. ?*)
4-5. Idem. formae breviores
6. Pl. BRÉBISSONII Grun. (*Pl. scalprum Bréb. in Rab. Alg. Eur.* n° 2013.
7. Pl. FASCIOLA var sulcata Grun.
(Stries longitudinales plus marquées et plus distantes que les stries transversales.
8. Pl. FASCIOLA (Ehrg.) W. Sm. (*Ceratoneis Ehrg.*). (Stries longtudinales délicates et plus rapprochées que les stries transversales.
9. Pl. MACRUM W. Sm.
10. Pl. PARKERI Harrisson.
11. Pl. ATTENUATUM (Kütz.) W. Sm. var. attenuata Kütz.
12. Pl. ACUMINATUM (Kütz.) Grun. (*Navicula acuminata Kütz. Pl. lacustre W. Sm.*).
13. Pl. (Spencerii var ?) NODIFERUM Grun. (*Nav. scalpellum Kütz.?*)
14. Pl. KUTZINGII Grun. (*Pl. gracilentum Rabenh.*) forma minor.
15. Pl. SPENCERII var. Smithii Grun. *Arkt. Diat.*

Toutes les figures sont accompagnées d'un dessin de la striation représentée à mille diamètres.

1 2 3 4 5 6 7 8 9 10 11 12 13 14 15

1015/1

Centièmes de millim. × 600.

H. Van Heurck ad nat. delin.

PLANCHE XXII.

AMPHIPRORA.

1. A. (PLAGIOTROPIS) ELEGANS W. SMITH.*

2-3. A. LEPIDOPTERA GREG.*

4-5. A. MAXIMA GREG.* (fig. 4 $\frac{300}{1}$).

6. A. ELEGANS W. SM. Valve brisée ; on voit ici la partie étroite de la valve et, au millieu. (marquée par des lignes ponctuées) une partie de la moitié large qui y est restée attachée.*

7-8-9. A. (PLAGIOTROPIS) VITREA A. SCHM.*

10. A. (AMPHITROPIS) PALUDOSA W. SM. VAR., VAR.*

12. A. (PLAGIOTROPIS) MEDITERRANEA GRUN.*

11-14. A. (AMPHITROPIS) ALATA EHRG. KÜTZ.* (*Navicula alata* et *Entomoneis Ehrg.*).

13. A. (AMPHITROPIS) DECUSSATA GRUN.*

15-16. A. (AMPHITROPIS) DUPLEX DONKIN. (*A. paludosa var. ?*)*

17. A. (AMPHITROPIS) HYALINA EULENST Manuscr. (*A. paludosa var. ?*)*

Plusieurs figures sont divisées en deux par une ligne transversale. Dans ce cas l'une de ces deux parties représente la face inférieure et l'autre la face supérieure du frustule

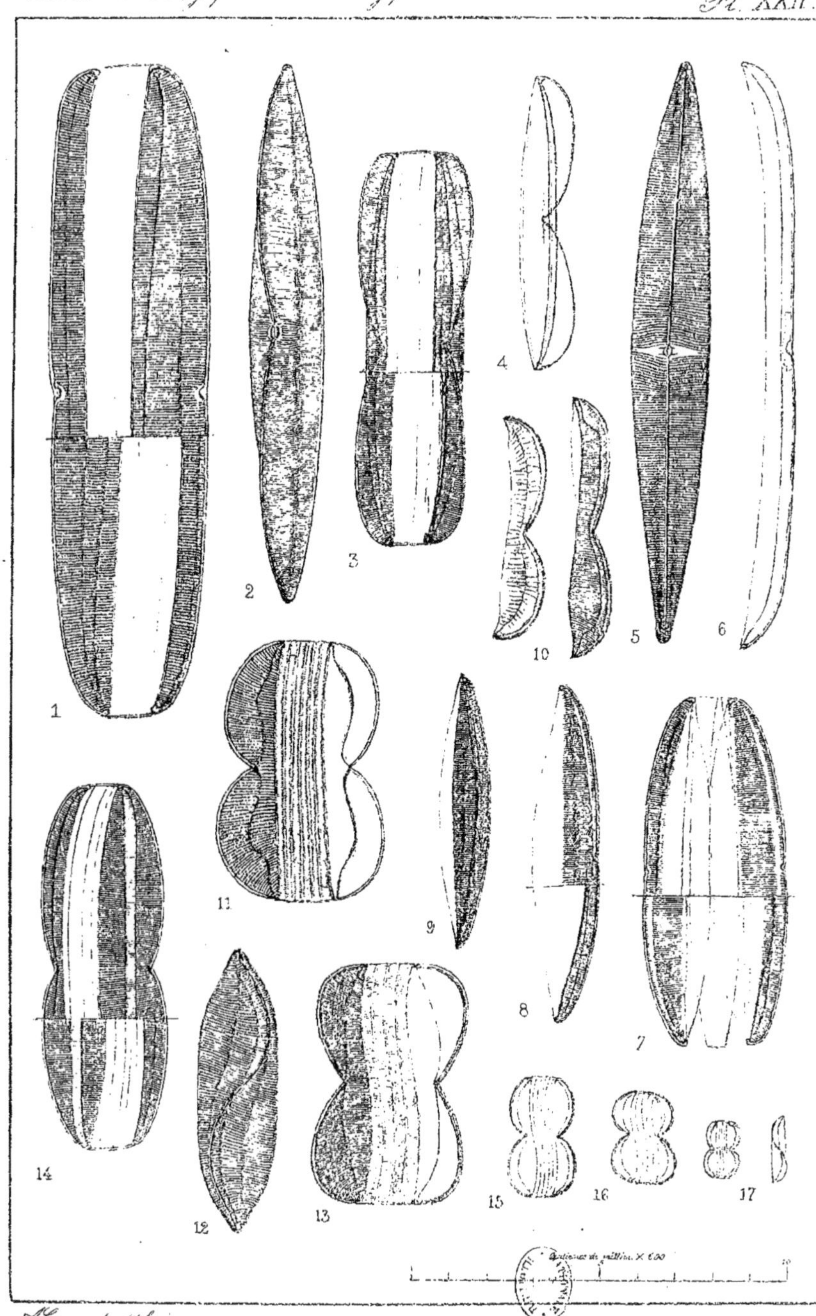

A. Grunow ad nat. delin.

PLANCHE XXII BIS.

AMPHIPRRORA.

1. A. (Amphitropis) PULCHRA Bailey. Quinah, Massachusets. *
2. IDEM. Exemplaire plus grand des eaux saumâtres de l'Amérique du Nord. $\frac{300}{1}$ *

Cette espèce se rencontre aussi sur les côtes d'Oldenbourg.

4. Structure de Fig. 2. à $\frac{1000}{1}$ *
3. A. (Amphitropis) CONSPICUA Greville (*A. pulchra var ?*) Harlyn-River, New-York.

Se trouve aussi au Brésil, et à Sierra Leone.*

5. A. (Amphitropis) ORNATA Bailey. Chicago. *

Se rencontre en Belgique et en Saxe.

PLAGIOTROPIS.

6-7-8. P. VAN HEURCKII Grun. Blanckenberghe (Belgique.)*
11-13. P. GIBBERULA Grun. Firth of Tay. (*Clève et Möller Diat. nº* 309.) Helgoland. *

AMPHORA.

9-10. A. (Amphoropsis) RECTA Grun. (*Amphiprora recta Gregory ?*) Firth of Tay. (*Clève et Möller Diat. nº* 310).*
11. A. (Amphoropsis) DECIPIENS Grun. (*Amphiprora plicata Gregory?*) Firth of Tay. (*Clève et Möller nº* 309). *

Les diatomées suivantes appartenant aux Crypto-Raphidées sont placées ici faute de place à l'endroit où elles devraient se trouver.

ACTINOPTYCHUS.

14. A. UNDULATUS Ehr. Cuxhaven (voyez Planche 112).*

ANAULUS.

15. A. BIROSTRATUS Grun. var. Californie, fossile. (voyez Planche 103). *

Dr. Henri Van Heurck, Synopsis des Diatomées de Belgique. Pl. XXII Bis.

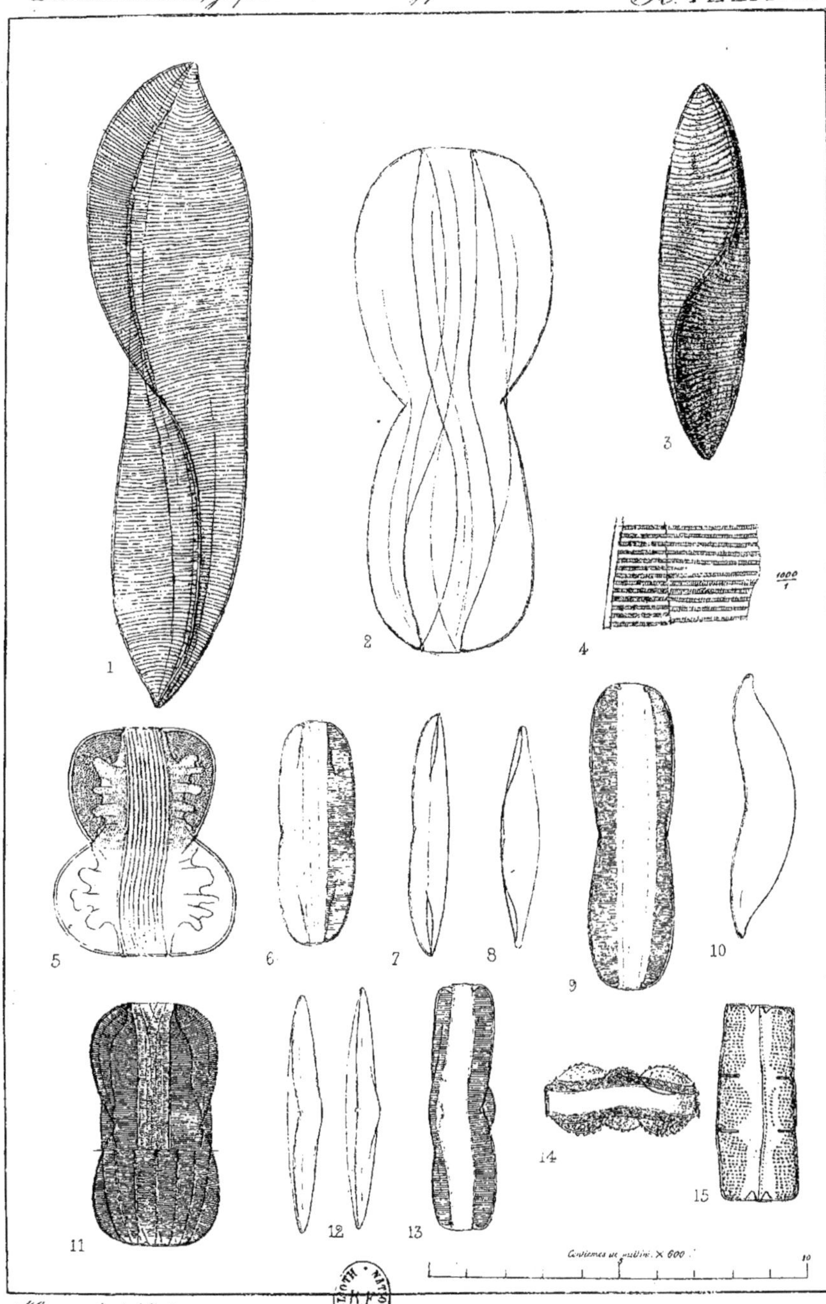

A. Grunow ad nat. delin.

PLANCHE XXIII.

GOMPHONEMA.

A. Asymmetrica Grun.

1. G. MAMILLA EHRG. Fall River, Oregon.*
2. G. HERCULEANUM EHRG. Lac Erié. Les deux parties de la valve sont éclairées d'une façon différente.*
3. G. (OREGONICUM VAR ?) MAXIMUM GRUN. Shastu (*Clève et Möller, Diat.* 264).*
4. G. GEMINATUM AG. VAR. HYBRIDA GRUN. Jennissey.*
Le *G. Geminatum* a une structure analogue et possède un ou plusieurs points unilatéraux près du nodule médian.
5. G. CONSTRICTUM EHRG. VAR SUBCAPITATA.*
6. G. CONSTRICTUM EHRG.*
7. G. (CONSTRICTUM VAR.) CAPITATUM EHRG.*
8. G. IDEM FORMA CURTA (*G. italicum Ehrg,*)*
9. G. CLAVATUM EHRG.*
10. G. ERIENSE GRUN. Lac Erié.*
11. G. (CONSTRICTUM VAR ?) TURGIDUM EHRG. Nouvelle Ecosse.*
12. G. CLAVATUM EHRG. VAR. CURTA, Cuba.*
13. G. SUBTILE EHRG.*
14. G. IDEM FORMA AUGUSTA.*
15. G. ACUMINATUM EHRG. VAR. CORONATA (*G. coronatum Ehrg.*)*
16. G. ACUMINATUM EHRG.*
17. G. ACUMINATUM EHRG. VAR. LATICEPS (*G. laticeps Ehrg.*)*
18. G. ACUMINATUM EHRG. VAR. TRIGONOCEPHALUM (*G. trigonocephalum Ehrg.*)*
19. G. ACUMINATUM EHRG. VAR. PUSILLA GRUN.*
20. G. ACUMINATUM EHRG. VAR. CLAVUS (*G. clavus Bréb.*)*
21. G. ACUMINATUM EHRG. VAR. INTERMEDIA GRUN.*
22. G. (ACUMINATUM VAR.) ELONGATUM W. SMITH.*

23-24. G. (ACUMINATUM VAR.) BRÉBISSONII Kütz.*

25-26. G. IDEM. FORMAE HAUD CONSTRICTAE.*

27. G. (SUBTILE VAR.) SAGITTA SCHUMANN.*
28. G. AUGUR EHRG. VAR. (Se rapproche du *G. nasutum* Ehrg.)*
29. G. AUGUR EHRG.*
30. G. SPHAEROPHORUM EHRG. — Cataracte du Niagara.*
31. G. TURRIS EHRG.*
32. G. MONTANUM VAR SUECICA GRUN. Jönkoping. Se rapproche fort du *G. Turris.**

33-34. G. (ACUMINATUM VAR.) MONTANUM (SCHUM).*

35. G. IDEM, de Franzenbad, fossile.*
36. G. IDEM, de la même localité, et passant au *G. clavatum.**
37. G. MONTANUM VAR MEDIA GRUN., passant à la forme suivante.*
38. G. (MONTANUM VAR.) SUBCLAVATUM GRUN.*

39-40-41. G. IDEM, de Falaise (*G. dichotomum β sessile Kütz.*)*

42-43. G. IDEM FORMAE MINORES MAJIS OBTUSATAE.*

Dr Henri Van Heurck, Synopsis des Diatomées de Belgique

Pl. XXIII

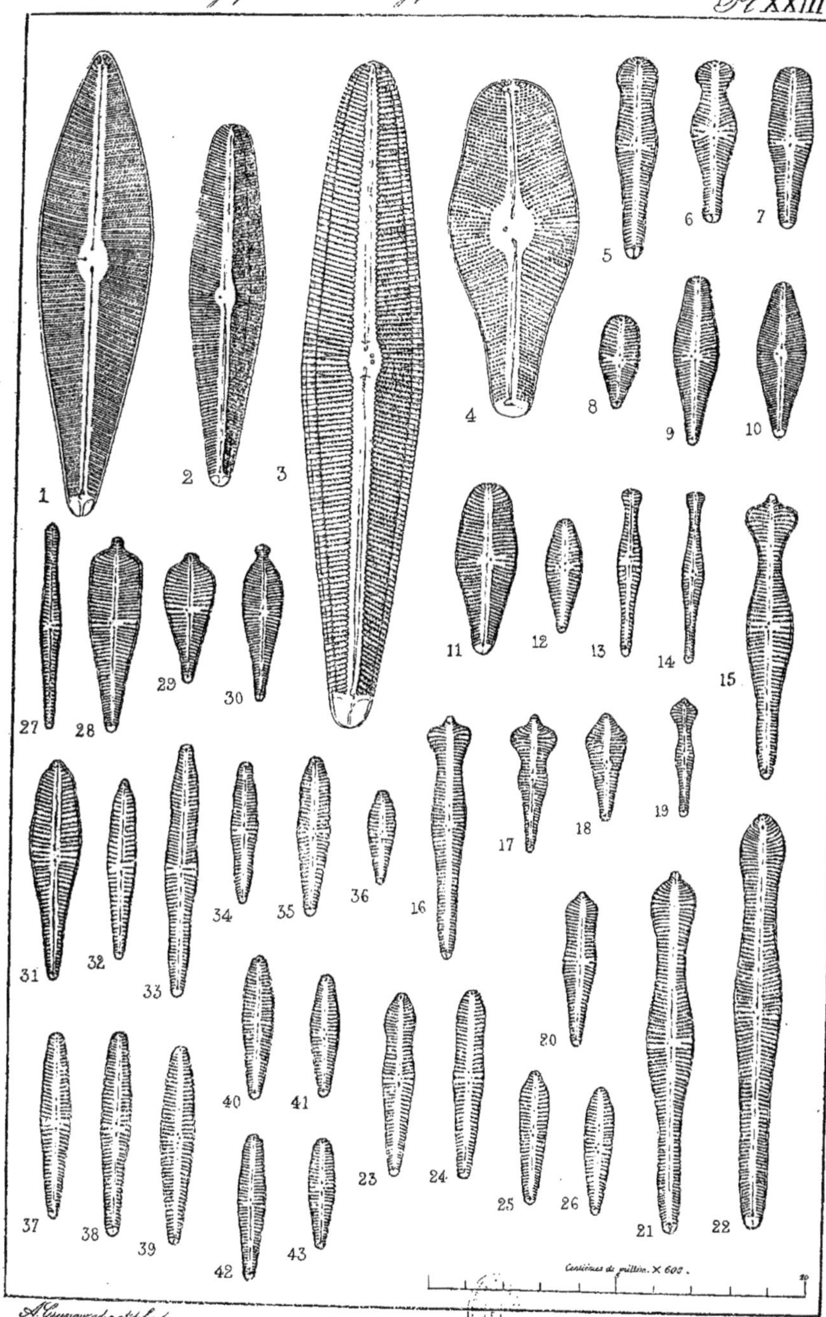

A. Grunow ad nat. delin.

PLANCHE XXIV

GOMPHONEMA (Suite).

Tous les dessins sont faits à 600 diamètres.

Suite du Groupe : Asymmetrica.

1. G. SUBCLAVATUM GRUN. VAR., passant à la forme suivante.*
2. G. COMMUTATUM GRUN.* (Est très lié au *G. Mustela* et celui-ci à son tour est très lié au *G. montanum*, ce qui fait qu'il est fort difficile de caractériser nettement les espèces dans ce groupe ; on peut en dire autant pour la plupart des autres espèces).
3. G. (COMMUTATUM VAR ?) MEXICANUM GRUN. — Mexique.*
4. G. MUSTELA EHRG.*
5-6. G. MUSTELA EHRG. VAR.* (Se rapprochant du *G. montanum*).
7. G. MUSTELA EHRG. FORMA CURTA.* Peut être aussi considéré comme une forme courte du *G. longiceps Ehrg*. Cette dernière espèce est à peine séparable du *G. Mustela*.
8-9. G. AFFINE KÜTZ.* Lac de Tacarigua.
10. G. IDEM FORMA MAJOR,* Regla (Mexique) (*G. lanceolatum Ehrg.*)
11. G. LANCEOLATUM KÜTZ.!* Lac de Tacarigua.
12. G. GRACILE EHRG. FORMA MAJOR. Rhode Island.
13. G. GRACILE VAR. NAVICULOIDES (W. SM.) GRUN.* (*G. naviculoides W. Sm.*)
14. G. IDEM FORMA PARVA.*
15.18. G. (GRACILE VAR.) AURITUM A. BRAUN.* La figure 17b montre à $\frac{300}{1}$ l'appendice muqueux spécial qu'il présente.
19-20. G. (GRACILE VAR ?) DICHOTOMUM W. SMITH ! * (*G. dichotomum Kütz. partim.*)
21. G. IDEM * ; petite forme des îles Seychelles.
22. G. TENELLUM KÜTZ. (NEC. W. SMITH.) Oldenbourg.*
23-25. G. IDEM* du Timavo ; souvent un peu plus grand.
26. G. VIBRIO EHRG. — Est très lié au *G. intricatum.**
27. G. VIBRIO VAR SUBVENTRICOSA, Mahé (Iles Seychelles).*
28-29. G. INTRICATUM KÜTZ.*
30-31. G. INTRICATUM VAR. DICHOTOMA GRUN.* (*G. dichotomum Kütz. partim !*)
32-34. G. INTRICATUM VAR. PULVINATA GRUN.*(*G. pulvinatum A. Braun!*)
35-36. G. INTRICATUM VAR. PUMILA GRUN.*
37-38. G. BENGALENSE GRUN.* Bengale.
39. G. INSIGNE GREGORY, FORMA MAJOR.*
40. G. INSIGNE GREG. FORMA MINOR.*
41. G. INSIGNE GREG. FORMA MINOR ?* (Se rapprochant du *G. affine* Kütz.)
42. G. SEMIAPERTUM GRUN. Shastu (Californie) (Clève et Möller n. 264).
43. G. (ANGUSTATUM VAR.) OBTUSATUM (Kütz.)* Contenu du frustule.
44-45. G. (ANGUSTATUM VAR.) OBTUSATUM (Kütz.)* (*Sphenella obtusata Kütz.*)
46. G. MICROPUS KÜTZ. !* Falaise.
47. G. ANGUSTATUM VAR. INTERMEDIA* (*G. angustum Bréb. nec. Kütz.!*)
48. G. IDEM, FORMA MAJOR.*
49-50. G. ANGUSTATUM (Kütz.) GRUN.* (*Sphenella angustata Kütz. ! Sphenella naviculoides Hantzsch, Gomphonema commune Rabenh., Navicula parmula Naegeli*).
51. G. ANGUSTATUM VAR. ANGUSTISSIMA ?* (Se rapprochant du *G. tenellum Kütz.*)
52-55. G. ANGUSTATUM VAR. PRODUCTA GRUN.*

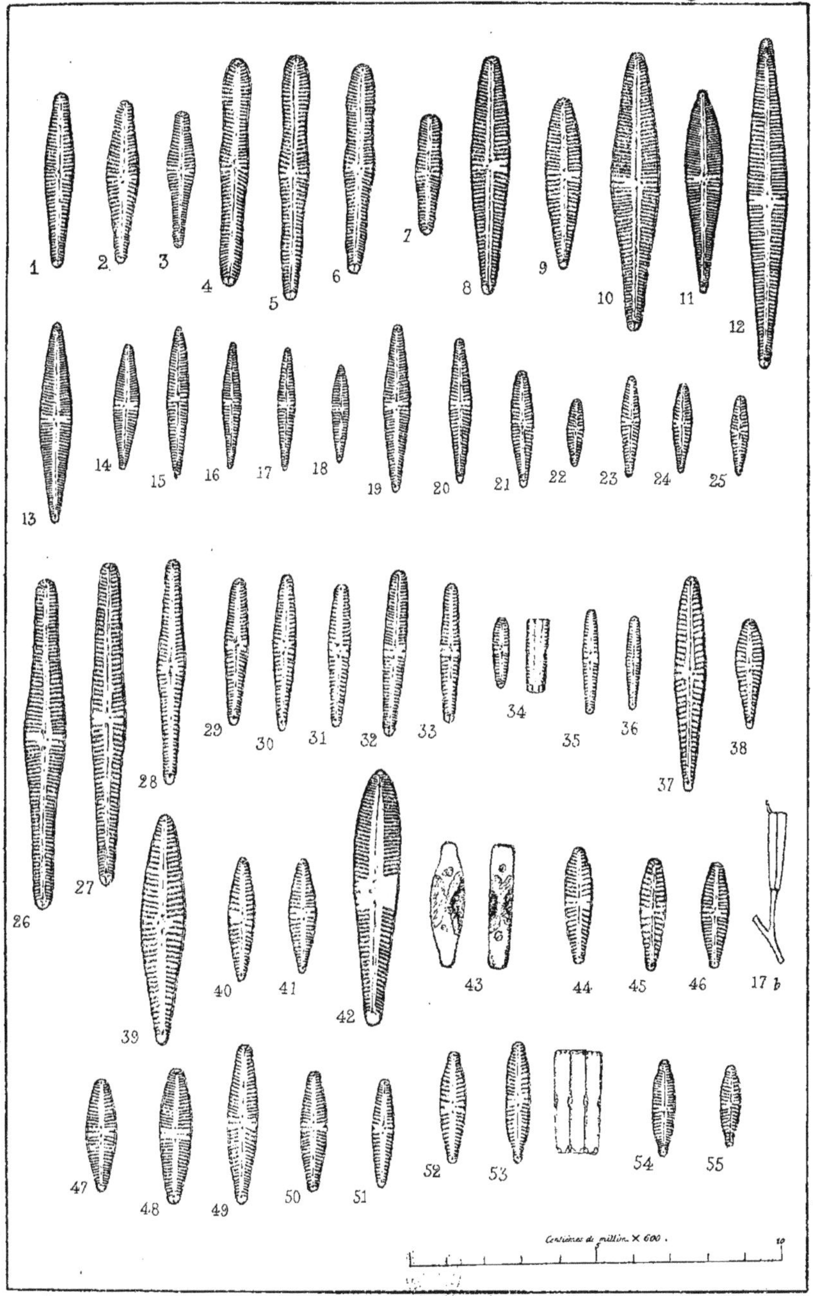

1 2 3 4 5 6 7 8 9 10 11 12

13 14 15 16 17 18 19 20 21 22 23 24 25

26 27 28 29 30 31 32 33 34 35 36 37 38

39 40 41 42 43 44 45 46 17 b

47 48 49 50 51 52 53 54 55

Centièmes de millim. × 600.

10

A. Grunow ad nat. delin.

PLANCHE XXV.

GOMPHONEMA (Suite).

Tous les dessins sont faits à 600 diamètres, si le contraire n'est pas indiqué.

Groupe : Asymmetrica (Suite).

1. G. ANGUSTATUM VAR SUBAEQUALIS GRUN.*
2. G. (ANGUSTATUM VAR.) SARCOPHAGUS GREG.*
3. G. (ANGUSTATUM VAR. ?) AEQUALE GREG.*
4. G. MICROPUS Kütz. FORMA MAJOR.*
5. G. MICROPUS Kütz. VAR. MINOR GRUN.*
6. G. MICROPUS Kütz. VAR. EXILIS GRUN.*
7. G. LAGENULA Kütz. VAR.*
8. G. LAGENULA Kütz. ! Cuba.*
9. G. PARVULUM (Kütz.) (*Sphenella parvula Kutz.*)*
10. G. IDEM, VAR. LANCEOLATA.*
11. G. IDEM, VAR. SUBCAPITATA.*
12. G. IDEM, VAR EXILISSIMA GRUN.*
13. G. VENTRICOSUM GREG.*

14-15. G. VENTRICOSUM VAR. ORNATA GRUN.*

Groupe : SYMMETRICA GRUN.

a) Brevistriata.

16. G. ABBREVIATUM Kütz.!* (L'espèce d'Agardh ne peut plus être reconnue et est en tout cas autre chose).
17. G. (ABBREVIATUM VAR.) BRASILIENSE GRUN.* Brésil, Cuba.
18. G. PUIGGARIANUM GRUN.* Brésil.

b) Elegantia.

19. G. ELEGANS GRUN. Shastu, Californie (Clève et Moll. Diat. 264).*

c) Olivacea.

20. G. OLIVACEUM EHRG.
21. G. OLIVACEUM VAR VULGARIS GRUN. (*Sphenella vulgaris Kütz.*)*
22. G. OLIVACEUM VAR STAURONEIFORMIS GRUN.*
23. G. OLIVACEUM VAR. CALCAREA (CLÈVE) (*G. calcareum Clève*).
24. G. (OLIVACEUM VAR. ?) BALTICUM CLÈVE.*
25. G. (OLIVACEUM VAR. ?) ANGUSTUM Kütz.*

26-27. G. (OLIVACEUM VAR ?) SUBRAMOSUM Kütz. ! (C. AG. ?)*

d) Marina.

28. G. KAMTSCHATICUM VAR. CALIFORNICUM GRUN.* Californie.
29. G. KAMTSCHATICUM GRUN. Kamtschatka.*
30. G. ARCTICUM GRUN.* Mer glaciale du nord.*

31-32. G. PACHYCLADUM BRÉB.*

33. G. PERUANUM GRUN. !*
34. G. EXIGUUM Kütz. ! (*G. hyalinum Heiberg.*)*

35-36. G. EXIGUUM Kütz. VAR DIGITATUM (*G. digitatum Kütz.* !)*

37. G. EXIGUUM VAR. TELOGRAPHICUM (*G. telographicum Kutz.*)*
38. G. EXIGUUM VAR. MINUTISSIMA (*G. minutissimum Kütz.* !)*
39. G. EXIGUUM VAR. PERPUSILLA GRUN.

(33-40 : 1000/1)

APPENDICE.

40. G. SEMIAPERTUM VAR. TERGESTINA GRUN. Trieste.*

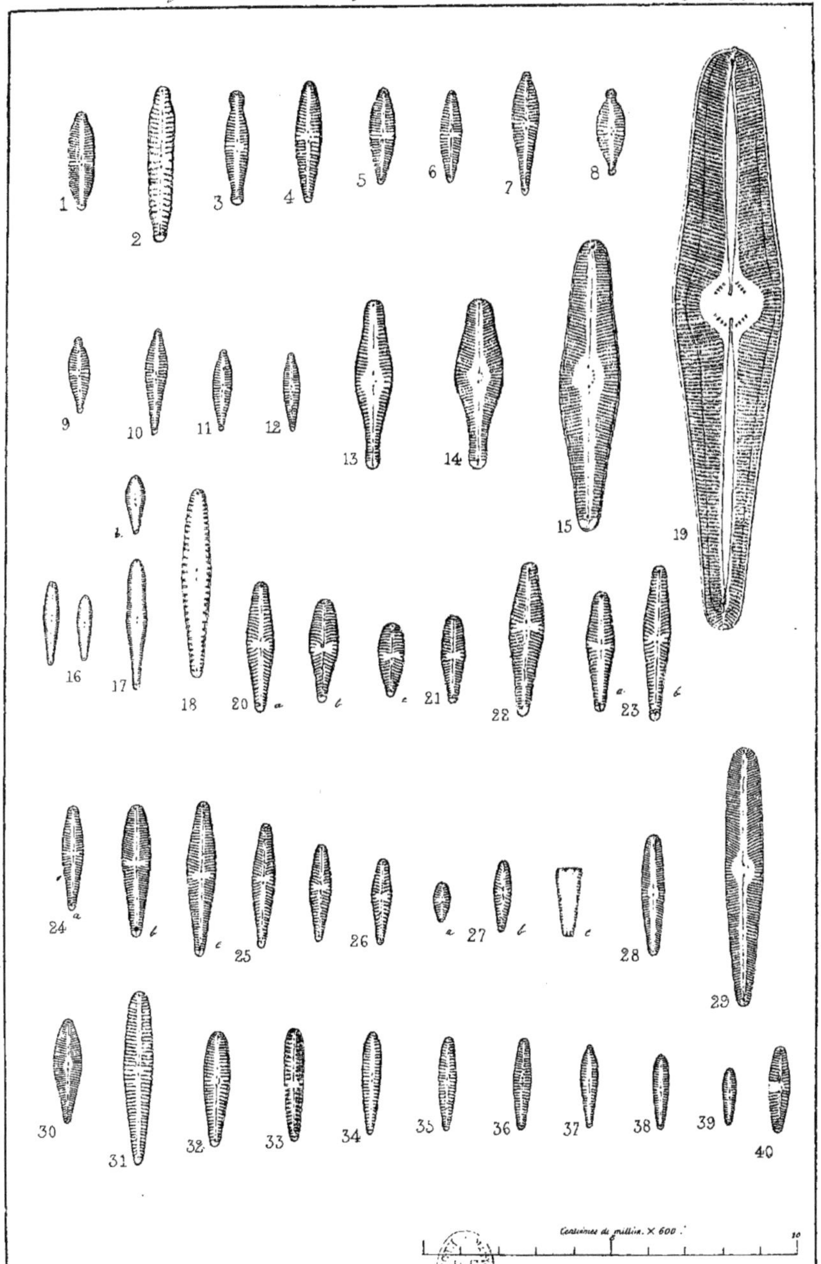

1 2 3 4 5 6 7 8

9 10 11 12 13 14 15 19

b. 16 17 18 20 a b c 21 22 a 23 b

24 a b c 25 26 a 27 b c 28 29

30 31 32 33 34 35 36 37 38 39 40

Centièmes de millim. × 600. 10

A. Grunow ad nat. delin.

PLANCHE XXVI.

RHOICOSPHENIA.

Tous les dessins sont faits à 600 diamètres si le contraire n'est pas indiqué.

1. R. CURVATA (Kütz.) Grun. (*Gomphonema Kütz.*)*
2. R. IDEM, valve inférieure.*
3. R. IDEM, frustule entier.*
4. R. CURVATA var. marina (Kütz.) Grun. (*Gomphonema marinum W. Sm.; curvatum β marina Kütz.*)*

5-6. R. VANHEURCKII Grun.* Valves supérieures. } $\frac{1000}{1}$
7. R. IDEM, valve inférieure.*
8-9. R. IDEM, frustules entiers.*

ACHNANTHES.

10. A. BREVIPES C. Ag. Valve supérieure.
11. A. IDEM, valve inférieure.
12. A. IDEM, frustule entier.
13. A. LONGIPES C. Ag. Valve supérieure.
14-15. A. IDEM, valve inférieure.
16. A. IDEM, frustule entier.
17. A. COARCTATA (Bréb.) Grun. (*Achnanthidium Bréb.*) Valve supérieure.
18. A. IDEM, valve inférieure.
19-20. A. IDEM, frustule entier.
21-22. A. SUBSESSILIS Ehrg. Valve supérieure.
23. A. IDEM, valves inférieures.
24. A. IDEM, frustule entier.
25. A. PARVULA Kütz. Valve supérieure.*
26. A. IDEM, valve inférieure.*
27-28. A. IDEM, frustules entiers.*

ACHNANTHIDIUM.

29. A. FLEXELLUM, Bréb. (*Cocconeis Thwaitesii W. Smith*) Valve supérieure.
30. A. IDEM, valve inférieure.
31. A. IDEM, frustule entier.

A. B. Contenu du frustule de l'*Achnanthes brevipes* d'après M. Pfitzer.

Dr Henri Van Heurck Synopsis des Diatomées de Belgique

Pl. XXVI

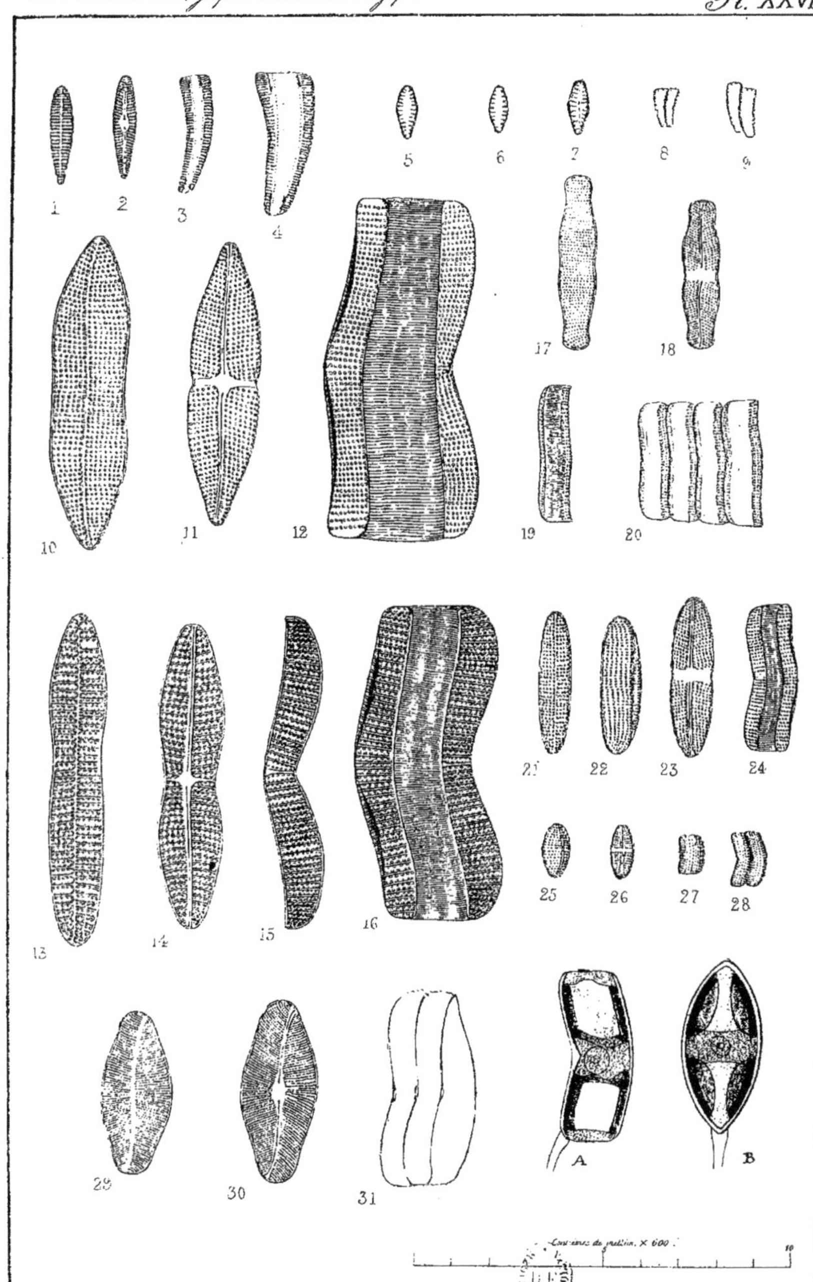

Ad Grunow et H. Van Heurck ad nat. delin.

PLANCHE XXVII.

ACHNANTHES (Suite).

Toutes les figures, sauf la fig. 16, sont dessinées à 1000 diamètres.

1. ACHNANTHES HUNGARICA GRUN. Valve supérieure.*
2. A. IDEM. Valve inférieure.*
3. A. DELICATULA (Kütz.) GRUN. (*Achnanthidium delicatulum Kütz.*) Valve supérieure.*
4. A. IDEM. Valve inférieure.*
5-6. A. CLEVEI GRUN. Valve supérieure.*
7. A. IDEM. Valve inférieure.*
8. A. LANCEOLATA (BRÉB.) GRUN. (*Achnanthidium Bréb.*) Valve supérieure.*
9-10-11. A. IDEM. Valves inférieures.*
12. A. LANCEOLATA VAR. DUBIA GRUN. Valve supérieure.*
13. A. IDEM. Valve inférieure.*
14. A. HAUCKII GRUN. Valve supérieure.*
15. A. IDEM. Valve inférieure.*
16. A. EXILIS Kütz. vivant, $\frac{600}{1}$.*
17. A. IDEM. Valve supérieure.*
18-19. A. IDEM. Valves inférieures.*
20. A. MICROCEPHALA (Kütz.) GRUN. (*Achnanthidium Kütz.*) Valve supérieure.*
21-22. A. IDEM. Valves inférieures.*
23. A. IDEM. Frustule entier.*
24. A. LINEARIS VAR. JACKII GRUN. (*Achnanthidium Jackii Rabenh.*) Valve inférieure.*
25. A. HUDSONIS GRUN. Valve supérieure.*
26. A. IDEM. Valve inférieure. (Hudson River, de chaque côté du nodule médian on remarque une petite impression.)*
27. A. BIASOLETTIANA GRUN. (*A. linearis forma curta, ventricosa ? Synedra Biasolettiana Kütz. ?*) Valve supérieure.*
28. A. IDEM. Valve inférieure.*
29. A. EXIGUA GRUN. (*Stauroneis exilis Kütz. !*) habite les régions tropicales et, en Europe les aquarium chauds et parfois les eaux thermales). Valve supérieure.*
30. A. IDEM. Valve inférieure.*
31. A. LINEARIS (W. SM.) GRUN. (*Achnanthidium W. Sm.*) Valve supérieure.*
32. A. IDEM. Valve inférieure.*
33. A. (LINEARIS VAR. ?) PUSILLA GRUN. Valve supérieure.*
34. A. IDEM. Valve inférieure.*
35. A. MINUTISSIMA Kütz. FORMA CURTA. Valve inférieure.*
36. A. IDEM. Frustule entier.*
37. A. MINUTISSIMA Kütz. Valve supérieure.*
38. A. IDEM. Valve inférieure.*
39. A. AFFINIS GRUN. Valve supérieure.*
40. A. IDEM. Valve inférieure.*
41. A. MINUTISSIMA VAR. CRYPTOCEPHALA GRUN. (*Achnanthidium cryptocephalum Naegeli ?*) Valve supérieure.*
43-44. A. IDEM. Valve inférieure.*
44. A. IDEM. Frustule entier.*
45. A. MARGINULATA GRUN. Valve supérieure.*
46. A. IDEM. Valve inférieure.*
47. A. GIBBERULA GRUN. Valve supérieure.*
48. A. IDEM. Valve inférieure.*
49. A. IDEM. Frustule entier.
50. A. TRINODIS (ARNOTT) GRUN. *Achnanthidium Arnott., Rhoiconeis Grun., Navicula trinodis Sm.* (*partim ?*) Valve supérieure.*
51. A. IDEM. Valve inférieure.*
52. A. IDEM. Frustule entier.

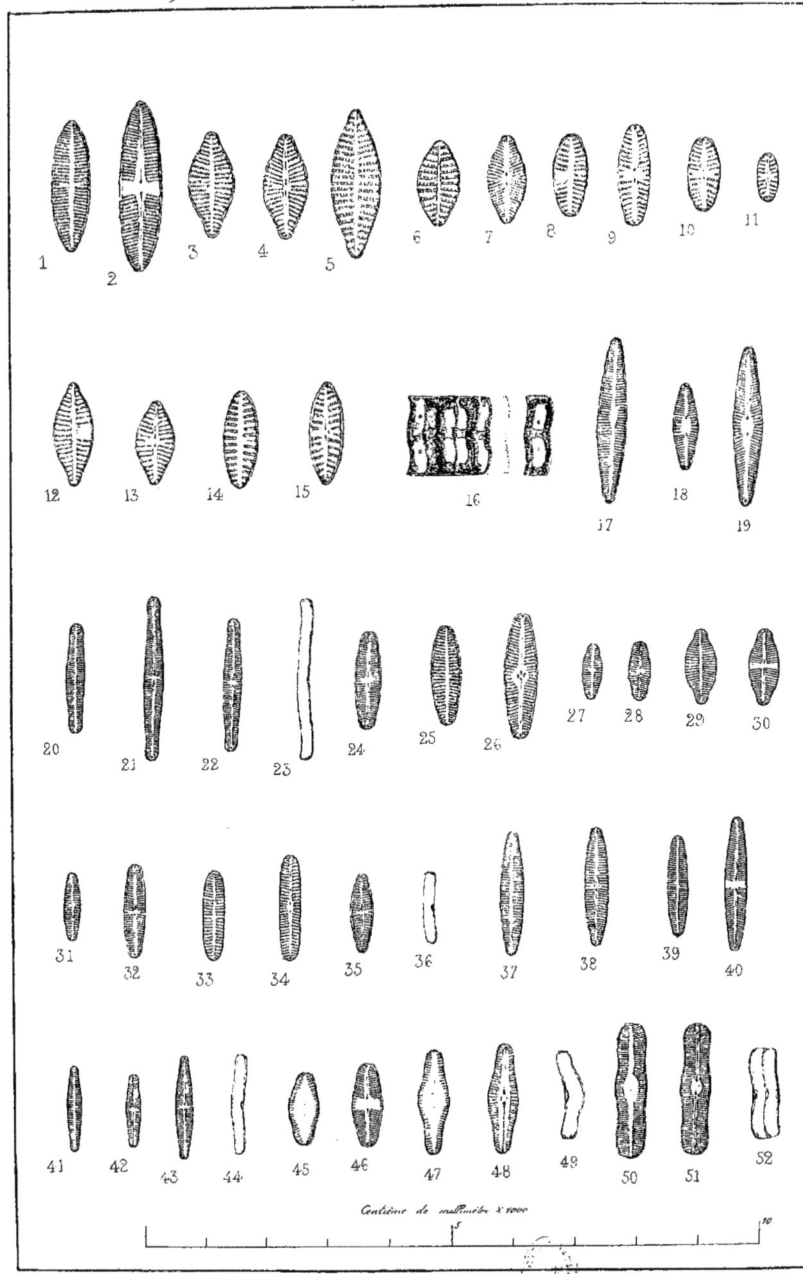

A. Grunow ad nat. delin.

PLANCHE XXVIII.

ORTHONEIS-CAMPYLONEIS-MASTOGLOIA.

1. O. SPLENDIDA (Greg.) Grun. (*Cocconeis Greville*).
2. O. IDEM. Anneau et direction de la ligne médiane dans les deux valves.*
3. O. FIMBRIATA (Brightwell) Grun. (*Cocconeis, Brightwell.*)*
4. O. CLEVEI (Grun.) Iles Barbades.*
5. M. OVATA Grun. (*Orthoneis Gr.*).*
6. M. CRIBROSA Grun. (*Orthoneis Gr.*).*
7. O. BINOTATA Grun. (*Cocconeis scutellum var. γ Roper*).*
8. C. GREVILLEI (W. Sm.) Grun. (*Cocconeis W. Sm.*) var. microsticta Grun. — Valve supérieure avec une partie du lacis de côtes.*
9. C. IDEM. Valve inférieure avec les côtes.*
10. C. GREVILLEI (W. Sm.) Grun. Valve supérieure.
11. C. IDEM. Valve inférieure.
12. C. IDEM. Couche des côtes de la valve inférieure.*
13. C. REGALIS (Greville) Grun. (*Cocconeis Greville*) var. minuta Grun. Valve supérieure.*
14. C. IDEM. Valve inférieure.*
15. C. ARGUS Grun. Valve supérieure.*
16. C. IDEM. Valve inférieure (variété du *C. Grevillei ?*)*

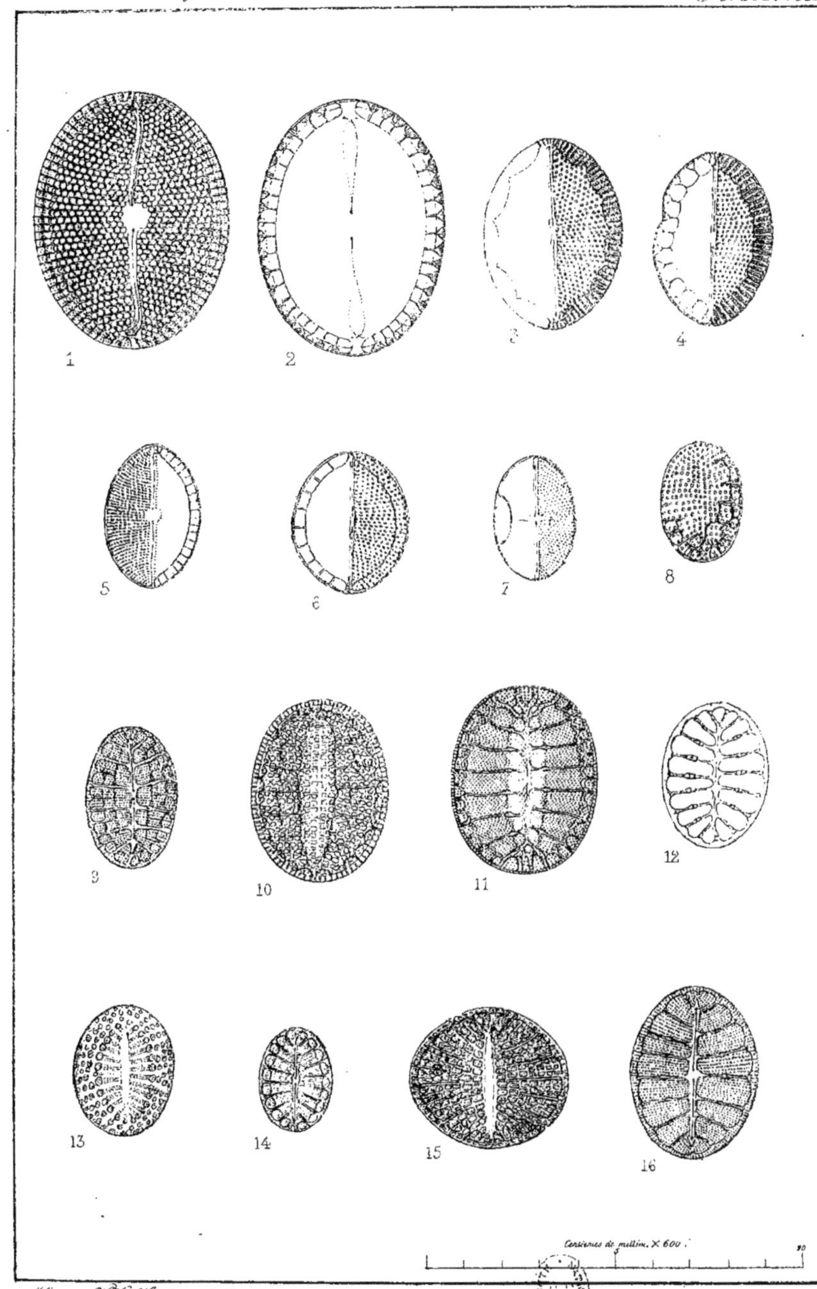

A. Grunow et H. Van Heurck ad nat. delin.

PLANCHE XXIX.

COCCONEIS.

1. C. SCUTELLUM EHRG. Valve supérieure.*
2. C. IDEM. Valve inférieure.*
3. C. IDEM. Anneau.*
4. C. SCUTELLUM VAR. AMPLIATA GRUN. Valve supérieure.*
5. C. IDEM. Valve inférieure, Terre de Kerguelen.*
6. C. SCUTELLUM VAR. ORNATA GRUN. Valve supérieure.*
7. C. IDEM. Valve inferieure, du Kamtschatka.*
8. C. SCUTELLUM FORMA PARVA. Valve supérieure.*
9. C. IDEM. Valve inférieure.* (*Coc. consosiata* et *C. aggregata Kütz.*)
10. C. SCUTELLUM VAR. STAURONEIFORMIS SM. Valve supérieure.*
11. C. IDEM. Valve inférieure.*
12. C. SCUTELLUM VAR. MINUTISSIMA GRUN. Valve supérieure.*

13-14. C. DIRUPTA GREG. Valve inférieure.* $\frac{1000}{1}$

15. C. IDEM. FORMA PARVA, Valve supérieure.* $\frac{1000}{1}$ (*C. oceanica Ehrg.? C. limbata Ehrg.? C. diaphana W. Sm. partim*).
16. C. DIRUPTA VAR. FLEXELLA GRUN. Valve inférieure.* $\frac{1000}{1}$
17. C. IDEM. Valve supérieure.* $\frac{1000}{1}$
18. C. DIRUPTA VAR. ANTARCTICA GRUN. Valve supérieure.*
19. C. IDEM. Valve inférieure.* Iles Auckland.
20. C. PSEUDOMARGINATA GREG. Valve supérieure.
21. C. IDEM. Valve inférieure.* (*C. major Gregory*).

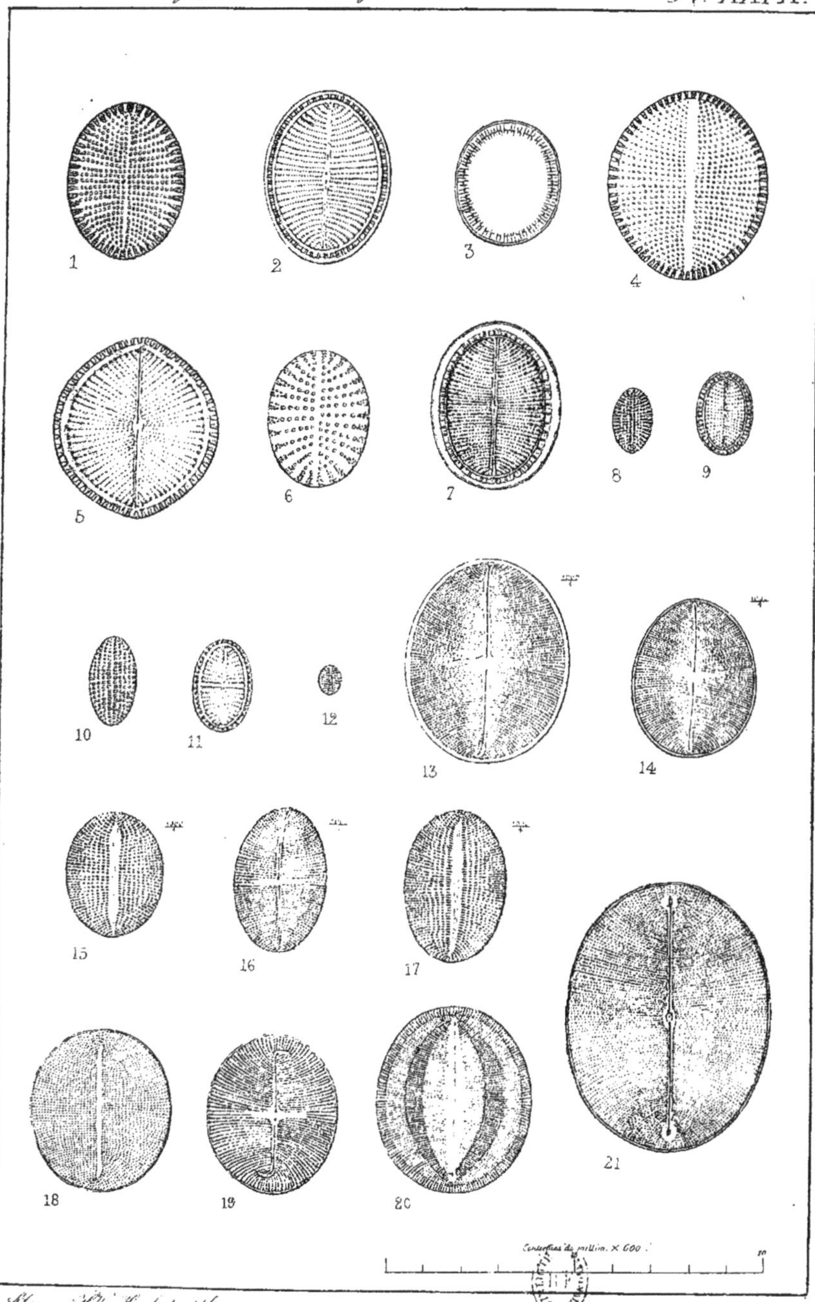

A. Grunow et H. Van Heurck ad nat. delin.

PLANCHE XXX.

COCCONEIS (Suite).

1. C. BRITANNICA Naegeli. Valve supérieure.*
2. C. IDEM. Valve inférieure. (*C. scutelliformis Grun. in litteris*).
3. C. INTERRUPTA Grun. Valve supérieure.*
4. C. IDEM. Valve inférieure.* Kamtschatka.
5. C. AMYGDALINA (Bréb.) forma minor. Valve supérieure. (*C. diaphana var. amygdalina Bréb. manuscr. C. diaphana W. Sm. partim* ; très proche du *C. molesta* Kütz.)
6. C. PINNATA Greg. Valve supérieure.*
7. C. IDEM. Frustule entier.* La valve inférieure est analogue à celle du *C. pseudomarginata* mais plus petite et à stries formées par des ponctuations plus rapprochées.
8. C. (ambigua Grun. var. ?) CALIFORNICA Grun. Valve inférieure.*
9. C. IDEM. Valve supérieure.*
10. C. IDEM. forma subcontinua.* Californie.
11. C. COSTATA Greg. Valve supérieure.*
12. C. IDEM. Valve inférieure.*
13. C. COSTATA var. pacifica Grun. Valve supérieure.*
14. C. IDEM. Valve inférieure.* Californie.

15-16. C. COSTATA var. hexagona Grun. Valves supérieures.* Californie.

17. C. IDEM. Valve inférieure.* Pérou.
18. C. MOLESTA Kütz. forma angusta. Valve inférieure.*
19. C. IDEM. Valve inférieure.*
20. C. MOLESTA var. crucifera Grun. forma minor. Valve supérieure.
21. C. IDEM. Valve inférieure. $\frac{1000}{1}$
22. C. MOLESTA var. crucifera Grun. forma major. Valve supérieure.*
23. C. IDEM. Valve inférieure.*
24. C. CYCLOPHORA Grun. Valve supérieure.*
25. C. IDEM. Valve inférieure.* Australie australe.
26. C. PLACENTULA Ehrg. Valve supérieure.*
27. C. IDEM. Valve inférieure.*
28. C. PEDICULUS Ehrg. (partim). Valve supérieure.*
29. C. IDEM. Valve inférieure.*
30. C. IDEM. Anneau.*
31. C. LINEATA (Ehrg. ?) Grun. Valve inférieure.*
32. C. IDEM. Valve supérieure.*
33. C. LINEATA var. euglypta Grun. (*C. euglypta Ehrg. ?*) Valve supérieure.*
34. C. IDEM. Valve inférieure.*
35. C. AMYGDALINA Bréb. forma major.* $\frac{1000}{1}$

A. Contenu du *Coc. Pediculus* d'après M. *Pfitzer*.

Dr Henri Van Heurck, Synopsis des Diatomées de Belgique — Pl. XXX.

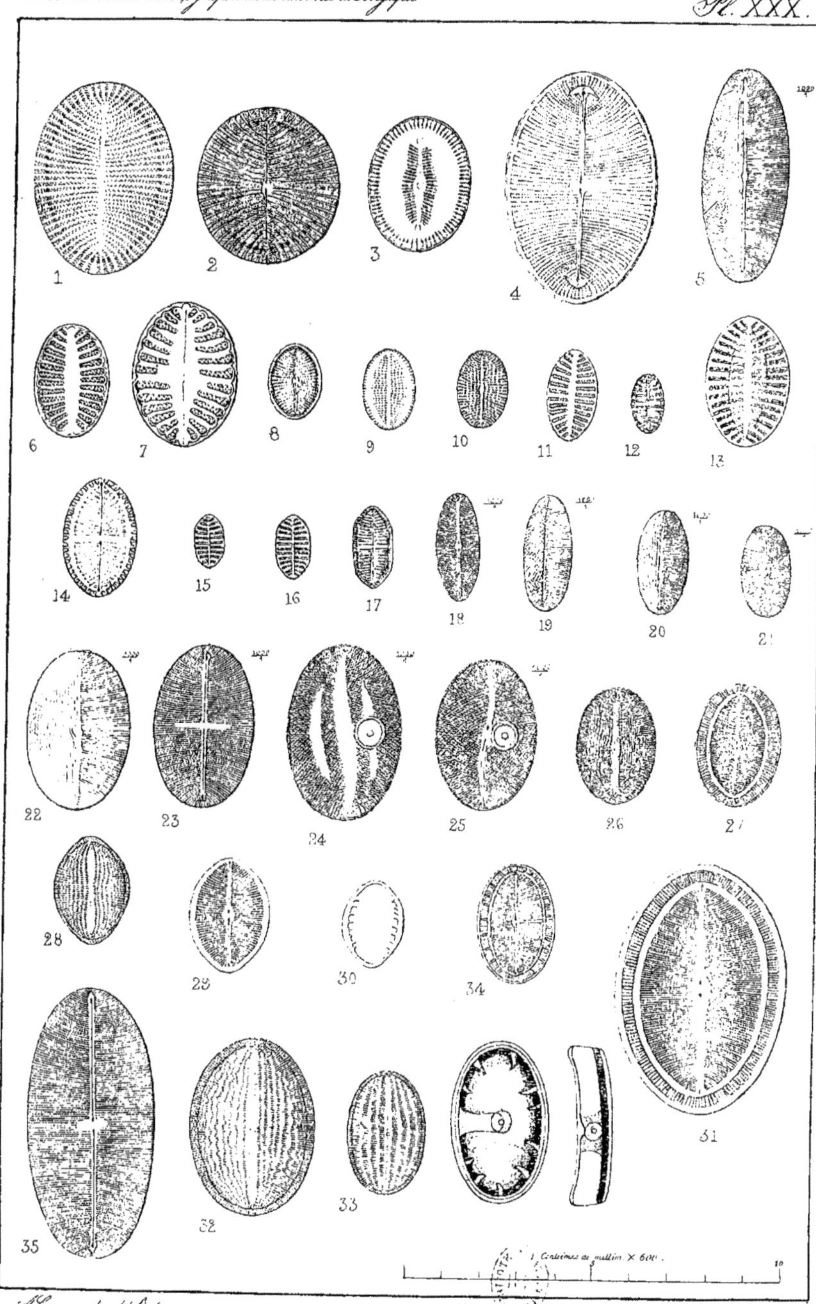

A. Grunow ad nat. delin.

PLANCHE XXXI.

EPITHEMIA.

1-2. E. TURGIDA (Ehr.) Kütz.
3-4. E. HYNDMANNI W. Smith.
5-6. E. TURGIDA var. granulata Grun. (*E. granulata* (*Ehr.*) *Kütz*).
7. E. TURGIDA var. vertagus Grun. (*E. Vertagus Kütz*, *E. granulata W. Smith*).
8. E. WESTERMANNII (Ehr ?) Kütz (nec *E. Westermannii W. Smith*).
9. E. ZEBRA (Ehr) Kütz.
10. E. ZEBRA var. proboscidea Grun. (*E. proboscidea Kütz*, nec *E. proboscidea W. Smith*).
11-12-13. E. ZEBRA formae minores.
14. E. ZEBRA face frontale.
15. E. ARGUS (Ehr) Kütz.
16. E. ARGUS, disposition des côtes internes.
17. E. ARGUS. face frontale.
18. E. ARGUS, monstruosité fréquente.
19. E. ARGUS var. amphicephala Grun. (*E. alpestris W. Smith.* nec *Kütz*, se rapproche de l'*E. intermedia Hilse*.

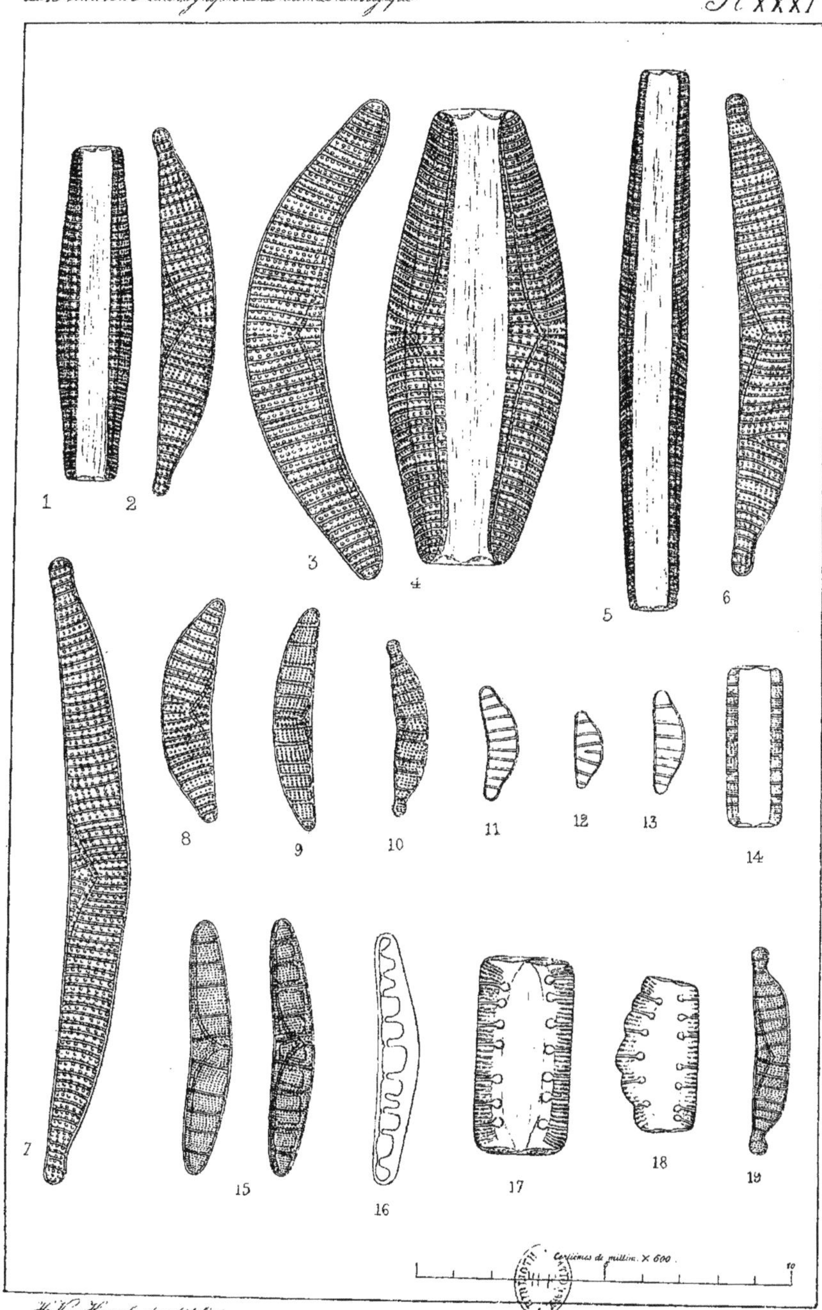

H. Van Heurck ad nat. delin.

PLANCHE XXXII.

EPITHEMIA (Suite).

1-2. EPITHEMIA GIBBA (EHR) KÜTZ.
3. E. GIBBA VAR. PARALLELA GRUN.
4-5. E. GIBBA VAR. VENTRICOSUM GRUN. (*E. ventricosum Kütz.* La variété (?) voisine : *Novae Zealandiae Grun.* a des stries et des côtes deux fois aussi rapprochées.
6-7-8. E. SOREX Kütz.
9-10. E. SOREX FORME SPORANGIALE.
11-12-13. E. GIBBERULA (EHR ?) KÜTZ. VAR. PRODUCTA GRUN. Se rapproche excessivement de l'*E. rupestris* W. Sm. et de l'*E. minuta Hantzsch*, entre lesquels il tient le milieu. Le *Cymbella ventricosa C. Ag.* d'après un échantillon authentique de l'auteur, est cette même forme.
14-15. E. MUSCULUS KÜTZ. n'est pas l'*Eunotia sphaerula Ehr.* comme on le croit souvent ; ce dernier est une forme courte de l'*Eunotia Cistula Ehr.*
16-17-18. E. SUCCINCTA BRÉB. (*E. constricta Bréb.* in litteris ad *W. Smith* nec *E. constricta W. Smith*).

A.B. Contenu cellulaire de l'*Epithemia turgida* d'après *M. Pfitzer*.

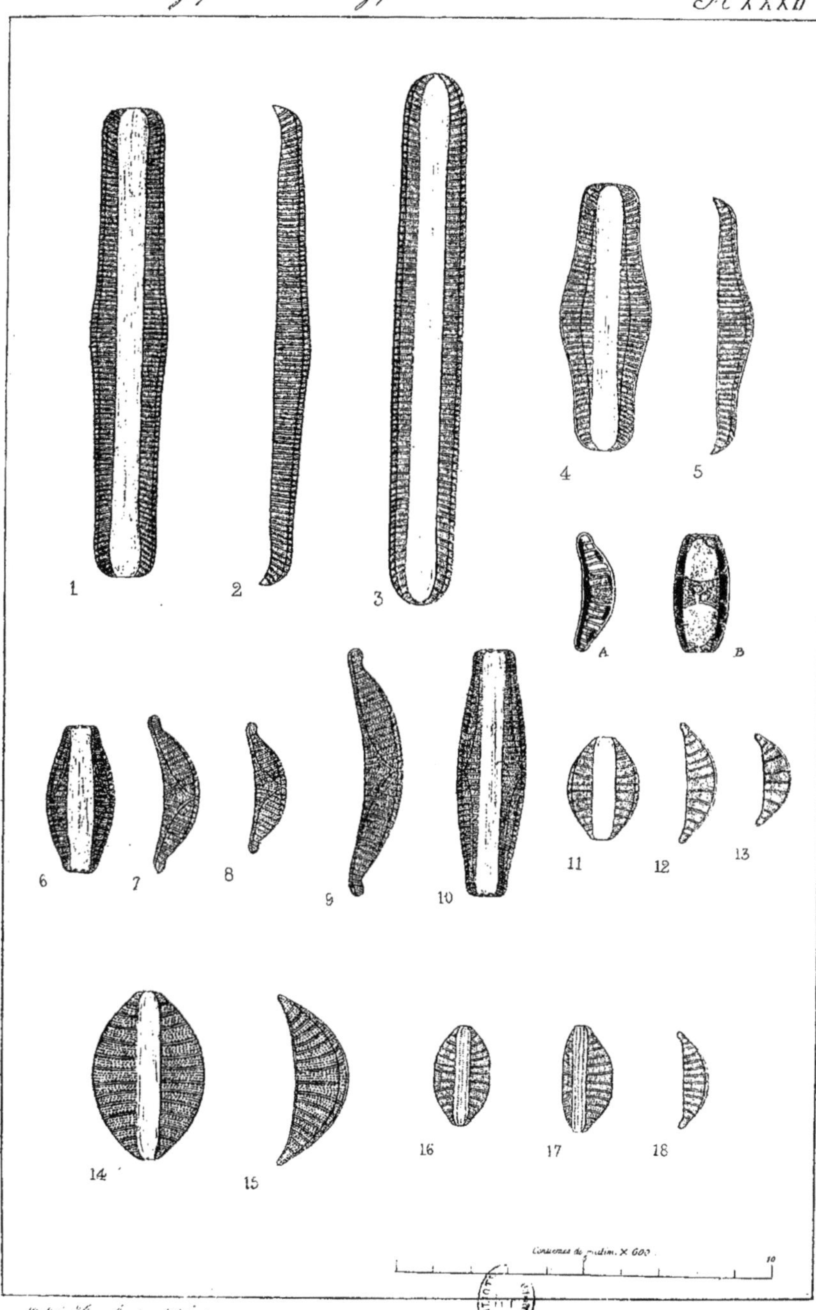

H. Van Heurck ad nat. delin.

PLANCHE XXXIII.

EUNOTIA.

1-2. E. EUNOTIA GRACILIS (Ehr.) Rabenh. nec W. Smith (*Himantidium gracile Ehr.*)

3. E. MONODON Ehr.*

4. E. MONODON Ehr. forma curta.*

5. E. DIODON Ehr. forma minor.*

6. E. DIODON Ehr. (*E. Monodon var. Diodon Grun.*)

7. E. DIODON var ? diminuta Grun.*

8. E. ROBUSTA var. Papilio Grun. (*E. Papilio Ehr. partim.*)* Spitzberg.

Les échantillons originaux, de Cayenne, sont très différents de cette forme-ci, qui est arctique.

9-10. E. TRIODON Ehr.

Ne semble pas, par suite de sa striation beaucoup plus fine que celle de *E. robusta*, appartenir à ce dernier.

11. E. ROBUSTA var. tetraodon Ehr. Ralfs.

12. E. ROBUSTA var. diadema (Ehr) Ralfs.*

13. E. ROBUSTA var. hendecaodon (Ehr.) Ralfs.*

14. E. DENTICULA (Bréb.) Rabenh. (*Himantidium Bréb.*)*

La fig. *b* montre dans la face frontale la disposition des nodules terminaux. Cette disposition toute particulière, et qui n'a, jusqu'ici, été signalée par aucun observateur, se retrouve dans toutes les vraies Eunotiées.

15. E. PECTINALIS (Kütz) Rabenh. (*Himantidium Kütz*) forma curta.

16. IDEM. forma elongata.

17. E. PECTINALIS var. undulata Ralfs (*Himantidium undulatum. W Smith.*)

18. E. PECTINALIS var. stricta Rabenh. (*Eunotia depressa Ehr.?*)*

Parait appartenir partiellement au genre *Epithemia* et partiellement au genre *Eunotia*. La fig. *b* montre en dessus du trait transversal la partie ventrale et en dessous du trait la partie dorsale de la face connective.

19a. E. PECTINALIS var. biconstricta Grun.*

19b. E. PECTINALIS var. ventricosa Grun.* (*Eunotia ventricosa Ehr*) (*L. E. ventricosa* Ehr. passe complètement à la variété *undulata*.)

20-21 E. (pectinalis var ?) MINOR (Kütz) Rabenh. (*Himantidium minus Kütz.*)*

22. E. IMPRESSA Ehr. var. angusta Grun. forma vix impressa.* Comparez Pl. XXXV fig. 1

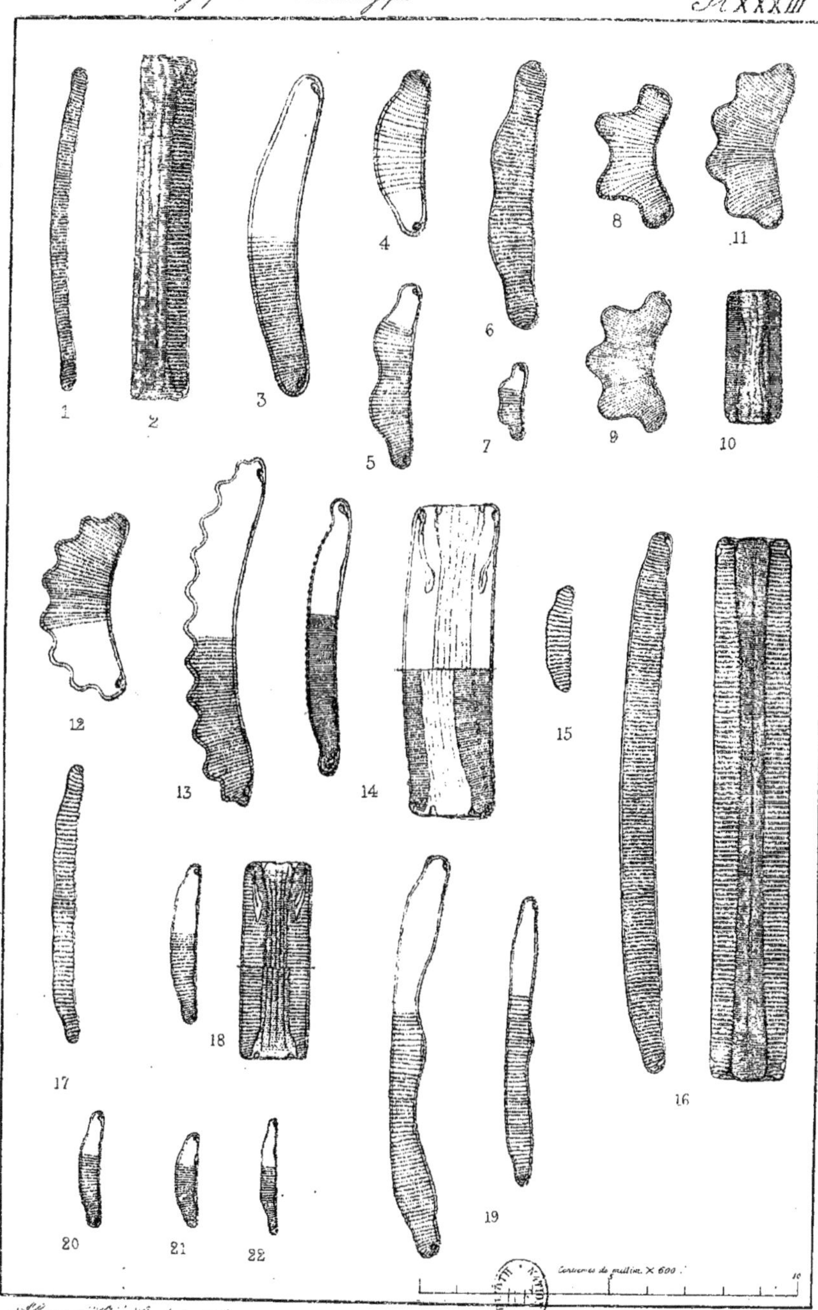

A. Grunow et H. Van Heurck ad nat. delin.

PLANCHE XXXIV.

EUNOTIA (Suite).

1. EUNOTIA FORMICA Ehr.*

La grande série de formes de l'*E. Didyma Grun.* (*E. Formica Grun. olim*) se rapproche fort, dans quelques branches, de cette espèce, avec laquelle on ne peut cependant pas le réunir.

2. E. ARCUS Ehr. (partim) var.

3. E. ARCUS var minor Grun.*

4. E. ARCUS var ? hybrida Grun.*

5-6. E. ARCUS var ? tenella Grun.*

7. E. ARCUS var. bidens. Grun.*

8. E. (exigua Bréb. var.) NYMANNIANA Grun.*

9. E. (exigua Bréb. var.) PALUDOSA Grun. (*E. gracilis W. Smith nec Ehr.)*

10. E. (exigua Bréb. var.) NYMANNIANA Grun.

11. E. EXIGUA (Bréb.) Grun. (*Himantidium Bréb.)**

D'après un échantillon authentique.

12. E. EXIGUA var. vix diversa (*Eunotia minuta Hilse in Rab.*)

13. E. ARCUS var. uncinata Grun. (*Eunotia uncinata Ehr. partim.*)

Se rapproche fort de l'*Eunotia indica Grun.* qui pourrait bien n'être qu'une forme remarquable de l'*E. major*.

14. E. MAJOR (W. Sm.) Rabenh. *(Himantidium W. Sm., Eunotia biceps et monodon Ehr. partim.)*

15. E. MAJOR var. bidens (Greg.) W. Smith. (*Himantidium bidens Gregory.*)

16. E. PARALLELA Ehr. forma angustior.*

17. E. PRAERUPTA var inflata Grun.

Se rapproche de l'*E. monodon*.

18. FORME voisine se rapprochant davantage de la var. genuina.*

19. E. PRAERUPTA Ehr. var genuina.*

20. E. PRAERUPTA var. bidens Grun. (*E. bidens (Ehr.)* W. *Smith.)*

21. E. Idem. FORMA COMPACTA.*

22. E. PRAERUPTA var. bidens, forma minor.*

23. E. PRAERUPTA var. inflata forma curta.*

24. E. PRAERUPTA var. curta Grun.*

25. E. PRAERUPTA var. laticeps Grun. forma curta.*

26. E. (praerupta var ?) BIGIBBA Kütz.*

27. E. BIGIBBA var. pumila Grun.*

Se rencontre mêlé au précédent. L'Eunotia figuré Pl. XXXIII fig. 7 diffère de celui-ci par ses extrémités arrondies et par les bosses du dos qui sont moins développées.

28. E. BIDENTULA W. Smith var.*

Il est généralement plus court et a les bosses plus aigües.

29-30. E. TRIDENTULA Ehr. var ? perminuta Grun. formae 2-5 dentatae.* (*Climacidium triodon Ehr ?*)

31. E. tridentula Ehr. var ? PERPUSILLA Grun.*

32. E. BACTRIANA Ehr.*

33. E. POLYGLYPHIS Grun. var. hexaglyphis (Ehr.)*

Se présente avec 4, 5, 6 et 7 dents. — Les *E. tetraglyphis*, *pentaglyphis* et *hexaglyphis* d'*Ehrenberg* rentrent dans cette espèce.

34. E. FABA (Ehr.) Grun. a valves doubles internes.

(C'est l'*Himantidium Soleirolii W. Sm.* nec *Kütz*, en partie l'*Himantidium Faba* d'*Ehrenberg*. L'*H. Soleirolii Kütz* est une forme analogue de l'*E. pectinalis*.

35a. E. INCISA Gregory.*

Paraît ne pouvoir être séparé de l'*H. Veneris Kütz* qui se rencontre fréquemment en Amérique et a souvent des extrémités un peu prolongées (*var subapitata Grun*).

35b. E. INCISA var. obtusiuscula Grun.

La variété *obtusa Grun.* a des extrémités encore plus obtuses.

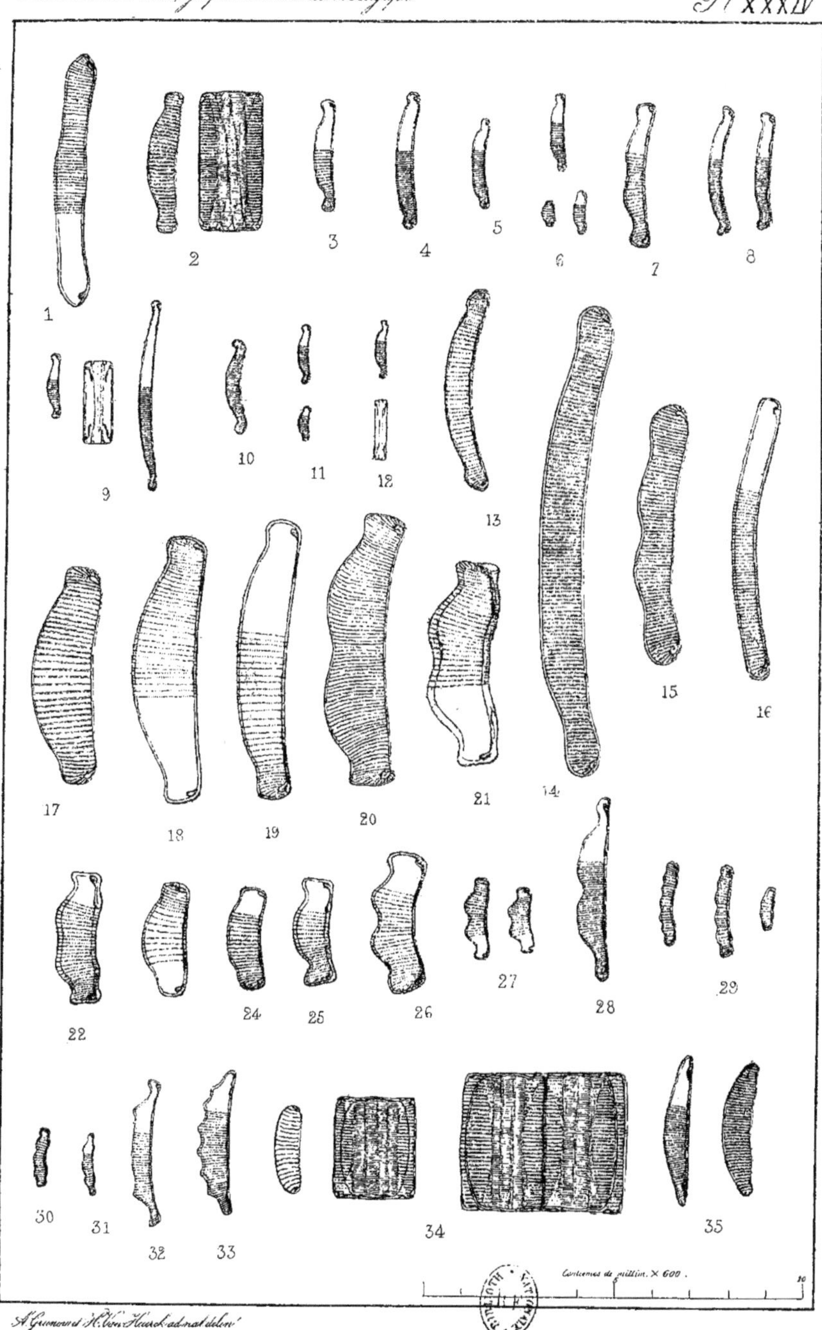

A. Grunow et H. Van Heurck ad nat. delin.

PLANCHE XXXV.

EUNOTIA. (Suite).

1. E. IMPRESSA VAR. ANGUSTA GRUN.*
2. E. LUNARIS VAR. SUBARCUATA (NAEGELI) GRUN. (*Synedra subarcuata Naegeli*).*
3.4. E. LUNARIS (EHR). GRUN. (*Synedra Ehr. Ceratoneis Grun. olim. nec E. Lunaris Bréb*).
5. E. LUNARIS VAR? ALPINA (NAEGELI). GRUN. (*Synedra alpina Naegeli*).*
6A. E. LUNARIS FORMA MAJOR.*
6B. E. LUNARIS VAR. BILUNARIS GRUN. (*Synedra bilunaris Ehr*).*
6C. E. LUNARIS VAR EXCISA GRUN. (*Synedra falcata Bréb*).*
7. E. FLEXUOSA VAR PACHYCEPHALA GRUN. *Eunotia pachycephala Kütz*).*
8. E. FLEXUOSA VAR ? EURYCEPHALA *Grun.**
9. E. FLEXUOSA KÜTZ (*Synedra ? flexuosa Bréb*).*
10. E. IDEM FACE FRONTALE DU COTÉ VENTRAL.
On y voit la disposition speciale (identique à celle de toutes les autres Eunotiées) des nodules terminaux.
11. E. (FLEXUOSA VAR ?) BICAPITATA GRUN. (*Synedra biceps W. Smith. (Kütz partim.) Eunotia biceps Ehr. partim ??*)*
Toutes les formes du n. 2 au n. 11 vivent sur d'autres algues, fixées à la façon des *Synedra*. Ces espèces ne peuvent cependant pas être distraites du genre *Eunotia* ni être jointes à *Ceratoneis*, qui est intimement apparenté à *Synedra*. Quelques unes de ces formes ont été représentées par SCHUMANN d'une manière complètement fausse.
12. E. RABENHORSTII CLEVE ET GRUN. Brésil.
A. VAR TRIODON.*
B. VAR MONODON.*
13. E. GIBBOSA GRUN.* Amérique septentrionale.
14. E. (BIGIBBA VAR ?) HERKINIENSIS GRUN.* Lac Herkinje.
15. E. AURICULATA GRUN.* Demerara.

ACTINELLA.

16. A. MIRABILIS GRUN.* (*Desmogonium mirabile Eulenstein. in litteris*) (non *Amphicampa mirabilis Ehr*. qui est l'*Eunotia Eruca var*). Brésil.
A. valve entière $\frac{300}{1}$
B. extrémité inférieure de la valve } $\frac{600}{1}$
C. extrémité supérieure de la valve }
17. A. GUIANENSIS GRUN.* Brésil. Guyane.
18. A. PUNCTATA LEWIS.* Christiania. (Amér. Sept.)
19. A. BRASILIENSIS GRUN.* Brésil.
20. MÊME FIGURE QUE 17 à $\frac{300}{1}$*
21. MÊME FIGURE QUE 18 à $\frac{300}{1}$*

PSEUDO-EUNOTIA.

22. PS. DOLIOLUS (WALLICH) GRUN. (*Eunotia Doliolus Wallich. Himantidium Doliolus Grun. olim*). Océan du Sud.
Cette espèce, de même que la suivante, diffère des Eunotia par l'absence des nodules terminaux et des Synedra et des Ceratoneis par le manque absolu de la ligne médiane.
23. PS. HEMICYCLUS (EHR). GRUN. (*Synedra? Hemicyclus Ehr. Eunotia Falx Gréville*). Christiania. Ecosse. etc.

Observation. Dans cette planche, de même que dans les suivantes, pour éviter de nombreuses surcharges, on n'a pas mis des lettres à côté des figures lorsqu'il y avait plusieurs formes sous le même numéro. Il va sans dire que dans ce cas la 1re figure est *sous-entendue être a* la 2e *b* et ainsi de suite. S'il y a deux figures l'une au dessus de l'autre c'est la plus elevée qui est la première.

1 2 3 4 5 6 7 8 9 10 11 12 13 14 15 16 17 18 19 20 21 22 23

Centièmes de millim. × 600

A. Grunow ad nat. delin.

PLANCHE XXXVI.

PLAGIOGRAMMA.

1. PL. INTERRUPTUM VAR ? ADRIATICA GRUN.* mer adriatique.
2. PL. GREGORIANUM GREVILLE (*Denticula staurophora Gregory*).*
3. PL. ORNATUM VAR? UNDULATUM GRUN. l. c.*
4. PL. VAN HEURCKII GRUN.*

CYCLOPHORA.

5. C. TENUIS CASTRACANE* mer adriatique.
6. C. TENUIS VAR TROPICA GRUN.* Honduras, Iles Barbades, Ile de France.
Les valves ont des lignes médianes et des nodules terminaux bien marqués. Ces derniers sont un peu éloignés des extrémités qui sont obtuses. Les stries transversales dépassent le nombre de 30 en 0.01 mill. Les lignes longitudinales sont délicates et un peu ondulées.

DIMEREGRAMMA.

7. D. FULVUM. (GREGORY) Ralfs. (*Denticula Greg*).*
8. D. (FULVUM VAR ?) FURCIGERUM GRUN.* Méditerrannée.
9. D. MARINUM (GREG.) RALFS (*Denticula Gregory*).*
10. D. MINUS. (GREG.) RALFS (*Denticula Gregory*).*
11A. D. MINUS RALFS VAR.*
11B. D. (MINUS VAR ?) NANUM (GREG.) RALFS. (*Denticula Greg*).*
12. D. NANUM VAR PARVA GRUN.*
13. D. NANUM VAR MINIMA GRUN.*
14. GLYPHODESMIS WILLIAMSONII (W. SMITH) GRUN. *Himantidium W. Sm., Diadesmis ? Greg. Dimeregramma Grun. Glyphodesmis adriatica Castracane. Heteromphala Himantidium. Ehr.**
15. GL. DISTANS GREG . GRUN. *Dimeregramma Ralfs. Denticula Gregory* .*
16. GL. DISTANS FORMA MINOR.*
Si le genre *Glyphodesmis* peut être maintenu, ce qui est encore douteux, il devra comprendre les deux espèces ci-dessus et une série d'autres formes non encore décrites.
17. FRAGILARIA ? ISCHABOENSIS GRUN.
Se rencontre abondamment dans plusieurs guanos. Quand on le rencontre en bandes on ne peut pas le différencier des autres Fragilariées.
18. FRAGILARIA ? DUBIA GRUN. L. C. *Dimeregramma ??* *
19. PERONIA ERINACEA BRÉB. ET ARNOTT. *Gomphonema Fibula Bréb.* * $\frac{1000}{1}$

RHAPHONEIS.

20.21. RH. AMPHICEROS VAR. RHOMBICA GRUN. *Rh. Rhombus Ehr. partim ?*
22.23. RH. AMPHICEROS EHR. *Doryphora Kütz* .
24. RH. AMPHICEROS VAR CALIFORNICA GRUN.* Californie.
25. RH. PRETIOSA EHR. VAR ? BELGICA GRUN.
26. } RH. SURIRELLA EHR. ? GRUN. *Rhaphoneis Rhombus. Grun. l. c. nec Ehr.,*
27A. } *probablement Zygoceros Surirella Ehr.*
27B. RH. SURIRELLA VAR. AUSTRALIS Petit *Rh. fasciolata var. australis Petit.* Le *Rh. fasciolata* est certainement tout autre chose.
28. RH. CASTRACANII GRUN. Iles Samoa, Santos.
29. RH. BELGICA VAR ELONGATA GRUN.*
On en trouve des exemplaires encore plus étroits et plus aigus.
30. RH. BELGICA VAR INTERMEDIA GRUN.*
Se rapproche du *R. Pretiosa*. Ehr. mais ce dernier a des lignes de perles beaucoup plus distantes.
31. RH. GEMMIFERA EHR. FORMA CURTA.* Dépot de Rappohannock Et. Unis .
32. RH. SCALARIS EHR.* Dépot de Rappohannock Et. Unis .
33. RH. LIBURNICA GRUN. *l. c. Cocconeis nitida Greg. var ?* classé à tort parmi les Cocconeis .*
34. RHAPHONEIS ? FLUMINENSIS GRUN.*

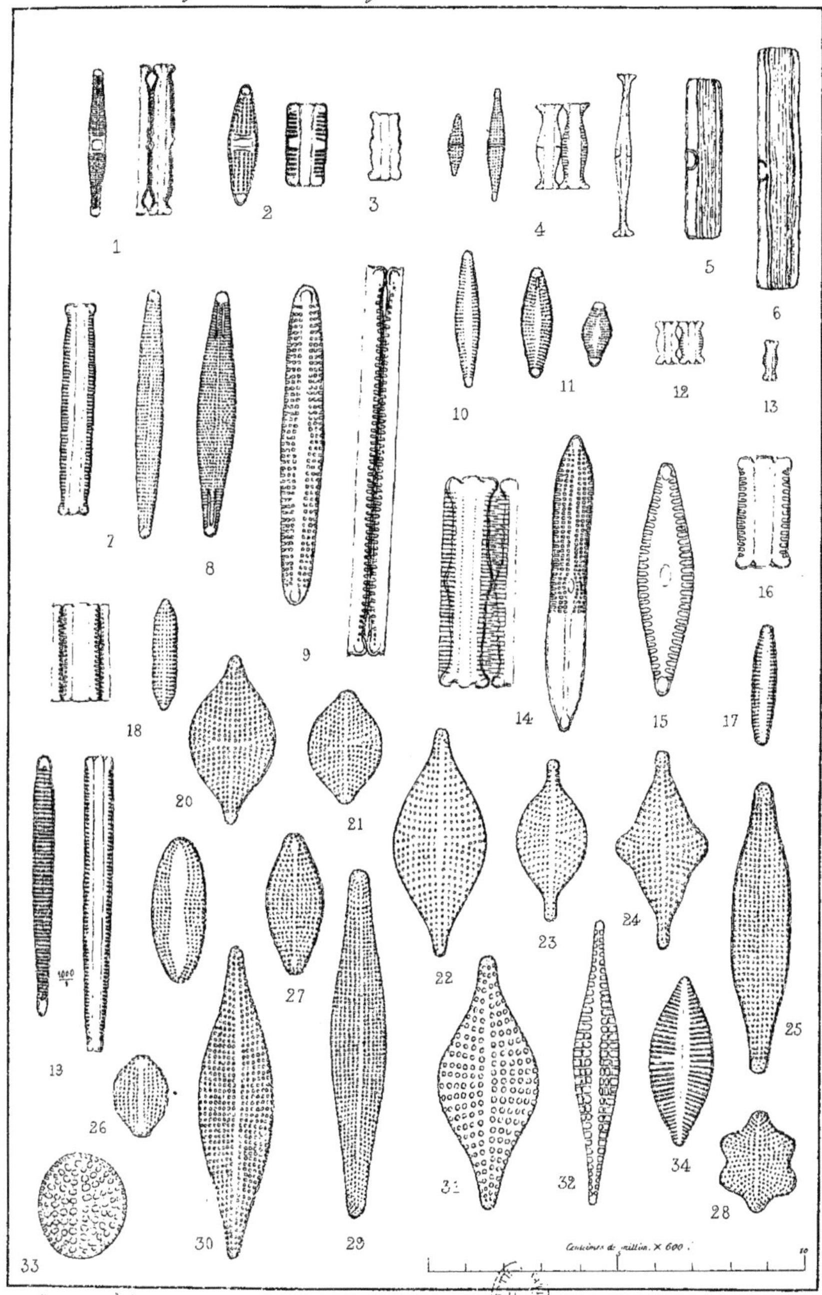

A. Grunow et H. Van Heurck ad nat. delin.

PLANCHE XXXVII.

SCEPTRONEIS.

1. TRACHYSPHENIA AUSTRALIS VAR ? AUKLANDICA GRUN.* (*Sceptroneis ?*) Auckland.

2. SCEPTRONEIS MARINA (GREG ?) GRUN (*Meridion marinum Greg. partim ?*) Iles Baléares.

De toutes les formes figurées comme *Meridion marinum Greg.* (comparez Pl. 37 fig. 8 et Pl. 45 fig. 18, 19) c'est celle-ci qui répond le mieux à la figure de Grégory.

3. SCEPTRONEIS ? GEMMATA GRUN.* Molér, Océan Arctique.

4. SCEPTRONEIS ? NITZSCHIOIDES GRUN.* (*Synedra ? nitzschioides Grun. forma cuneata ?*) Californie.

5. SCEPTRONEIS CADUCEUS EHR.* Écosse ; fossile dans Amér. Sept.

6. SCEPTRONEIS ? KAMTSCHATICA GRUN. Kamtschatka* (atteint une longueur de 0,12 mm.)

7. CERATONEIS ARCUS KÜTZ. (*Navicula Ehr. ; Eunotia W.Smith Cymbella Hassall, Synedra gibbosa Ralfs*).

THALASSIOTHRIX.

Les *Thalassiothrix*, sont des espèces ressemblant aux *Asterionella* mais ayant sur les bords des épines ou des pointes élevées, entre lesquelles se voit une striation courte, marginale. Ce sont des espèces marines, et leurs deux extrémités ont toujours un développement inégal.

8. TH. MARINA (GREG ?) GRUN. (*Meridion marinum Greg*, de la baie de Lambash.)

D'après W. ARNOTT ce serait l'espèce de W. GREGORY ; la chose est cependant douteuse à cause du peu de similitude avec la figure de cet auteur.

9. TH. ELONGATA GRUN. Java.

L'exemplaire figuré a une longueur de 0,91 mm.

10. TH. LONGISSIMA VAR. ANTARCTICA CLEVE & GRUN.

(*Synedra Thalassiothrix Cleve* ;) Mer polaire australe. C'est la plus longue de toutes les diatomées connues. La fig. *a* représente la valve, *b* un fragment dessiné en perspective, *c* la base, *d e* des parties du milieu et *f* l'extrémité supérieure d'un frustule.

11-12. TH. FRAUENFELDII GRUN.**Asterionella? Frauenfeldii Grun.* 1863 (exclus fig. b. qui appartient au *Synedra ? nitzschioides*)

Asterionella Synedraeformis Greville 1865 (Exclus fig. 6 qui représente une forme que l'on trouve fréquemment parmi les diatomées marines et à laquelle on peut conserver le nom de Gréville.

Le *Th. Frauenfeldii* se rencontre presque partout, parmi les diatomées pélagiques. Il a 5 1/2 points marginaux en 0,01.

13. TH. FRAUENFELDII VAR ? JAVANICA GRUN.* Java.

12 points marginaux en 0,01.
a groupe en forme d'asterionella, *b* valve.

14. TH. FRAUENFELDII VAR ? ARCTICA GRUN.* Océan arctique.

7 points marginaux en 0,01.

15. TH. FRAUENFELDII VAR ? TENELA GRUN.* Océan arctique.

13 1/2 points marginaux en 0,01.

1 2 3 4 5 6 7 8 9 10 a 11 12 13 14 15

$\frac{1000}{1}$

Centièmes de millim. × 600.

A. Grunow et H. Van Heurck ad. nat. delin.

PLANCHE XXXVIII.

SYNEDRA.

1. S. CAPITATA EHR.
2. S. (ULNA VAR.) LONGISSIMA W. SM. FORMA AREA MEDIA LAEVI DESTITUTA.*
4. S. (ULNA VAR.) SPATHULIFERA GRUN.*
5. S. (ULNA VAR.) AMPHIRHYNCHUS *Ehb.*
6. S. (ULNA VAR.) OBTUSA W. SMITH, CUM AREA MEDIA SUBLAEVI.*
7. S. ULNA (NITZSCH) EHR. (*Bacillaria Ulna Nitzsch* 1817.)
8. S. ULNA VAR. BICURVATA (BIENE) GRUN. (*S. bicurvata Bienc.*)*
9. S. (ULNA VAR.) LANCEOLATA Kütz, FORMA BREVIS. Lac de Tacarigua.
10. S. (ULNA VAR.) LANCEOLATA Kütz. FORMA LONGIOR.

11-12A S. (ULNA VAR.) VITREA Kütz FORMA LONGIROSTRIS (GRUN.) (*Synedra radians H. L. Smith nec Kütz. nec W. Sm.*)

12B. IDEM. FORMA ANGUSTIOR, TENUIROSTRIS (GRUN.)

13. S. (ULNA VAR.) SUBAEQUALIS GRUN.*

14A. S. (ULNA VAR.) DANICA Kütz.*

14B. IDEM FORMA AREA MEDIA LAEVI DESTITUTA.

1 2 3 4 5 6 7 8 9 10 11 12 12 b 13 14 b.

Centièmes de millim. × 600.

A. Grunow et H. Van Heurck ad nat. delin.

PLANCHE XXXIX.

SYNEDRA (Suite).

1A. S. OXYRHYNCHUS Kütz (*nec W. Smith.*)
1B. S. (ULNA VAR ?) NOTATA Kütz. (*partim ?*)*
2. S. OXYRHYNCHUS VAR. UNDULATA GRUN.*
3. S. (ACUS VAR.) ACULA Kütz *ad. specim. auth.**
4A. S. ACUS Kütz. GRUN L. C. (*S. oxyrhynchus W. Smith nec Kg.*)
4BCD. S. ACUS Kütz. VAR. (*S. tenuissima Kg. partim.*)*
5. S. ACUS VAR. FOSSILIS GRUN. Ceyssat.*
6. S. DELICATISSIMA W. SM. VAR MESOLEIA GRUN.*
7. S. DELICATISSIMA W. SM.
8. S. DELICATISSIMA VAR. AMPHICEPHALA (*S. amphicephala H. L. Smith nec Kütz.*)
9. S. DELICATISSIMA W. SMITH. (*teste W. Smith.*) FORMA BREVIS.
10. S. DELICATISSIMA VAR. ANGUSTISSIMA GRUN.*
11. S. RADIANS (Kütz) GRUN.*
Ayant 16 à 17 1/2 stries transv. en 0,01 mm.
12. S. TENERA W. SM. (*S. tenuis Kütz. partim.*)*
Ayant 20 à 23 stries transv. en 0,01 mm.
13. S. (FAMELICA VAR ?) MINUSCULA GRUN.* Fossile à Franzenbad.
Ayant 16 à 18 stries transv. en 0,01 mm.
14. S. AMPHICEPHALA Kütz !*
Ayant 11 stries transv. en 0,01 mm.
15. S. AMPHICEPHALA VAR ? STRIIS TENUIORIBUS.*
14 stries transv. en 0,01 mm.
16AB. S. (AMPHICEPHALA VAR ?) AUSTRIACA GRUN.*
Avec 13 1/2 stries transv. en 0,01 mm.
16C. S. (AMPHICEPHALA VAR ? ?) FALLAX GRUN.*
Ayant 12 stries en 0,01 mm.
Analogue au *S. Vaucheriae*, mais n'ayant pas un espace hyalin excentrique comme ce dernier dont c'est peut-être cependant une variété.
17A. S. FAMELICA Kütz !*
Avec 21 stries transv. en 0,01 mm.
17BC. Idem. $\frac{1000}{1}$
18. S. GAILLONII EHR.

1 2 3 4 5 6 7 8 9 10 11 12 13 14 15 16 17 18

1000/1

Centièmes de millim. × 600. 10

A. Grunow et H. Van Heurck ad nat. delin.

PLANCHE XL.

SYNEDRA. (Suite)

1. S. GAILLONII VAR. MACILENTA GRUN.* 10 2/3 stries en 0.01.
2. S. GAILLONII VAR. MINOR KÜTZ.* 14 stries en 0.01.
3. S. INVESTIENS W. SMITH.

3C. S. INVESTIENS VAR. GENUINA GRUN.*

3D. S. INVESTIENS VAR. CAPENSIS GRUN.*

3B. S. INVESTIENS VAR. FRAGILARIOIDES GRUN.*

3E. S. INVESTIENS VAR. GOMPHONEMACEA.*
C'est encore une des formes que l'on peut rapporter au *Meridion marinum* de GREGORY.

4. S. COMMUTATA VAR. PRODUCTA.
Peut-être une forme du *Synedra affinis var acuminata* Grun. avec ligne médiane plus étroite.

5. S. COMMUTATA VAR. SEPTENTRIONALIS GRUN. (*S. gracilis Grun. olim*)
Le *S. gracilis Kütz* est un mélange de diverses espèces qu'il est impossible de débrouiller.

6A. S. BARBATULA KÜTZ!*

6B.C.D. IDEM. (*S. parva teste* ARNOTT.)

7. S. LAEVIGATA VAR ANGUSTATA GRUN.*
8. S. PROVINCIALIS GRUN.*
9. S. PROVINCIALIS VAR. TORTUOSA GRUN.*
10. S. CROTONENSIS VAR. PROLONGATA GRUN. FORMA BELGICA. * (*fragilaria? Crotonensis Kitton var.*)
11. S. RUMPENS VAR ? SCOTICA GRUN. Kinross. 15 stries en 0,01 mm.
12. S. RUMPENS VAR ? FRAGILARIOIDES GRUN.*
Ayant 10 à 10 1/2 stries en 0,01 mm.
13. S. RUMPENS VAR ? MENEGHINIANA GRUN.* Battaglia.
Ayant de 12 1/2 à 13 1/3 stries en 0,01 mm.
14. S. RUMPENS KÜTZ. GENUINA !*
Ayant 19 à 20 stries en 0,01 mm.
15. S. (RUMPENS VAR ?) FAMILIARIS KÜTZ. FORMA PARVA.
Ayant 19 à 20 stries transv. en 0,01 mm.
16. S. IDEM. FORMA MAJOR.*
Ayant 18 à 19 stries transv. en 0,01 mm.
Les formes des figures 10 à 16 se montrent généralement en bandes, en forme de *fragilariées*. Il n'y a pas entre les Synedra et entre les fragilariées du groupe *Staurosira* de limite bien nette.
17. S. VAUCHERIAE VAR DISTANS GRUN.* 10 stries en 0,01 mm.
18. S. VAUCHERIAE VAR DEFORMIS GRUN. 10 stries en 0,01 mm.
19. S. VAUCHERIAE KÜTZ. GENUINA ! 12 à 13 stri s en 0,01 mm.
20. S. (VAUCHERIAE VAR ?) TRUNCATA GRÉVILLE (*partim?*)
15 à 17 stries en 0,01 mm.
21. S. (VAUCHERIAE VAR?) GLOIOPHILA GRUN.*
Plus étroite que la précédente et ayant 15 à 16 stries en 0,01 mm.
22. S. (VAUCHERIAE VAR ?) PARVULA KÜTZ (PARTIM?) GRUN.*
14 à 15 stries en 0,01 mm.
23. S. (VAUCHERIAE VAR ?) PERMINUTA GRUN.* 18 1/2 à 19 stries en 0,01 mm

24-25. S. CAPITELLATA VAR CYMBELLOIDES GRUN. Haverfordwest, melé au précédent. (*Synedra deformis forma perminuta teste W Arnott.*)*
Toutes les formes apparentées au *S. Vaucheriae* ont un espace hyalin médian excentrique (fig. 17 à 26.)

26. S. (VAUCHERIAE VAR ?) CAPITELLATA GRUN.* 18 stries en 0,01 mm.

26B.C. S. CAPITELLATA GRUN. FORMA STRIIS DISTANTIORIBUS.
15 à 17 stries en 0.01 mm.

27. S. PULCHELLA KÜTZ. FORMA MAJOR.* 12 stries en 0,01 mm.

28-29. S. PULCHELLA KÜTZ. VAR. GENUINA KÜTZ. 13 à 14 stries en 0,01 mm.

Dr. Henri Van Heurck, Synopsis des Diatomées de Belgique Pl. XL

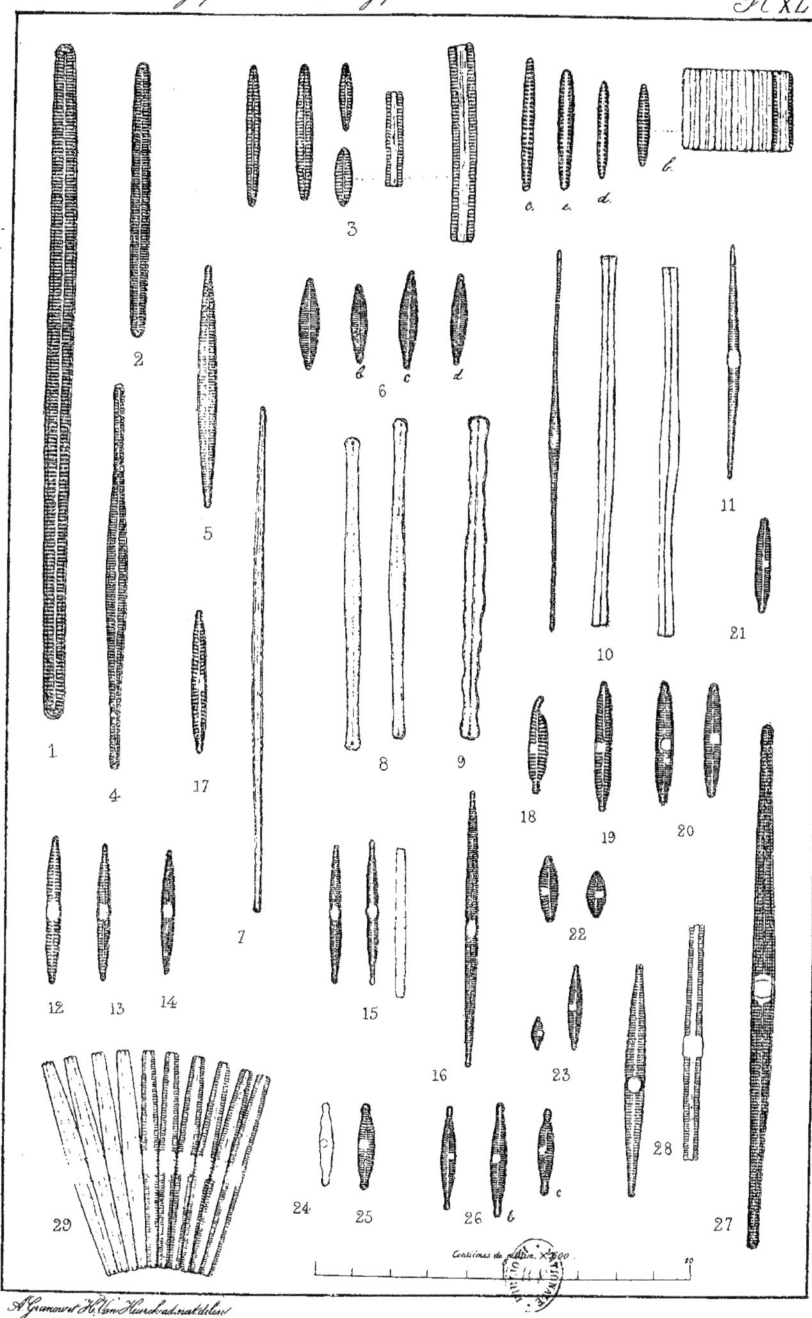

A. Grunow et H. Van Heurck ad nat. del.

PLANCHE XLI.

SYNEDRA (Suite).

1. S. PULCHELLA var. genuina forma major. 13 à 14 stries en 0,01 mm.
2. S. PULCHELLA var. Smithii (Ralfs) (*S. laevis Kütz, partim, S. acicularis W. Smith.*)
14 1/4 stries en 0,01 mm.
3. S. PULCHELLA var Saxonica (Kg.) Grun. (*S. Saxonica Kütz! S. gracilis W. Smith.*)
17 1/2 stries en 0,01 mm.*
4. S. PULCHELLA var. Smithii forma.*
15 stries en 0,01 mm. Se rapproche du *S. Vertebra, Greg.*
5. S. PULCHELLA var. tenuistriata Grun.*
19 1/4 stries en 0,01 mm. Se rapproche tout spécialement, par suite de sa striation délicate du *S. Vertebra Greg.*
6. S. PULCHELLA var. macrocephala Grun.* 15 stries en 0,01 mm.
7. S. PULCHELLA var. lanceolata O'Meara.* (*S. minutissima W. Smith. nec Kütz.*)
15 stries en 0,01 mm.
8. S. PULCHELLA var. naviculacea Grun. 17 stries en 0,01 mm.

9a. S. (affinis var) TABULATA Kütz. forma curta, acuminata. 9 1/2 stries en 0,01 mm.

9b. S. AFFINIS var. hybrida Grun. forma elongata.
13 2/3 stries en 0,01 mm. Se distingue du *S. Tabulata* par sa striation plus rapprochée (*S. laevis Kütz, partim.*)

10. S. AFFINIS var. hybrida Grun. formae breviores. 12 1/2 à 13 1/2 stries en 0,01 mm
11. S. (affinis var.) ARCUS Kütz. genuina! Valparaiso. 8 stries en 0,01 mm.*
12. S. AFFINIS var. obtusa Arnott manuscpt. 14 stries en 0,01 mm.*
13. S. AFFINIS Kütz. genuina forma parva. 13 à 14 stries en 0,01 mm.
14. S. AFFINIS var. acuminata Grun.* (*S. laevis Kütz, partim.*) 13 à 14 stries en 0,01 mm.
Comparez Pl. XL fig. 4. *S. commutata var* qui est probablement une forme à striation plus longue.

15a.b. S. (affinis var.) FASCICULATA Kütz!* (*b. forma ondulata.*) 13 à 14 stries en 0,01 mm.

15c. S. AFFINIS var gracilis Grun* (*S. gracilis Kütz. partim.*) 12 à 14 stries en 0,01 mm.

16. S. AFFINIS var. delicatula Grun. 13 stries en 0,01 mm.
17. S. AFFINIS var. tenuis Grun.* (*S. tenuis Kütz. partim.*)
11 stries en 0,01 mm. A cette variété appartient la forme à valves courbées nommée *S. hamata* par W. Sm.
18. S. AFFINIS var. subtilis Grun.* (*S. subtilis Kütz. partim.*) 14 à 15 stries en 0,01 mm.
19. S. AFFINIS var. obtusa forma gracilior. 16 stries en 0,01 mm.
20. S. (affinis var.) DUBIA Grun.* 17 à 17 1/2 stries en 0,01 mm.
21. S. (affinis var.) INTERMEDIA Grun.* (*S. gracilis Kutz. partim.*)
18 à 18 1/2 stries en 0,01 mm.
22. S. PARVA Kütz. var. 19 stries en 0,01 mm.
23. S. (affinis var?) PARVA Kütz !* 19 à 20 stries en 0,01 mm.
24. S. PARVA var chilensis Grun.* 16 stries en 0,01 mm.
25. S. AFFINIS var? lepida Grun.* 17 stries en 0,01 mm.

24. S. TENELLA Grun.* 24 stries en 0,01 mm.
Se distingue du *S. tenera W. Sm.* par sa ligne médiane plus large et son habitat marin.

25. S. AFFINIS var? rupicola Grun.* Gottland.
10 stries en 0,01 mm. Se rapproche du *S. amphicephala Kütz.* ou apparenté au *S. Pulealis* O'Meara?

26. SYNEDRA ? DEMERARAE Grun.* Demerara.
Avec 7 à 8 très courtes stries en 0,01 mm.

1 2 3 4 5 6 7 8 9 10 11 12 13 14 15 15B 16 17 18 19 20 21 22 23 24 25 26 27 28 28

Centièmes de millim. × 600. 10

A. Grunow et H. Van Heurck ad nat. delin.

PLANCHE XLII.

SYNEDRA (Suite).

1. S. CAPENSIS GRUN.* Cap de Bonne-Espérance.
   9 1|2 à 10 stries en 0,01 mm.
   Se rapproche beaucoup du *S. Gaillonii*.
2. S. (TOXARIUM) UNDULATA (BAILEY) GREGORY. (*Toxarium Bailey.*)
3. S. (TOXARIUM) HENNEDYANA GREGORY. FORMA LONGISSIMA.*
   0,91 mm. longa.
4. S. DECIPIENS CLEVE ET GRUN.*
   Se distingue du *S. Gaillonii*, par deux lignes très rapprochées du bord.
5. S. GAILLONII VAR. MACILENTA GRUN.* (Comparez Pl. XL fig. 1.)
   Cette forme paraît avoir souvent, au bord, des traces de lignes longitudinales.
6. S. (ARDISSONIA) ROBUSTA RALFS. (NEC EHR).* (*Ardissonia robusta de Notaris*).
7. S. IDEM.* FORME où la ligne médiane est indiquée par une série longitudinale de points plus gros.
8. S. (ARDISSONIA) FORMOSA HANTZSCH. VAR. AMPHIPACHYA GRUN.* Trinité.
9. S. (ARDISSONIA) BACULUS GREGORY.*
10. S. (ARDISSONIA) CRYSTALLINA VAR. SMITHII GRUN.
    Avec 10 stries en 0,01 mm. et une ligne médiane très distincte. Les échantillons originaux du *Diatoma Crystallinum C. Agard* ont 11 1|2 à 12 stries transversales en 0,01 et une ligne médiane fort peu distincte.

1 2 3 4 5 6 7 8 9 10

Centièmes de millim. × 600. 5 10

A. Grunow et H. Van Heurck ad nat. del.

PLANCHE XLIII.

SYNEDRA (Suite).

1. S. (Ardissonia) FULGENS (Kütz) W. Smith (*Licmophora Kütz*)
   13 stries en 0,01 mm.*
2. IDEM. face frontale.
3. S. FULGENS var. mediterranea Grun.
   17 stries en 0,01 mm.*
4. S. FULGENS. W. Sm.
   Extrémité d'une valve $\frac{1000}{1}$
5. S. FULGENS var. Dalmatica Grun. (*S. Dalmatica Kütz ?*)*
   17 1|2 à 18 stries en 0,01 mm.
   (Le *S. Dalmatica Grun. olim* est le *S. formosa Hantzsch*, mais n'est probablement pas l'espèce de Kützing.)
6. THALASSIOTHRIX ? NITZSCHIOIDES Grun. var. obtusa Grun.*
   Dépôt de Rappahannock.
   11 stries en 0,01 mm.

7-10. THALASSIOTHRIX ?? NITZSCHIOIDES Grun (*Synedra Grun l. c.*)*
   Se trouve fréquemment parmi d'autres diatomées marines. La ressemblance des valves avec le *Synedra affinis* est maintenant évidente. Entre les perles on voit encore de courtes stries ce qui rend douteux le classement de cette forme parmi les *Thalassiothrix*. On pourrait peut-être en créer un nouveau genre nommé *Thalassionema Grun.*
   10 1|2 à 12 points en 0,01 mm.

8-9. TH ? NITZSCHIOIDES var. lanceolata Grun.
   10 points en 0,01 mm.

11-12. TH ? NITZSCHIOIDES var. Javanica Grun.* (*Asterionella Frauenfeldii Grun. l. c. partim fig.* 6.)
   8 à 9 points en 0,01 mm.

A.B. Contenu du frustule du *Synedra gracilis* d'après M. Pfitzer.

1 2 3 4 5 6 7 8 9 10 11 12 a. b.

Centièmes de millim. × 600.

A. Grunow et H. Van Heurck ad nat. delin.

PLANCHE XLIV.

FRAGILARIA.

1. FR. VIRESCENS RALFS.*
17 stries en 0,01 mm.

2-3. FR. VIRESCENS VAR? EXIGUA GRUN.*
18 à 20 stries en 0,01 mm.

5. FR. VIRESCENS VAR? SUBSALINA GRUN.*
20 stries en 0,01 mm.

6. FR. VIRESCENS VAR? OBLONGELLA GRUN.*
15 stries en 0,01 mm.
La grande valve à droite doit être rapportée à la fig. 7.

4. IDEM. FORMA CLAVATA.*
Cette forme qui passe complètement à la précédente provient des eaux saumâtres de Carrighills.

7. FR. (STAUROSIRA) AEQUALIS VAR? PRODUCTA LAGERSTEDT.*
14 à 15 stries en 0,01 mm.
Il est très-douteux qu'on puisse rapporter cette forme au *F. aequalis*. Elle se rapporte bien mieux au *F. capucina* dont elle diffère à peine par l'absence d'un espace hyalin au milieu de la valve.

8. FR. PRODUCTA VAR. BOHEMICA GRUN.
17 stries en 0,01 mm.

9. FR. UNDATA W. SMITH.*
18 stries en 0,01 mm.
Les contours varient beaucoup. Tantôt il n'y a pas de rétrécissement, tantôt il y en a un ou plusieurs.

10. FR. NITZSCHIOIDES GRUN.*
16 1|2 à 17 stries et 8 points marginaux en 0,01 mm.

11. FR. NITZSCHIOIDES VAR? BRASILIENSIS GRUN.* Brésil.
18 à 19 stries et 8 à 9 points marginaux en 0,01 mm.

12. FR. STRIATULA LYNGBYE (*Grammonema. C. Agard.*)*
24 stries en 0,01 mm.

13. FR. (STRIATULA VAR ?) CALIFORNICA GRUN.* Marin, Californie.
15 1|3 à 17 stries en 0,01 mm.

14-15. FR. HYALINA (KÜTZ.) GRUN.* (*Diatoma Kütz.*)
31 à 32 stries en 0,01 mm.

16A.B. FR. VITREA (KÜTZ.) GRUN.* (*Diatoma Kütz.*)

16C.D.E.-18. FR. VITREA VAR. MINIMA GRUN.* (*Diatoma minimum Ralfs.*)

17. FRAGILARIA ? NORTHUMBRICA GRUN.* Teignmouth.
14 1|2 stries en 0,01 mm.

19. FR. CAPENSIS GRUN.* Cap. de Bonne-Espérance.
12 à 13 stries en 0,01 mm.

20-21-22. FRAGILARIA ? PACIFICA GRUN.* Cap. de Bonne-Espérance et Iles Samoa.

23. TABELLARIA BINALIS (EHR.) GRUN.* (*Fragilaria ? Ehr. Tetracyclus abnorm ? Lewis*) Lillhagsjon.
a. valve, *b.c.* cloisons.

24. FRAGILARIA ? SCHWARZII GRUN.* Iles Seychelles.

A. Contenu du frustule du *Frag. virescens* d'après Borscow.

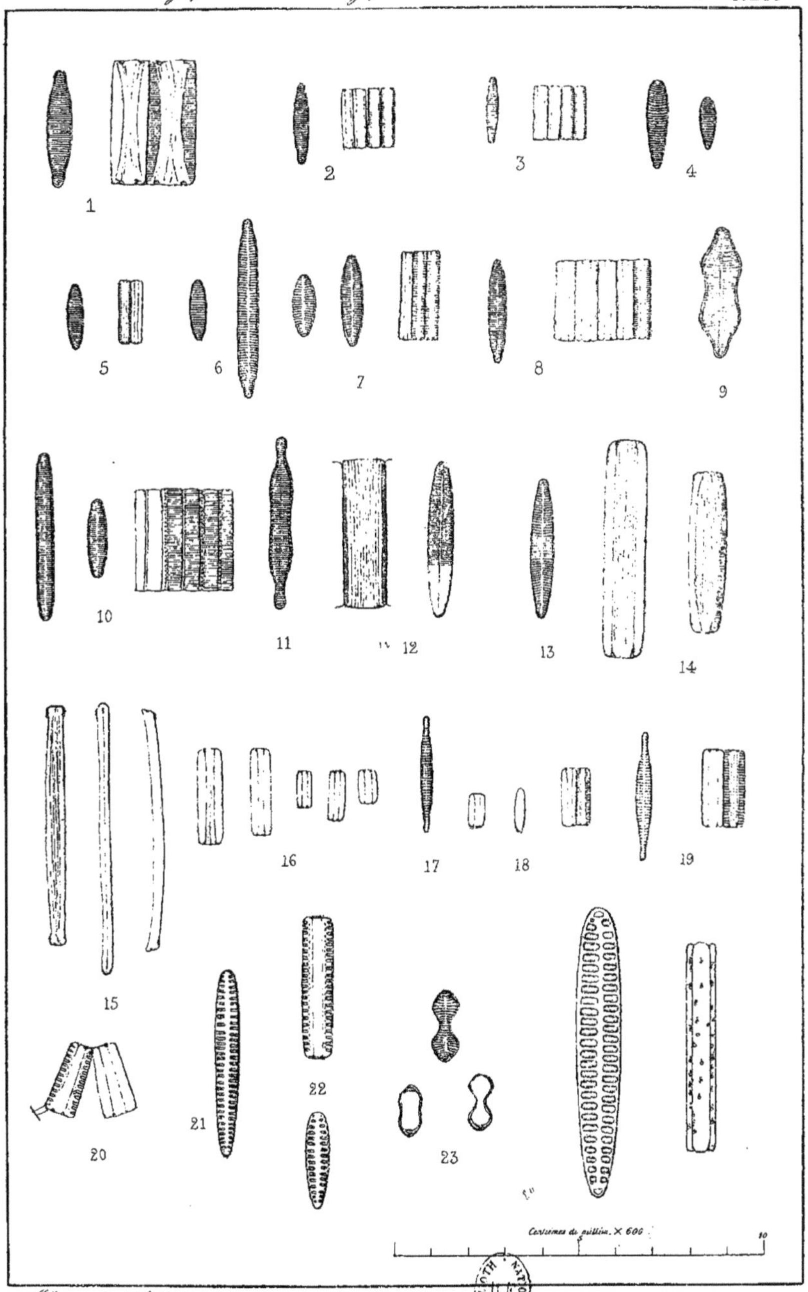

1 2 3 4

5 6 7 8 9

10 11 12 13 14

15 16 17 18 19

20 21 22 23

Centièmes de millim. × 600

10

A. Grunow ad nat. delin.

PLANCHE XLV.

FRAGILARIA (Suite).

1. FRAGILARIA (STAUROSIRA) SMITHIANA GRUN.* (*Fr. capucina var. major W. Smith.* teste Arnott.) Angleterre. 14 stries en 0,01 mm.
2. FR. (STAUROSIRA) CAPUCINA DESMAZIERES.* 14 à 15 stries en 0,01 mm.
3. FR. CAPUCINA VAR. MESOLEPTA (RABENH.) (*Fr. mesolepta Rabenh. Fr. contracta Schum.*)* 17 à 18 stries en 0,01 mm.
4. FR. CAPUCINA VAR. ACUTA GRUN. (*Fr. acuta Ehr : partim ?*)* 18 stries en 0,01 mm.
5. FR. CAPUCINA VAR. LANCEOLATA GRUN.* 17 stries en 0,01 mm.
6. FR. (STAUROSIRA) BIDENS HEIBERG, FORMA MAJOR.* 15 stries en 0,01 mm.
7. FR. BIDENS HEIBG. FORMA MINOR.* 17 stries en 0,01 mm,
8. FR. CAPUCINA VAR. ACUMINATA GRUN.* 18 stries en 0,01 mm.

9-10-11. FR. (STAUROSIRA) INTERMEDIA GRUN.* (*Fr. mutabilis var ? intermedia Grun. l. c., Fr. striatula Ehr. partim ?*) 9 à 13 stries en 0,01 mm.
Excessivement voisin du *Synedra Vaucheriae!* (Le *Fragilaria tenuicollis Heiberg* est très-voisin de celui-ci mais possède un petit espace hyalin médian et unilatéral.

12. FR. (STAUROSIRA) MUTABILIS (W. SMITH) GRUN.* (*Odontidium W. Smith, Fragilaria pinnata Ehr. partim, Fr. striatula Ehr. partim.*) 8 à 9 stries en 0,01 mm.
13. FR. MUTABILIS VAR. INTERCEDENS GRUN.* 6 stries en 0,01 mm.
Établit le passage au *F. lapponica* et peut être aussi considéré comme une forme à longues stries de ce dernier.
14. FR. (MUTABILIS VAR ?) MINUTISSIMA GRUN.* (*Odontidium minimum Naegeli.*) 10 à 11 stries en 0,01 mm.
15. FR. (MUTABILIS VAR) ? ELLIPTICA *Schumann.**

16-17. FR. (MUTABILIS VAR ?) ELLIPTICA FORMAE MINORES.*

18. SCEPTRONEIS MARINA VAR ? ? PARVA.* (*Fragilaria mutabilis var ? cuneata Grun*; serait d'après ARNOTT une forme du *Meridion marinum Greg.* Comparez Pl. 37 fig. 2 et 8.) Hourdel et Lamlash Bay. 9 à 10 stries en 0,01 mm.
19. FORME analogue mais plus étroite de Carrigshill.
Appartient aussi, selon ARNOTT, au *Meridion marinum*; paraît passer aux petites formes du *Fr. mutabilis* et peut être rapporté comme *var. gomphonemacea Grun.* à ce dernier.
20. FR. LANCETTULA SCHUMANN.* 10 à 11 stries en 0,01 mm.
Forme moyenne entre le *Fr. minutissima* et le *Fr. construens.*

21A. FR. (STAUROSIRA) CONSTRUENS EHR. VAR PUMILA GRUN.* 17 stries en 0,01 mm.

21B.22-23-24B. FRAGILARIA CONSTRUENS VAR. VENTER GRUN. (*Fr. Venter Ehr.*)* 14 à 16 stries en 0,01 mm.

24-à-25 FR. CONSTRUENS VAR. BINODIS GRUN. (*Fr. binodis Ehr.*)*

26A.B. FR. CONSTRUENS VAR. VENTER.* Harris County.
Passant complètement à la forme suivante (*a* fig. supérieure, *b* fig. inférieure.

26C.D. } FR. (STAUROSIRA) CONSTRUENS (EHR.) GENUINA.*
27. } Également de Harris County. 26 *c* fig. à gauche, 26 *d* fig. à droite.

28. FR. (STAUROSIRA) HARRISONII (W. SMITH) GRUN.* (*Odontidium Harrissonii W. Smith*; *Bibliarium leptostauron Ehr ?*)
Passe partiellement au *Fr. mutabilis* et partiellement au *Fr. construens.* Ces formes intermediaires ont reçu les noms de *Odontidium informe W. Sm.* et de *Staurosira pinnata Ehr.*

30. FRAGILARIA ? (SYNEDRA ?) PARASITICA (W. SM.) GRUN.* (*Odontidium ? parasiticum W. Sm.*) 16 à 18 stries en 0,01 mm.
29. FR. PARASITICA VAR. SUBCONSTRICTA GRUN.*
31. FR. BREVISTRIATA GRUN. VAR. MORMORUM GRUN.* Utah. 18 à 19 stries en 0,01 mm,
32. FR. BREVISTRIATA VAR. SUBACUTA GRUN.* (*Fr. acuta Ehr. partim ?*) 13 à 14 stries en 0,01 mm,
33. FR. BREVISTRIATA VAR. SUBCAPITATA GRUN.* 14 stries en 0,01 mm,
34. FR. BREVISTRIATA VAR. PUSILLA GRUN.* 15 stries en 0,01 mm,
35. FR. (BREVISTRIATA VAR ? MUTABILIS VAR ?) LAPPONICA GRUN.* 6 stries en 0,01 mm,
36. SCEPTRONEIS ? MARINA VAR ? ? PERMINUTA GRUN.* Hourdel. 15 stries en 0,01 mm,
Vit mêlé au type de la fig. 18.
37- FRAGILARIA ISLANDICA GRUN.* 14 à 15 stries en 0,01 mm,
Ile Jan Meyen près de l'Irlande,
Cette forme marine apparentée au *Fr. striatula ?* serait d'après W. ARNOTT le *Fr. aequalis Heiberg,*

38-39-40-41. CYMATOSIRA BELGICA GRUN.*

42. CYMATOSIRA LORENZIANA GRUN.*
43. CAMPYLOSIRA CYMBELLIFORMIS (*Schmidt*) *Grun.** (*Synedra Arcus β minor Grun.* l. c. *Synedra cymbelliformis A. Schmidt, Dimeregramma Arcus W. Arnott herbar.*)*

A. Grunow ad nat. delin.

PLANCHE XLVI.

LICMOPHORA C. AGARDH.

A. SUBSEPTATAE GRUN.

1. L. LYNGBYEI (Kütz.) Grun.
   Cette espèce qui appartient aux PROFUNDE SEPTATAE devrait se trouver après le nº 16 de la planche suivante.

2. $\frac{600}{1}$ }
3. $\frac{300}{1}$ } L. FLABELLATA (Carmichael) C. Agardh. (*Echinella Carm.* inclus *L. argentescens C. Ag.* et *L. splendida Grev.*)*

4. L. REMULUS Grun.* Triest.
   A cette espèce se rapporte le *L. Crozieri Grun.* de l'Ile de France qui atteint une longueur de 0,84 mm. Cette forme a une contraction près de la partie supérieure élargie, et possède 35 à 36 stries transv. en 0,01 mm.

5. L. KAMTSCHATICA Grun.* Kamtschatka.
   6 stries en 0,01 mm.

6-7. L. ANGUSTATA Grun.*
   10 à 11 stries en 0,01.

8a.b.c. L. JURGENSII var. Capensis Grun.*
   b du Cap. de B.-E. et *a c* de la Californie.
   12 1/2 à 14 stries transv. et 18 à 19 stries longitudinales en 0,01 mm.

9. L. JURGENSII var. Chersonensis Grun.*
   14 stries en 0,01 mm.
   Une autre forme européenne intermédiaire est la *var. intermedia Grun.* longue environ de 0,11 mm. et ayant 16 1/2 stries en 0,01 mm.

10-11. L. JURGENSII C. Agardh. genuina.*
   18 stries en 0,01 mm.

12. L. JURGENSII var. dubia Grun.* formae longiores et brevissimae. Californie.
   19 à 21 stries en 0,01 mm.

13. L. GRACILIS (Kütz.) Grun.* (*Podosphenia Kütz.*)
   20 à 21 stries en 0,01 mm.

14. L. ANGLICA (Kütz.) Grun.* (*Rhipidophora Kütz.*)
   Environ 25 stries en 0,01 mm.

15. L. ANGLICA forma elongata.* (*Podosphenia gracilis β minor Kütz*)

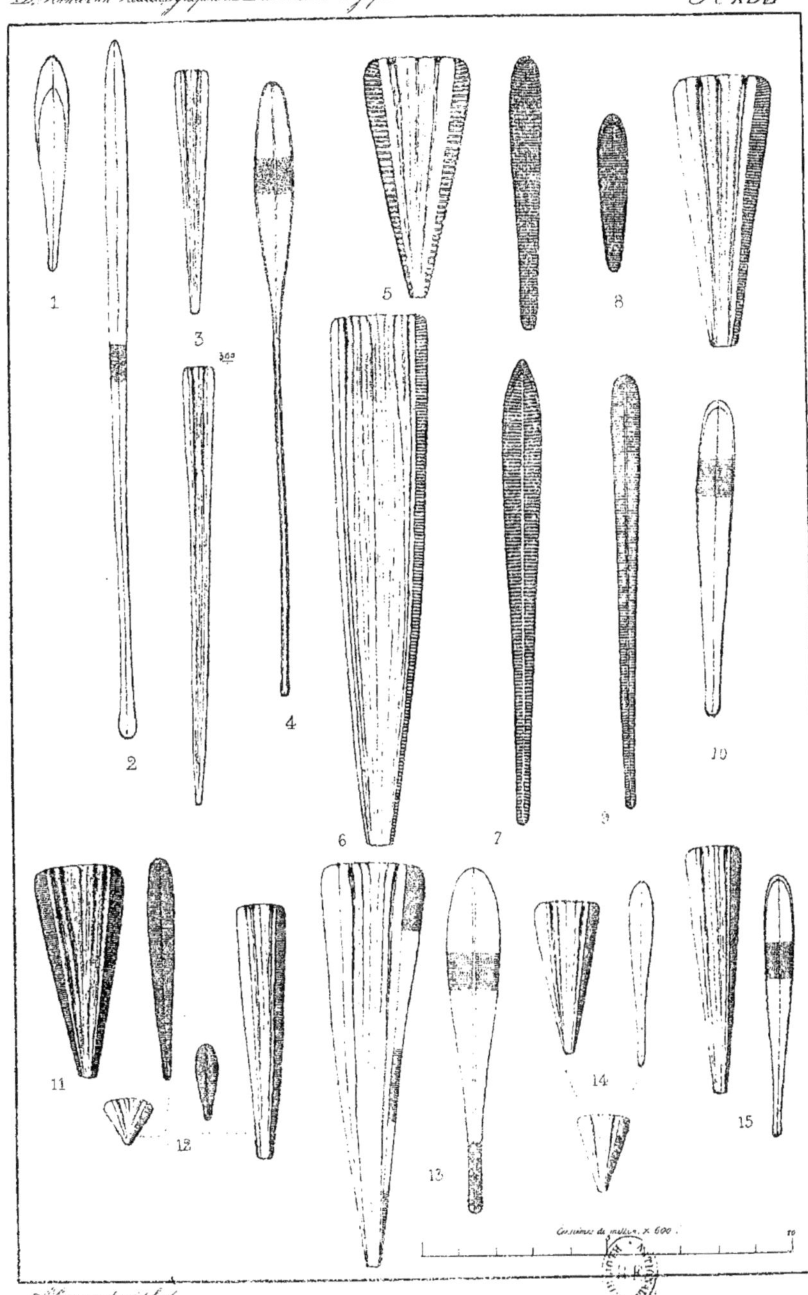

A. Grunow ad nat. delin.

PLANCHE XLVII.

LICMOPHORA.

1. L. OEDIPUS FORMA ELONGATA.* (*Rhipidophora borealis Kütz.*)
27 à 29 stries en 0,01 mm.

2-3. L. OEDIPUS (Kütz.) GRUN.* (*Rhipidophora Kütz.*)
Environ 30 stries en 0,01 mm.
Intimement lié, de même que le précédent, au *L. Jurgensii.*

4-5. L. (JURGENSII VAR ?) REICHARDTI GRUN.* 17 à 18 stries en 0,01.

6. L. (JURGENSII VAR ?) CONSTRICTA GRUN.* Iles Samoa.
20 à 21 stries en 0,01 mm.

7. L. DALMATICA (Kütz.) GRUN.* (*Rhipidophora Kütz.*)
Environ 30 stries en 0,01 mm.
Se rapproche du groupe suivant par les cloisons supérieures un peu plus profondes.

8. L. DALMATICA VAR. TENELLA GRUN.* (*Rhipidophora tenella Kütz.*)
Plus de 30 stries en 0,01 mm.

9. L. DALMATICA FORMA BREVIS.*

B. LICMOPHORAE PROFUNDE SEPTATAE GRUN.

10. 600/1 } L. EHRENBERGII (Kütz.) GRUN.* (*Podosphenia Kütz.*)
11. 300/1 } 8 à 10 stries en 0,01 mm.

12. L. (EHRENBERGII VAR ?) OVATA (W. SMITH) GRUN.* (*Podosphenia ovata W. Smith.*) Mer adriatique. 9 à 10 stries en 0,01 mm.

13. L. OVATA FORMA BARBADENSIS.* Iles Barbades.

14. L. CALIFORNICA GRUN.* Californie. 8 stries en 0,01 mm.

15. L. LYNGBYEI VAR. PAPPEANA GRUN.* (*Podosphenia Pappeana Grun. olim.*) Cap. de Bonne-Espérance, mer Adriatique, etc.
En bas 11 stries, en haut 12 à 12 1/2 stries en 0,01 mm,

16. L. LYNGBYEI (Kütz.) GRUN. GENUINA.* (*Podosphenia Kütz.; Styllaria cuneata Lyngb. Ag.*) En bas 12 stries, en haut 14 à 15 stries en 0,01 mm.

17-18. L. LYNGBYEI FORMA MINOR.*

19. L. LYNGBYEI VAR. MINUTA GRUN.*

20. L. LYNGBYEI VAR. ABBREVIATA GRUN.* (*Rhipidophora abbreviata Kütz.*) En bas 11 stries, en haut 14 stries en 0,01 mm.

21. L. LYNGBYEI VAR. ELONGATA GRUN.*
En bas 12 1/2 stries, en haut 15 à 16 stries en 0,01 mm.

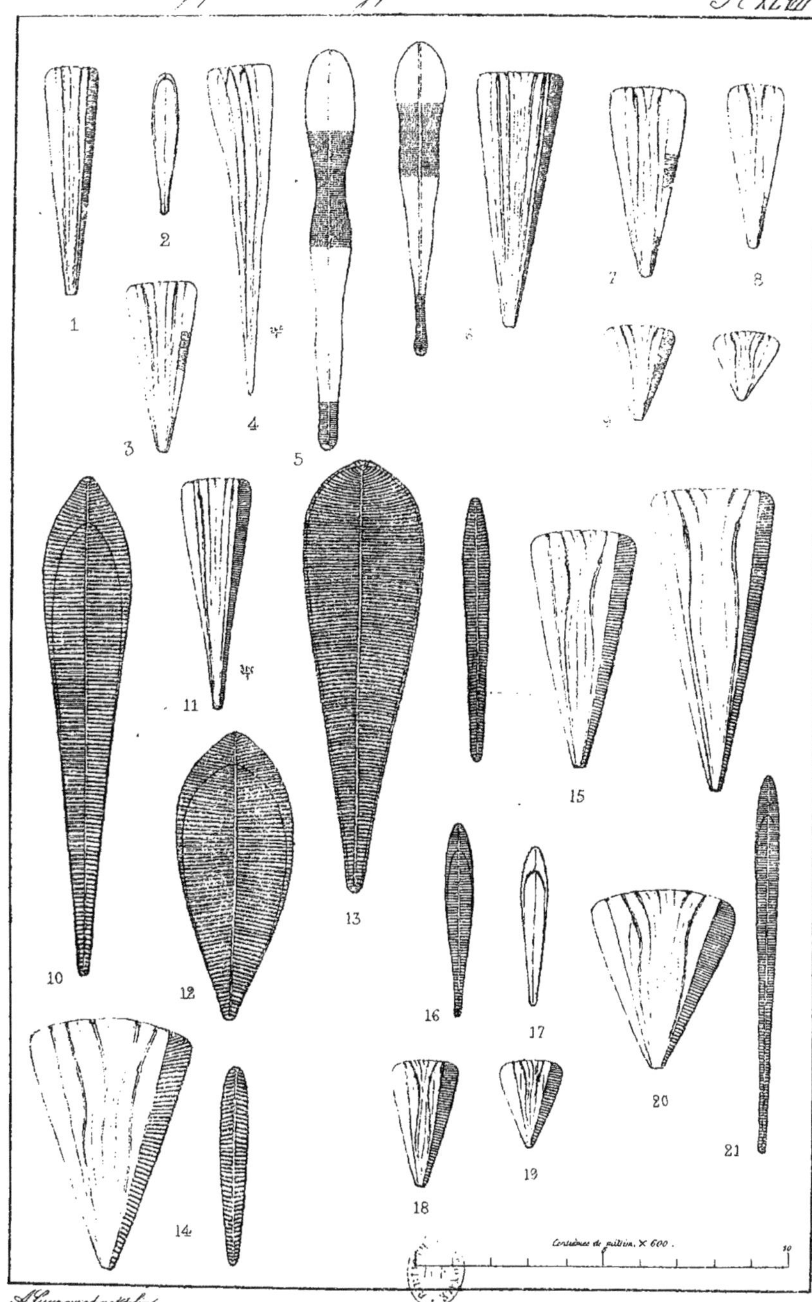

A. Grunow ad nat. delin.

PLANCHE XLVIII.

LICMOPHORA (Suite).

1. L. LYNGBYEI VAR ? LONGA GRUN.*
En haut et en bas 14 stries en 0,01 mm.

2-3. L. GRANDIS (KÜTZ.) GRUN.* (*Rhipidophora Kütz.*)
En bas 20 à 21 stries, en haut 24 à 25 stries en 0,01 mm.

4-5. L. GRANDIS VAR DIVISA GRUN.* (*Licmophora divisa Kütz.*)
En bas 21 stries, en haut 24 stries en 0,01 mm.

6-7. D. HYALINA (KÜTZ.) GRUN.* (*Podosphenia Kütz.*)
A la base environ 31 stries en 0,01 mm. ; beaucoup plus serrées au sommet.

8-9, L. COMMUNIS (HEIBERG ?) GRUN.* (*Podosphenia communis Heib. ? Licmophora paradoxa Grun. olim.*)
Le dessin et la striation donnés par HEIBERG ne concordent pas tout à fait. Cet auteur ne peut cependant pas avoir eu envue une autre espèce. Cette forme se trouve mêlée à la suivante dans la récolte originale du*Licmophora paradoxa*. On compte comme stries : 11 à 13 en bas, au milieu 22 à 24, en haut 27 à 28 stries en 0,01 mm. L'échantillon figuré provient de *Jurgens. Exsicat.* VII. 6. Dans cette récolte la diatomée est sessile, tandis que dans d'autres récoltes. (p. ex. du Japon) on la trouve pédicellée.

10-11-12. L. PARADOXA C. AGARDH.* (*Diatoma flabellatum Jurg, Gomphonema paradoxum C. Ag.*)
Jurgens. Exsic. VII. 6. Se trouve pédicellé dans cette récolte tandis que la forme précédente qui y est mêlée ne l'est pas. Cette forme qui présente en bas 25, au milieu 27 et en haut 30 stries en 0,01 mm., peut à peine être distinguée de la précédente.

13-14-15. L. TINCTA (C. AGARDH) GRUN.* (*Gomphonema C. Agardh ; Rhipidophora oceanica, superba et Meneghiniana Kütz ; Podosphenia hyalina β. racemosa Kütz.*)
En bas 27 à 28 stries, au milieu 30 à 31 stries et en haut plus de 33 stries en 0,01. mm.

16. L. (PARADOXA VAR ?) AUSTRALIS (KÜTZ.) GRUN.* (*Rhipidophora Kütz.*)
En bas 23 stries, au milieu 24 stries et en haut 27 stries en 0,01 mm.

17. L. AUSTRALIS FORMA MAJOR.*
En bas 23 stries, au milieu 24 stries et en haut 27 stries en 0,01 mm.

18. L. (PARADOXA VAR ?) NUBECULA (KÜTZ.) GRUN.* (*Rhipidophora Kütz.*)
30 stries en 0,01 mm. ; tout à fait au dessus 30 à 33 stries.

19-20. L. (PARADOXA VAR ?) CRYSTALLINA (KÜTZ.) GRUN.* (*Rhipidophora Kütz.*)
En bas 27 stries, au milieu 30 stries et en haut 33 stries en 0,01 mm.

21. L. TENUIS (KÜTZ) GRUN.* (*Podosphenia Kütz.*)
16 stries en 0,01 mm.

22. L. DEBILIS FORMA ELONGATA.*
31 à 33 stries en 0,01 mm.

23. L. DEBILIS (KÜTZ.) GRUN.* (*Podosphenia Kütz.*)
31 à 33 stries en 0,01 mm.

24. L. DEBILIS VAR. LAEVISSIMA GRUN.* FORMA ELONGATA.

25. L. DEBILIS VAR. LAEVISSIMA GRUN.*
Environ 35 (ou davantage) stries en 0,01 mm.

Dr Henri Van Heurck, Synopsis des Diatomées de Belgique — Pl. XLVIII

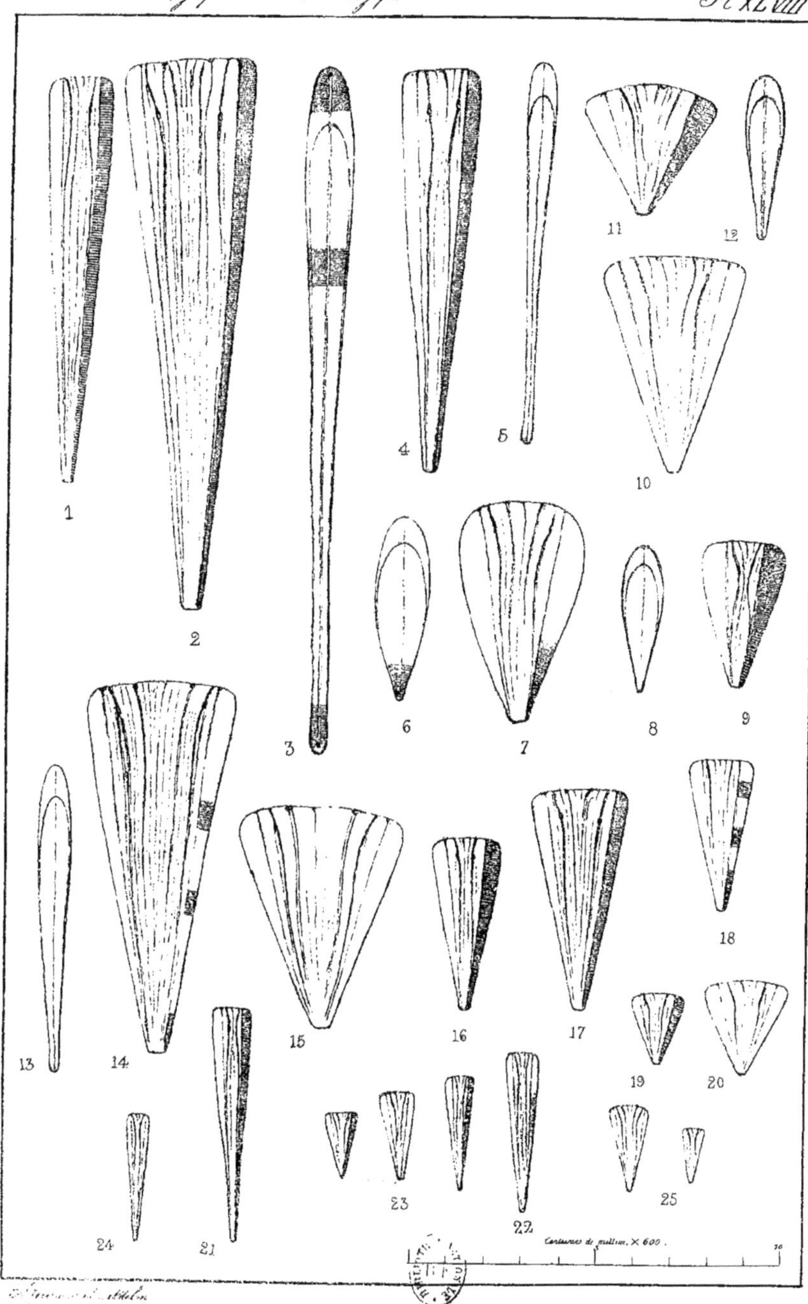

PLANCHE XLIX.

DENTICULA.

(Sauf indication contraire, toutes les figures sont dessinés à $\frac{1000}{1}$ diamètres.)

1-2. D. LAUTA BAILEY.* Californie.
3. D. NICOBARICA GRUN.* Iles Nicobares.
4. D. VALIDA FORMA MAJOR.* Des Geyser, en Islande. 16 stries en 0,01 mm.
5. D. VALIDA (PEDICINO) (*D. elegans var. valida Pedicino.*)* Ischia. 20 à 21 stries en 0,01 mm.
6. D. IDEM FORMA MINOR.* Geyser, Islande.
7-8-9. D. INDICA GRUN.* Environ 36 stries en 0,01 mm.
10-11-12. $\frac{600}{1}$ } D. SUBTILIS GRUN.* Environ 30 stries en 0,01 mm.
13. $\frac{1000}{1}$ }
14-15. D. ELEGANS KÜTZ.* 17 stries en 0,01 mm.
16. D. ELEGANS VAR. CYPRICA GRUN.* 12 stries en 0,01 mm.
17-18. D. (ELEGANS VAR.) THERMALIS KÜTZ.* 14 stries en 0,01 mm.
19. $\frac{1000}{1}$ } D. (ELEGANS VAR.) KITTONIANA GRUN.* 18 stries en 0.01 mm.
20-21. $\frac{600}{1}$ }
22. D. TENUIS VAR. INTERMEDIA GRUN.* 24 stries en 0.01 mm.
23-24. $\frac{600}{1}$ D. TENUIS VAR. MESOLEPTA GRUN.* Turkestan. 25 stries en 0,01 mm.
25. $\frac{600}{1}$ D. TENUIS VAR. INTERMEDIA.* Westerbotten.
26. D. TENUIS VAR. FRIGIDA, FORMA.* 27 stries en 0,01 mm.
27. $\frac{600}{1}$ D. TENUIS VAR. BICUNEATA GRUN.* Turkestan. 17 stries en 0,01 mm.
28-29-30-31. $\frac{600}{1}$ D. TENUIS KÜTZ. GENUINA.* 17 stries en 0,01 mm.
32-33-34. D. TENUIS VAR. INFLATA GRUN.* (*D. inflata W. Smith.*) 16 à 17 stries en 0,01 mm.
35-36-37. $\frac{600}{1}$ } D. TENUIS VAR FRIGIDA GRUN.* (*D. frigida Kütz.*) 17 stries en 0,01 mm.
38. $\frac{1000}{1}$ }

Dr Henri Van Heurck, Synopsis des Diatomées de Belgique. Pl. XLIX

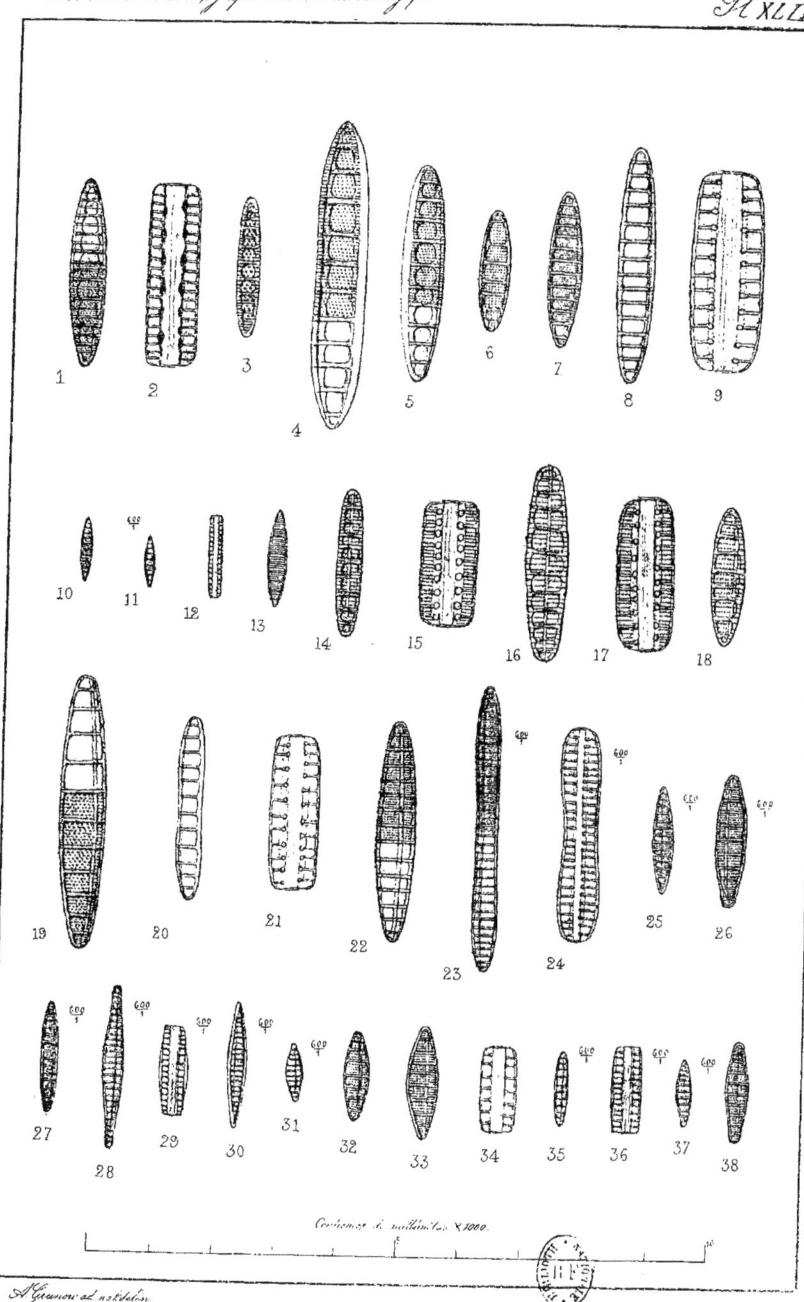

A. Grunow ad nat. delin.

PLANCHE L.

DIATOMA.

1. $\frac{400}{1}$
2-3-4-5-6. $\frac{600}{1}$ } D. VULGARE Bory.

7-8. D. VULGARE var. β. linearis W. Smith. (*D. tenue Ag. in herb. Greville.*)

9. D. VULGARE var. constricta Grun.* Westerbotten.

10. $\frac{1000}{1}$
11-12-13. $\frac{600}{1}$ } D. TENUE var. hybrida Grun.*

Se rapproche beaucoup du *D. Ehrenbergii Kütz*, mais il s'en distingue par les valves plus courtes, non rétrécies avant les extrémités.

14a.b. D. TENUE (C. Agardh partim) Kütz.* (*D. tenue. C. Agardh. in herb C. Agardh !*)

14c. D. TENUE var. elongata Lyngbye.*

Mêlé au précédent dans la même récolte originale et y rélié par tous les intermédiaires.

15. D. TENUE var. pachycephala Grun.* Westerbotten.

16. DIATOMA (?) GRACILLIMUM Naegeli.* Zurich.

Récolte originale de Naegeli. Parait très proche de l'*Asterionella formosa.*

17. D. TENUE var. densestriata Grun.*

Côtes transversales fort étroites ; 11 à 13 stries en 0,01 mm.

18-19-20-21-22. D. TENUE var. elongata Lyngbye ; formae breviores.

23-24-25-26. D. PECTINALE Kütz ! $\frac{1000}{1}$

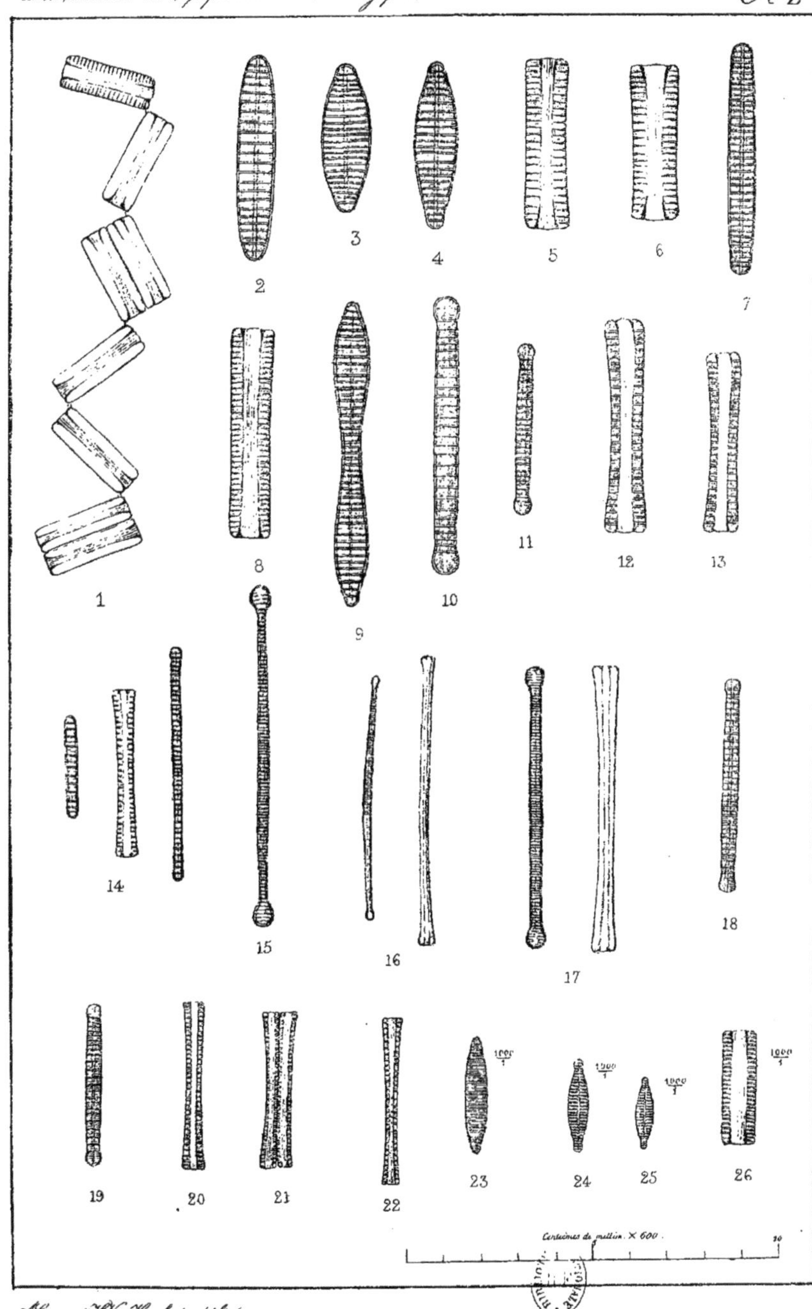

A. Grunow et H. Van Heurck ad nat. delin.

PLANCHE LI.

DIATOMA (Suite).

1-2. D. HIEMALE (LYNGBYE) HEIBERG. (*Fragilaria Lyngb. Odontidium Kütz.*)
3-4. D. HIEMALE VAR. MESODON (*Odontidium mesodon Kütz. Fragilaria Ehr.*)
5-6-7-8. D. ANCEPS (EHR.) GRUN. (*Fragilaria Ehr. Odontidium Ralfs.*)
9. IDEM CUM VALVIS INTERNIS (*Odontidium anomalum W. Sm.*)
10-11-12. MERIDION CIRCULARE C. AGARDH.
13. FORME INTERMÉDIAIRE entre M. CIRCULARE et M. CONSTRICTUM.
14-15. M. (CIRCULARE VAR ?) CONSTRICTUM RALFS.
16-17. M. CONSTRICTUM CUM VALVIS INTERNIS (*analogue au M. Zinkenii Kütz.*)
18. M. CIRCULARE (?)
19. ASTERIONELLA FORMOSA HASSAL.* Lac Érie.
20. IDEM. partie inférieure de la valve. Hästefjord. $\frac{1000}{1}$
21. A. FORMOSA VAR. SUBTILIS GRUN.* Buffalo.
22. A. FORMOSA VAR. GRACILLIMA (HANTZCH) GRUN. (*Diatoma gracilimum Hantzch.*) Anvers.
23. A. FORMOSA VAR. INFLATA GRUN. (*analogue à l'A. inflata Heiberg.*) Anvers.
24. A. FORMOSA VAR. SUBTILISSIMA GRUN.* Ormesby.

A. Contenu du frustule du *Meridion constrictum* d'après M. Pfitzer.
B. Idem du *Diatoma vulgare*.

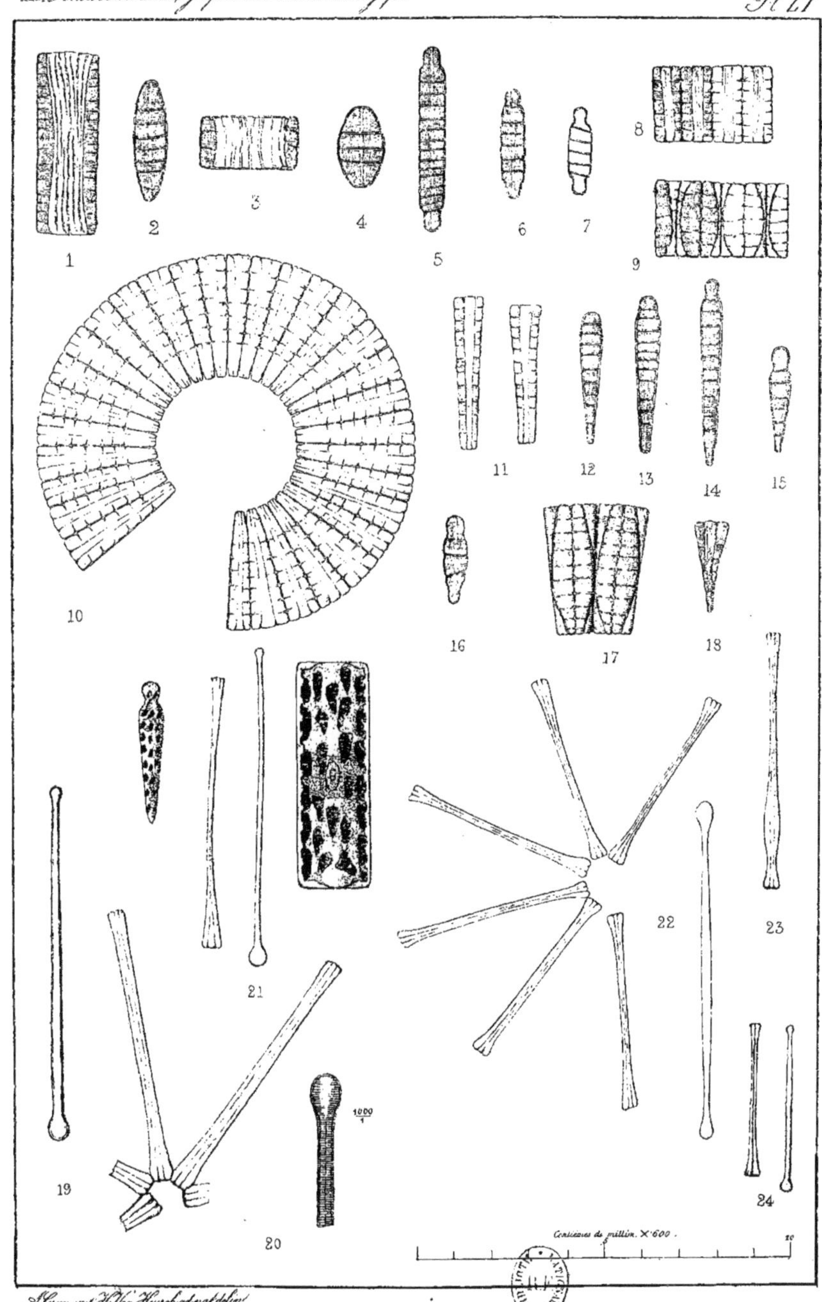

A. Grunow et H. Van Heurck ad nat. delin.

PLANCHE LII.

ASTERIONELLA.

1. A. (FORMOSA VAR ?) BLEAKELEYI W. SMITH !* Norfolk
2. A. (FORMOSA VAR ?) RALFSII W. SMITH TESTE H. L. SMITH.*
3. A. NOTATA GRUN. (*A. Bleakeleyi var? notata Grun. l. c.*)* Honduras, Iles Barbades, mer Adriatique etc.

4.-5. A. KARIANA GRUN.*

6-7-8. TABELLARIA FENESTRATA VAR. INTERMEDIA GRUN.
Cette forme et le petit *T. flocculosa var. ambigua Brügge* relient intimement les deux espèces du genre Tabellaria.

9. T. FENESTRATA Kütz. VAR. ASTERIONELLOIDES GRUN.* Hastefjord.

10-11 $\frac{600}{1}$ 12. $\frac{400}{1}$ } T. FLOCCULOSA (ROTH.) Kütz. (CONFERVA ROTH.)

13-14. TETRACYCLUS RUPESTRIS (A. BRAUN) GRUN. (*Gomphogramma A. Braun, Tetracyclus Braunii Grun. olim.*)

1 2 3 4 5 6 7 8 9 10 11 12 13 14

Centièmes de millim. × 600

A. Grunow et H. Van Heurck ad nat. delin.

PLANCHE LIII.

GRAMMATOPHORA.

1-2-3. GR. SERPENTINA EHR. 17 à 18 stries en 0,01 mm.

4. GR. ANGULOSA VAR. HAMULIFERA GRUN. *(Gr. hamulifera Kütz.)* Valparaiso. 15 stries en 0,01 mm.

5. GR. ANGULOSA VAR. MEDITERRANEA GRUN.* mer Méditerranée. 17 stries en 0,01 mm.

6. GR. ANGULOSA VAR. UNCINA GRUN.* *(Gr. uncina Leuduger-Fortmorel.)* Japon. 17 stries en 0,01 mm.

7. GR. (ANGULOSA VAR?) ISLANDICA EHR.* Kamtschatka. 10 1/2 stries en 0,01 mm.

8. GR. PUSILLA GREVILLE VAR. SCOTICA GRUN* Angleterre, Corse. 23 stries en 0,01 mm.

9. GR. MARINA VAR TROPICA GRUN.* *(Gr. tropica Kütz.)* 13 à 14 stries en 0,01 mm. — Striation à $\frac{1000}{1}$

10-11 GR. MARINA VAR. MAJOR GRUN. 19 à 20 stries en 0,01 mm.

12. GR. MARINA VAR. $\frac{400}{1}$

13. GR. MARINA VAR. MINOR GRUN.* 18 à 21 stries en 0,01 mm. — Striation à $\frac{1000}{1}$

14. GR. (MACILENTA W. SMITH. VAR.) NODULOSA GRUN.* *(Gr. oceanica Ehr. partim.)* 24 stries en 0,01 mm, Les deux petites figures représentent le *Gr. minima* Grun. l. c. — Striation à $\frac{1000}{1}$

15. GR. (MARINA VAR.) INTERMEDIA GRUN.* 25 à 27 stries en 0,01 mm.

16. GR. MACILENTA VAR. SUBTILIS GRUN.* 30 à 31 stries en 0,01 mm, — Striation $\frac{1000}{1}$

17. GR. PUIGGARIANA GRUN.* Patagonie, océan Antarctique. Striation à $\frac{1000}{1}$

18. GR. GIBBERULA KÜTZ.* — Striation à $\frac{1000}{1}$

19. GR. MULLERI GRUN.* Australie. 13 à 14 stries en 0,01 mm.

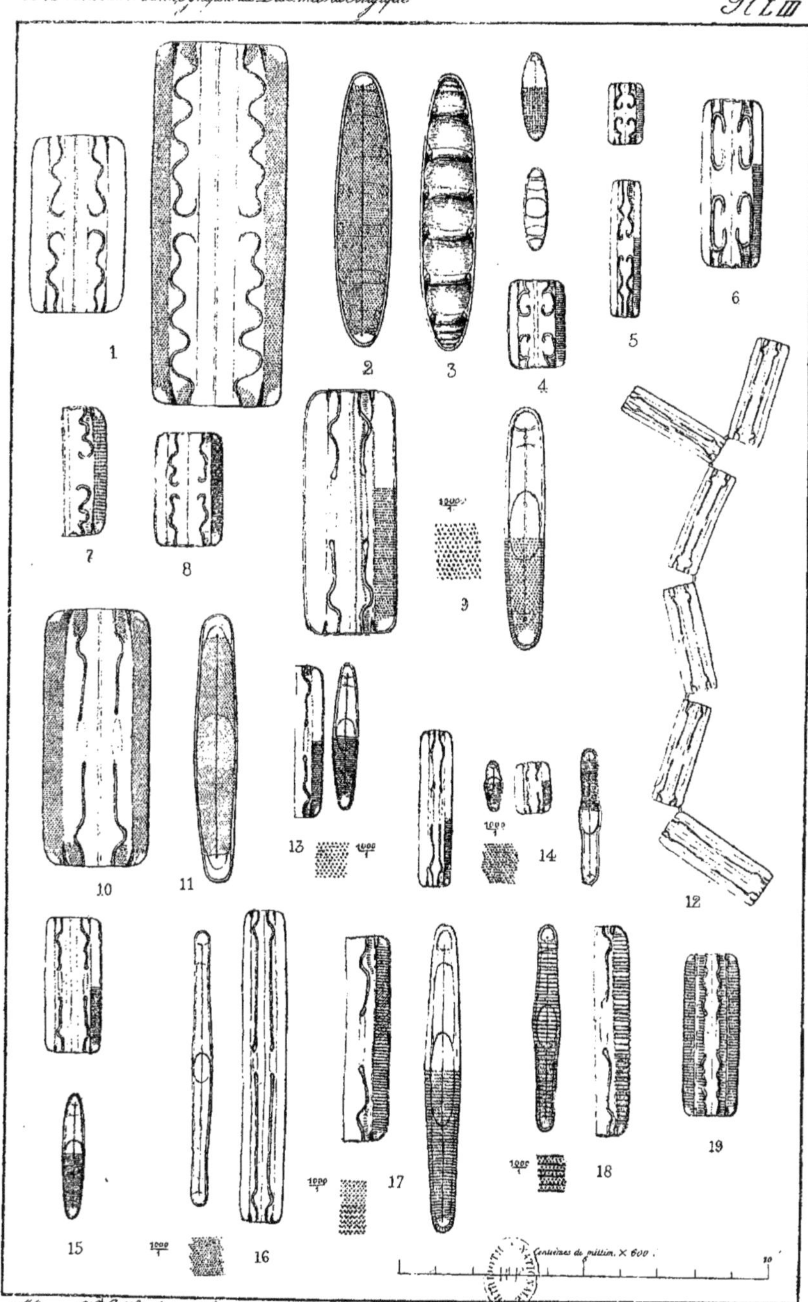

A. Grunow et H. Van Heurck ad nat. delin.

PLANCHE LIII BIS.

GRAMMATOPHORA.

1. GR. LONGISSIMA PETIT. Lyell's Bay.* 21 à 22 stries en 0,01 mm.
2. GR. LONGISSIMA VAR. ITALIANA CASTRACANE.* 25 stries en 0,01 mm.
3. GR. ARCTICA CLEVE. Spitzberg.* 10 stries en 0.01 mm
4. GR. (MULLERI VAR.?) ARNOTTII GRUN. Nelle Zélande.* 19 à 19 1/2 stries en 0,01 mm.
5. GR. ANGULIFERA VAR. AUSTRALIENSIS GRUN. Australie.* 10 stries en 0,01 mm.
6. GR. HAMULIFERA VAR. CONSTRICTA GRUN. Iles Gallopages.* 13 à 13 1/2 stries en 0,01 mm.
7. GR. IDEM. IDEM. FORMA CAPENSIS. Cap de Bonne-Espérance.* 13 1/2 stries en 0,01 mm.
8. GR. PERPUSILLA GRUN. Ovalau.* 21 à 22 stries en 0,01 mm.
9. GR. (MARINA VAR.?) ADRIATICA GRUN. Quarnero.* 27 à 28 stries en 0.01 mm.
10. GR. (MARINA VAR.?) SUBUNDULATA GRUN. Lyell's Bay.* 15 à 16 stries en 0,01 mm.
11. GR. (MARINA VAR.?) MEXICANA EHR. Constantinople.* 21 1/2 stries en 0,01 mm.
12. GR. MAXIMA GRUN. Iles Gallopages.* 25 1/2 à 26 stries en 0,01 mm.
13. GR. MAXIMA VAR. MAGELLANICA GRUN. Détroit de Magellan.* 28 stries en 0,01 mm.
14. GR. (MAXIMA VAR.?) AMBIGUA GRUN. Ile Ste. Monique.* 26 stries en 0,01 mm
15. GR. OCEANICA VAR. INDICA GRUN. Indes Orientales.* 30 stries en 0,01 mm.
16. GR. OCEANICA VAR. NOVAE ZEELANDIAE GRUN. Nouvelle-Zélande.* 30 à 31 stries en 0,01 mm.
17. GR. UNDULATA VAR. GIBBA (EHR). GRUN. Mer Adriatique.* 14 à 16 stries en 0,01 mm.
18. GR. (UNDULATA VAR.?) JAPONICA GRUN. Japon.* 31 à 32 stries en 0,01 mm.
19. GR. (UNDULATA VAR.?) CARIBAEA CLEVE. Antilles.* 30 stries en 0,01 mm.
20. GR. (UNDULATA VAR.?) GALLOPAGENSIS GRUN. Iles Gallopages.* 27 stries en 0,01 mm.
21. GR. LYRATA GRUN. Nancoori.* 14 à 15 stries en 0.01 mm. $\frac{400}{1}$
22. GR. FLEXUOSA VAR. DELICATULA GRUN. Honduras.* 15 1/2 stries en 0,01 mm.
23. GR. FLEXUOSA VAR. HONDURENSIS GRUN. Honduras.* 24 stries en 0,01 mm.
24. GR. OVALAUENSIS GRUN. Ovalau.* 13 1/2 à 14 stries en 0,01 mm.
25. GR. IDEM. FORMA LONGIOR. Ovalau.* 13 1/2 stries en 0,01 mm.
26. GR. EPSILON GRUN. Iles Samoa.* 16 1/2 stries en 1.01 mm.

Pl. LIII Bis.

1 2 3 4 5 6 7 8 11 12 13 14 15 16 17 19 20 22 23 24 25 26

A. Grunow ad nat. delin.

PLANCHE LIV.

STRIATELLA.

1\. STR. DELICATULA VAR. OBTUSANGULA (*Kütz*). GRUN. (*Hyalosira obtusangula Kütz*).*
2\. STR. DELICATULA VAR. SUBARCUATA GRUN.*
3\. STR. DELICATULA VAR. RECTANGULA (*Kütz*). GRUN. (*Hyalosira rectangula Kütz*).*
La fig. 3 *a* représente un frustule vu par au dessus.
4\. STR. DELICATULA VAR.
5-6. STR. DELICATULA (*Kütz*). GRUN. (*Hyalosira delicatula Kütz*).*
7\. STR. IDEM. VAR. MINUTISSIMA GRUN. (*Hyalosira minutissima Kütz*).
8\. STR. INTERRUPTA (*Ehr*). HEIBERG. (*Tessella Ehr*).
9-10. STR. UNIPUNCTATA AGARDH.
La fig 10 montre la striation à $\frac{1500}{1}$.

RHABDONEMA.

11-12-13. RHABDONEMA ADRIATICUM KÜTZ.
14-15-16. RH. ARCUATUM (*Agardh*). KÜTZ. (*Striatella Ag*).
17-18-19-20-21. RH. MINUTUM KÜTZ.

Dr. Henri Van Heurck, Synopsis des Diatomées de Belgique. Pl. LIV.

1
2
3
4
5
6
7
8
9
10
11
12
13
14
15
16
17
18
19
20
21
Centièmes de millim. × 600.
5
10

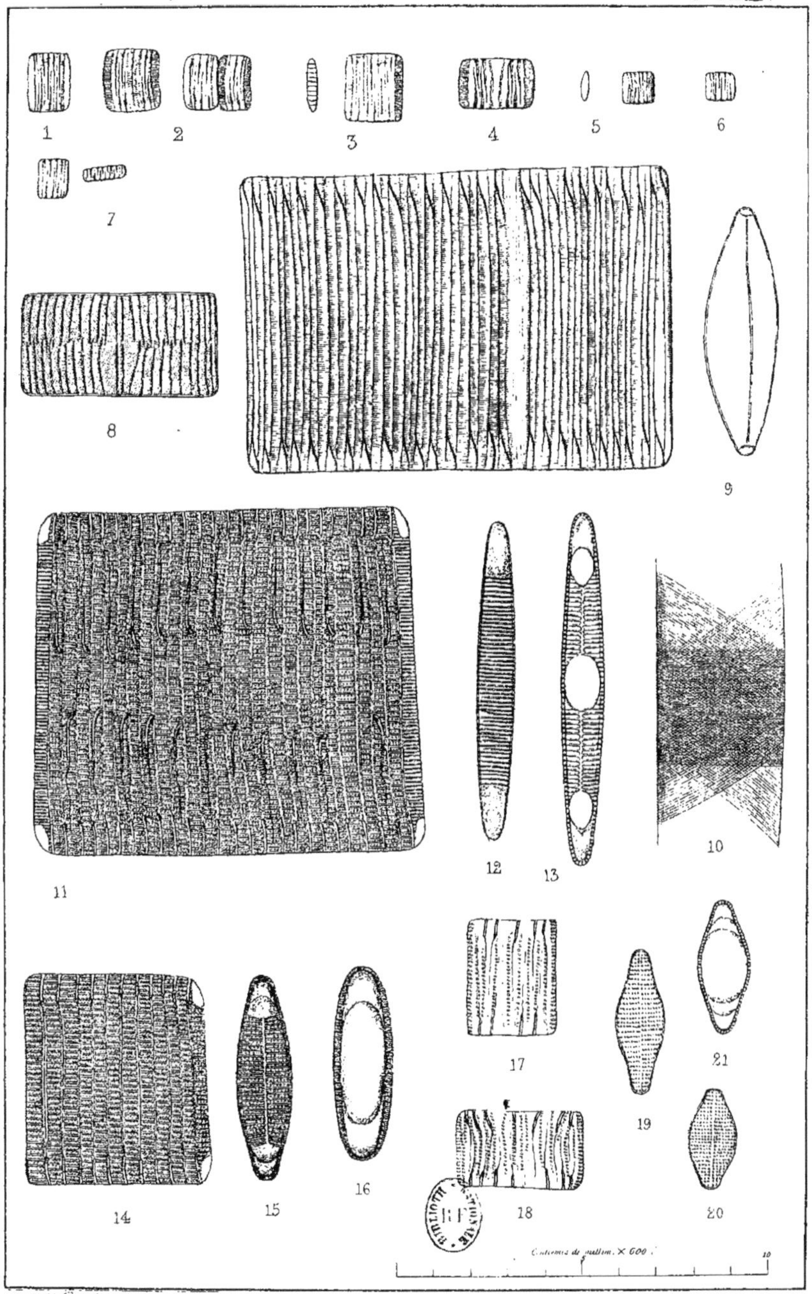

H. Van Heurck ad nat. delin.

PLANCHE LV.

CYMATOPLEURA.

I. C. ELLIPTICA. (*Bréb.*) W. Sm. (*Surirella Bréb.*)

2. C. ELLIPTICA forma subconstricta.

Forme se rapprochant de la variété *constricta*.

3.
4. } C. (elliptica var). HIBERNICA W. Sm. (*Surirella plicata Ehrenb.*)

Cette espèce a été dessinée dans deux mises au point différentes pour montrer les diverses directions de la striation.

5-6-7. C. SOLEA (Bréb). W. Sm. (*Surirella Bréb.*, *Surirella Librile Ehrenb*).

PODOCYSTIS.

8. PODOCYSTIS ADRIATICA Kütz (*inclus P. Americana Bailey*).

Dr Henri Van Heurck, Synopsis des Diatomées de Belgique

Pl. LV

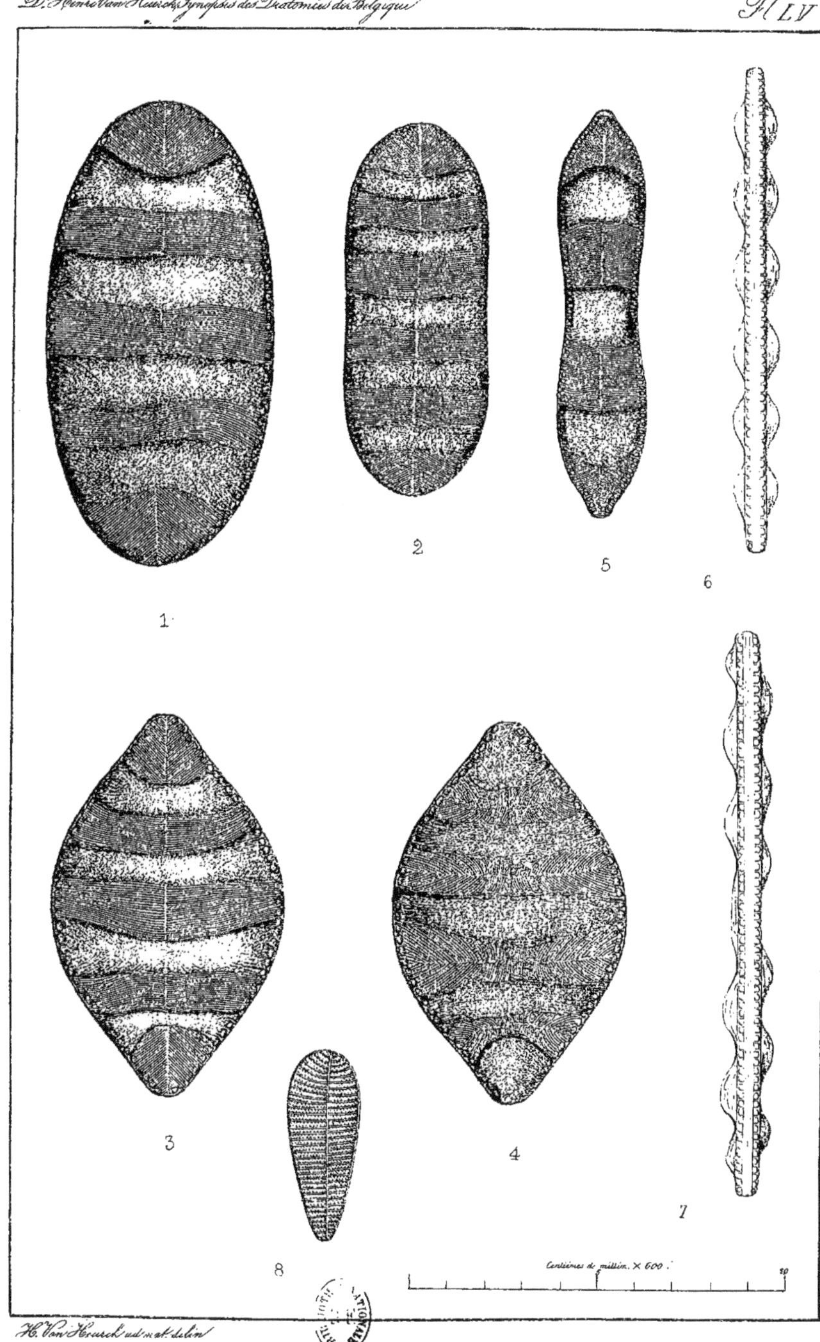

H. Van Heurck ad nat. delin

PLANCHE LVI.

HANTZSCHIA.

1-2. H. AMPHIOXYS GRUN. (*Eunotia Ehr. Nitzschia W. Sm*).*
3. H. AMPHIOXYS VAR. MAJOR. GRUN.*
4. H. AMPHIOXYS VAR. INTERMEDIA. GRUN.*
5-6. H. AMPHIOXYS VAR. VIVAX GRUN. (*Nitzschia vivax Hantzsch. nec W. Sm*).*
7-8. H. (AMPHIOXYS VAR.?) ELONGATA GRUN. (*Nitzschia elongata Hantzsch*).*
9-10. H. (AMPHIOXYS VAR.?) RUPESTRIS GRUN.*
11. H. AMPHIOXYS VAR. MAJOR GRUN.*
Se rapprochant du H. *virgata*.
12-13. H. VIRGATA (*Roper*). GRUN. (*Nitzschia virgata Roper*).*
14-15. H. ? MARINA (*Donkin*). GRUN. (*Epithemia marina Donkin*).*

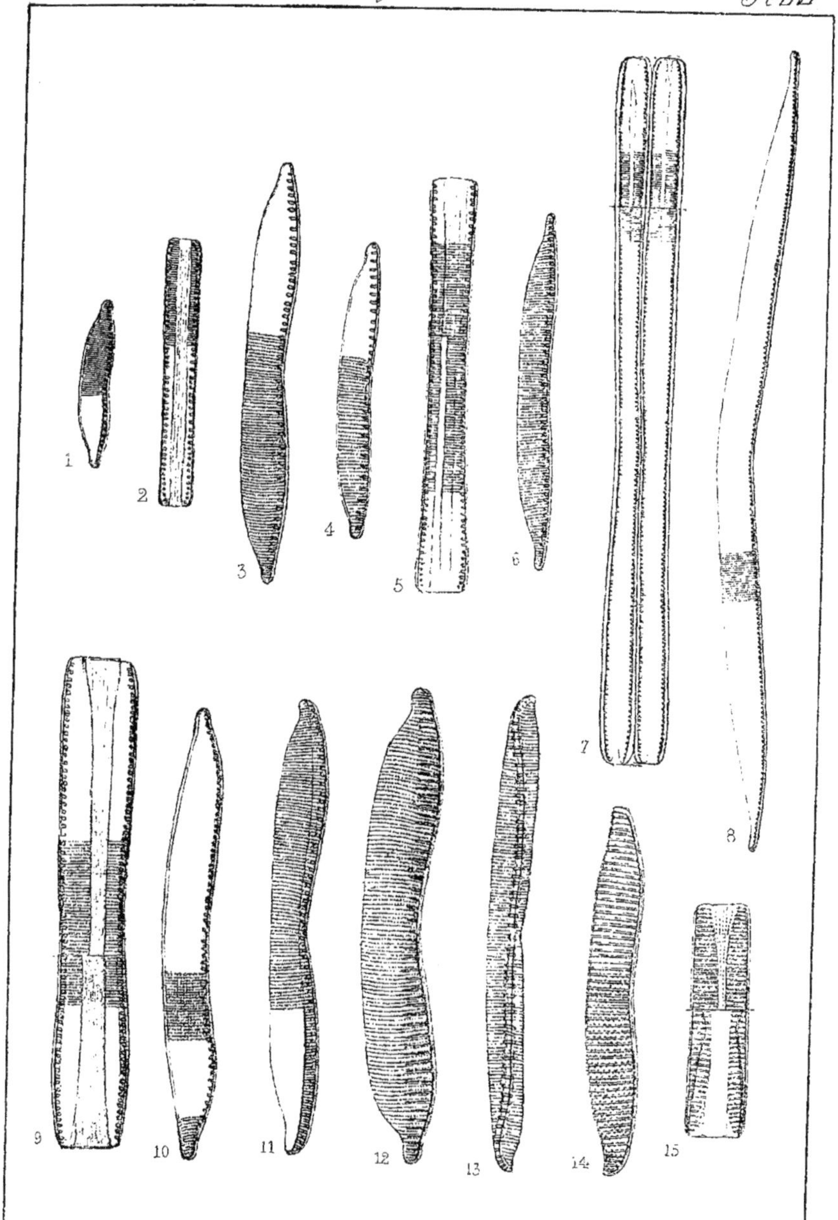

1 2 3 4 5 6 7 8

9 10 11 12 13 14 15

Centièmes de millim. × 600.

A. Grunow ad nat. delin.

PLANCHE LVII.

NITZSCHIA.

Groupe I. Tryblionella.

1. N. NAVICULARIS (*Bréb*). GRUN. (*Surirella Bréb*, *Tryblionella marginata W. Sm*).*
2. N. PUNCTATA (*Sm.*) GRUN. (*Tryblionnella W. Sm*).*
3. N. PUNCTATA VAR ELONGATA GRUN. (*Tryblionella Neptuni Schumann ?*)*
4. N. (PUNCTATA VAR) COARCTATA GRUN.*
5. N. GRANULATA GRUN.*
6. N. LANCEOLA GRUN.*
7. N. (LANCEOLA VAR?) MINUTULA GRUN. Eaux Saumâtres, Angleterre.
8. N. VEXANS GRUN.* Eaux douces près Hildesheim.

9-10. N. TRYBLIONELLA HANTZSCH. (*Tryblionella Hantzschiana Grun. olim. Tryblionella gracilis W. Smith ?*)*

11-12-13. N. TRYBLIONELLA VAR MAXIMA GRUN. Dépot de Yarra.*

14. N. TRYBLIONELLA VAR VICTORIAE GRUN. (*Tryblionella Victoriae Grun. olim*).*

15. N. (TRYBLIONELLA VAR). LEVIDENSIS (*Sm*). (*Tryblionella levidensis W. Smith teste Arnott*).*

16-17. IDEM FORMAE MINORES DENSIUS STRIATAE.*

18. N. (TRYBLIONELLA VAR). SALINARUM. GRUN.*

19-20-21. N. DEBILIS (*Arnott*) GRUN. (*Tryblionella Sauteriana Grun. in litt. Tr. debilis Arnott nec Synedra debilis Kütz qui est Nitzschia Palea var*).*

22-23. N. ANGUSTATA (*Smith*) GRUN. (*Tryblionella W. Sm.* vivant et montrant de courts appendices setiformes, parasites.

24. IDEM VALVE.*

25. N. ANGUSTATA VAR. CURTA GRUN. (*hinc inde subconstricta*).

26-27. N. MARINA GRUN.*

28. N. BALATONIS GRUN.*

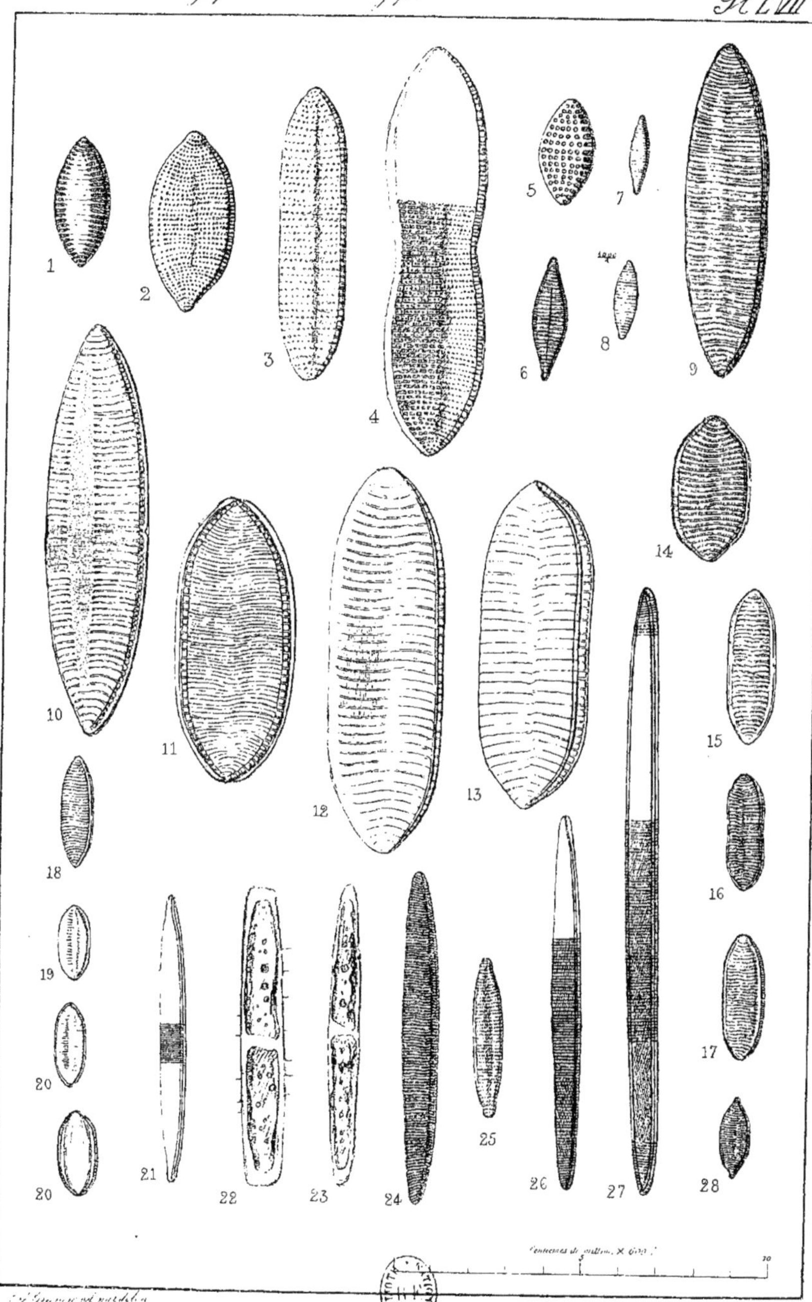

A. Grunow ad nat. del.

PLANCHE LVIII.

NITZSCHIA.

Groupe II. Panduriformes.

1-2. N. PANDURIFORMIS GREG. 14 à 16 stries en 0,01 mm.*
3. N. IDEM. Face valvaire vue une seule fois.*
4. N. PANDURIFORMIS VAR. MINOR GRUN. 20 stries en 0,01 mm.*
5. N. PANDURIFORMIS VAR. DELICATULA GRUN. 21 stries en 0.01 mm.*
6. N. PANDURIFORMIS VAR. CONTINUA GRUN. 25 stries en 0,01 mm.*
7. N. CONSTRICTA VAR. SUBCONSTRICTA GRUN. 11 1/2 stries en 0,01 mm.*
8. N. CONSTRICTA (*Greg*). GRUN. (*Tryblionella Greg*), FORMA PARVA. 16 à 17 stries en 0,01 mm. *
9. N. (CONSTRICTA VAR.) BOMBIFORMIS GRUN. Antilles. 14 stries en 0,01 mm.*

Groupe III. Apiculatae.

10-11. N. PLANA W. SMITH. 18 stries en 0,01 mm.*
12. N. MARGINULATA VAR. SUBCONSTRICTA GRUN. 19 stries en 0,01 mm.*
13. N. MARGINULATA GRUN. 23 stries en 0,01 mm.*
14. N. MARGINULATA VAR. DIDYMA GRUN. 23 stries en 0,01 mm.*
15. N. IDEM. FORMA PARVA. 28 stries en 0,01 mm.*
16-17. N. ACUMINATA (*W. Sm*). GRUN. (*Tryblionella W. Sm*). 12 1/2 à 13 stries en 0,01 mm.*
18. N. (ACUMINATA VAR.?) NOVÆ-HOLLANDIAE GRUN, Dépot de Yarra. 13 1/2 stries en 0,01 mm.*
19-20 } 21-22 } N. HUNGARICA GRUN. 16 à 18 stries en 0,01 mm.*
23-24-25. N. HUNGARICA VAR. LINEARIS GRUN. 16 à 18 stries en 0,01 mm.*
26-27. N. APICULATA (*Greg*). GRUN. (*Tryblionella Greg. Synedra constricta Kütz.*!) 16 à 17 stries en 0,01 mm.*

Dr Henri Van Heurck, Synopsis des Diatomées de Belgique

Pl. LVIII

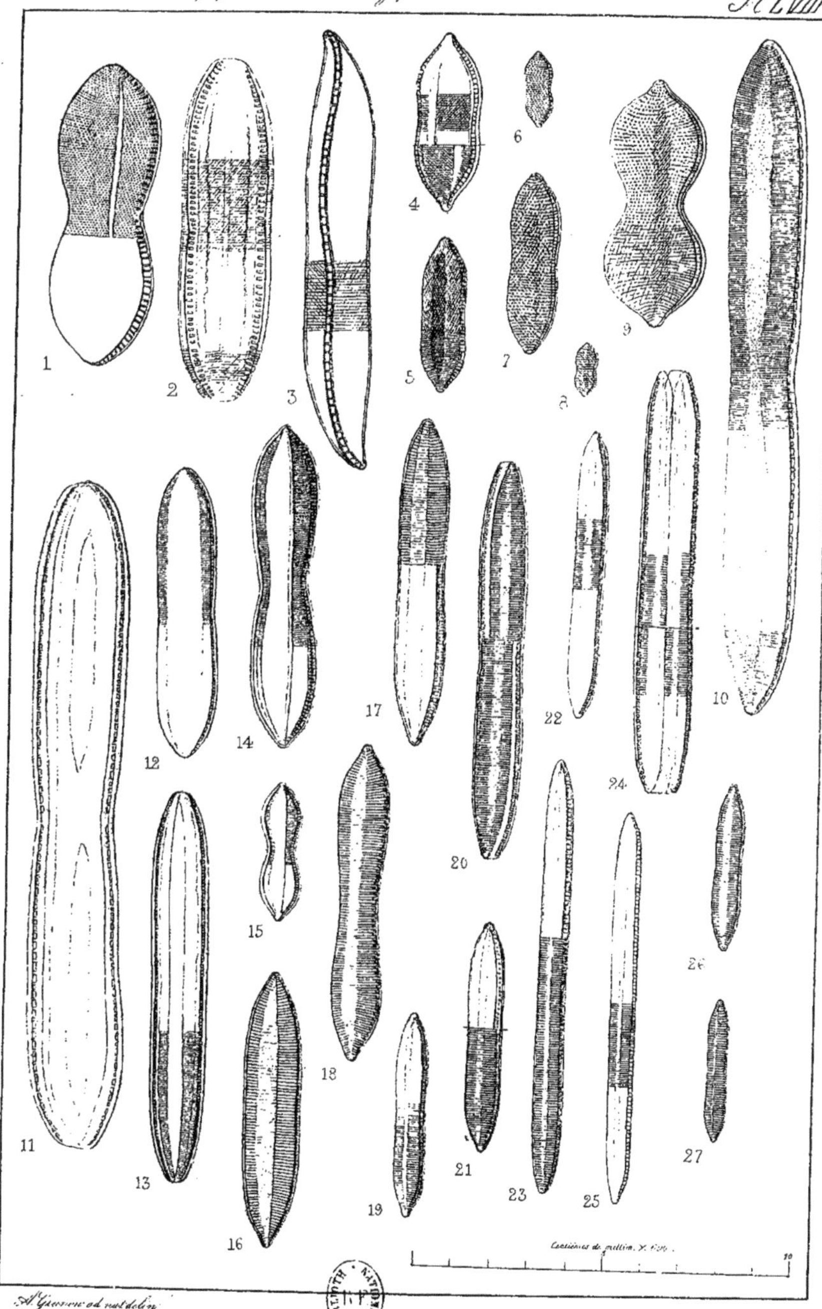

A. Grunow ad nat. delin.

PLANCHE LIX.

NITZSCHIA.

Groupe IV. Pseudo-Tryblionella.

1-2-3. N. (TRYBLIONELLA VAR.?) LITTORALIS GRUN.*

4-5. N. CALIDA GRUN.* (à peine séparable par les points de la carène qui sont plus ou moins distincts) du *N. (Tryblionella var.?) Salinarum* à qui il devra probablement être réuni.

6. Petite forme analogue du *N. (Tryblionella var.?) Salinarum Grun.* à points de la carène indistincts.

7. Forme analogue se rapprochant du *N. Levidensis.* Consultez pour les espèces exotiques de ce groupe. *N. Jelineckii, N. Graeffei, N. Rabenhorstii, N. Nicobarica et N. Campechiana* le MIC. JOURN. 1879.

Groupe V. Circumsutae.

8. N. CIRCUMSUTA (*Bailey*). GRUN. (*Surirella Bailey, Tryblionella Scutellum W. Sm*). Le dessin montre les structures différentes des deux couches de la valve.

Groupe VI. Dubiae.

9-10-11-12. N. DUBIA W. SM. 21 à 24 stries en 0,01 mm. *

13-14. N. COMMUTATA GRUN. (*N. Dubia var. β W. Smith partim*). 21 à 24 stries en 0.01 mm.*

15 à 19. N. THERMALIS (*Kütz*). GRUN. VAR. INTERMEDIA GRUN. Environ 32 stries en 0,01 mm.*

20. N. THERMALIS (*Kütz*). GRUN. (*Surirella Kütz*). Carlsbad. 27 à 28 stries en 0,01 mm.*

21. (N. THERMALIS VAR.?) LITTOREA GRUN. 30 stries en 0,01 mm,*

22. N. THERMALIS VAR MINOR. HILSE. Au delà de 35 stries en 0,01 mm.*

23. N. SERIANS (*Bréb*). RABENHORST. (*Frustulia Bréb*). (*N. thermalis forma brevis.?*) 27 à 28 stries en 0,01 mm. *

24. N. STAGNARUM RABENH. (*N. cuncata Suringar, Surirella multifasciata Kütz. partim*). 25 à 26 siries en 0,01 mm.*

25. N. LITTOREA VAR. PARVA GRUN. (*N. parva. W. Smith.?*) Environ 36 stries en 0,01 mm.*
Il faudra corriger d'après cette nouvelle détermination du nombre des stries quelques indications des „*Arctische Diatomeen*".

Dr Henri Van Heurck, Synopsis des Diatomées de Belgique — Pl. LIX

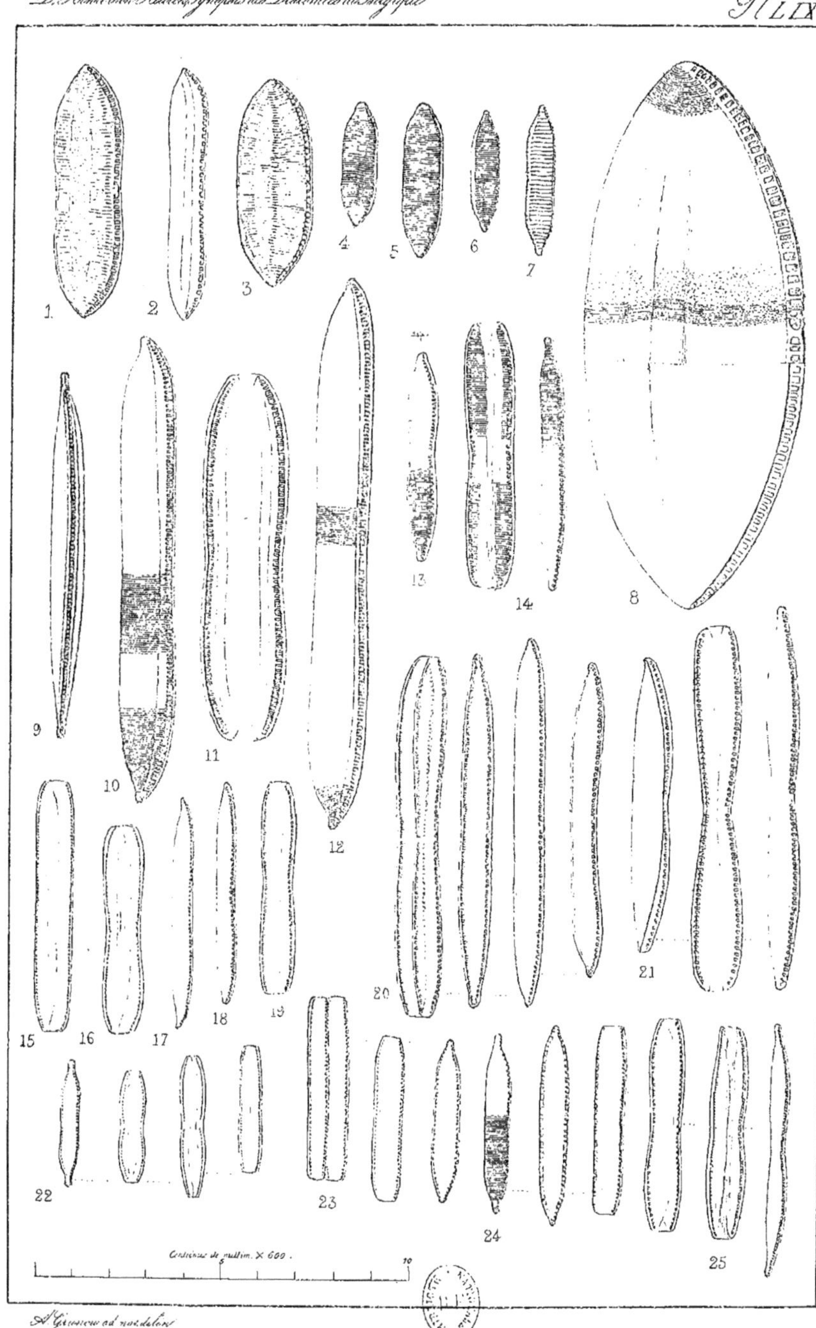

A. Grunow ad nat. delin.

PLANCHE LX.

Groupe VII. Bilobatae.

1. N. BILOBATA W. Sm. (*Amphiprora latestriata Bréb*). 17 1/2 à 19 stries en 0,01 mm.*
2. N. BILOBATA var. minor Grun. 23 à 27 stries en 0,01 mm.*
3. N. IDEM. forma striis carinalibus brevioribus.*
4-5. N. (bilobata var.?) HYBRIDA Grun. 22 à 24 stries en 0,01 mm.*

Groupe VIII. Epithemioideae.

6-7-8. N. EPITHEMIOIDES Grun. (*Surirella laevis Kütz. partim ?*) 24 stries en 0,01 mm.*

Groupe IX. Grunowia. (*Pseudo-Denticula*).

9. N. DENTICULA var. Delognei Grun. 24 à 25 stries en 0,01 mm.*
10. N. DENTICULA Grun. (*Denticula obtusa* (*Kütz ?*) *W. Smith. D. Kützingii Grun. olim, Grunowia. Rabenh*). 15 à 18 stries en 0,01 mm.*
11. N. SINUATA (*W. Sm*). Grun. (*Denticula W. Sm. Nitzschia tumida Hantzsch*). 18 à 20 stries en 0,01 mm.*
12-13. N. (sinuata var.) TABELLARIA Grun. 22 à 24 stries en 0,01 mm.*

Groupe X. Scalares.

14-15. N. SCALARIS (*Ehrg*). W. Smith. (*Syncdra Ehbg*).*
10 à 11 1/2 stries en 0,01 mm. Fig. 14 c. et 15 a. $\frac{300}{1}$

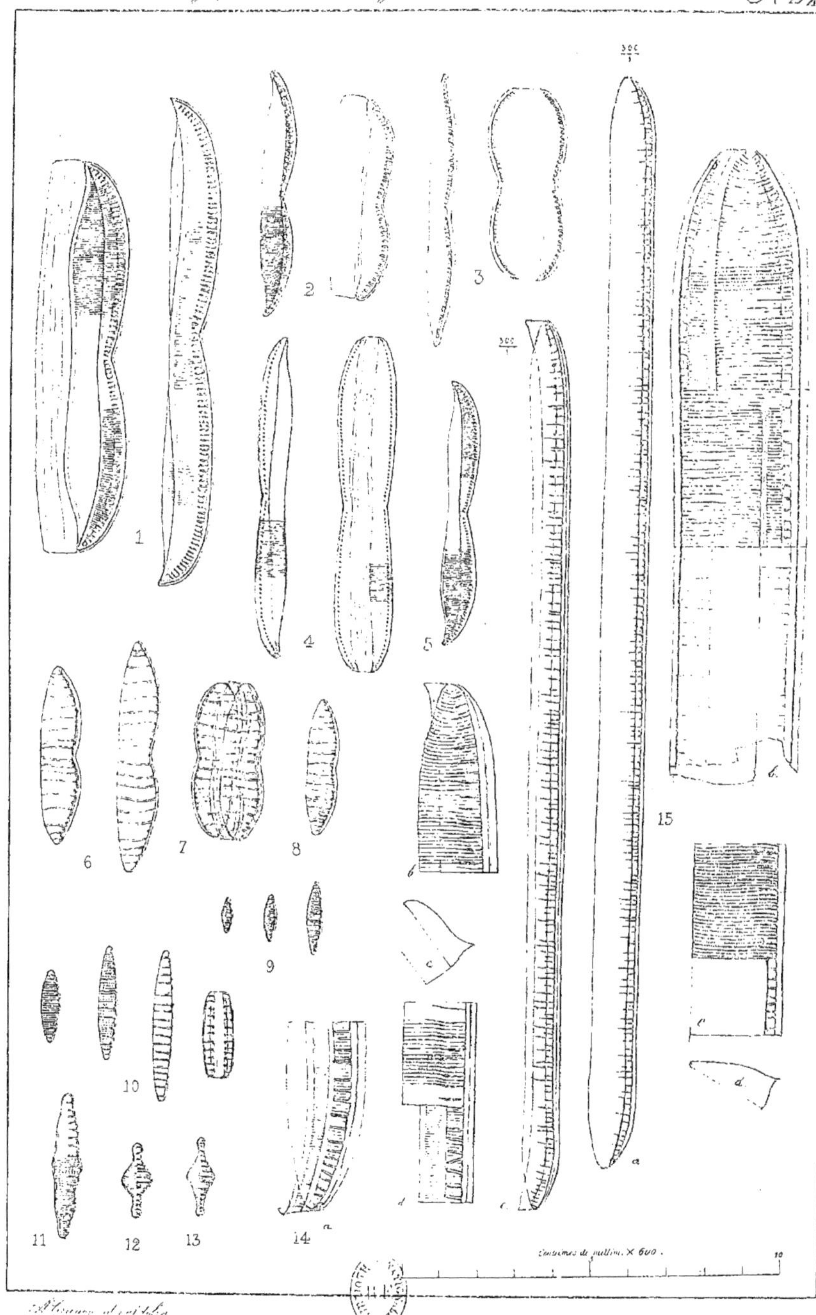
1
2
3
4
5
6
7
8
9
10
11
12
13
14
15
Centièmes de millim. × 600.

PLANCHE LXI.

Groupe XI. Insignes.

1. N. INSIGNIS VAR. MEDITERRANEA GRUN. 11 stries en 0,01 mm.*
2. N. (INSIGNIS VAR.) ADRIATICA GRUN. 11 1/2 stries en 0,01 mm.*
3. N. (INSIGNIS VAR.) SPATHULIFERA GRUN. 11 stries en 0,01 mm.*
4. N. (INSIGNIS VAR.?) SMITHII RALFS. (*N. spectabilis W. Smith*). 12 1/2 à 14 stries en 0,01 mm. (Fig. 4 b. $\frac{300}{1}$)*
5. N. (INSIGNIS VAR.?) NOTABILIS GRUN. 9 1/2 à 10 1/2 stries en 0,01 mm.* (Fig. 5 a. $\frac{300}{1}$)

Groupe XII. Bacillaria.

6. N. PARADOXA (*Gmel*). GRUN. (*Bacillaria Gmel*, *Vibrio paxillifer Müller*). 20 1/2 à 22 stries en 0,01 mm.*
7. N. PARADOXA FORMA MAJOR LATIOR. 20 1/2 stries en 0,01 mm.*
8. N. SOCIALIS GREGORY. 13 1/2 à 15 1/2 stries en 0,01 mm.*

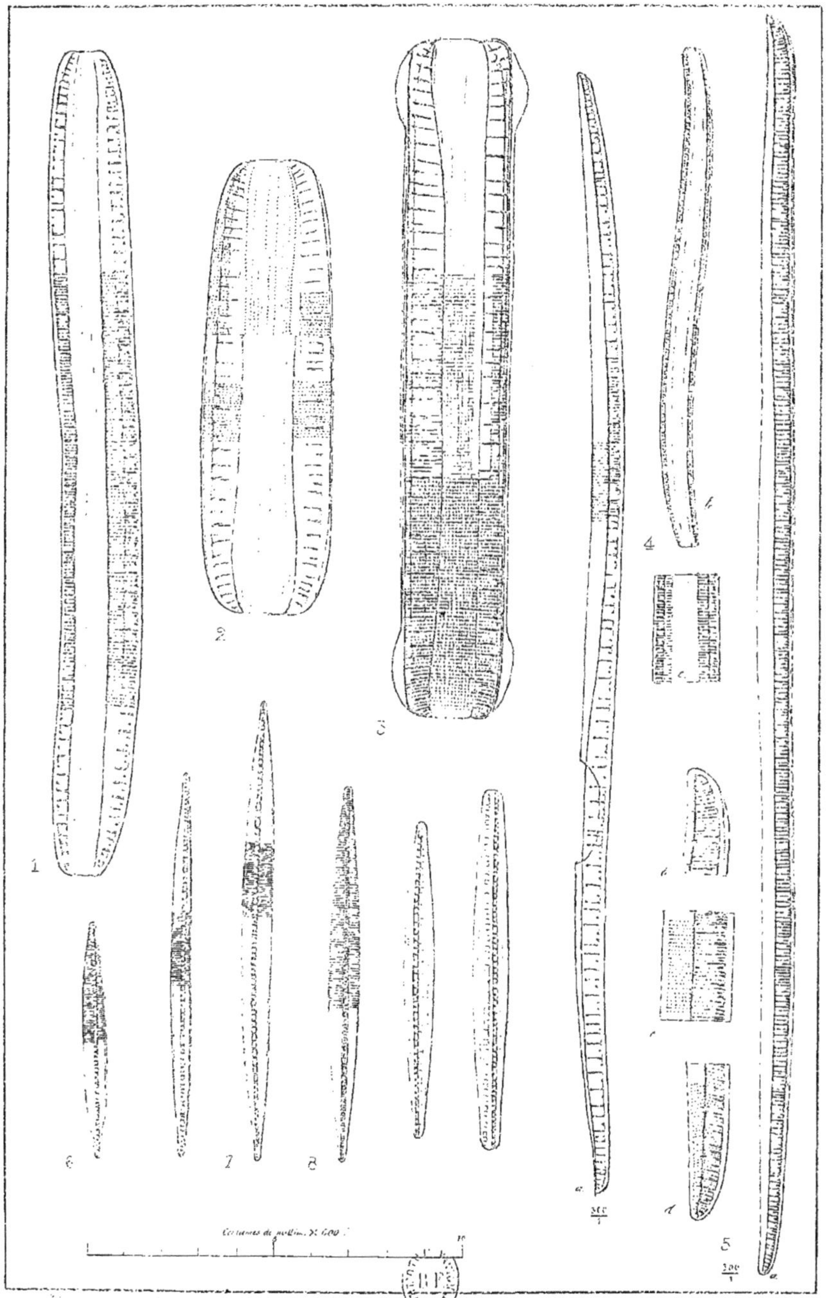

1 2 3 4 5 6 7 8

a b c d

Centièmes de millim. × 600

A. Grunow ad nat. delin.

PLANCHE LXII.

Groupe XIII. Vivaces.

1. N. VIVAX W. SMITH. (*nec. Hantzsch*). 12 à 13 stries en 0,01 mm.*
2. N. VIVAX W. SM. FORMA MINOR. Mer Adriatique. 14 stries en 0,01 mm.*
3. N. (VIVAX VAR.?) FLUMINENSIS GRUN. Baie de Campèche. 15 stries en 0,01 mm.*
4. N. IDEM. De la mer Adriatique. 17 stries en 0,01 mm.*
5. N. (FLUMINENSIS VAR.) MAJUSCULA. Baie de Campèche. 14 1/2 stries en 0,01 mm.*
6. N. PETITIANA GRUN. 27 à 30 stries en 0,01 mm.*

Groupe XIV. Spathulatae.

7-8. N. SPATHULATA BRÉB. Striation très fine.*

9. N. (SPATHULATA VAR.) HYALINA GREG.*

10. N. DISTANS GREG. Striation très fine.*

11-12-13-14. N. ANGULARIS W. SMITH. Stries très fines : 31 ou plus en 0,01 ; on apperçoit aussi, mais à peine, des stries obliques.

15. N. ANGULARIS VAR. OCCIDENTALIS GRUN. Baie de Campèche.* Stries transversales 28 en 0,01 ; stries obliques distinctes.

16. N. (ANGULARIS VAR.) AFFINIS GRUN. Stries très fines.*

17. N. DISTANS VAR. TUMESCENS GRUN. (*N. Quarnerensis Grun., partim*). Stries très fines.*

18. N. DISTANS VAR.? SUBSIGMOIDEA GRUN. Stries très fines.*

19. N. CURSORIA (*Donkin*). GRUN. (*Bacillaria Donk*). Stries très fines.*

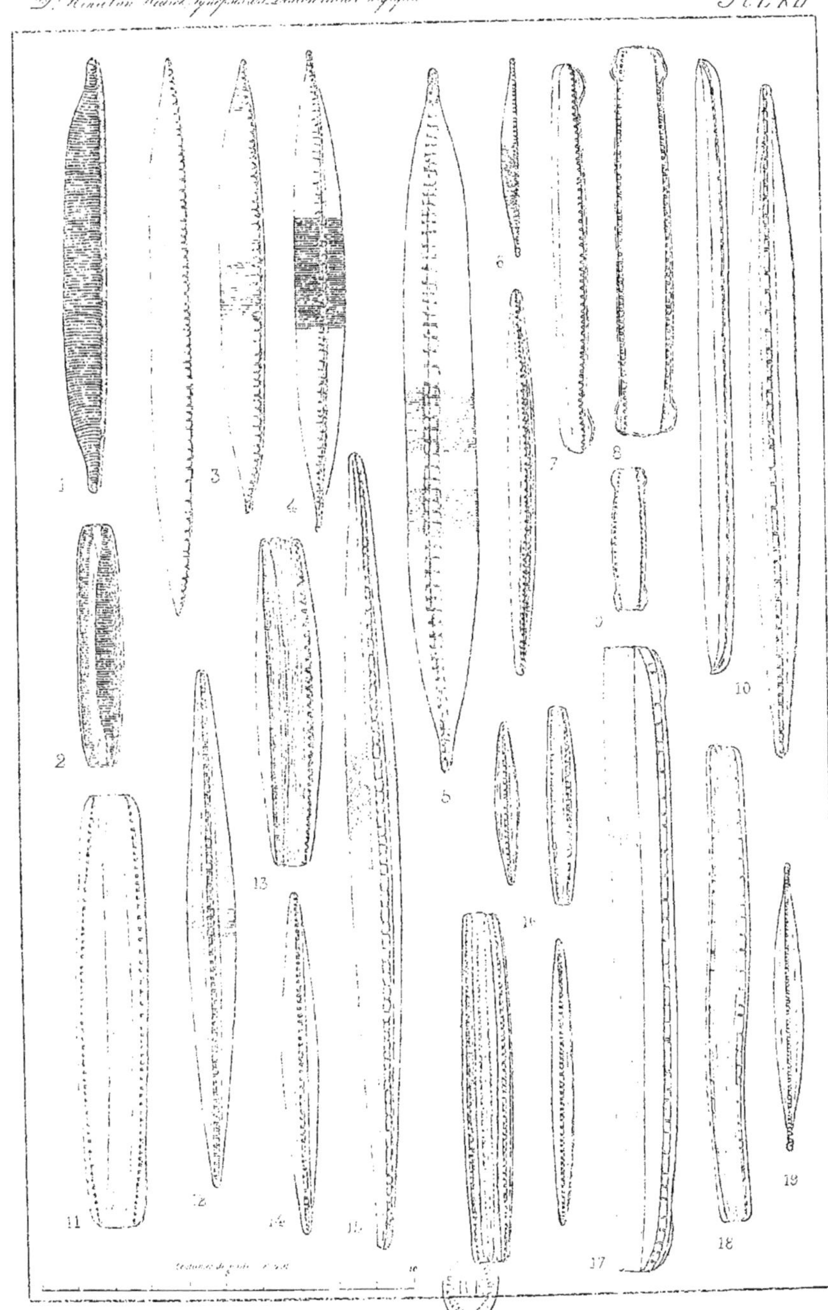
1
2
3
4
5
6
7
8
9
10
11
12
13
14
15
16
17
18
19

PLANCHE LXIII.

Groupe XV. Dissipatae.

1. N. DISSIPATA (*Kütz*). Grun. (*Synedra Kütz*, *Nitzschia minutissima W. Sm. partim ?*) Stries très fines.*

2-3. N. DISSIPATA var. media Grun. (*N. media Hantzsch*), Stries très fines.*
L'Homococladia filiformis (*W. Smith teste Arnott*). de Neyland a des frustules tout à fait semblables à ceux du *N. dissipata*. Des échantillons provenant de Monkland Canal et déterminés par Arnott comme *H. filiformis* sont identiques à *H. Germanica* de *Richter*.

4. N. (dissipata var.?) ACULA Hantzsch. Stries très fines.*

Groupe XVI. Sigmoideae.

5-6-7. N. SIGMOIDEA (*Ehrg*). W. Smith. (*Navicula Ehrg.*, *Synedra Kütz.*, *Sigmatella Nitzschii Kütz.*, *Nitzschia elongata Hassall*).
25 1/2 à 26 stries en 0,01 mm. (Fig. 7 a. $\frac{300}{1}$)*

8. N. (sigmoidea var.?) ARMORICANA (*Kütz*). Grun. (*Synedra armoricana Kütz*, *Sigmatella Brebissonii Kütz*, *nec. Nitzschia Brebissonii W. Smith*). 22 stries en 0,01 mm.*

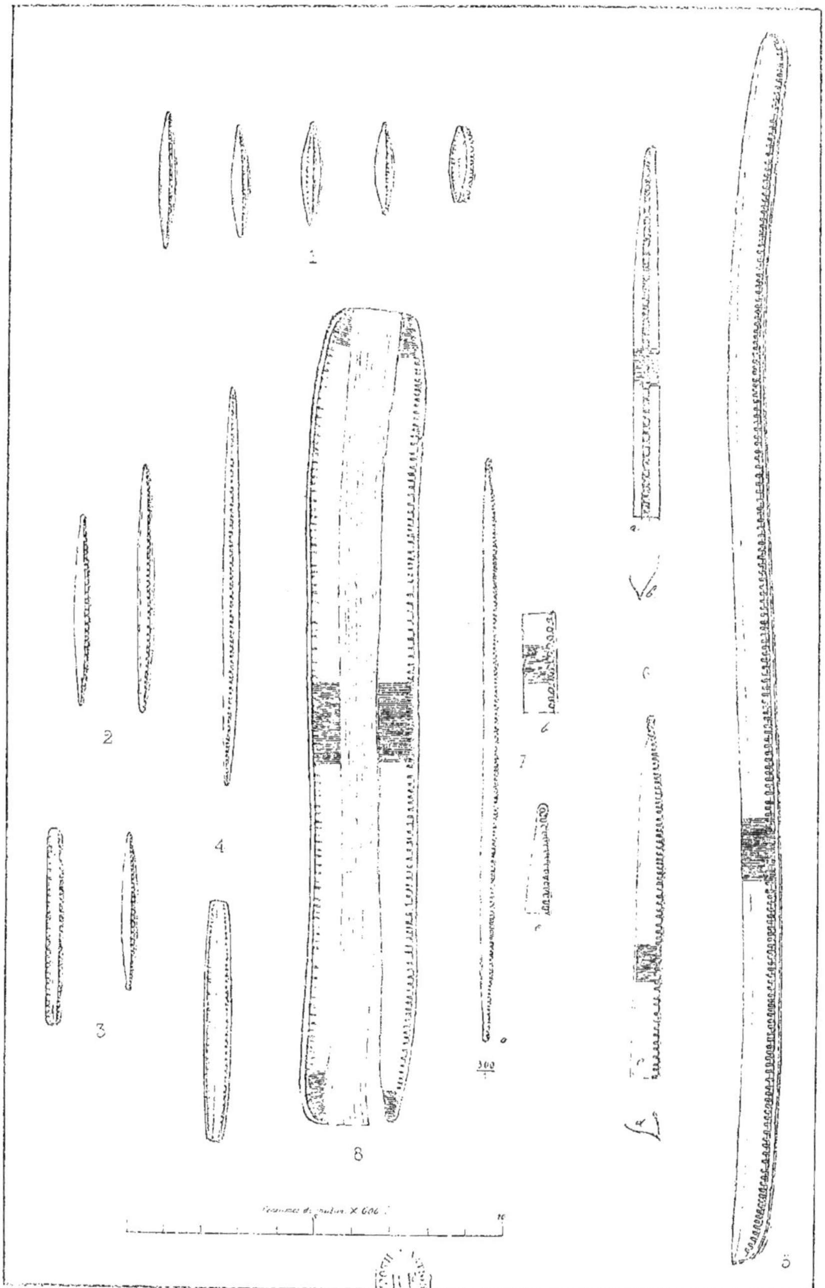

1

2

3

4

5

6

7

8

Grossissement X 600.

A. Grunow ad nat. delin.

PLANCHE LXIV.

Groupe XVI. Sigmoideae (Suite).

1. N. VERMICULARIS (*Kütz*). HANTZSCH, FORMA MINOR. Stries très fines.*
2. N. VERMICULARIS (*Kütz*). HANTZSCH. (*Synedra et Sigmatella Kütz*). 30 à 32 stries en 0,01 mm.*
3. N. (VERMICULARIS VAR.?) LAMPROCAMPA HANTZSCH. (*Navicula Kütz.?*) 34 à 35 stries en 0,01 mm.*

4-5. N. BREBISSONII W. SMITH. (*nec. Sigmatella Brebissonii Kütz*). 10 à 11 stries en 0,01 mm. (Fig. 4 *a*. et 5 *a*. *b*. $\frac{300}{1}$)*

6-7. N. MACILENTA W. SMITH. Stries très fines. (Fig. 6 *a*. et 7 *a*. $\frac{300}{1}$)*

1 2 3 4 5 6 7

A. Grunow ad nat. delin.

PLANCHE LXV.

Groupe XVII. Sigmata.

1-2. N. (SIGMA VAR.?) MAXIMA GRUN. Mer Adriatique.

3 à 4 points carénaux et 15 à 17 stries en 0,01 mm. (Fig. 1 *a*. et 2 *a*. $\frac{300}{1}$)*

3. N. (SIGMA VAR.?) LATIUSCULA GRUN. Iles Samoa.

2 3/4 à 3 points carénaux et 18 à 20 stries en 0,01 mm. (Fig. 3 *a*. $\frac{300}{1}$)*

4. N. (SIGMA VAR.?) VALIDA CLEVE et GRUN. FORMA LONGISSIMA. Baie de Campèche. 3 1/2 à 4 1/2 points carénaux, et 18 à 21 stries en 0,01 mm. (Fig. 4 *a*. $\frac{300}{1}$)*

5. N. IDEM. Forme plus courte et un peu plus sigmoïde. Iles Samoa.

4 1/2 points carénaux, et 18 1/2 stries en 0,01 mm. (Fig. 5 *a*. $\frac{300}{1}$)*

6. N. (SIGMA VAR.?) MAJOR GRUN. Baie de Campèche.

3 points carénaux, et 14 à 16 stries en 0,01 mm. (Fig. 6 *a*. $\frac{300}{1}$)*

Toutes les formes précédentes pourraient être réunies sous le nom de *N. valida*, mais alors il n'y aurait aucun caractère tranchant pour les séparer du *N. Sigma*.

7. N. SIGMA W. SMITH. (*Synedra Kütz*). 7 à 9 points carénaux et 22 stries en 0,01 mm.*

8. N. IDEM. Forme un peu plus grande avec 3 3/4 points carénaux et 20 stries en 0,01 mm.*

PLANCHE LXVI.

Groupe XVII. Sigmata (Suite).

1. N. SIGMA VAR. INTERCEDENS GRUN.
6 à 7 points carénaux et 27 à 30 stries en 0,01 mm. Généralement très fortement courbé.*

2. N. SIGMA VAR. RIGIDA (*Kütz*). GRUN. (*Amphipleura rigida Kütz. Amphipleura sigmoidea W. Smith*).
7 à 9 points carénaux ; 30 à 31 stries en 0,01 mm.*

3. Petite forme tenant le milieu entre la var. rigida et la var. Sigmatella.
9 à 10 points carénaux et 28 stries en 0,01 mm.*

4. N. SIGMA VAR. HABIRSHAWII (*Febiger*). FORMA BREVIOR. Cuxhaven.
6 points carénaux ; 28 à 30 stries en 0,01 mm. (Fig. 4 *a.* $\frac{300}{1}$)*
Le véritable *N. Habirshawii Febiger* de la Californie est beaucoup plus long, 0,34 à 0,41 mm. mais n'offre aucune autre différence. Les échantillons de la mer Caspienne atteignent en longueur 0,21 mm.

5. N. SIGMA VAR. RIGIDA GRUN. Saline de Dürrnberg.
8 à 10 points carénaux et 3 à 31 stries en 0,01 mm.*

6. N. SIGMA VAR. SIGMATELLA (*Greg.?*) GRUN.
8 à 11 points carénaux ; 25 à 26 stries en 0,01 mm.*

7. N. IDEM. FORMAE ELONGATAE. $\frac{300}{1}$*

8. N. SIGMA VAR. RIGIDULA GRUN. 8 à 10 points carénaux ; 30 à 31 stries en 0,01 mm.*
Très analogue à la var. *rigida* mais plus petit et plus étroit. Très voisin est le *N. curvula Dippel* qui n'est pas rare et qui est tantôt plus grand, tantôt plus petit. Il a 9 à 11 points carénaux et 35 à 36 stries en 0,01 mm. Le *N. Anguillula Schumann* est encore plus étroit et a 11 points carénaux et 29 stries en 0,01 mm.

9. N. SIGMA VAR. DIMINUTA GRUN. 11 à 13 points carénaux et plus de 36 stries en 0,01 mm.
Le plus souvent il est moins sigmoïde. Il est analogue à la *var. Anguillula* mais la striation est beaucoup plus fine.*

10. N. CLAUSII HANTZSCH. 9 à 10 points carénaux et 32 stries en 0,01 mm.
A de l'analogie avec les petites formes du *N. obtusa.**

11-12-13. N. FASCICULATA GRUN. (*Homococladia sigmoidea W. Smith*).
5 à 6 points carénaux et 28 à 29 stries en 0,01 mm.
Se montre souvent en petits faisceaux mais n'est pas un *Homoeocladia.**

14. HOMOEOCLADIA SUBCOHAERENS GRUN. VAR. SCOTICA GRUN.*
12 à 13 points carénaux et environ 30 stries en 0,01 mm.
La *var. chinensis* a environ 8 à 10 points carénaux et 33 34 stries en 0,01 mm. l'*Homoeocladia germanica Richter* et l'*H. conferta Richter* qui ne peut en être separé) a des gaines plus distinctes et des frustules plus faiblement sigmoïdes avec 7 à 9 points carénaux et 31 à 32 stries en 0,01 mm.

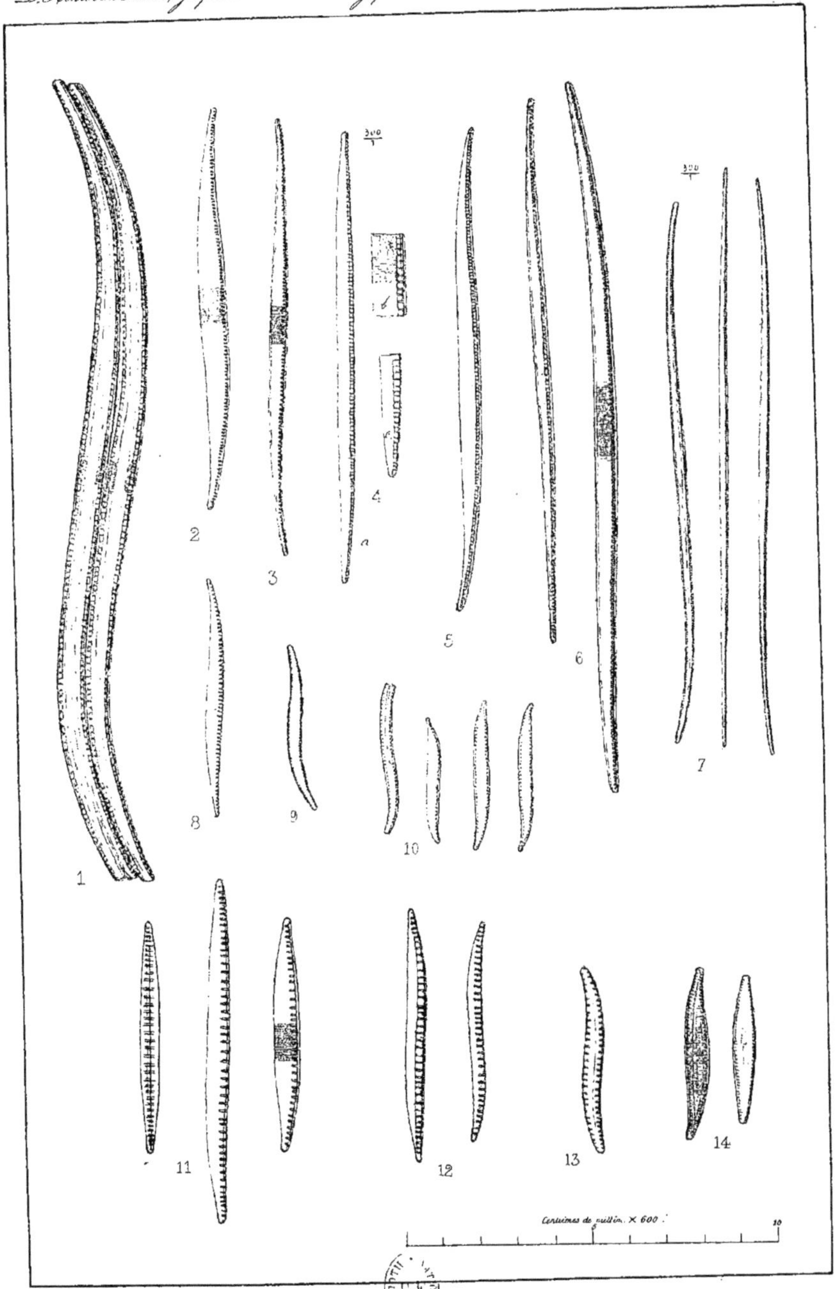

300/1

a

b

4

1 2 3 5 6

300/1

7

8 9 10

11 12 13 14

Centièmes de millim. × 600

5 10

A. Grunow ad nat. delin.

PLANCHE LXVII.

Guoupe XVIII. Obtusae.

1. N. OBTUSA W. SMITH. 26 à 27 stries en 0,01 mm.*
2. N. OBTUSA VAR. SCALPELLIFORMIS GRUN. 26 à 27 stries en 0,01 mm.*
3. N. (OBTUSA VAR.) NANA GRUN. Environ 35 stries en 0,01 mm.*
Se distingue des formes minces analogues du *N. Sigma* par le pseudo-nodule médian très apparent.
4. N. (OBTUSA VAR.) BREVISSIMA GRUN. 34 à 36 stries en 0,01 mm. (*N. parvula Lewis nec. W. Smith*).*
5. N. (OBTUSA VAR.?) SCHWEINFURTHII GRUN. Forme courbe anormale du Delta du Nil. 28 à 29 stries en 0,01 mm.*
6. N. IDEM. Du lac salé près de Halles. *a.* et *b.* à $\frac{300}{1}$
7. N. HOMOEOCLADIA VIDOVICHII GRUN. 24 à 25 stries en 0,01 mm.*

Groupe XIX. Spectabilis.

8-9. N. SPECTABILIS (*Ehr*). RALFS (*Syncdra spectabilis Ehr. nec. Nitzschia spectabilis W. Smith*), 9 à 10 1/2 stries en 0,01 mm.* (Fig. 8 *a.* $\frac{300}{1}$)*

Groupe XX. Lineares.

10. N. VITREA NORMANN. 20 à 22 stries en 0.01 mm.*
11. N. IDEM. FORMA MAJOR. 17 stries en 0,01 mm.*
12. N. (VITREA VAR.) SALINARUM GRUN. 28 à 30 stries en 0,01 mm.*
13-14-15. N. LINEARIS (*Ag*). W. SMITH. (*Frustulia Ag. Syncdra multifasciata Kütz. partim*). 27 à 30 stries en 0,01 mm.*
16. N. (LINEARIS VAR.) TENUIS (*W. Smith.?*) GRUN. 29 à 30 stries en 0,01 mm.*
17-18. N. RECTA HANTZSCH. 33 à 35 stries en 0,01 mm.*

1 2 3 4 5 6 7 8 9 10 11 12 13 14 15 16 17 18

Centièmes de millim. × 600

A. Grunow ad nat. delin.

PLANCHE LXVIII.

Groupe XXI. Lanceolatae.

1-2. N. LANCEOLATA W. SMITH (*Surirella curvula Bréb.*) environ 30 stries en 0,01 mm. (Les stries longitudinales que W. Sm. figure sur la valve, n'existent pas.*

3. N. IDEM. FORMA MINOR.*

4. N. IDEM. FORMA MINIMA.* stries très fines.

5-6. N. (LANCEOLATA VAR ?) INCRUSTANS GRUN.* Stries transversales très fines.

7-8. N. SUBTILIS (*Kütz.*) GRUN. (*Synedra Kütz. partim. Nitzschia tenuis* (*W. Smith ??*) *Eulenstein typ. n.* 25.) 7 à 10 points carénaux et 30 à 32 stries en 0,01 mm.

9-10. N. (SUBTILIS VAR.) PALEACEA GRUN. 12 à 14 points carénaux en 0,01 mm. stries transversales très fines.*

11. N. GRACILIS HANTZSCH. Type original de Dresde. 11 à 12 points carénaux en 0,01 mm. stries très fines.*

12. N. IDEM. FORMA BREVIOR MINUS PRODUCTA, de boljunz.*

13-14. N. HEUFLERIANA GRUN. environ 10 points carénaux et 21 stries en 0,01 mm.*

15-16-17. N. AMPHIBIA GRUN. 8 points carénaux et 16 à 17 stries en 0,01 mm.*

18. N. (AMPHIBIA VAR.) FRAUENFELDII GRUN. (*Bacillaria Grun. l. c.*) 7 1/2-8 points carénaux et 15 à 16 stries en 0,01 mm. Taïti (Atteint jusqu'à 0,114 mm. de longueur dans l'île de Java.)

19. N. (AMPHIBIA VAR.) ACTIUSCULA GRUN. 7 1/2 points carénaux et 15 à 16 stries en 0,01 mm. fossile à Ceyssat.

20. N. IDEM. vivant, de Dresde.*

21-22. N. IDEM. vivant des îles Samoa.*

23. N. IDEM. FORMA MAJOR, MARINA, de Rovigno.*

24. N. (AMPHIBIA VAR ?) FOSSILIS GRUN.* 8 points carénaux et 18 à 20 stries en 0,01 mm. atteint jusqu'à 0,072 mm. de long. fossile à Ceyssat.

25-26. N. LIEBETRUTHII RABENHORST. (*N. perpusilla Grun. nec. Rabenh.*) 10-11 points carénaux et 24 stries en 0,01 mm. (fig. 25 à $\frac{1000}{1}$

27. N. FRUSTULUM (Kütz.) GRUN. VAR. 7 à 9 points carénaux et 23 à 24 stries en 0,01 mm.*

28-29. N. FRUSTULUM (Kütz.) GRUN. (*Synedra Frustulum Kütz !*) 10 à 12 points carénaux et 22 stries en 0,01 mm.*

30. N. FRUSTULUM VAR. BULNHEIMIANA GRUN. (*Homococladia Bulnheimiana Rabenh.*) 9 points carénaux et 21 stries en 0,01 mm.*

31. N. FRUSTULUM VAR. PERMINUTA GRUN. (*N. Frustulum Kütz !*) 12 points carénaux et 29 stries en 0,01 mm.*

1 2 3 4 5 6 7 8 9 10 11 12 13 14 15 16 17 18 19 20 21 22 23 24 25 26 27 28 29 30 31

Centièmes de millim. × 600. 5 10

A. Grunow ad nat. delin.

PLANCHE LXIX.

Groupe XXI. Lanceolatae (Suite.)

1. N. (FRUSTULUM VAR.) HANTZSCHIANA RABENH. 8-9 points carénaux et 24 stries en 0,01 mm.*
2. N. IDEM. FORMA SUBSERIANS GRUN. 9 points carénaux et 24 stries en 0,01 mm.*
3. N. LIEBETRUTHII VAR. 11 points carénaux et 25 stries en 0,01 mm. 24 stries en 0,01 mm. (En tout cas très voisin du *N. Frustulum*) marin.*
4. N. (FRUSTULUM VAR.) PERMINUTA GRUN. FORMA STRIIS PARUM DENSIORIBUS. 10 1/2 à 11 points carénaux et 27 stries en 0,01 mm.*
5. N. (FRUSTULUM VAR.) MINUTULA GRUN. 12-12 1/2 points carénaux et 30 à 31 stries en 0,01 mm.*
6. N. (FRUSTULUM VAR.) INCONSPICUA GRUN. 12 points carénaux et 24 stries en 0,01 mm.*
7. N. (FRUSTULUM VAR.) PERMINUTA FORMA CURTA.* 12 points carénaux et 27 à 28 stries en 0,01 mm. Se rapproche de la var. *minutula* et du *N. Liebetruthii.*
8. N. (FRUSTULUM VAR.) PERPUSILLA RABENH 10 à 12 points carénaux et 23 à 24 stries en 0,01 mm*
9. N. (FRUSTULUM VAR.) GLACIALIS GRUN. 7 à 8 points carénaux et 22 à 24 stries en 0,01 mm. *
10. N. INTERMEDIA HANTSCH. 8 à 9 points carénaux et 24 stries en 0,01 mm.* C'est la forme la plus grande de toutes celles apparentées au *N. Frustulum.*
11. N. IDEM. FORMA BENGALENSIS.*
12. N. ROMANA GRUN. 11 à 12 points carénaux et 23 à 24 stries en 0,01 mm. Rome. — (grande forme du N. fout cold ?)*
13. N. IDEM. des Iles Samoa.*
14. N. TUBICOLA GRUN. 7 à 10 points carénaux en 0,01 mm, — Stries transversales très fines. — Se rencontre souvent en abondance dans les gaines des Schizonemées.*

15-16-17-18-19. N. FONTICOLA GRUN. 12 à 15 points carénaux et 28 à 30 stries en 0,01 mm.*

20. N. IDEM. vivant avec le contenu du frustule.*
21. N. MICROCEPHALA GRUN. 12 à 13 points carénaux et environ 33 stries en 0,01 mm. Berlin.*

22*a*. N. (MICROCEPHALA VAR ?) ELEGANTULA GRUN. 12 points carénaux et 26 stries en 0,01 mm. Blankenberghe, marin.*

22*b*. N. PALEA (Kütz.) W. SMITH 10 à 12 points carénaux et 35 à 36 stries en 0.01 mm.*

22*c*. N. IDEM. FORMA MAJOR.*

23. N. (PALEA VAR.) MINUTA BLEISCH (*Synedra Palea var. minor Kütz.*) 10 à 12 points carénaux et environ 36 stries en 0,01 mm.*

24-25-26. N. (PALEA VAR ?) KUTZINGIANA HILSE 14 à 17 points carénaux et 36 stries en 0,01 mm.*

27. N. KUTZINGIANA VAR. EXILIS GRUN. 18 points carénaux et au delà de 36 stries en 0,01 mm.*

28-29. N. PALEA VAR. DEBILIS (Kütz.) GRUN. (*Synedra debilis Kutz.*)* 11 à 12 points carénaux et 34 à 36 stries en 0,01 mm.

30. N. FRUSTULUM VAR. TENELLA GRUN. 10 à 12 points carénaux et 29 à 30 stries en 0,01 mm.*
31. N. PALEA VAR. TENUIROSTRIS GRUN. 11 à 15 points carénaux et environ 36 stries en 0,01 mm.
32. N. COMMUNIS RABENHORST 10 à 11 points carénaux et 29 à 38 stries en 0,01 mm.*

33-34. N. COMMUNIS VAR. OBTUSA GRUN.* 10 à 12 points carénaux et 31 à 33 stries en 0,01 mm. (*Synedra parvula Kütz partim*) fig. 33 à $\frac{1000}{1}$ *

35. N. COMMUNIS VAR. ABBREVIATA GRUN. 12 à 14 points carénaux et 30 stries en 0,01 mm. $\frac{1000}{1}$*

36. N. OVALIS ARNOTT MANUSCER 12 points carénaux en 0,01 mm. stries transversales très fines.

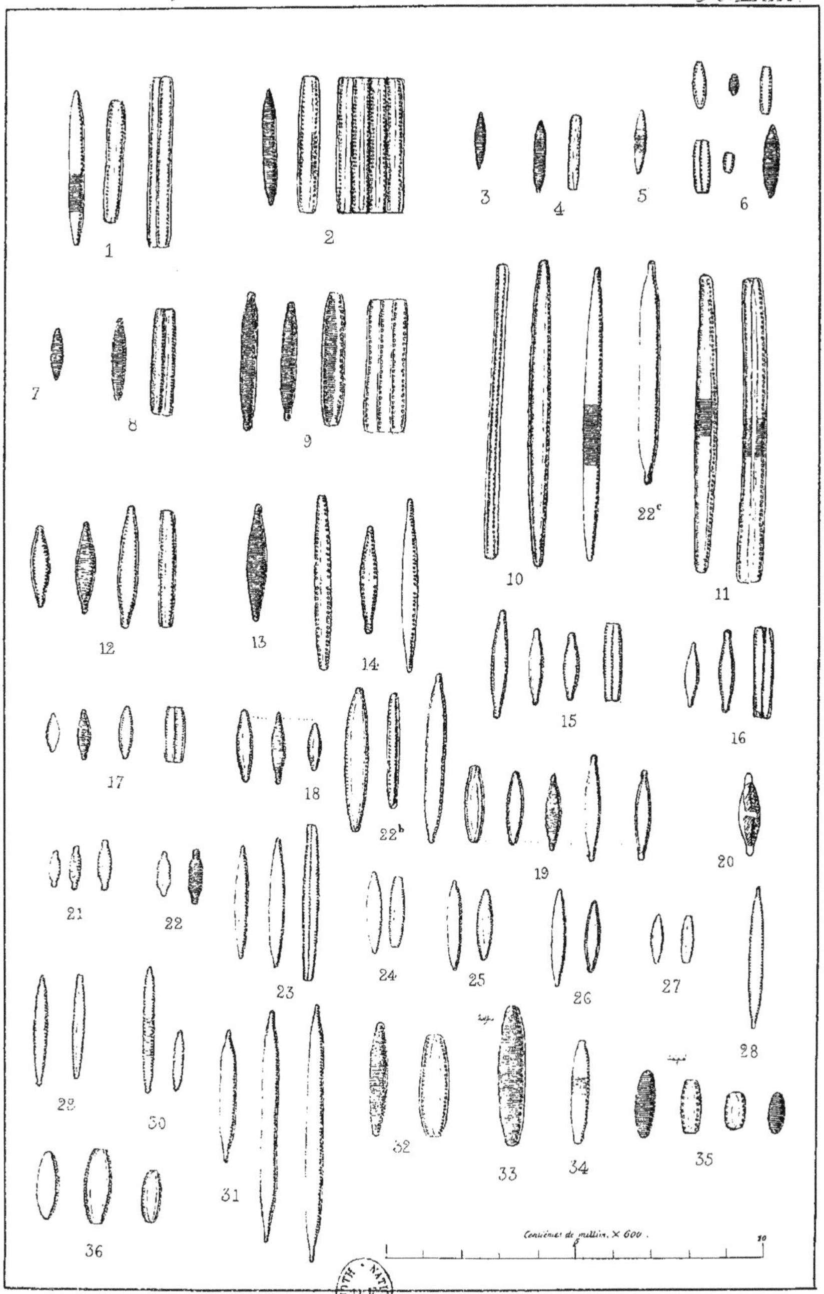

A. Grunow ad nat. delin.

PLANCHE LXX.

Groupe XXII. Nitzschiella.

1-2. N. LONGISSIMA (*Bréb.*) RALFS. (*Ceratoneis Bréb.*, *N. birostrata W. Sm.*)*
(Dans la fig. 1. un des becs n'est pas developpé)*

3. N. IDEM. FORMA PARVA.*

4. N. LONGISSIMA VAR. REVERSA. GRUN. (*N. reversa W. Smith ??*)*

5. N. CLOSTERIUM (Ehr.) W. SMITH. (*Ceratoneis Ehr.*) FORMA MINUTISSIMA.*

6. N. ACICULARIS (*Kütz.*) W. SMITH. (*Synedra Kütz*).*

7. N. CLOSTERIUM VAR. Réuni en faisceaux.*

8. N. CLOSTERIUM VAR.
Var. passant au *N. longissima* et à la var *reversa*. Dans les mêmes localités on rencontre toutes les formes intermédiaires possibles.*

9. N. ACICULARIS VAR. CLOSTERIOIDES GRUN.*

10-11. SYNEDRA CLOSTERIOIDES GRUN. (*Nitzschia rostrata Grun. l. c. N. Closterium Eulenst. typ. 27. Edition I.*)
18-20 stries transversales en 0.01 m. Ligne mediane étroite, passant au milieu à une aire lisse, elargie. La striation de la fig, 11, dessinée d'après des exemplaires mal préparés n'est pas tout à fait correcte. Varie avec des becs encore plus étroits et plus courbés.

12. NITZSCHIA LORENZIANA GRUN.*

13-14. N. (LORENZIANA VAR.) INCURVA GRUN. (*N. incurva Grun. Caspis. sec. Alg.*

A. Grunow ad nat. delin.

PLANCHE LXXI.

SURIRELLA.

1-2. S. ROBUSTA Ehr. (*S. nobilis W. Smith.*) grande forme du *S. Splendida*
3. S. ELEGANS Ehr.

A. Endochrôme du *S. Splendida.*

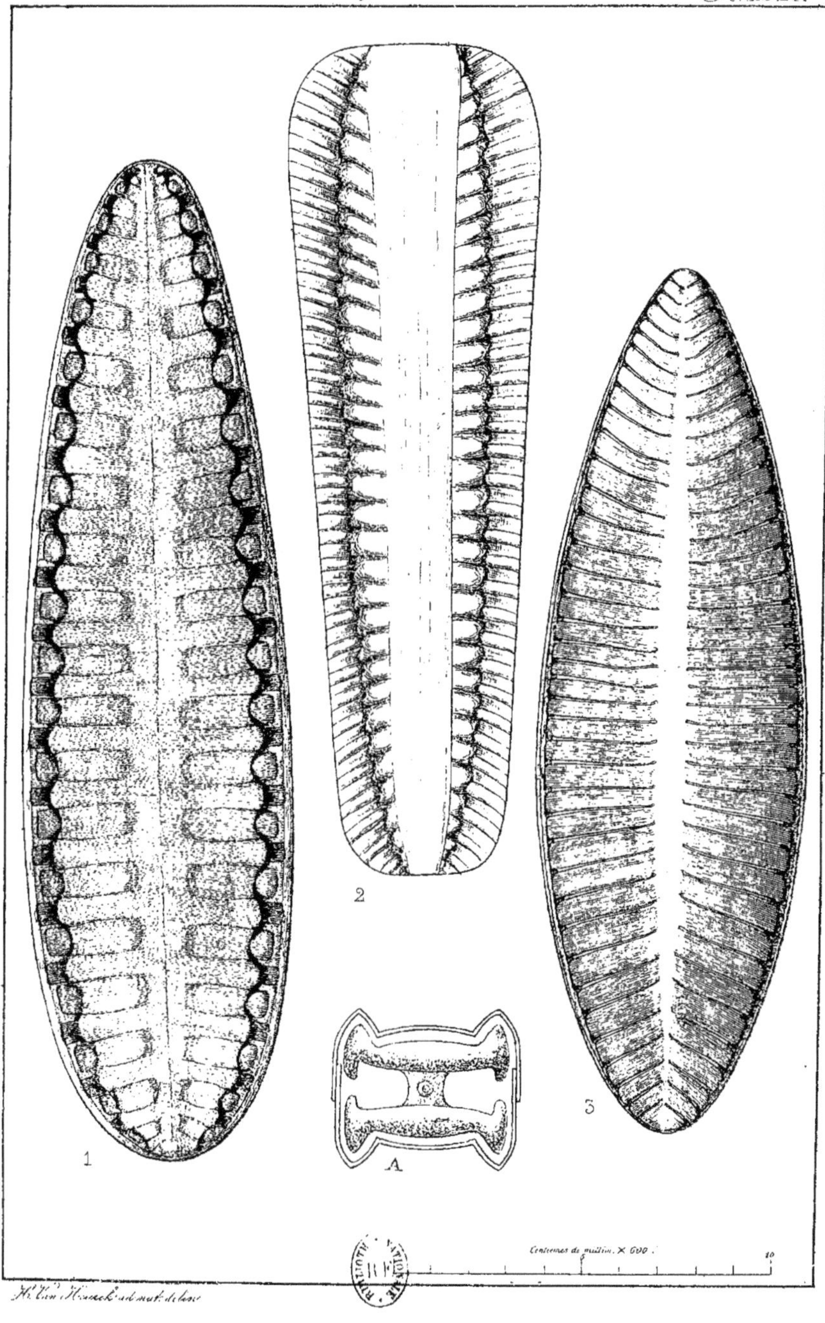

H. Van Heurck ad nat. delin.

PLANCHE LXXII.

SURIRELLA (Suite.)

1-2. S. BISERIATA Bréb. (*S. bifrons Ehr.*) forma major, subacuminata.

3. S. BISERIATA Breb. forma minor obtusa.

4. S. SPLENDIDA Ehr. forma minor (analogue au *S. diaphana Bleisch.*)

5. S. STRIATULA Turpin.

6. S. STRIATULA Turpin var. biplicata Grun.

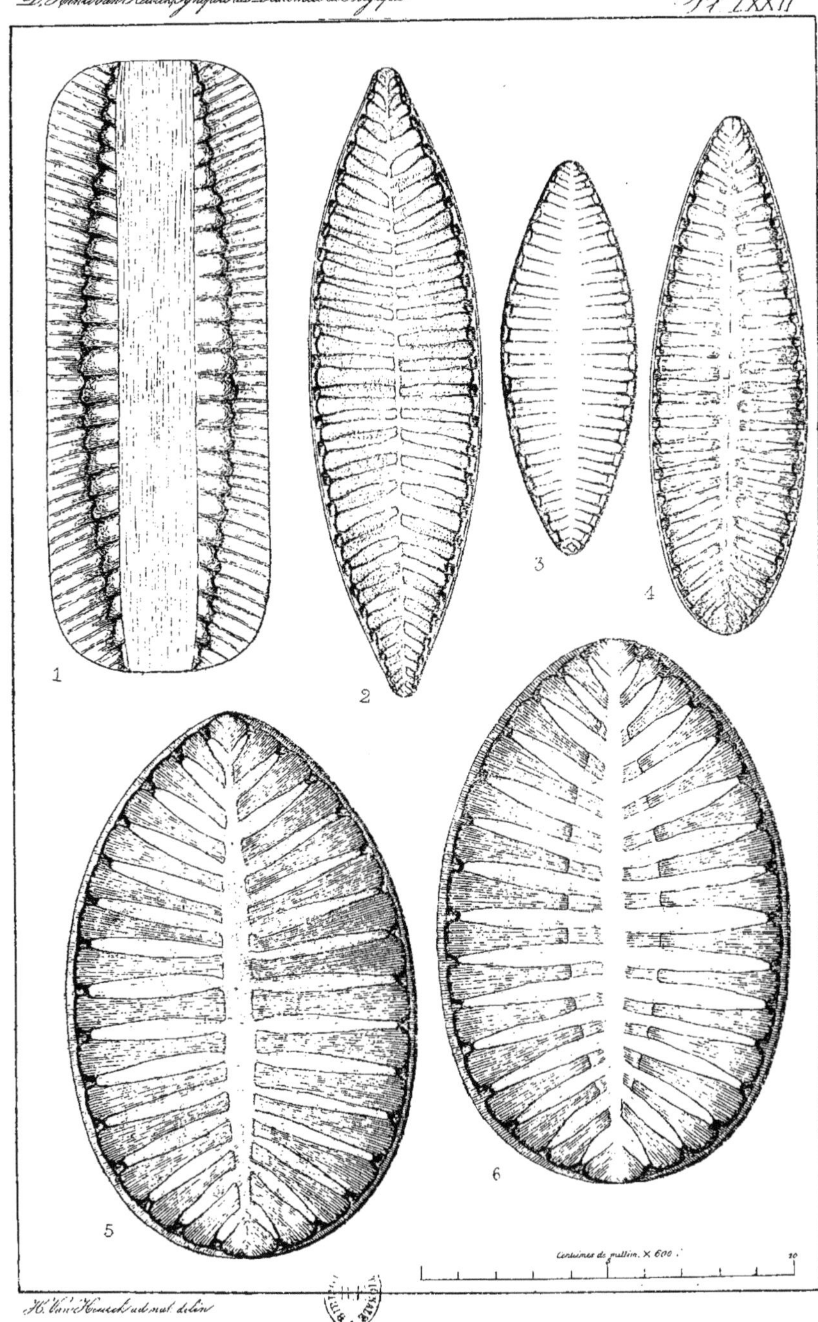

H. Van Heurck ad nat. delin.

PLANCHE LXXIII.

SURIRELLA (Suite.)

1. S. CRUMENA Bréb.
2. S. OVALIS Bréb.
3. S. IDEM var.
4. S. IDEM anormale.

5-6-7. S. OVATA Kütz variétés diverses.

8. S. OVATA var. aequalis Kütz. Se rapproche du *S. minuta Bréb.*

9-10. S. MINUTA Bréb. formae longiores.

11. S. (pinnata var.) PANDURIFORMIS W. Sm.
12. S. PINNATA W. Sm.
13. S. ANGUSTA Kütz.
14. S. MINUTA ??
15. S. SALINA W. Smith ? Non entièrement conforme au type de W. Sm.
16. S. GRACILIS Grun.
17. S. (lata var.?) HYBRIDA Grun.
    (A. Smidt Diat Atl. *Table* 56 fig. 12 sans nom ; analogue aussi à *Table* 56 fig. 10. — Apparenté avec le *S. pulcherrima Witt* et avec le *S. patens A. Schmidt* C'est une des nombreuse formes intermédiaires entre les *S. lata, macraena et Lorenziana.*
18. S. FASTUOSA Ehr.
19. S. SUECICA Grun.*

Dr Henri Van Heurck, Synopsis des Diatomées de Belgique

Pl. LXXIII

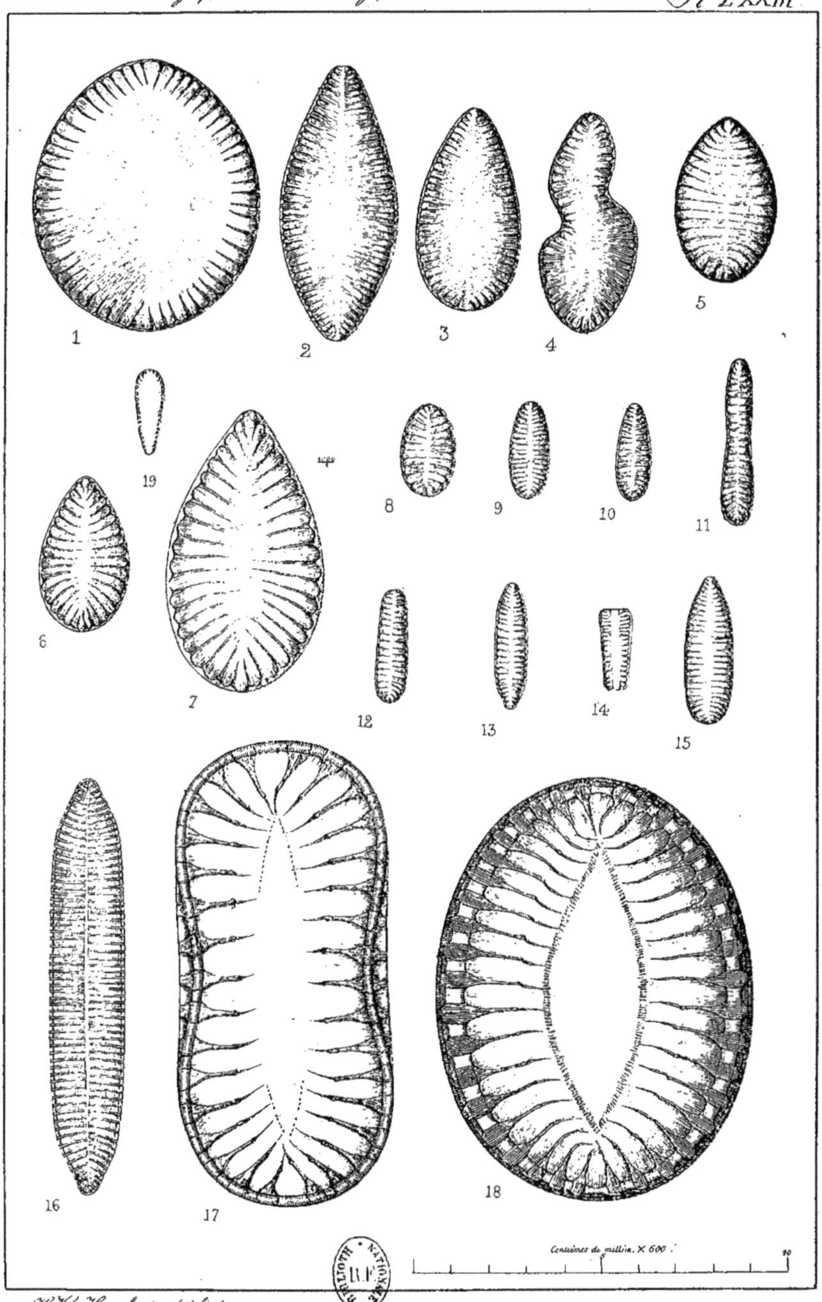

H. Van Heurck ad nat. delin.

PLANCHE LXXIV.

SURIRELLA (Suite).

1. S. GEMMA Ehr.
2. S. IDEM. $\frac{1850}{1}$ } D'après les photographies de M. le D[r]. Woodward.
3. S. IDEM. $\frac{860}{1}$ }

4-5-6-7. S. SPIRALIS Kütz. Dessiné dans diverses positions et avec différentes mises au point.

Dr Henri Van Heurck, Synopsis des Diatomées de Belgique

Pl. LXXIV

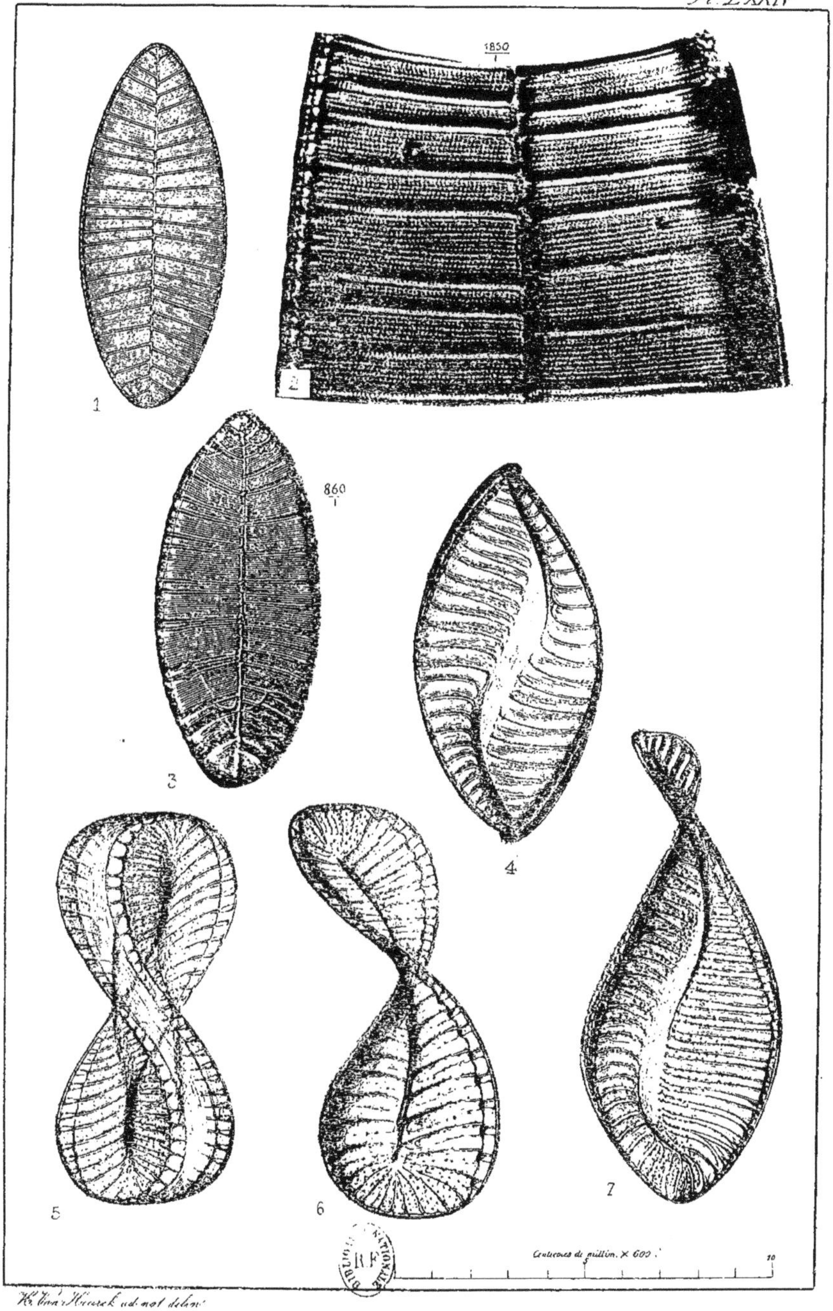

1850
1
2

1

860
1

3

4

5

6

7

Centièmes de millim. × 600
5
10

H. Van Heurck ad. nat. delin.

PLANCHE LXXV.

CAMPYLODISCUS.

1. CAMPYLODISCUS CLYPEUS. Ehr.
2. C. BICOSTATUS W. Sm. (*C. Remora Ehr.?*)
3. C. DECORUS Bréb.

Dr Henri Van Heurck, Synopsis des Diatomées de Belgique. Pl. LXXV.

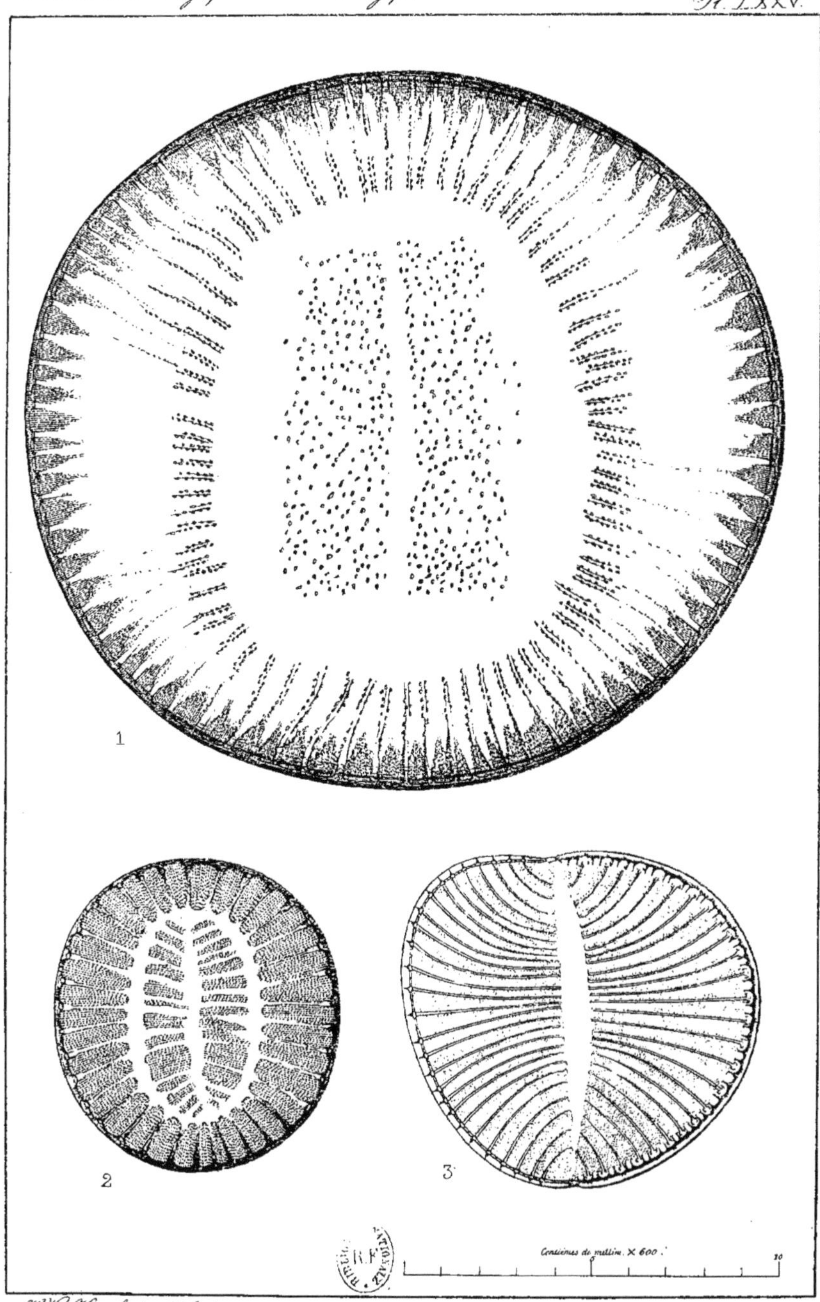

H. Van Heurck ad. nat. delin.

PLANCHE LXXVI.

CAMPYLODISCUS (Suite).

1-2. C. ECHENEIS Ehr. (*C. cribrosus W. Sm.*)

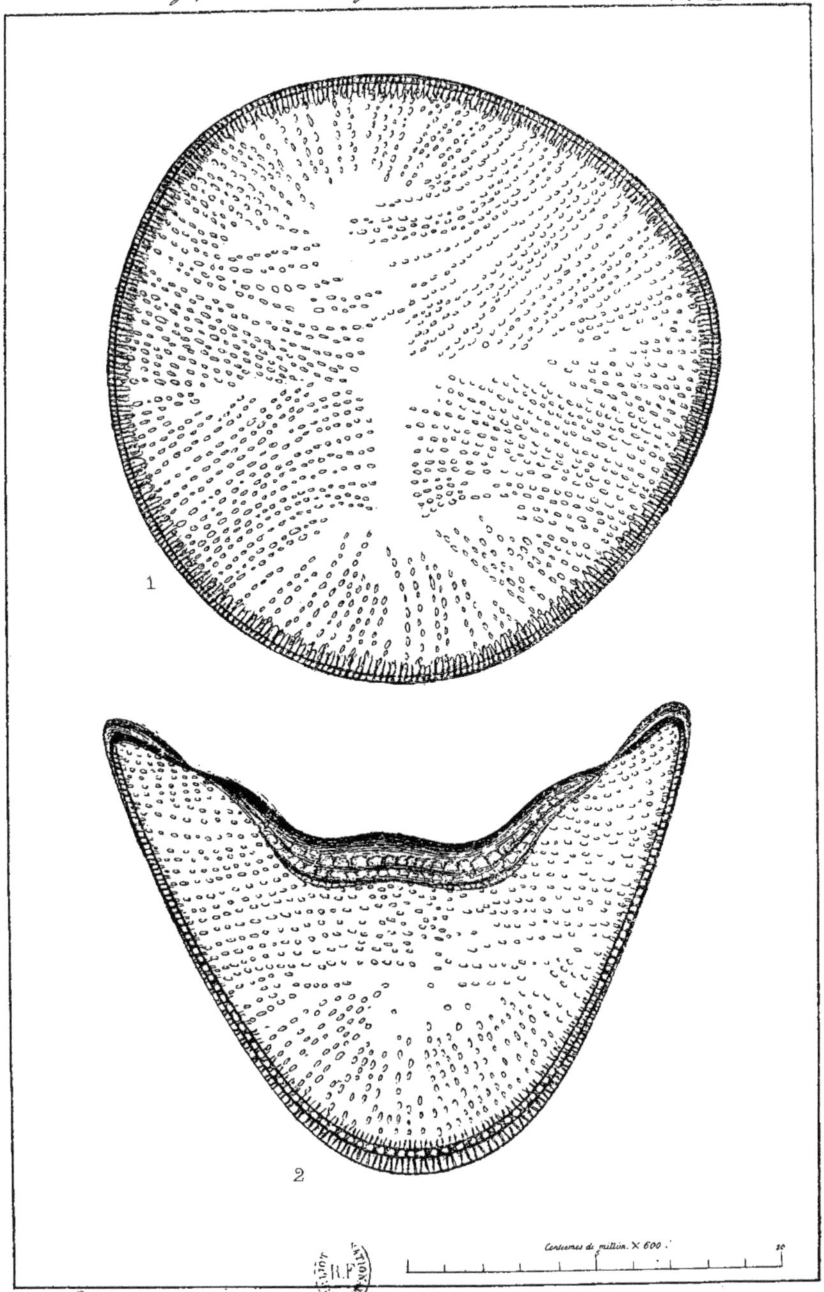

1

2

Centièmes de millim. × 600

20

H. Van Heurck ad nat. delin.

PLANCHE LXXVII.

CAMPYLODISCUS (Suite.)

1. C. THURETII Bréb. (*C. simulans Gregory.*)
2. C. PARVULUS W. Sm.
3. C. HIBERNICUS Ehr. (*C. costatus W. Sm.*) var.
   Se rapproche du *C. Noricus* par ses côtes plus rapprochées ; le vrai *C. Hibernicus* a des côtes encore plus rapprochées. Voyez A. Schmidt atl. d. Diat.

4-5-6. C. NORICUS Ehr.

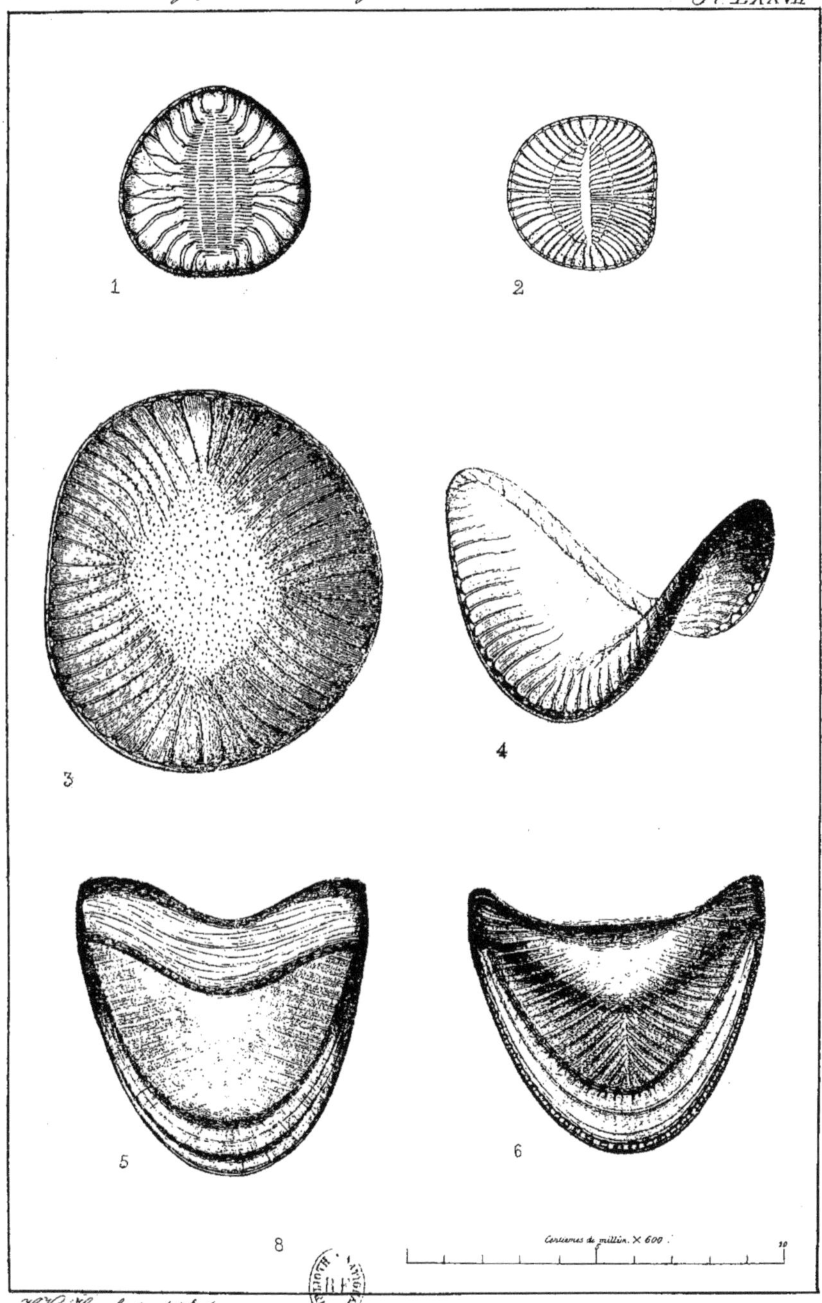

H. Van Heurck ad nat. delin.

PLANCHE LXXVIII.

RHIZOSOLENIA.

1-2. RH. STYLIFORMIS BRIGHTWELL.
4. Idem. $\frac{1000}{1}$
5. » VIVANT.
6-8. RH. SETIGERA BRIGHTWELL. (Fig. 7 *.)

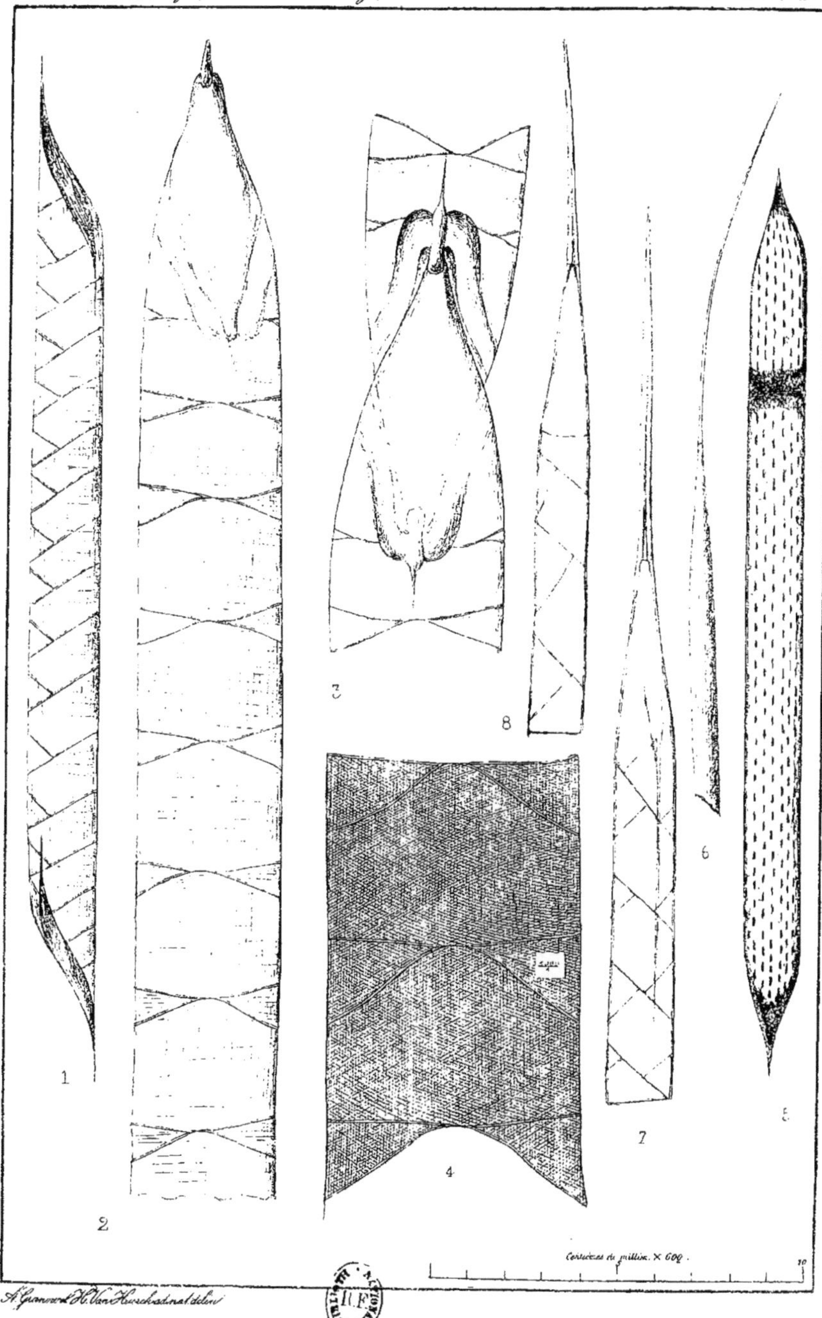

A. Grunow et H. Van Heurck ad nat. delin.

PLANCHE LXXIX.

RHIZOSOLENIA.

1-2. RH. STYLIFORMIS BRIGHTW.*

3. RH. IMBRICATA BRIGHTW. VAR. STRIATA GRUN. (*Rh. striata Greville*).*

4. RH. STYLIFORMIS. Striation à $\frac{1000}{1}$ *

5-6. RH. IMBRICATA BRIGHTW.*

7. RH. IMBRICATA VAR STRIATA. Striation à $\frac{1000}{1}$ *

8. RH. ALATA BRIGHTW. à moitié inférieure repondant à la variété GRACILLIMA. (*Clève*). $\frac{300}{1}$ *

9. RH. ERIENSIS H. L. SMITH. Lac Érié.*

10. RH. ALATA VAR. GRACILLIMA. (*Clève*).* (*Rh. gracillima Clève*).

11-12-13. RH. SHRUBSOLII CLÈVE.*

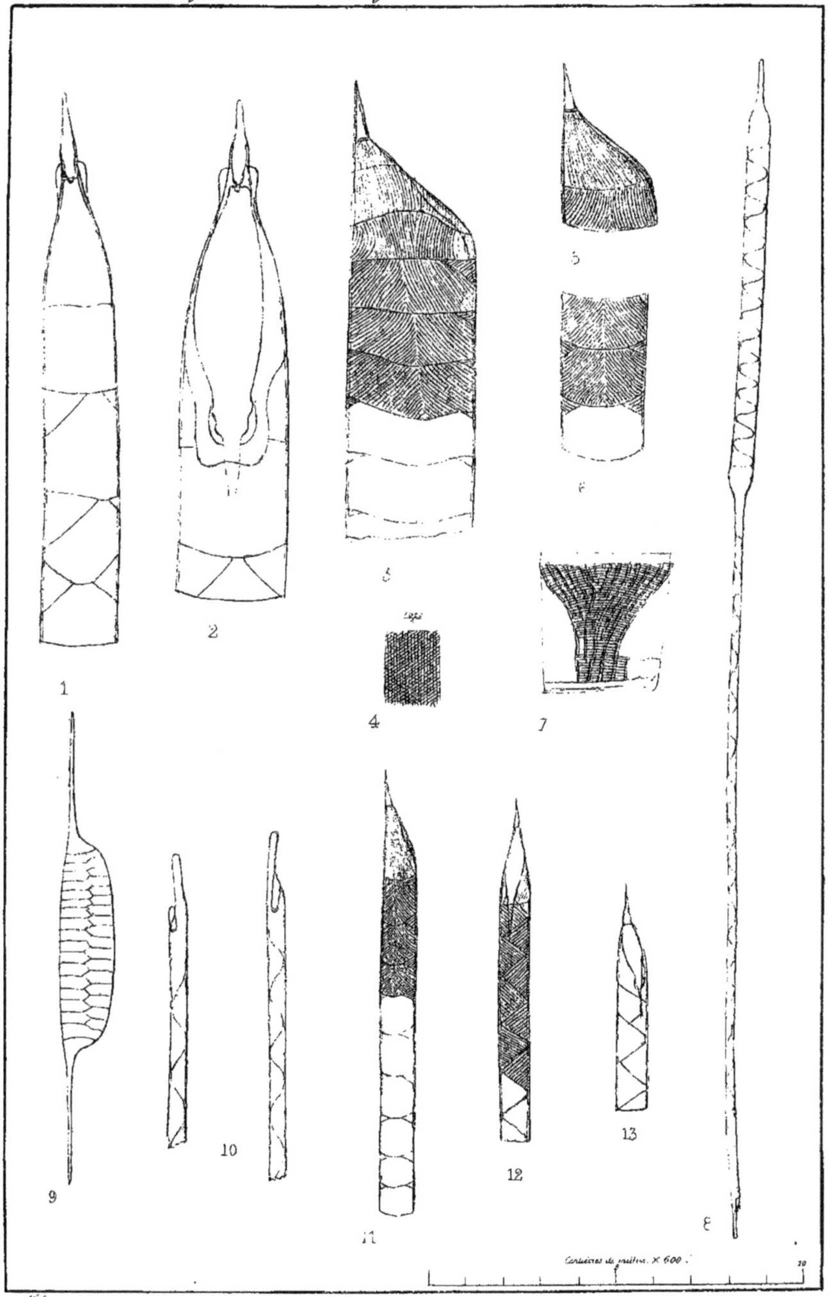

1
2
3
4
5
6
7
8
9
10
11
12
13
Centièmes de millim. × 600.
10

PLANCHE LXXX.

CYLINDROTHECA.

1. C. GRACILIS VAR. MAJOR GRUN. Helgoland.*
2. C. GRACILIS (*Bréb*). GRUN. (*Ceratoneis Bréb.*, *Nitzschia Taenia W. Sm.*, *Cylindrotheca Gerstenbergeri Rabenh*).*

Le genre *Cylindrotheca* est apparenté aux *Nitzschia*.

3-4-5. BACTERIASTRUM VARIANS LAUDER (*Actiniscus spec. plur. Ehr*).

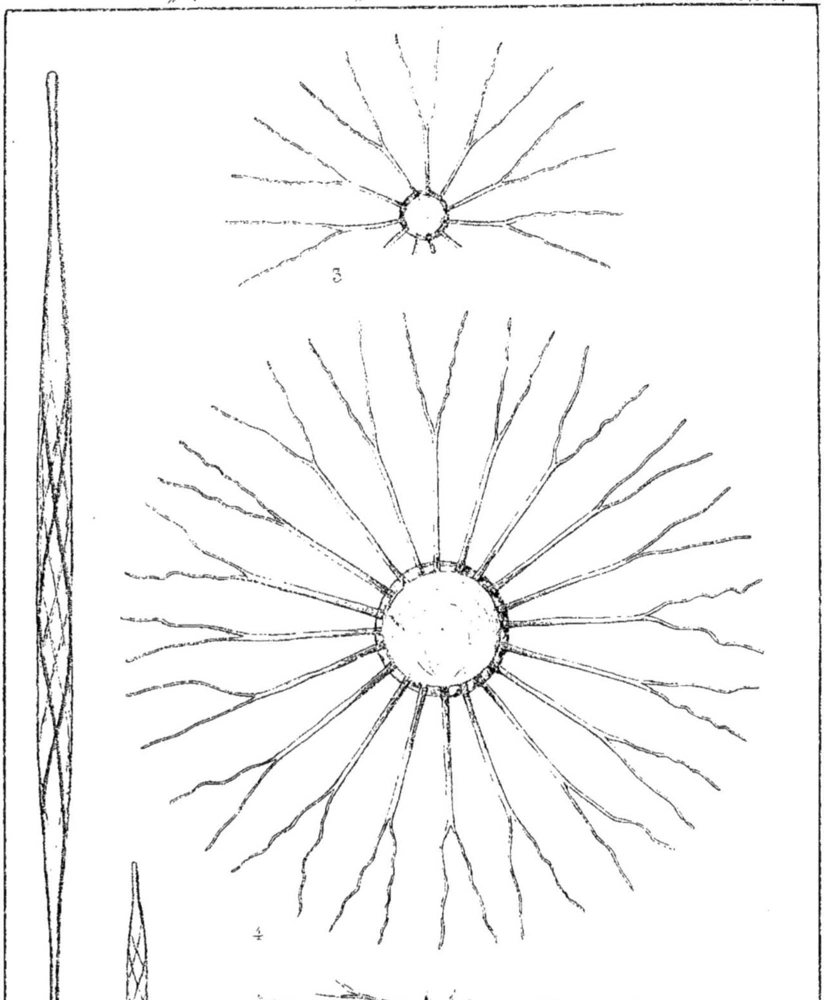

3

4

1

2

5

Centièmes de millim. × 600.

5 10

A. Grunow et H. Van Heurck ad nat. delin.

PLANCHE LXXXI.

CHAETOCEROS.

1-2-3-4. CHAETOCEROS ARMATUS. West.
5. CH. DIVERSUS Clève. Mer Adriatique.*
6. CH. ATLANTICUS Clève var tumescens Grun.*
Océan Atlantique, partie boréale.

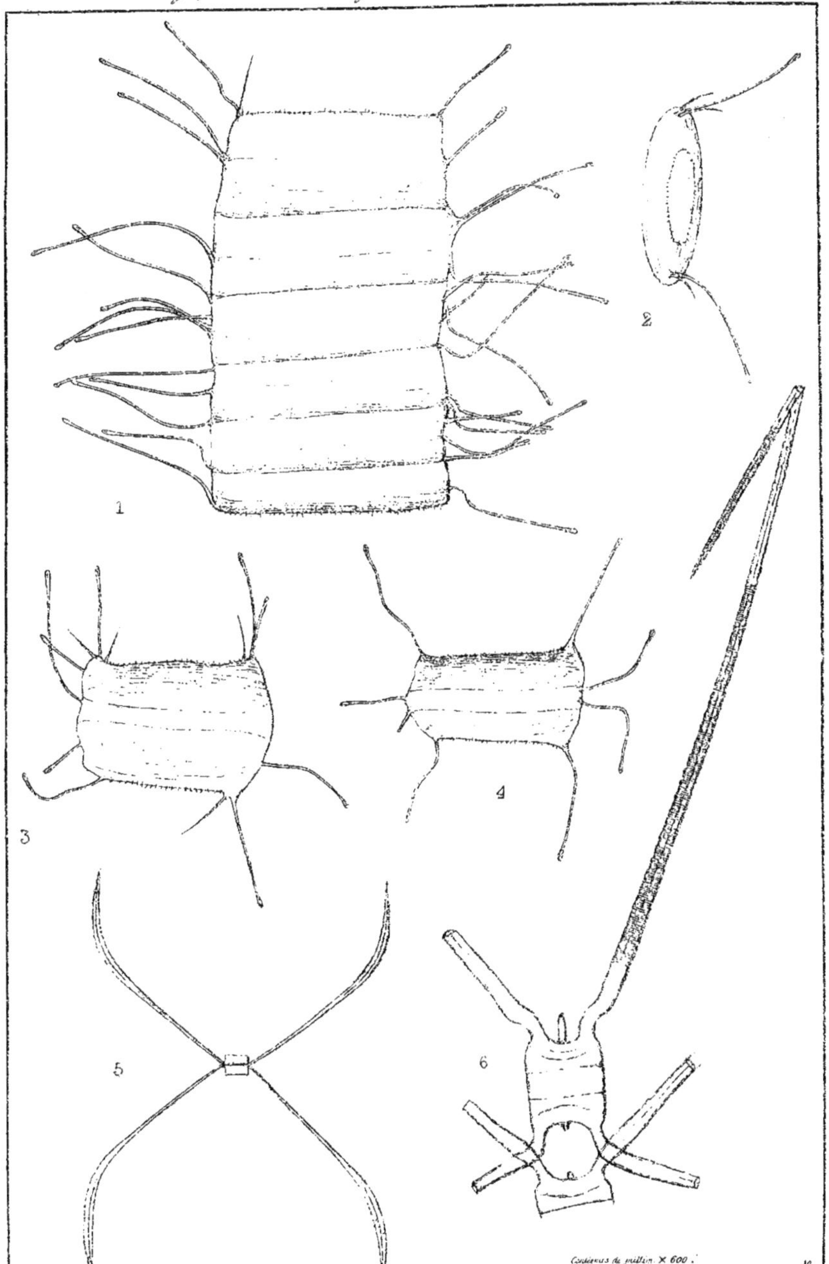

1

2

3

4

5

6

Centièmes de millim. × 600.

10

A. Grunow et H. Van Heurck ad. nat. delin.

PLANCHE LXXXII.

CHAETOCEROS.

1. CH. WIGHAMII BRIGHTWELL.
2. CH. LORENZIANUS GRUN. Mer Adriatique.*
3. CH. (FURCELLATUS BAILEY VAR.?) ANGLICUS GRUN. Angleterre.*
4. CH. DISTANS CLÈVE. FORMA SETIS EVIDENTIUS PUNCTATIS. Java.*
5. CH. SECUNDUS CLÈVE VAR. SETIS SPIRALITER TORTIS. Java.*

6-7-8. CH. (?) ANASTOMOSANS GRUN. Mer Adriatique.*

9-10. CH. (PARADOXUS CLÈVE VAR.?) EIBENII GRUN. Borkum.*

Fig. 9 à $\frac{300}{1}$

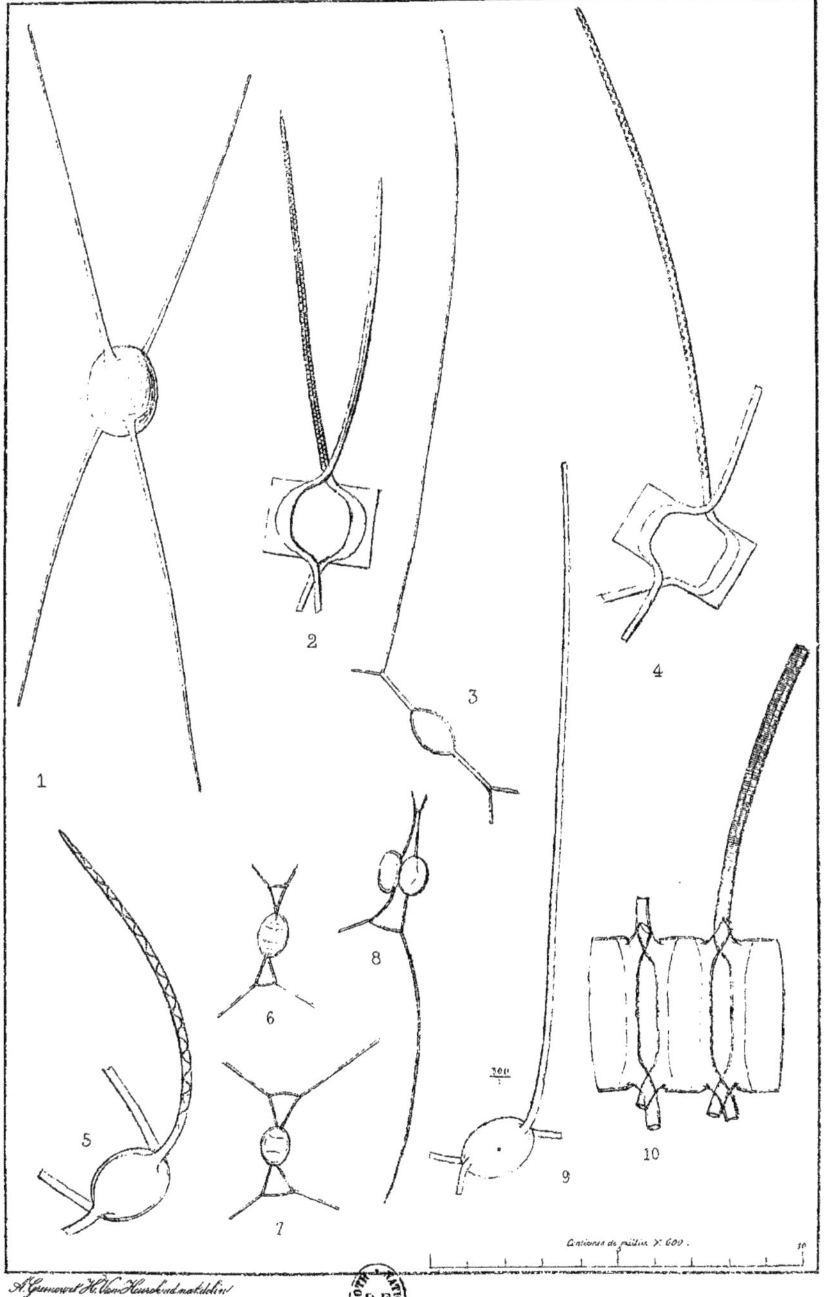

1 2 3 4 5 6 7 8 9 10

300/1

Centièmes de millim. × 600.

5 10

A. Grunow et H. Van Heurck ad nat. delin.

PLANCHE LXXXII BIS.

CHAETOCEROS.

1-2. CH. GASTRIDIUM Ehr. Guano du Pérou.*
3. CH. RALFSII Clève. Frustule terminal et spore. Japon.*
4. CH. (hispidum var?) MONICAE Grun. Dépôt de Santa Monica.*
5. CH. HISPIDUM (*Ehr.*) Brightwell. Spore. Guano du Pérou.*
6. CH. DISTANS Clève var. subsecunda Grun. avec spore. Japon.*
7. IDEM. Spore isolée. Japon.*
8. CH. CALIFORNICUM Grun. Dépôt de Santa Monica.*
9. CH. LORENZII Grun. avec spore. Japon.*

ACTINISCUS.

10. AC. VARIANS (*Lauder*) Grun. (*Bacteriastrum varians Lauder*, *Actiniscus spec. plur. Ehr.* 1839, 1840, 1844, 1854 *etc.*) Frustule terminal. Java.*
11-12. AC. PENNATUS Grun. Océan glacial antarctique. Frustule terminal.*

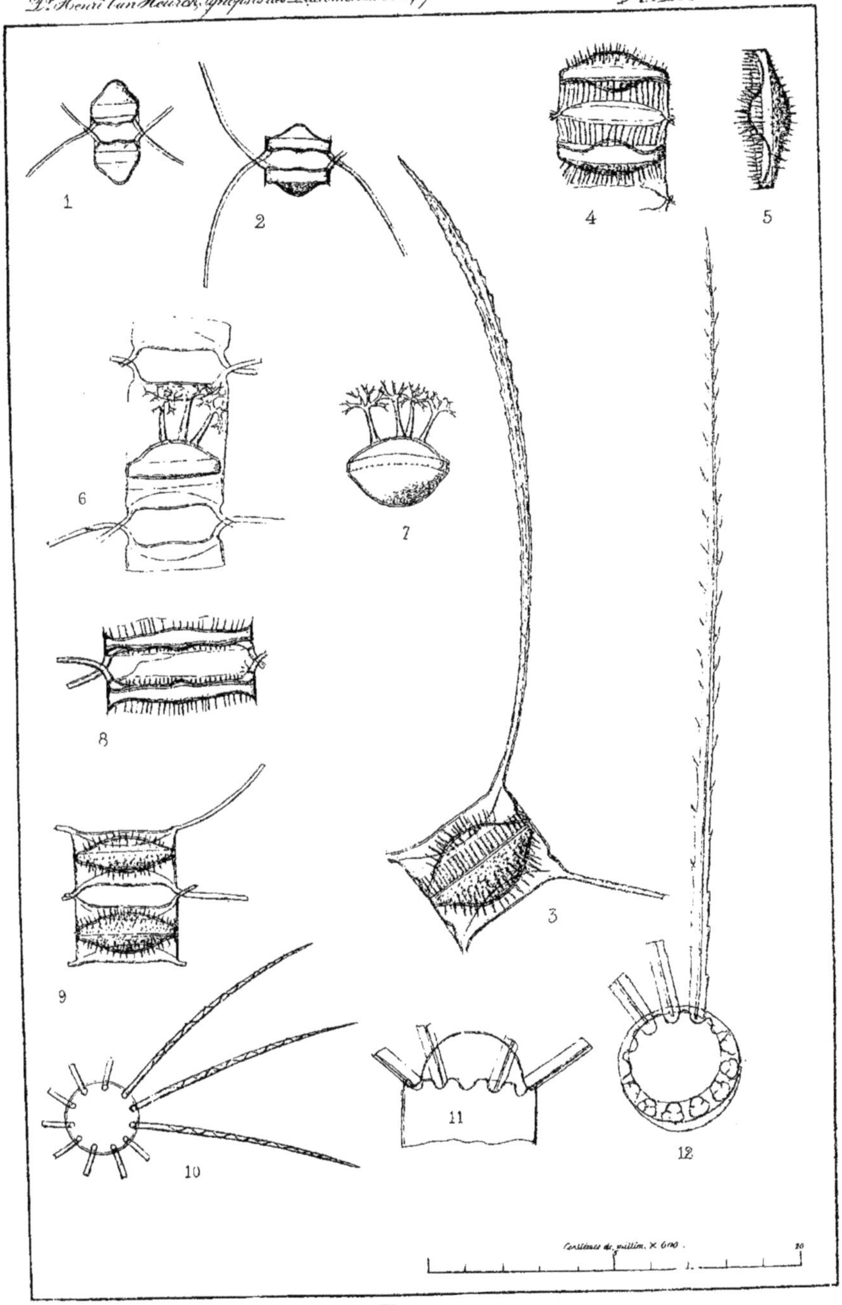

Pl. LXXXII Bis.

1 2 4 5

6 7

8

9 3

10 11 12

Centièmes de millim. × 600. 1. 10

A. Grunow ad nat. delin.

PLANCHE LXXXIII.

PYXILLA.

1-2. PYXILLA ? BALTICA Grun.* Mer Baltique.
3-4. PYXILLA ? VARIABILIS Grun.* Océan Arctique.
5-6. PYXILLA ? CARINIFERA Grun.* Jutland.
7-8. PYXILLA ? DUBIA Grun.* Jutland.
9. THALASIOSIRA NORDENSKIOLDII Clève.*
10-11. PYXILLA ? ? KITTONIANA Grun.* Jutland.

Pourrait bien former un nouveau genre : *Pterotheca Grun.* auquel on rapporterait aussi les fig. 7, 8, 13 et 14. On ne peut pas les considérer comme formes sporangiales de *Bacteriastrum*, celles ci sont toutes autres.

12. OMPHALOTHECA ? JUTLANDICA Grun.* (*Melosira.??*) Jutland.
13-14. PYXILLA ? ? ACULEIFERA Grun.* Jutland.
15. TROCHOSIRA (spinosa Kitton var.?) ORNATA Grun.* Jutland.

Fig. b. à $\frac{1000}{1}$

La plupart des formes, très interessantes, figurées sur cette planche demandent encore des recherches plus approfondies.

1 2 3 4

5 6 7 8

12 9 10 11 13 14 15

Centièmes de millim. × 600. 10

A. Grove et H. Van Heurck ad nat. delin.

PLANCHE LXXXIIIbis.

PYXILLA.

1-2. P. AMERICANA (*Ehr.*) Grun. (*Rhizosolenia Ehr.*) Dépôt de Petersburgh (Virginie.) *
3. IDEM. Dépôt de Santa Monica. (Californie). *
4. P. BALTICA Grun. var. Moler de Mors. (Jütland). *
12. P. DUBIA Grun. Var. Dépôt de Monterey (Californie). *

PTEROTHECA.

5. PT. (Pyxilla??) ACULEIFERA Grun. var. Moler de Mors. *
6. PT. (Pyxilla??) SUBULATA Grun. Dépôt de Santa Monica. *
9-10. PT. (Pyxilla??) KITTONIANA Grun. Moler de Mors. *
11. IDEM. Var. Dépôt de Simbirsk. *

STEPHANOGONIA.

7-8. ST. (Pterotheca?) DANICA Grun. Moler de Mors. *
16. ST. POLYGONA. Ehr. Frustule entier du Dépôt de Richmond (Virginie). *

TROCHOSIRA.

13. TR. MIRABILIS Kitton. var. Moler de Mors. *
14-15. TR. SPINOSA Kitton. var. Moler de Mors.*
17. IDEM. Valve du dépôt de Nottingham. *

CLADOGRAMMA.

18-19. CL. (Stephanogonia?) CALIFORNICUM Ehr. Dépôtde Monterey. *
20. CL. ? CEBUENSE Grun. Ile Cebu (Philippines). *

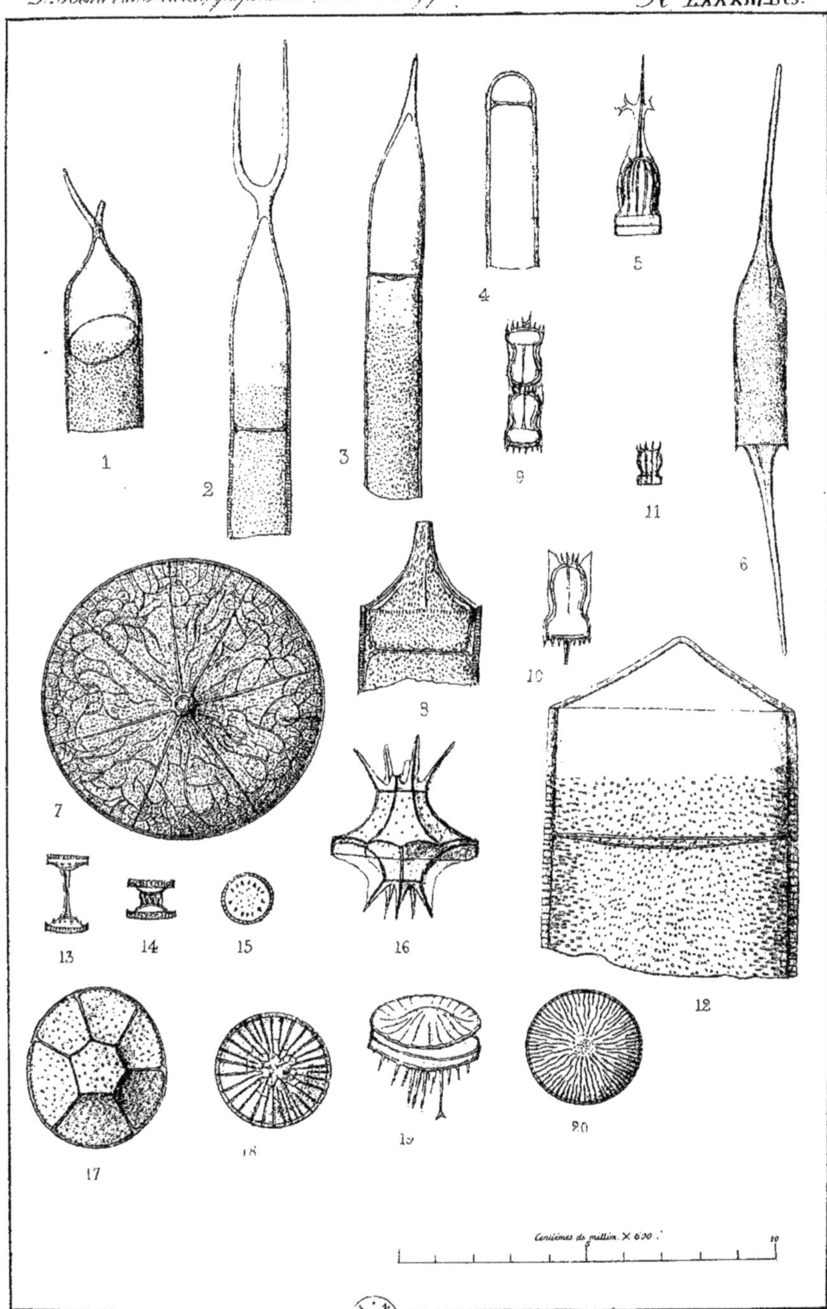

A. Grunow ad nat. delin.

PLANCHE LXXXIIITER.

MASTOGONIA.

1. M. CRUX EHR. Dépôt de Nottingham. Frustule entier.*

STEPHANOGONIA.

2-4. ST. ACTINOPTYCHUS (*Ehr.*) (*Mastogonia Ehr.*) Dépôt de Nottingham. *

3. IDEM. VAR. Dépôt de Monterey. *

SKELETONEMA.

6. SK ? (NOVUM GENUS?) PENICILLUS GRUN. Moler de Mors.*

5. SK. MIRABILE GRUN. Cap Wankarema. (*Sibérie septentronale.*)*

PERIPTERA.

7-8-9. P. TETRACLADIA. EHR. Diverses formes très différentes du dépôt de Nottingham.*

STEPHANOPYXIS.

13-14. ST.* (NOVUM GENUS?) LIMBATA EHR. Dépôt de Santa Monica. *

10. ST. CORONA. (*Ehr.*) GRUN. (*Systephania Ehr.*) — Valve du dépôt de Nottingham.**

11. IDEM. Frustule entier du dépôt de Richmond. Les deux valves sont très-différentes. On trouve des frustules analogues dans les dépôts fossiles de Rappahannock et de Stratford Cliff.*

12. ST. TURRIS. (*Grev.*) RALFS ET VAR. SUBCONTRACTA GRUN. (*Creswellia Greville.*) Guano du Perou. *

Cette espèce est à peine séparable du *S. appendiculata*. EHR.

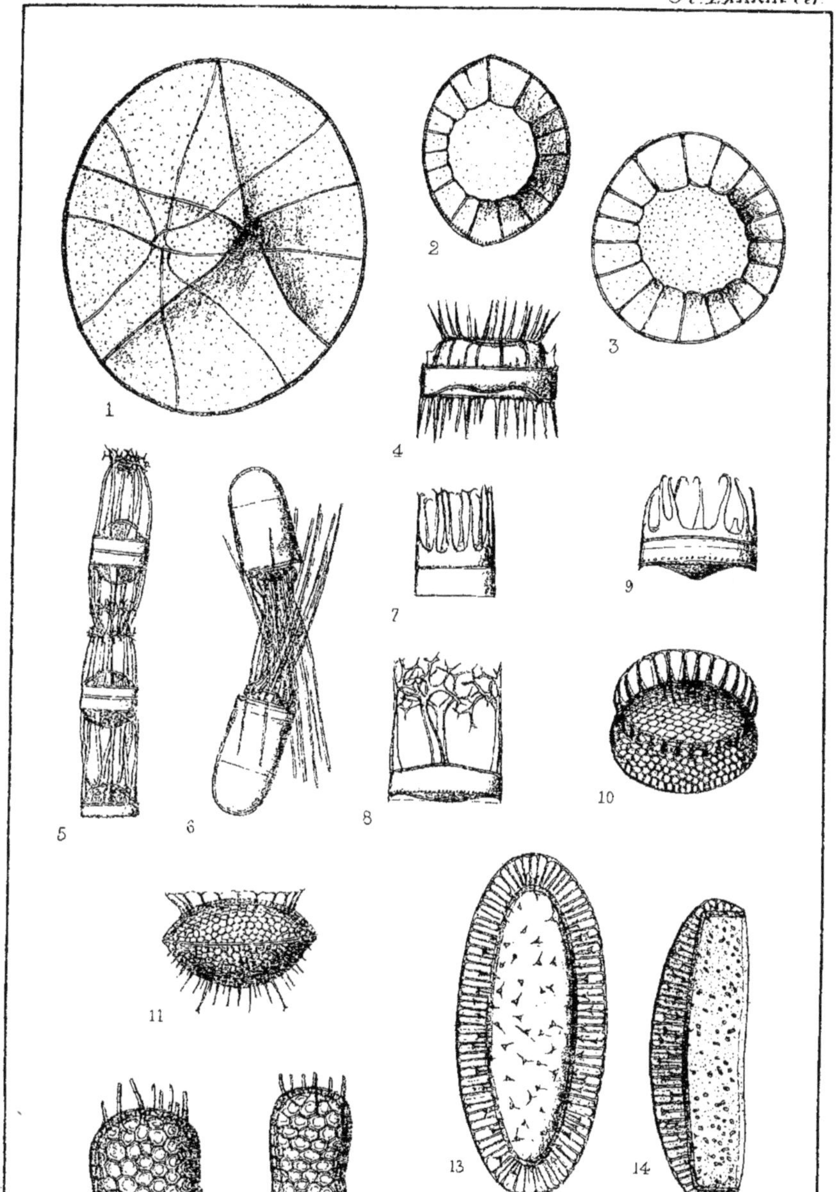

Pl. LXXXIII ter.

1 2 3 4 5 6 7 8 9 10 11 12 13 14

Centièmes de millim. × 600.

5 10

A. Grunow ad nat. delin.

PLANCHE LXXXIV.

HYALODISCUS. — PODOSIRA.

1-2. H. STELLIGER BAILEY (*Podosira maculata W. Smith, Craspepodiscus Stella Ehr.?*)

3. PODOSIRA HORMOIDES MONT (*Melosira nummuloides Ehr.*) Lima.*
D'après un échantillon authentique $\frac{1000}{1}$

4. IDEM. VAR. MONTEREYI GRUN.* $\frac{1000}{1}$

5-6. IDEM. à $\frac{300}{1}$; fig. 6 avec endochrôme.*

7-8. PODOSIRA (HORMOIDES MONT. VAR.?) MINIMA GRUN. accompagnant le *P. hormoides*.* $\frac{1000}{1}$

9-10. P. MONTAGNEI VAR. MINOR GRUN. Cadix.*

11-12. P. MONTAGNEI KÜTZ. (*Melosira globifera Harv. Rosaria globifera Carm.*)* Océan Atlantique.

13-14. P. DUBIA (*Kütz.*) GRUN. (*Melosira dubia Kütz.*) Liverpool.*
Diffère du M. Borreri etc. par sa striation radiante (fig. 13 à $\frac{1000}{1}$)

15-16-17. HYALODISCUS SCOTICUS (*Kütz.*) GRUN. (*Podosira hormoides W. Smith. nec. Montagne ; H. Franklini (Ehr.?) Grun. olim Cyclotella scotica Kütz.!*)
C'est une petite forme de l'*H. subtilis*. (Fig. 16 avec endochrôme.*)

18. IDEM. Structure à $\frac{1000}{1}$ *

19-21. PODOSIRA (ADRIATICA VAR.?) DELICATULA GRUN. Mer Adriatique.* $\frac{1000}{1}$

20. P. ADRIATICA (*Kütz.*) GRUN. (*Pyxidicula adriatica Kütz.*) Mer Adriatique.* $\frac{1000}{1}$

22-23-24. P. FEBIGERII GRUN. Californie.*

25. PODOSIRA ? STELLULIFERA GRUN. VAR. SUBLAEVIS GRUN. Californie.*

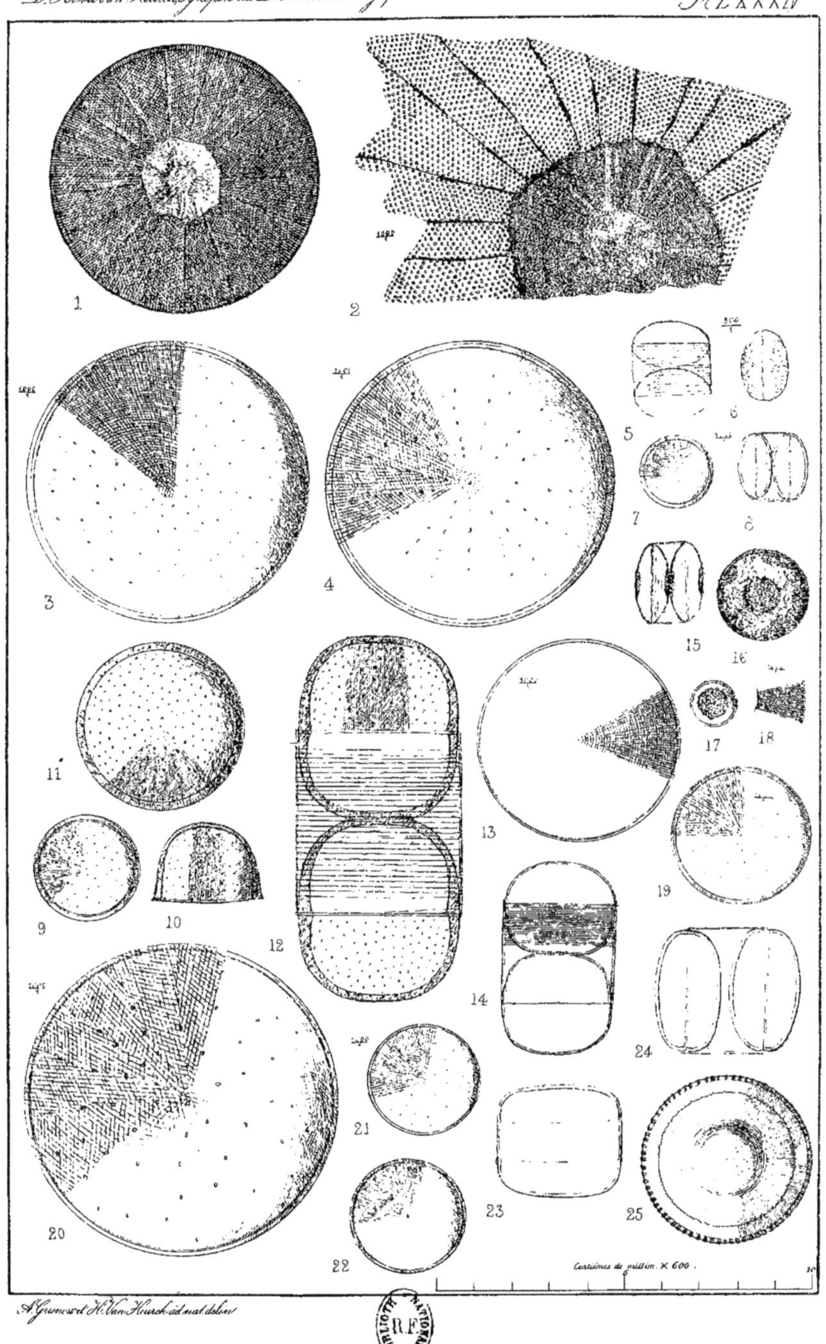

A. Grunow et H. Van Heurck ad nat. delin.

PLANCHE LXXXV.

MELOSIRA.

A. GAILLONELA Bory. (LYSIGONIUM autor. nec. Link).

1-2. M. NUMMULOIDES (*Bory.*) AGARDH. (GAILLONELLA BORY.)

3-4. M. (NUMMULOIDES VAR ?) HYPERBOREA GRUN. (*M. arctica Dickie, nec. Ehr.*) Ocean Arctique.* $\frac{1000}{1}$

B. MELOSIRA (Agardh.) Grun. (incl. Lysigonium Link. nec. autor. poster.)

5-6-7. M. BORRERI GREV. (*M. moniliformis et lineata Ag.*)

8. M. BORRERI VAR. HISPIDA CASTRACANE. Fano.*

10. M. VARIANS AGARDH. Avec frustules sporangiaux et endochrôme d'après Pfitzer.

11. M. VARIANS AGARDH.

12-13. M. VARIANS AG. Fausse striation resultant d'un éclairage défectueux.

14-15. M. VARIANS AGARDH.* $\frac{1000}{1}$

Dans la fig. 14 on a dessiné en *a* la valve sans la membranes connective qui la recouvre, tandis qu'on a representée celle-ci en *b*.

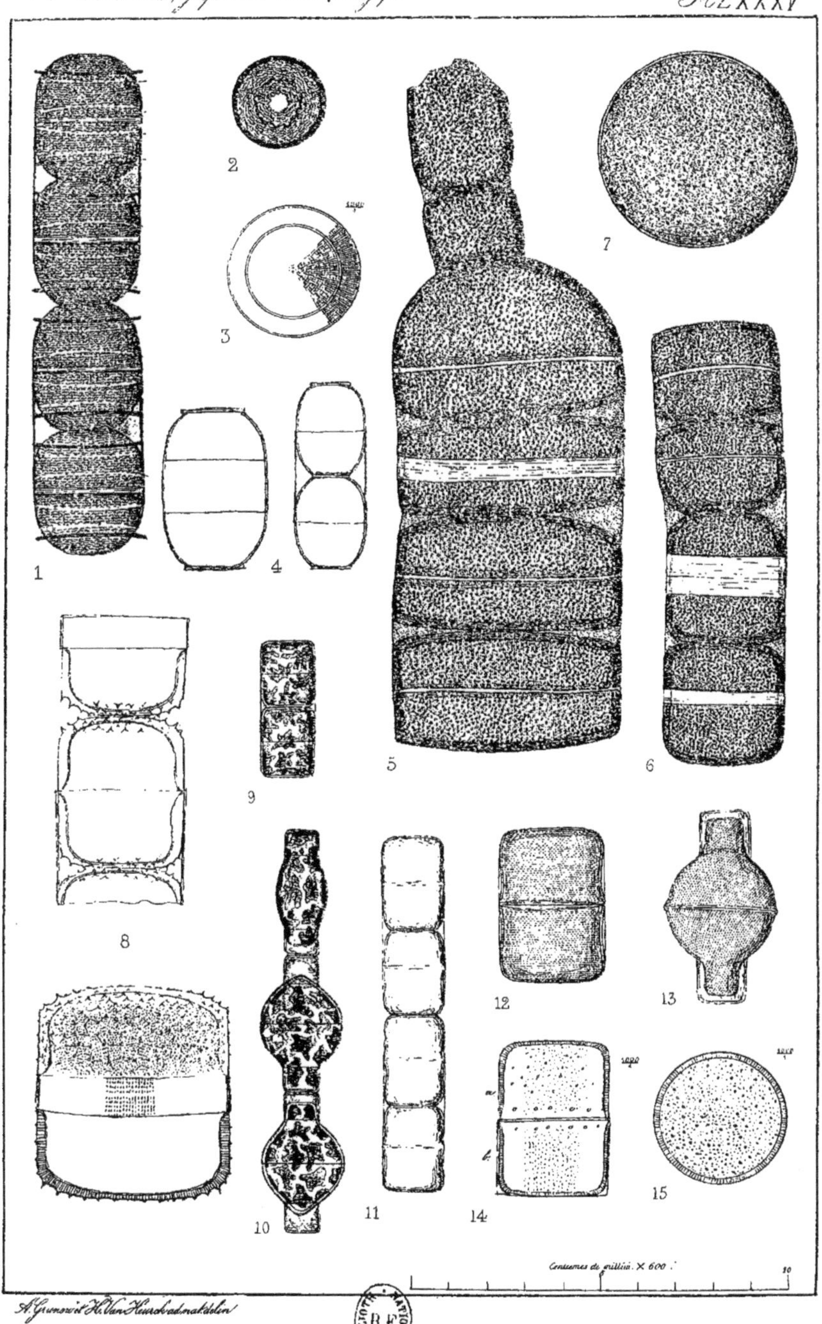

A. Grunow et H. Van Heurck ad nat. delin.

PLANCHE LXXXVI.

MELOSIRA (Suite.)

1-2. M. JÜRGENSII AGARDH VAR.? à $\frac{600}{1}$

3-4. M. ANORMAL ? trouvé dans une recolte de *M. Jürgensii.*

5-6-7-8. M. JÜRGENSII AGARDH ! *

Est très apparenté au *M. varians* et a la même structure fig. 5 et 8 à $\frac{1000}{1}$ les autres à $\frac{600}{1}$

9. M. JÜRGENSII VAR. SUBANGULARIS GRUN.* à $\frac{600}{1}$

Très apparenté au *M. Borreri var. octogona.*

10-16. M. SETOSA GRÉVILLE. Ile d'Amsterdam.*

En partie avec des cloisons imparfaites, les aiguillons très variables de cette espèce bien caractérisée rappellent les sporanges des *Chaetocérées.* $\frac{600}{1}$

C. AULACOSIRA Thwaites.

17-20. M. DISTANS KÜTZING VAR. $\frac{1000}{1}$ fig. 19 $\frac{1500}{1}$

21-22-23. M. DISTANS KÜTZ. GENUINA. Bilin.* $\frac{1000}{1}$

24. M. (DISTANS VAR.?) LAEVISSIMA GRUN. Loch Canmor.* $\frac{1000}{1}$

25-27. M. (DISTANS VAR.) NIVALIS W. SM. fig. 25 et 26 à $\frac{1000}{1}$ fig. 27 $\frac{2000}{1}$

28-29. M. DISTANS VAR. ALPIGENA GRUN. Norwège.* $\frac{1000}{1}$

30A. Forme analogue de l'Orégon.* $\frac{1000}{1}$

30BB.31 M. (DISTANS VAR.) SCALARIS GRUN. Orégon.* $\frac{1000}{1}$

32-33. Forme analogue de Staplis Ranch.* $\frac{1000}{1}$

34-35. M. (DISTANS VAR.?) SCALA (*Ehr.*) Mocar.* $\frac{1000}{1}$

36-39. M. SOLIDA EULENSTEIN MANUSC. Carcon.* $\frac{1000}{1}$

40-42. M. SOLIDA VAR. HAITIENSIS GRUN. JEREMIE DEPOSIT, Ile d'Haiti.* $\frac{1000}{1}$

Dr Henri Van Heurck, Synopsis des Diatomées de Belgique Pl. LXXXVI

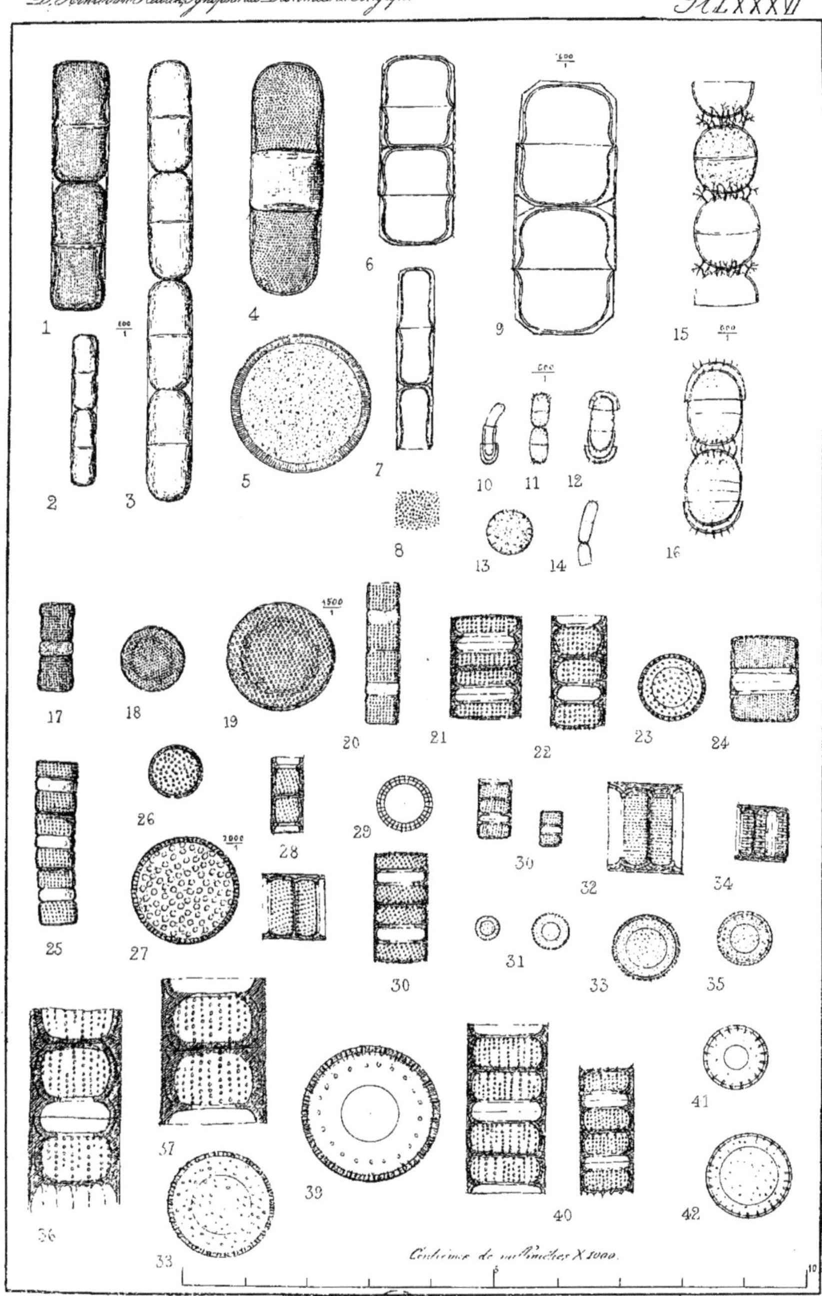

A. Grunow et H. Van Heurck ad nat. delin.

PLANCHE LXXXVII.

MELOSIRA. (Suite).

1-2. M. LYRATA (*Ehr.*) Grun. Pudasjärvi.* $\frac{1000}{1}$

3. M. LYRATA var. lacustris Grun. Pudasjärvi.* $\frac{1000}{1}$

4-5. IDEM. formae tenuiores. Gerardmer, Vosges.* $\frac{1000}{1}$

6. M. LYRATA var. biseriata Grun. Pudasjärvi.* $\frac{1000}{1}$

Se trouve aussi au Lac de Gerardmer.

7-8. M. GRANULATA (*Ehr.*) Ralfs var. $\frac{1000}{1}$?

9-12. M. GRANULATA (*Ehr.*) Ralfs.* $\frac{1000}{1}$ Plouchères.

11. Valve vue par en dessous.*
12. Valve vue par le dessus.*
9. Var. procera.

13-16. IDEM. forma Australiensis. Richmond River. Nlle. Hollande du Sud.* $\frac{1000}{1}$

15. Var. procera.

17. M. GRANULATA passant en partie à la var. decussata. Fossile.* $\frac{1000}{1}$

18. M. GRANULATA var. curvata Grun. Anvers.* $\frac{1000}{1}$

19-22. M. (granulata var.?) SPIRALIS (*Ehr.*) Orégon.* $\frac{1000}{1}$

Le fig. 20 montre combien la grosseur et la distance des perles peut varier dans un même individu.

23-26. M. GRANULATA var. Jonensis Grun. Jone valley en Californie Carcon.* $\frac{1000}{1}$

23. Forma procera.
24. Forma curvata.

27. M. (granulata var.?) CARCONENSIS Grun. Carcon.* $\frac{1000}{1}$

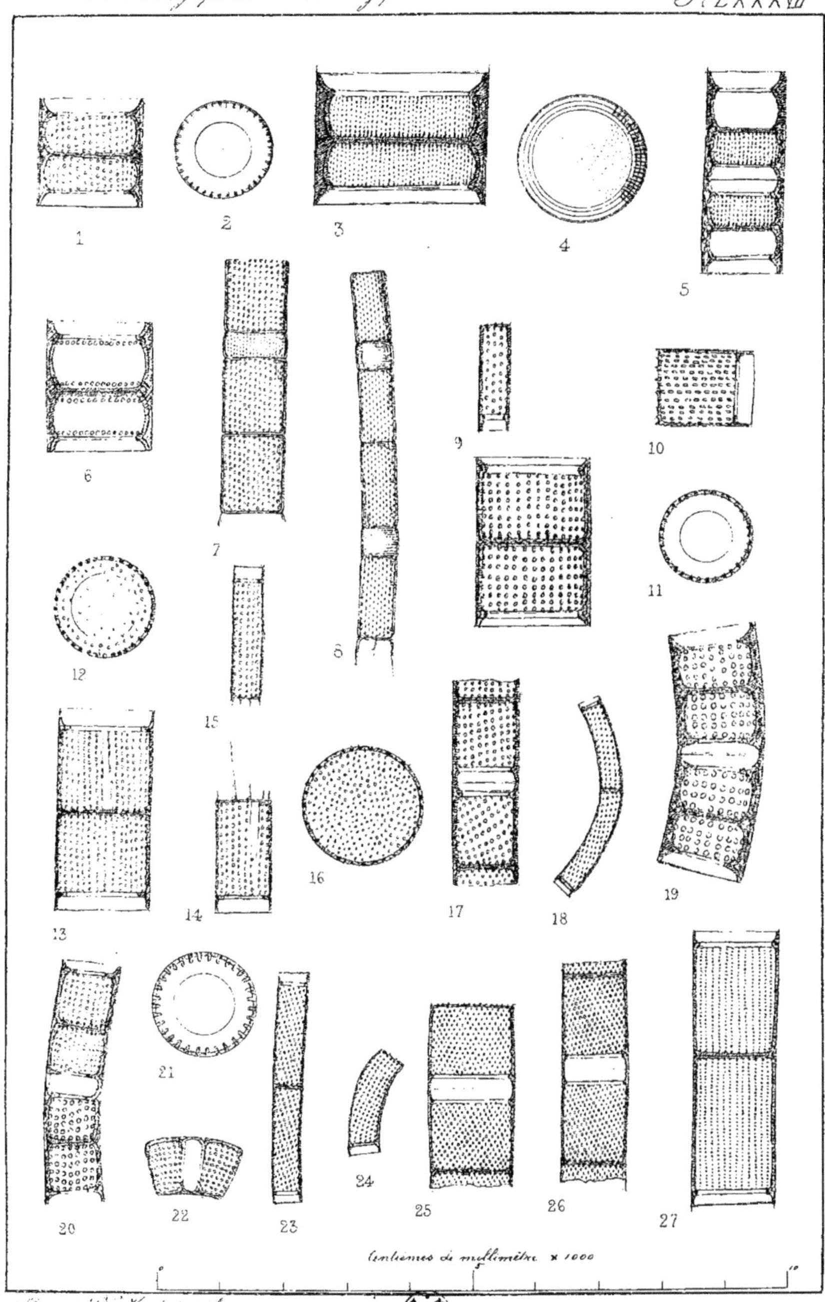

A. Grove et H. Van Heurck ad nat. delin.

PLANCHE LXXXVIII.

MELOSIRA (Suite).

1-2. M. (CRENULATA VAR.?) LINEOLATA GRUN. Ile de Förarn. Forme moyenne entre le *M. granulata* et le *M. crenulata*.* $\frac{1000}{1}$

3-4. M. CRENULATA KÜTZ. (*M. orichalcea W. Smith nec Kütz. et Mertens*). $\frac{1000}{1}$

5. IDEM. $\frac{600}{1}$

6. M. CRENULATA VAR. JAVANICA GRUN. Java.* $\frac{1000}{1}$

7. M. CRENULATA VAR. ITALICA (*Kütz.*) GRUN. (*M. italica Kütz. Gaillonella crotonensis Bailey.*)* $\frac{1000}{1}$

8. M. CRENULATA VAR. VALIDA GRUN. Lac de Gerardmer. Vosges.* $\frac{1000}{1}$

9. M. (CRENULATA VAR.) TENUIS Kütz. Lac Erie.* $\frac{1000}{1}$

10. IDEM. Original de Oberohe.* $\frac{1000}{1}$

11. M. (CRENULATA VAR.) TENUISSIMA GRUN. Dresde.* $\frac{1000}{1}$

12-13-14-15. M. CRENULATA VAR. AMBIGUA GRUN.
Se rapprochant en partie de la var. *italica* et en partie de la var *tenuis*. Franzensbad.* $\frac{1000}{1}$

16. (M. CRENULATA VAR.) BINDERIANA KÜTZ. Rouge-Cloitre (Belgique.)* $\frac{1000}{1}$

17. M. GRANULATA VAR. JEREMIAE GRUN. Dépot de Jeremie, Haïti.
Analogue à la variété *procera* et se liant aussi aux nombreuses formes du *M. crenulata*.

18. M. (CRENULATA VAR.?) SEMILAEVIS GRUN. Bottina Creek; Leg. BAILEY.* $\frac{1000}{1}$

19. M. (CRENULATA VAR.?) LAEVIS (*Ehr.*) GRUN. Regla. Mexique.* $\frac{1000}{1}$

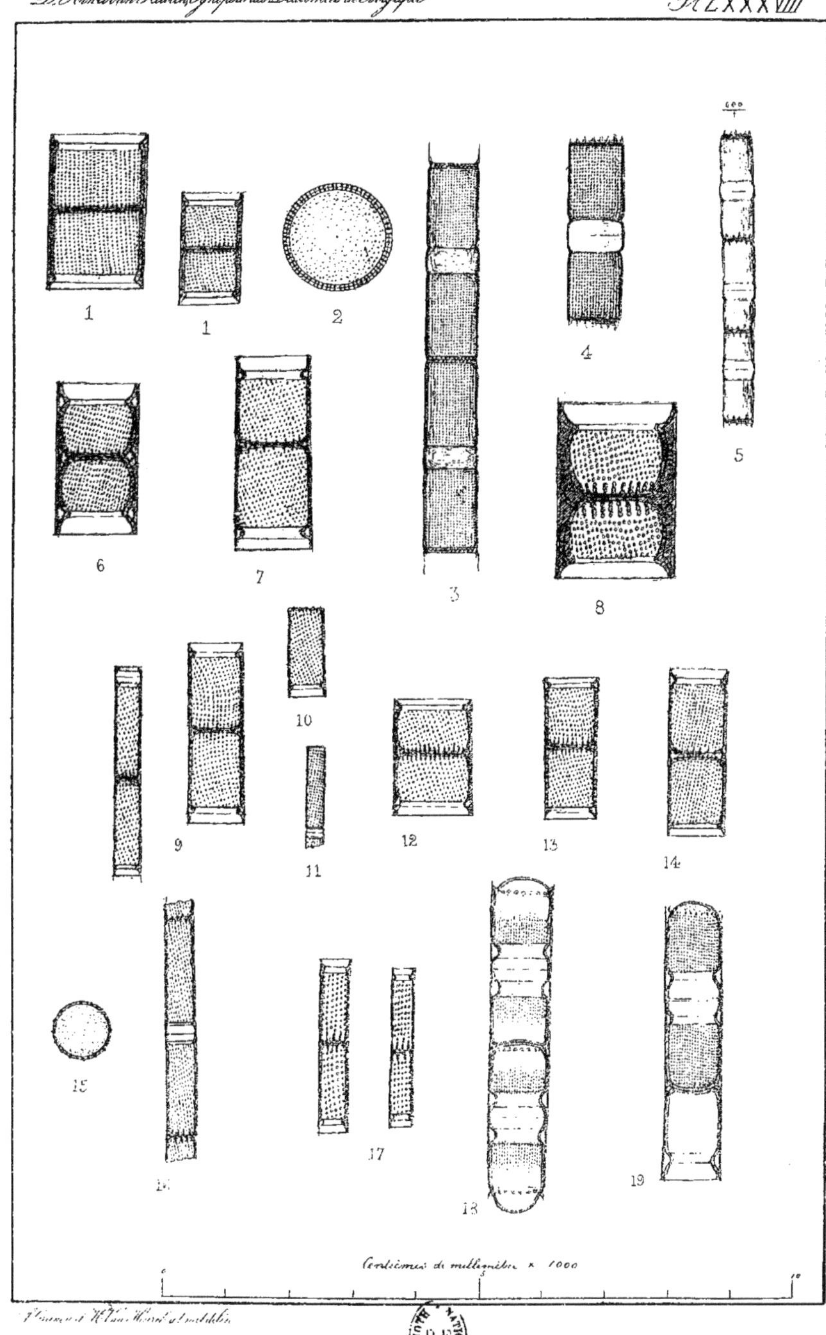
1
1
2
4
5
6
7
3
8
10
9
11
12
13
14
15
16
17
18
19
Centièmes de millimètre × 1000

PLANCHE LXXXIX.

MELOSIRA (Suite).

D. LIPAROGYRA (Ehr.) Grun. (Liparogyra, Stephanosira et Porocyclia Ehr.)

1-2-3. M. ROESEANA Rabh. typica. Frahan, Belgique.* $\frac{1000}{1}$

4-5. IDEM. à $\frac{1000}{1}$

6. IDEM. Schallhöhle dans le Bodethal. Sporangial.* $\frac{600}{1}$

7-8. M. ROESEANA var. spiralis (*Ehr.*) Grun. (*Liparogyra spiralis Ehr.*) Frahan, Belgique. Fig. 8 à $\frac{1000}{1}$

9-13. M. ROESEANA var. dentroteres (*Ehr.*) Grun. (*Liparogyra dentroteres Ehr.*)*

12-13. Forma normalis.		
9. » elongata.		$\frac{600}{1}$
10. » spiralis.		
11. » porocyclia.		

On trouve, dans les localités humides, toutes ces formes mêlées et passant de l'une à l'autre.

14-15-16. M. ROESEANA var. Hamadryas (*Ehr.*) Grun. (*Liparogyra circularis et Stephanosira Hamadryas Ehr.*) Ile d'Amsterdam.* $\frac{600}{1}$

17-18. M. ROESEANA var. epidendron (*Ehr.*) Grun. (*Orthosira spinosa Greville, Stephanosira epidendron Ehr*). Helsingland.* $\frac{600}{1}$

19-20. IDEM. forma porocyclia Grun. (*Porocyclia dendrophila Ehr.*) Aberdeen.* $\frac{600}{1}$

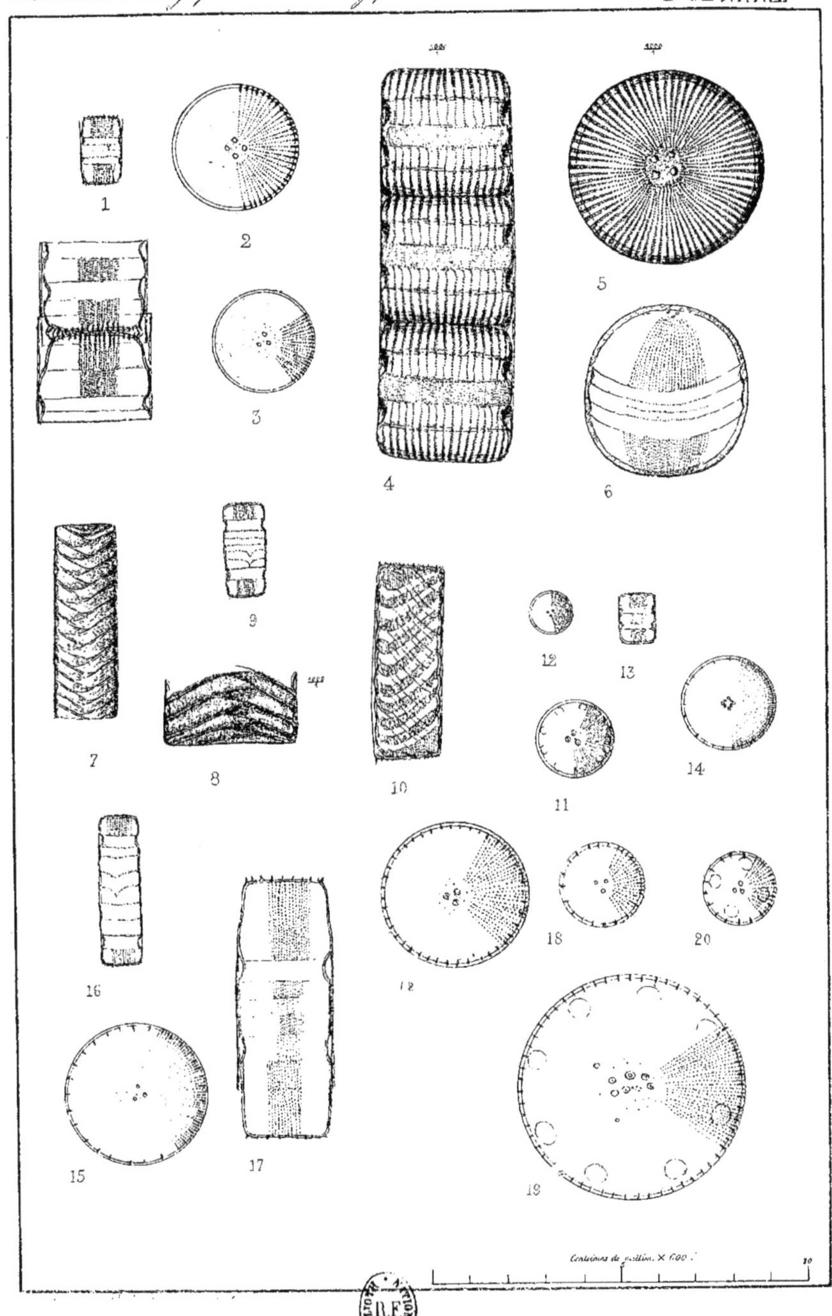
1
2
3
4
5
6
7
8
9
10
11
12
13
14
15
16
17
18
18
19
20
Centièmes de millim. × 600
10

PLANCHE XC.

MELOSIRA. (Suite.)

E. ORTHOSIRA THWAITES.

1-2. M. ARENARIA Moore. (*Gaillonella varians et biseriata Ehr.*) $\frac{600}{1}$

3. Détails de la structure.* $\frac{600}{1}$

a. Courte série de ponctuations. *b.* Couche à côtes qui, vers la partie interne se termine en perles. *c.* montre la direction de la ponctuation, dans la membrane épaisse et les deux rangées de perles plus grosses saillantes vers la partie interieure.

4. M. ANASTOMOSANS Grun. sur *Dumorticria hirsuta.*

La couche de côtes anastomosée et les striations ont été dessinées séparement pour mieux les montrer.*

5-6. M. UNDULATA var. samoensis Grun. Iles Samoa.* $\frac{600}{1}$

7. M. (undulata var.?) NORMANNI Arnott. manuscr. Dépot de Loome-Bridge et ile Förarn près Asnen.* $\frac{600}{1}$

8-9. M. UNDULATA Kütz. (*Gaillonella undulata Ehr. partim*, *G. punctigera Ehr.*)* Habichtswald.* fig. 8 à $\frac{1000}{1}$ fig. 9 à $\frac{600}{1}$

10-12-15-16. M. DICKIEI (*Thwaites*) Kütz. (*Orthosira Thwaites*) en partie avec cloisons incomplètes ; Cave près Aberdeen.* $\frac{600}{1}$

13-14. IDEM forma Chilensis.* fig. 13 à $\frac{600}{1}$ fig. 14 à structure $\frac{1000}{1}$

1 2 3 4 5 6 7 8 9 10 11 12 13 14 15 16

Centièmes de millim. × 600

A. Grunow et H. Van Heurck ad nat. delin.

PLANCHE XCI.

MELOSIRA.

1-2. M. ? CLAVIGERA GRUN. Monterey et San Francisco.* $\frac{600}{1}$

3-5. M. (SKELETONEMA.?) MEDITERRANEA GRUN. Mer Adriatique et Mediterranée.* $\frac{600}{1}$

4-6. SKELETONEMA COSTATUM (*Grev.*) GRUN. (*Melosira Grev.*) Mer Baltique. Japon. Guano etc. etc.* $\frac{600}{1}$

7-8-9. M. (ORTHOSIRA) SOL. (*Ehr.*) Kütz. (*Gaillonella Sol, Oculus Ehr. Cyclotella radiata Brightwell.??*) Côtes occidentales de l'Amerique, terre de Kerguelen etc.* $\frac{600}{1}$

Fig. 7 montre une bande complète, attachée à d'autres algues, a l'aide d'un stipe epais. $\frac{150}{1}$

10. COSCINODISCUS DECIPIENS GRUN. CASP. SEC. ALG. (*C. minor Anglor. nec. Ehr. Orthosira angulata Gregory.!*) Lamlash Bay.* $\frac{1000}{1}$

11-12 M. (GAILLONELLA.?) WESTII W. SMITH. (*Lysigonium O'Meara.*) $\frac{600}{1}$

13-14 M. (ORTHOSIRA.?) SCULPTA (*Ehr.*) (*Gaillonella Ehr.*) Orégon.* $\frac{600}{1}$

16. M. (PARALIA) SULCATA (*Ehr.*) Kütz. (*Gaillonella Ehr. Paralia Heiberg, Orthosira marina W. Smith.*) $\frac{600}{1}$

17. IDEM. VAR. CORONATA (*Ehr.*) GRUN. (*Gaillonella coronata Ehr.*) $\frac{600}{1}$

18. IDEM., IDEM. FORMA MINOR. Richmond.* $\frac{600}{1}$

19-20-21. M. (PARALIA.?) ORNATA GRUN.

Fossile à Simbirsk, vivant près de la terre de François-Joseph.* $\frac{600}{1}$

22. M. SULCATA VAR. SIBERICA GRUN.* $\frac{600}{1}$

23. M. SULCATA VAR. BISERIATA GRUN. FORMA CELLULIS MINORIBUS.* $\frac{600}{1}$

24. IDEM. FORMA CORONATA CELLULIS MAJORIBUS.* $\frac{600}{1}$

Ces trois dernières formes sont fréquentes dans le tripoli de Simbirsk et se trouvent aussi à l'état vivant près de la terre de Francois-Joseph.

25-26. DRURIDGIA GEMINATA DONKIN. (*Podosira compressa West.*)

N'est pas rare dans le sable des rivages maritimes.* $\frac{600}{1}$

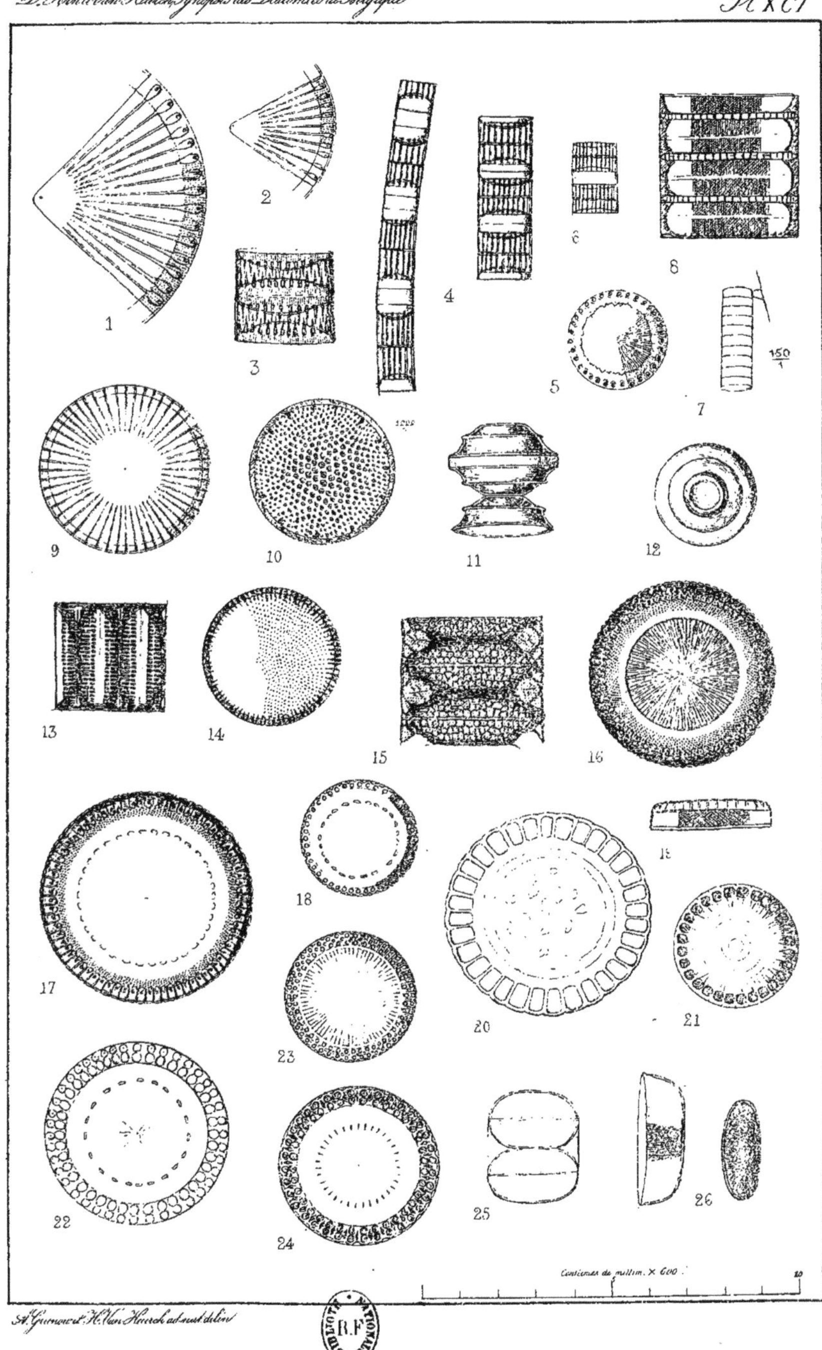

A. Grunow et H. Van Heurck ad nat. delin.

PLANCHE XCII.

CYCLOTELLA.

1. C. ANTIQUA W. SMITH. Raasay earth. Dolgelly earth. Norwège. Finmark etc.*

2. C. (STRIATA VAR.?) STYLORUM BRIGHTWELL. Bengale.*

   Dans cette figure et dans celles de plusieurs autres de cette planche et de la suivante, le bord a été dessiné à plusieurs mises-à-point différentes.

3. IDEM.

   Valve très fortement bouillie ce qui fait que, au bord, la membrane manque partiellement, de la provient que les enfoncements arrondis du bord apparaissent comme des ouvertures.

4. IDEM. Original de Sierra Leone.*

5. IDEM. FORMA MINUTA de Sierra Leone.*

6. C. STRIATA (*Kütz.*) GRUN. FORMA MAJOR (*Coscinodiscus striatus Kütz. Cyclotella Dallasiana W. Smith.*) Mer du Nord.*

7-8. C. STRIATA (*Kütz.*) GRUN. FORMAE MINORES. Delaware.*

9. C. STRIATA VAR. MESOLEIA GRUN. Delaware.*

10. C. STRIATA VAR. INTERMEDIA GRUN. Mer du Nord.*

11, C. (STRIATA VAR.?) SUBSALINA GRUN. Tamise près de Greenwich.*

12. C. STRIATA VAR. AMBIGUA GRUN. Commun.*

13-14-15. C. STRIATA VAR. BALTICA GRUN. Mer Baltique.*

16-17-18-19-20. C. COMTA (*Ehr.*) Kütz. Original du Hochsimmer.*

   Fig. 16 à $\frac{1000}{1}$

21. IDEM. Vivant de Vienne.*

22. IDEM. Vivant de Lara.

23. C. COMTA VAR. RADIOSA GRUN. (*C. operculata var. radiosa Grun. olim.*) Lara.*

   Les valves du *C. comta* sont toujours symmétriques et non ondulées comme dans presque toutes les autres Cyclotelles. La disposition radiante de la ponctuation centrale est généralement obscure dans les petits exemplaires mais très manifeste dans les grands.

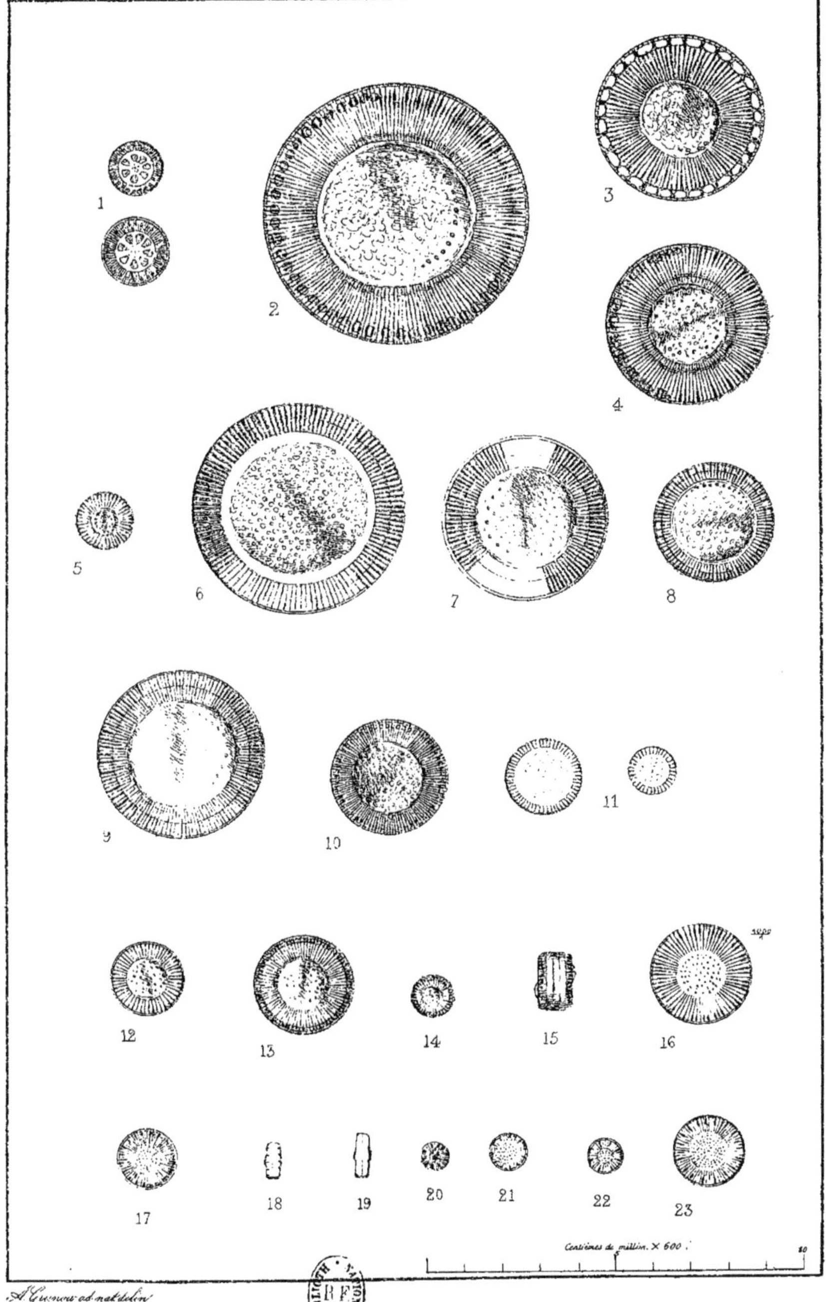

A. Grunow ad nat. delin.

PLANCHE XCIII.

CYCLOTELLA.

1. C. COMTA VAR. RADIOSA GRUN.* $\frac{1000}{1}$
2-3. IDEM. de Kringsjötorp.*
4. IDEM. de Ebstorf.*
5. IDEM. de Vöcklabruck. à $\frac{1000}{1}$*
6-9. IDEM. de Berndorf. $\frac{600}{1}$*
10. C. (COMTA VAR.) BODANICA EULENST. Manusc. Bodensee, etc. etc.
11-13. C. COMTA VAR. AFFINIS GRUN. Carcon.*
Fig. 11 à $\frac{1000}{1}$* 12 et 13 à $\frac{600}{1}$
14-15. C. COMTA VAR. GLABRIUSCULA GRUN. Kremsmünster.*
16-17. C. (COMTA VAR.?) COMENSIS GRUN. Lac de Côme.* $\frac{1000}{1}$
18. C. COMTA VAR. OLIGACTIS (*Ehr.*) GRUN. (*Discoplea oligactis Ehr.?*) Lara.* $\frac{1000}{1}$
19. IDEM. Lac de Zell.*
20. C. COMTA VAR. PAUCIPUNCTATA GRUN. Lara.*
21. C. COMTA VAR. AFFINIS GRUN. FORMA PARVA. Carcon.*
22-23. C. OPERCULATA Kütz. Nîmes.*
24. IDEM. FORMA MINUTA. S. Fiore.*
25. C. OPERCULATA VAR. MESOLEIA GRUN. Nîmes.*
26-28. IDEM. de Falaise.*

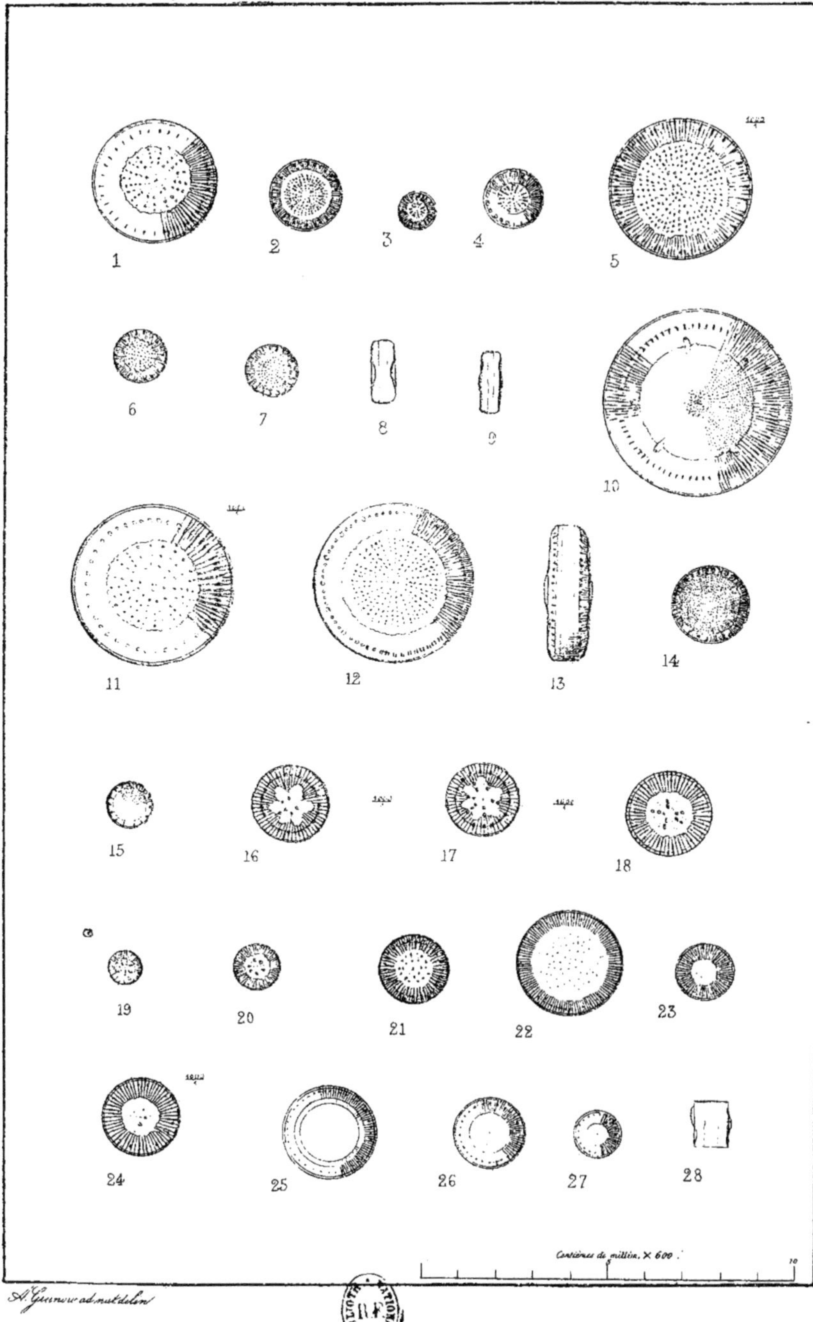

A. Grunow ad nat. delin.

PLANCHE XCIV.

CYCLOTELLA (Suite.)

1. C. KUTZINGIANA (*Thwaites.?*) Chauvin. Vöcblabruck.* $\frac{1000}{1}$
2-3. C. KUTZINGIANA var. Schumanni Grun. Domblitten.*
4. C. KUTZINGIANA Chauvin. Falaise.*
6. IDEM. forma major. Upsal.*
5. IDEM. Forme très anormale de Falaise.
Les deux valves appartiennent au même frustule, celle de dessous est normale, celle de dessus a évidemment été formée par la soudure de deux valves. $\frac{1000}{1}$*
7-8. C. (Kützingiana var.?) PELAGICA Grun. Fano, à la surface de la mer, entre des Chaetocérées etc.*
9. C. KÜTZINGIANA var. cataractarum Grun. Chûte du Rhin.*
12. C. KÜTZINGIANA var.? Caspia Grun. Mer Caspienne.*
11. C. MENEGHINIANA Kütz. Dresde.* $\frac{1000}{1}$
12-13. IDEM.*
14. C. MENEGHINIANA var.? Vogesiaca Grun. Lac de Gerardmer. Vosges.* $\frac{1000}{1}$
L'individu dessiné est incliné de façon que les courtes cotes intermédiaires ne se voient que d'un coté.
15. C. MENEGHIANA var. Baileyi Grun. Bottina Creek leg. Bailey.*
16. C. (Meneghiniana var.?) PUMILA Grun. Upsala.*
17-18-19. C. MENEGHINIANA var. rectangulata Grun. (*C. rectangulata Bréb.*) Paris et Normandie.
Les valves sont, comme dans toutes les formes du *C. Meneghiniana*, legèrement ondulées et non planes comme on les a souvent figurées.*
20. C. MENEGINIANA var. binotata Grun. Baeker's river, Afrique Merid.*
21. C. MENEGHIANA var.? stellifera Grun. Lac de Gerardmer. Vosges.* $\frac{1000}{1}$
22-26. C. STELLIGERA Clève et Grun. (*C. Graeca var. stelligera Ehr.?*) Lac de Gerardmer. fig. 22-23-26. $\frac{1000}{1}$
27. IDEM. var. Lac Tampa. Nouvelle Zélande.*
28. COSCINODISCUS (*Cyclotella.??*) GRANULOSUS Grun. Quarnero.*
29. COSCINODISCUS (*Cyclotella.??*) HAUCKII Grun. Rovigno.*
30. COSCINODISCUS (*Cyclotella.??*) MARGINULATUS Grun. var. Gallopagensis Grun. Iles Gallopages.*
31. C. MARGINULATUS var. sparsa Grun. Baie de Campêche.*
32. C. MARGINULATUS var. curvata-striata Grun. Baie de Campêche.*
Valve à superficie partiellement détruite.
33. C. MARGINULATUS var. Campechiana Grun. Baie de Campêche.*
34. C. MARGINULATUS var. stellulifera Grun. Baie de Campêche.*

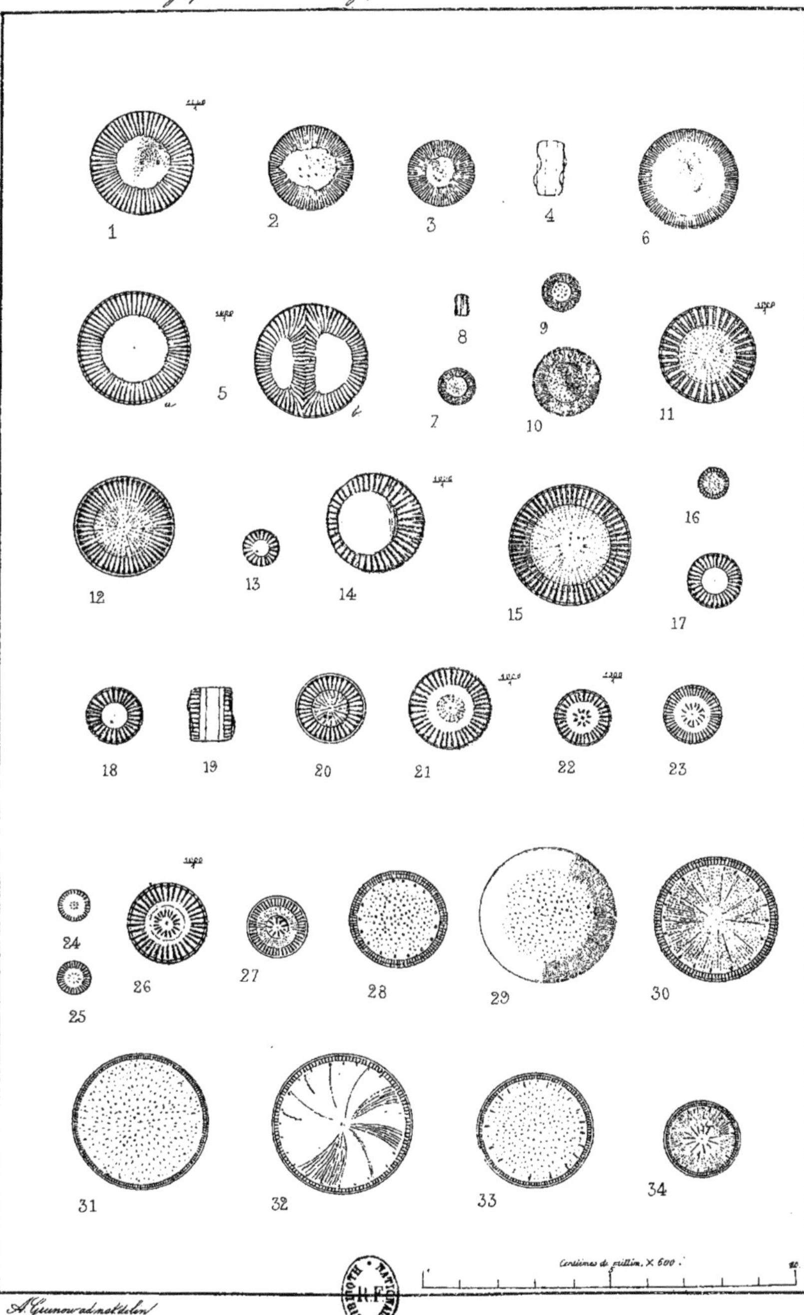

A. Grunow ad nat. delin.

PLANCHE XCV.

STEPHANODISCUS.

1. ST. CARCONENSIS GRUN. Carcon.*
2. ST. CARCONENSIS VAR. MINOR GRUN. Klamash Lake.*
3-4. ST. CARCONENSIS VAR. PUSILLA GRUN. Klamash Lake.*
5. ST. ASTRAEA (*Ehr.*) GRUN. (*Discoplea Astraea Ehr. Cyclotella Rotula Kütz.*) Kamtschatka.*
6. ST. ASTRAEA VAR. SPINULOSA GRUN. (*Stephanodiscus Ægyptiacus Ehr.?*) Klieken.*
7-8. ST. ASTRAEA VAR. MINUTULA GRUN. (*Cyclotella minutula Kütz. Discoplea Oregonica Ehr.*) Lüneburger Heide.* $\frac{1000}{1}$
9. Forme intermédiaire entre le St. ASTRAEA et VAR. MINUTULA Förarn.*
10. ST. HANTZSCHIANUS GRUN. (*Cyclotella operculata Hantzsch Rab. Alg. Europ.* 1104, *Stephanodiscus Balticus Schumann.??*) Dresde.* $\frac{1000}{1}$
11. IDEM. VAR. PUSILLA GRUN. Kaafjord en Finmark.*
12. ST. (BELLUS A. SCHMIDT VAR.?) NOVAE ZEELANDIAE CLÈVE. Nouvelle Zelande. Lac Tampa.*
13-14. ST. NIAGARAE EHR. (*Cyclotella spinosa Schumann.*) Buffalo.*

PYXIDICULA.

15-16. P. MEDITERRANEA GRUN. Quarnero.*

EUCAMPIA.

17-18. E. ZODIACUS EHR. Blankenberghe.

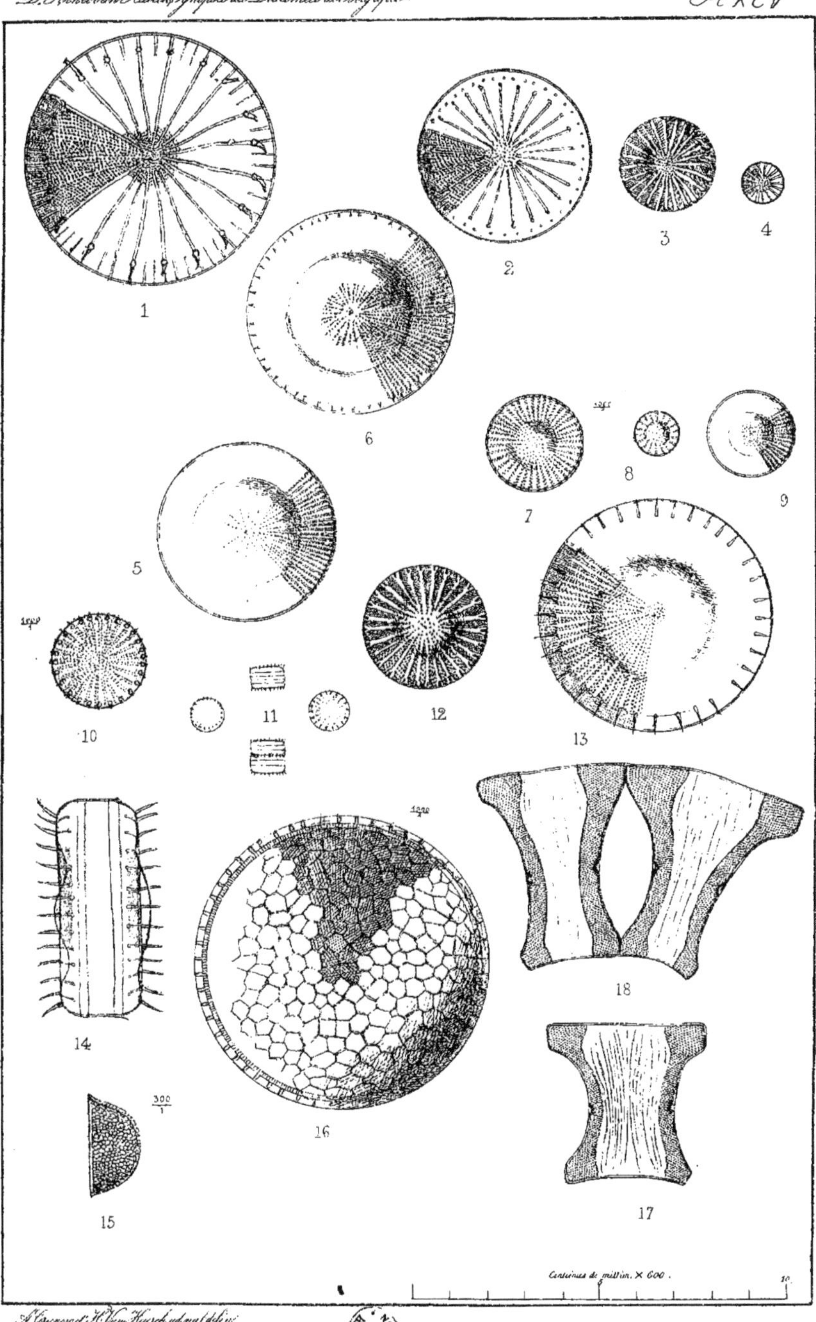

A. Grunow et H. Van Heurck ad nat. delin.

PLANCHE XCV BIS.

EUCAMPIA.

1. E. ZODIACUS Ehr. Blanckenberghe $\frac{300}{1}$ *

2. IDEM. Valve, de Chester (Angleterre). *

3-4. E. ZODIACUS var. cornigera Grun. Japon. *
Passe complètement à l'espèce précédente $\frac{300}{1}$

5. E. CORNUTA (*Cleve*). Grun. (*Mölleria Cleve*) Java.
Est également très intimement apparenté à l'*Eucampia Zodiacus*. *

6. E. ? VIRGINICA Grun. Dépôt de Richmond. *

BIDDULPHIA.

7. B. ? (Janischia ?) TITIANA Grun. Valve, de Rovigno. *

8. IDEM. Structure de la valve et de la zône de suture. $\frac{1000}{1}$ *

9. IDEM. Frustule entier. $\frac{300}{1}$ *

JANISCHIA ?

10. J. ANTIQUA Grun. Dépôt de Mors. *

11. IDEM. Structure à $\frac{600}{1}$ *

PORPEIA.

12. P. QUADRICEPS Bailey, var. clavulata (*Ehr.*) Grun. Manille. *
Valve avec un morceau de la zône suturale qui la recouvre. Le *Biddulphia clavulata Ehr.* appartient probablement à cette espèce.

13. P. QUADRICEPS Bailey var. intermedia Grun. Iles Gallopages. *
Se rapproche du *P. quadrata Grev.*

14. IDEM. Valve. Baie de Campèche. *

15. P. QUADRATA Grev. Dépôt de Santa Monica. *
On l'a dessiné en *a* avec la bande suturale qui le recouvre, ce qui lui donne une ressemblance apparente avec le *P. ornata Grev.*

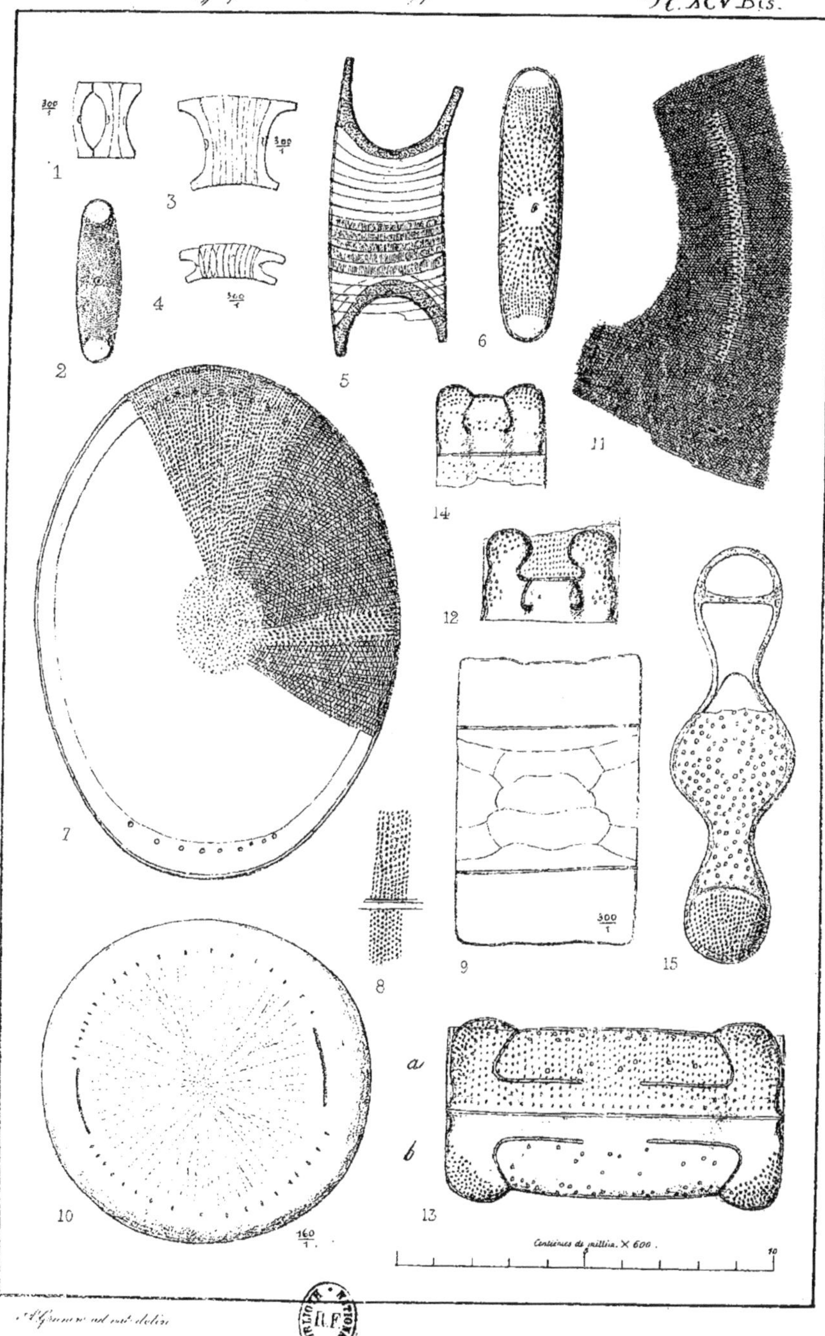

A. Grunow ad nat. delin.

PLANCHE XCVI.

ISTHMIA.

1-3. I. ENERVIS Ehr.
2. IDEM. Valve d'après W. Smith.
3 D'après une photographie de M. Ravet.

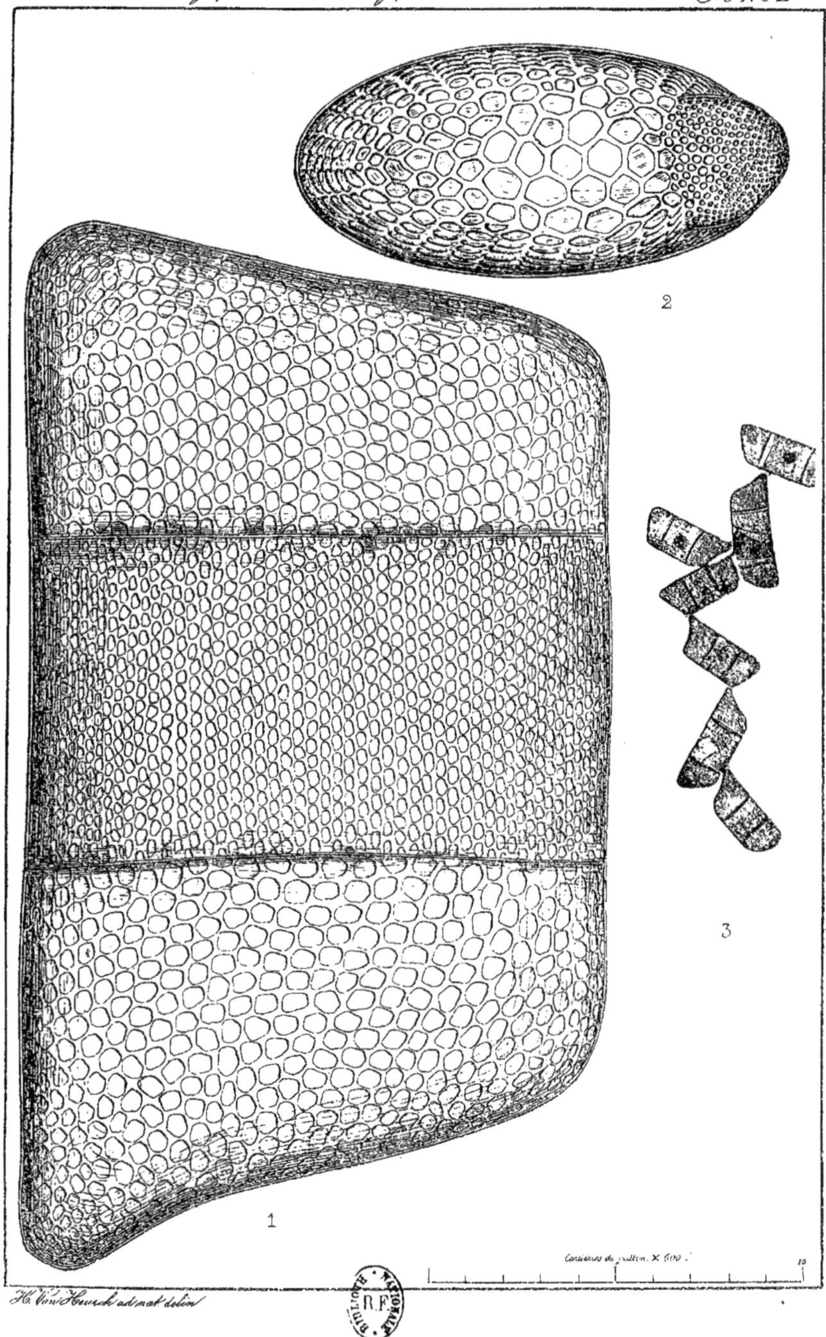

H. Van Heurck ad nat. delin.

PLANCHE XCVII.

BIDDULPHIA.

1-2-3. B. PULCHELLA GRAY. (*Denticella Biddulphia Ehr. Biddulphia* 3-5-7. *Locularis Kütz etc.*)

La ponctuation des appendices n'a pas été dessinée ; elle est toujours comme en fig. 4.

4. IDEM. Forme à 4 appendices, se trouve rarement mêlé au type. Java.*

5. IDEM. Forme n'ayant qu'un seul appendice à chaque valve et par suite simulant un *Isthmia*. Iles Baléares.*

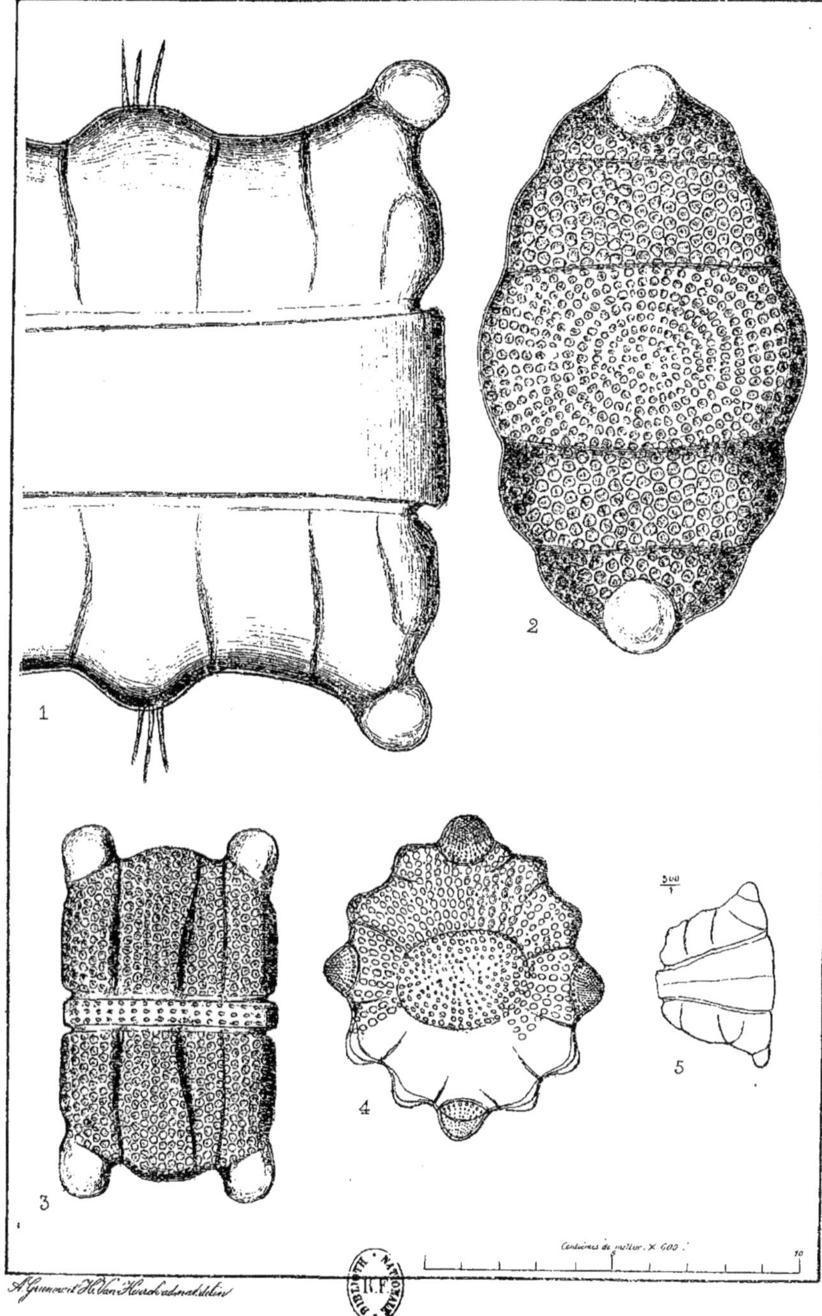

A. Grunow et H. Van Heurck ad nat. delin.

PLANCHE XCVIII.

BIDDULPHIA.

1. B. REGINA W. Smith. Iles Baléares.*

2-3. B. TUOMEYI Bailey (*Denticella tridens, tridentula et polymera Ehr. D. simplex et margaritifera Shadb. Zygoceros Tuomeyi Bailey*) Petersburgh Deposit. Amér. sept.*

GROUPE ODONTELLA (C. Agardh.) GRUN.

A distinguer des *Biddulphia* par les extremités tronquées, dont la partie supérieure est à peu près lisse et nettement définie, quand on la voit par au dessus, tandis que dans les *Biddulphia* la ponctuat on devient de plus en plus fine à mesure qu'on s'approche des extremités.

4-9. B. AURITA (*Lyngb.*) Bréb. (*Diatoma Lyngb. Odontella C. Ag.*)

10. B. AURITA var. minuscula Grun. Blankenberghe.*

11-12. B. AURITA var. minima Grun. Blankenberghe.*

12. IDEM. de l'ile de Bréhat.*

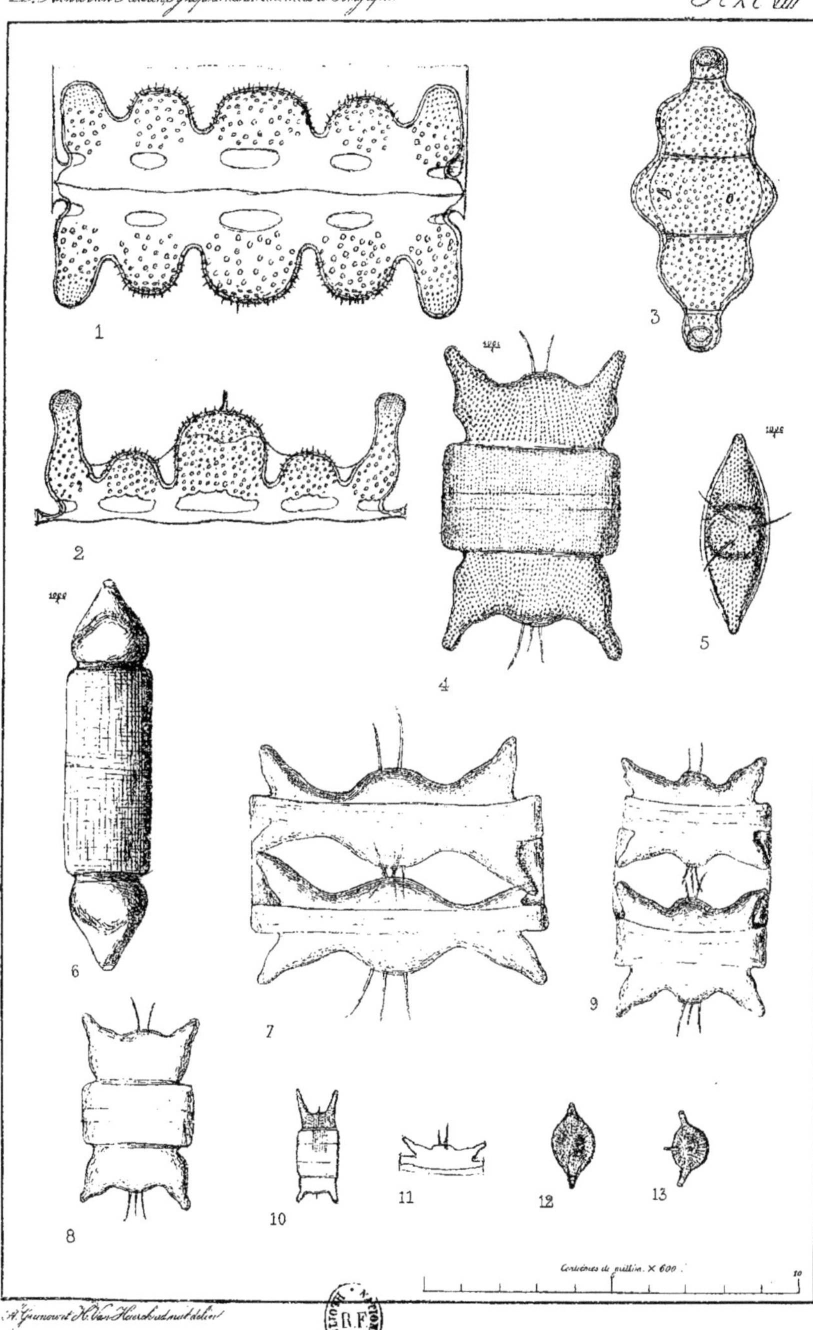

A. Grunow et H. Van Heurck ad nat. delin.

PLANCHE XCIX.

BIDDULPHIA.

1-3. B. RHOMBUS (*Ehr.*) W. SMITH. (*Zygoceros Ehr. Denticella Ehr. Odontella Kütz.*)

2. IDEM. VAR. TRIGONA CLÈVE. (*Triceratium striolatum Ehr. Tr. membranaceum Brightwell. Tr. Biddulphia Heiberg.*)

4-5-6. B. ROPERIANA GREVILLE.*

Probablement une forme à grosses ponctuations du *B. obtusa Kütz.*

7-8. B. GRANULATA ROPER (*Denticella turgida Ehr.*) Angleterre.

A un pseudo-raphé faiblement indiqué et une ponctuation serrée à trois directions.*

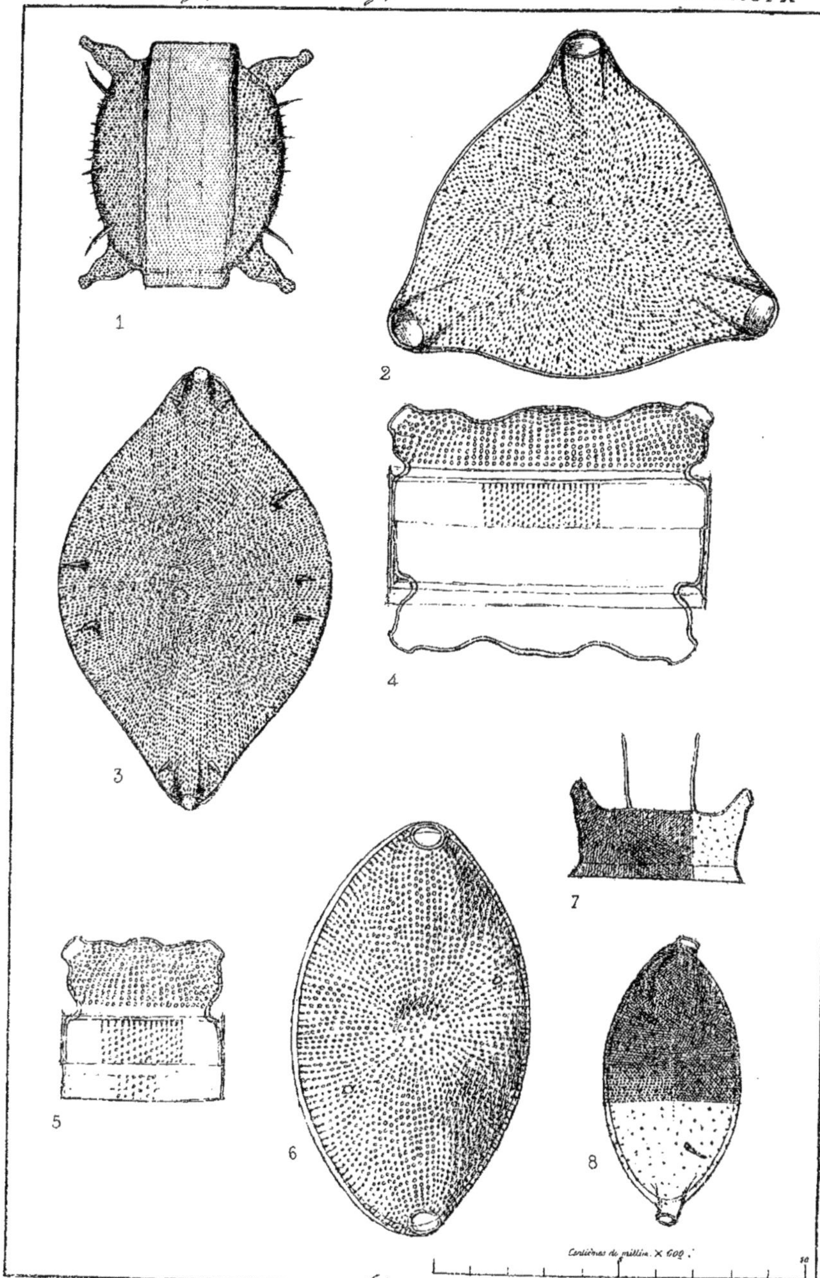

1

2

3

4

7

5

6

8

Centièmes de millim. × 600.

50

A. Grunow et H. Van Heurck ad nat. delin.

PLANCHE C.

BIDDULPHIA.

1-2. B. WEISSFLOGII Grun. Afrique Merid.*
Pseudo-raphé faiblement indiqué.

3-4. B. DECIPIENS Grun. (*Amphitetras minuta Greville.??*) Fossile, Nottingham.*

5-6. B. SUBAEQUA Kütz. var.? Baltica Grun. Port de Kiel.*

7. B. LONGICRURIS Grev. var. Japonica Grun. Japon.*

8. B. SUBLAEVIS Grun. Fossile, Simbirsk.*

9-10. B. EDWARDSII Febiger Californie.*

11-12-13-14. B. OBTUSA (*Kütz.*) Ralfs. (*Odontella Kütz.*) Nimrod Sound.*

15-16. B. SUBORBICULARIS Grun. Fossile, Nottingham.*

Fig. 15 à $\frac{300}{1}$ fig. 16 à $\frac{600}{1}$

Le *Peponia barbadensis* Greville est une espèce analogue.

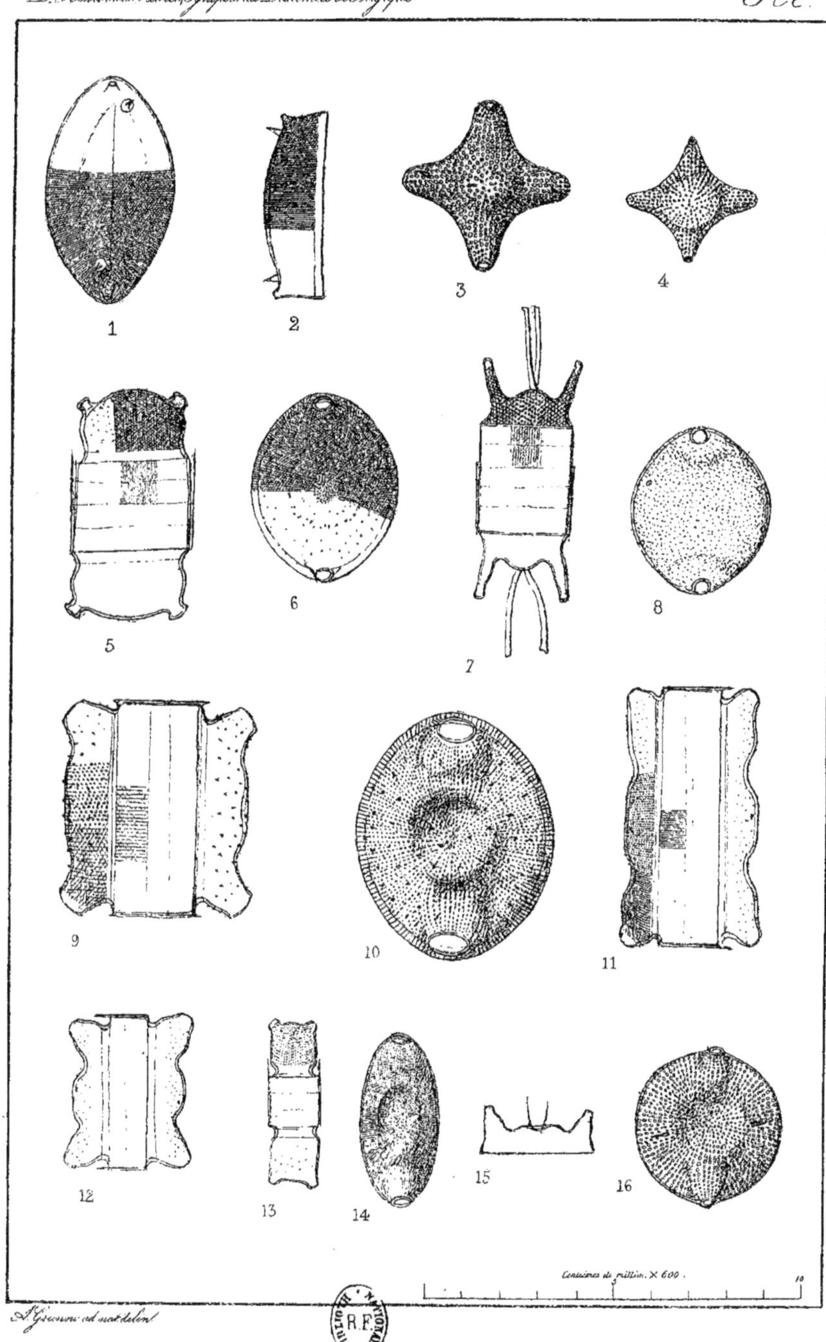

A. Grunow ad nat. delin.

PLANCHE CI.

BIDDULPHIA.

1. B. LONGICRURIS GREVILLE VAR. LEPTOCEROS GRUN. Hong-kong.*

2-3. B. (TUMIDA ROPER VAR.?) PERUVIANA GRUN.
Rare dans le Guano du Pérou, fréquent dans un Guano d'origine inconnue.*

4. B. MOBILIENSIS (*Bailey.*) GRUN. (*Zygoceros Bailey*, *Biddulphia Baileyi W. Smith.*) Escaut à Anvers.

5-6. IDEM. de Borkum.*
Chauffé à blanc, ce qui a rendu visible la membrane finement ponctuée qui recouvre les bords des valves.

7-8. B. SETICULOSA GRUN. Fréquent dans le Petersburg Deposit.*
Probablement la forme à deux appendices du *Triceratium tridactylum* de Bailey. Le *B. reticulata var. b* de Roper est probablement une forme analogue.

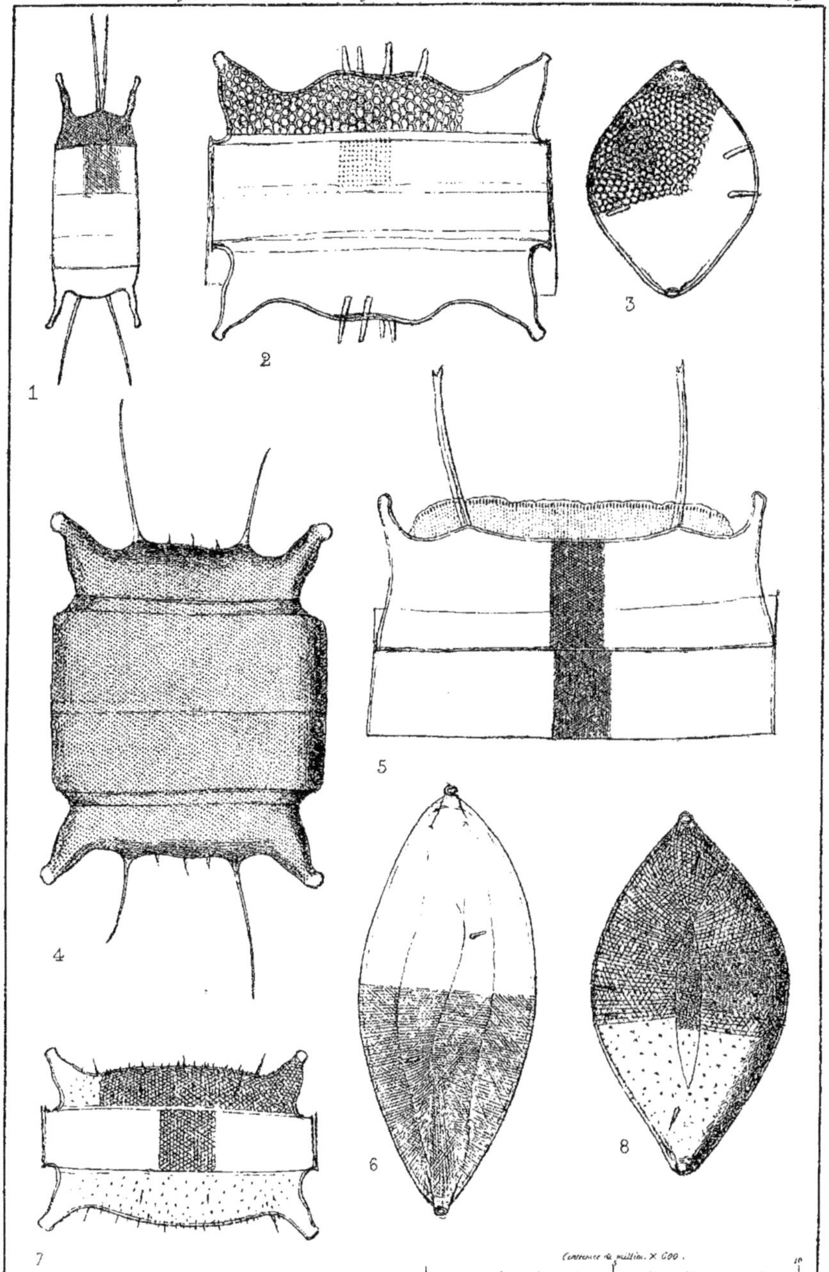

1

2

3

4

5

6

7

8

Centièmes de millim. × 600.

5 10

A. Grunow et H. Van Heurck ad. nat. delin.

PLANCHE CII.

BIDDULPHIA.

1-2. B. RETICULATA ROPER. JAVA. Taiti.*

3. B. RETICULATA VAR. TRIGONA GRUN. Java.*
Assez fréquent dans l'océan Indien.
Les formes à 3-7 angles du *Triceratium Favus* en diffèrent seulement par leur aréolation plus régulière.

4. B. ? CRISTATA GRUN. Fossile à Mors.
Fig. 4 à $\frac{300}{1}$ fig. 4-6 structure à $\frac{600}{1}$**

5. B. HETEROCEROS GRUN. Ile Samoa.*

6. B. LONGISPINA GRUN. Fossile à ST.-MONICA. (*Collection Weissflog.*)*

7. B. MULTICORNIS GRUN. (*Collection Weissflog.*)*

8-10-11. ANAULUS MEDITERRANEUS GRUN. (*A. birostratus var.?*) Iles Baleares.*

9. A. MEDITERRANEUS VAR. INTERMEDIA GRUN. Iles Baleares.*

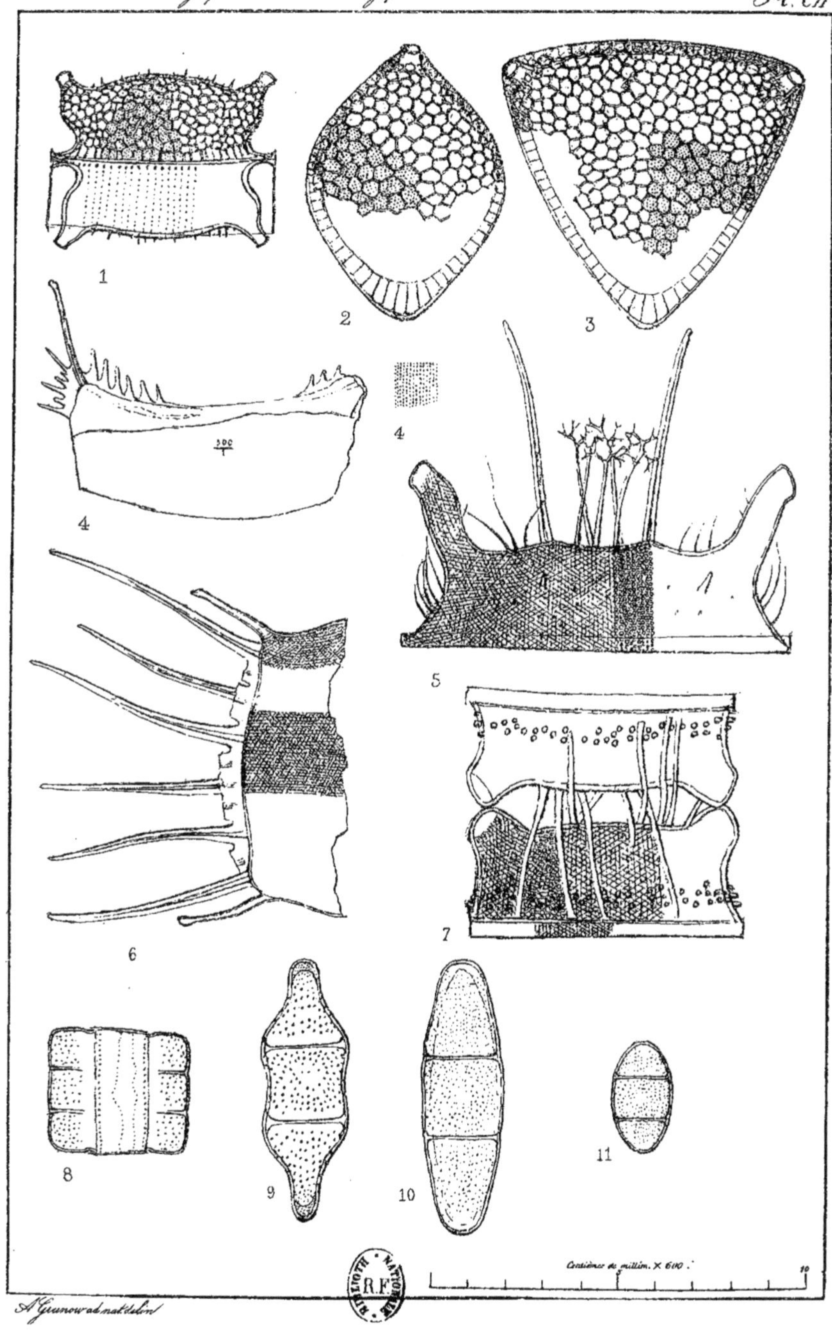

A. Grunow ad nat. delin.

PLANCHE CIII.

ANAULUS.

1-2. A. BIROSTRATUS GRUN. (*Biddulphia Grun. olim.*) Perou, parasite sur un *Macrocystis*.*

3. IDEM. FORMA ANGUSTIOR Californie.*

4-5. A. MINUTUS GRUN. Iles Seychelles.*

6-7-8-9. HEMIAULUS BIPONS. (*Ehr.?*) GRUN. (*Zygoceros bipons Ehr.*) Frequent dans le Dépot de Nottingham.*
l'*H. febrnatus* Heiberg est une forme très voisine.

10. H. HAUCKII GRUN. Trieste et Fano, dans la mer Adriatique.

A. BIDDULPHIA MOBILIENSIS avec endochrôme d'après M. Schulze.

B. COSCINODISCUS CENTRALIS EHR. (?) avec endochrôme d'après M. Schulze.

C. AMPHITETRAS ANTEDILUVIANA EHR. avec endochrôme d'après W. Smith.

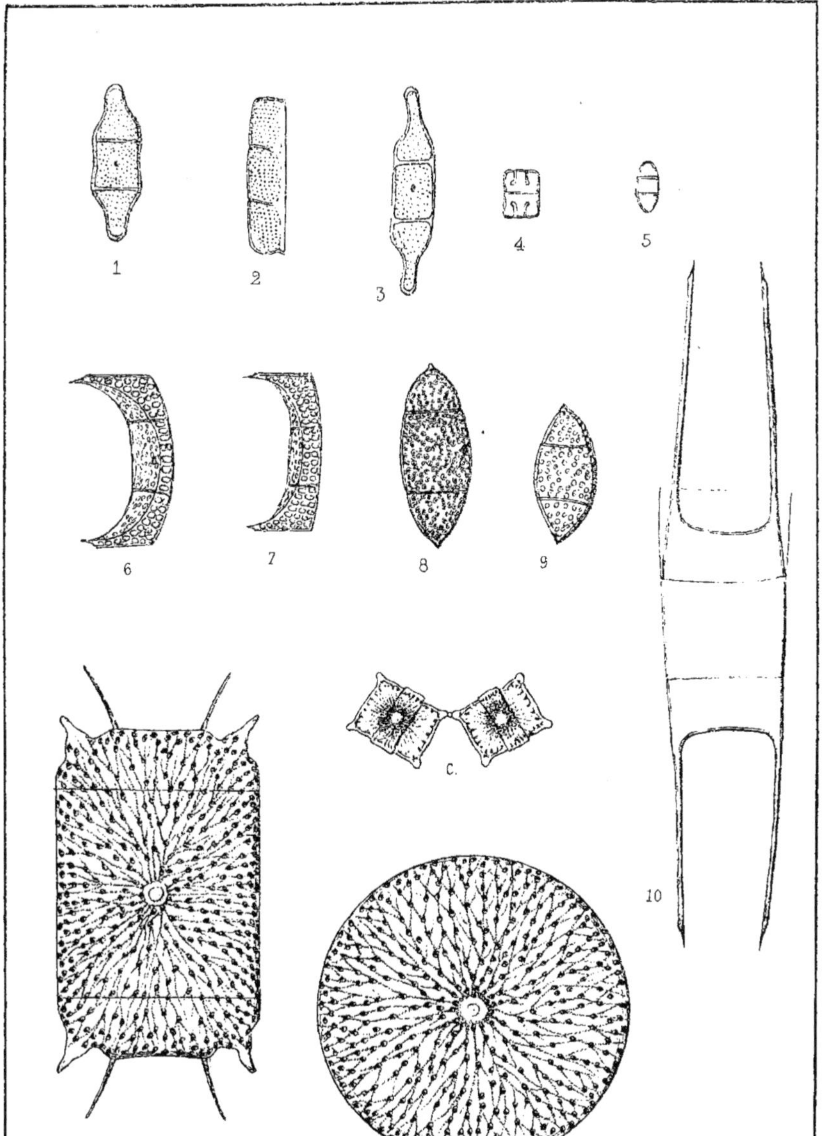

1 2 3 4 5

6 7 8 9

10

C.

A.

B.

Centièmes de millim. × 600.

5 10

A. Grunow et H. Van Heurck ad nat. delin.

PLANCHE CIV.

CERATAULUS.

1-2. C. (ODONTELLA) TURGIDUS EHR. (*Biddulphia W. Smith.*)
Les valves varient de la forme ronde à la forme longuement elliptique. Dans la variété *multispina Grun.* l'appendice épineux est remplacé dans chaque demie-valve par 3-4 épines courtes et rapprochées.

3-4. C. (ODONTELLA) POLYMORPHUS (*Kütz.*) (*Biddulphia laevis Smith nec Ehr. Odontella polymorpha Kütz, Melosira thermalis Menegh.*)
Se rencontre aussi avec 3 appendices (Confer. Grun in Mic. Journ. 1877, tab. 196.)

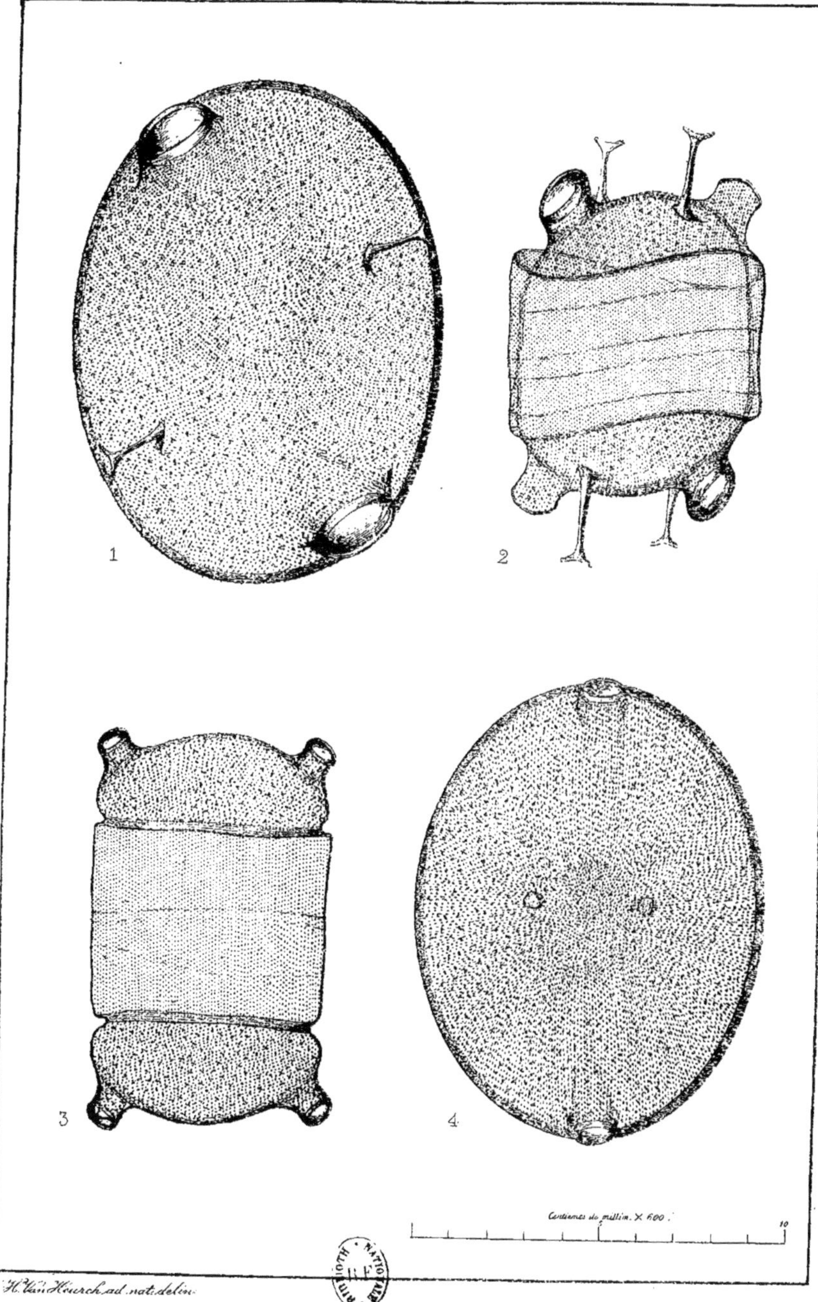

H. Van Heurck ad. nat. delin.

PLANCHE CV.

CERATAULUS.

1-2. C. (Odontella) SMITHII Ralfs. (*Eupodiscus radiatus W. Smith nec Bailey*, *Biddulphia radiata Roper.*)

3-4. C. (Odontella) POLYMORPHUS (*Kütz.*) forma minor.

ZYGOCEROS.

5-6-7. Z.? QUADRICORNIS Grun. Dépot de Nottingham. *

La partie centrale présente à la fois des mailles radiantes étroites, et une ponctuation radiante très délicate.

13. Z. CIRCINUS Bailey. Dépôt de S. Monica. *

Le genre Zygoceros qui actuellement contient des espèces fort disparates pourrait être conservé pour l'espèce ci-dessus et pour le *Zygoceros ? quadricornis* qui tous deux possèdent des petites épines mais n'ont pas de vrais appendices.

RUTILARIA.

8. R. (Epsilon var?) HEXAGONA Grun. Dépôt de Sta Monica. *

9. R.(?) RECENS Cleve. Iles Gallopages. N'est certainement pas un *Rutilaria;* la ponctuation asymétrique ferait croire à une Eucodiée. *

10. R. (Epsilon var?) TENUICORNIS Grun. Vivant, de Manille. *

GONIOTHECIUM.

11-12. G. ODONTELLA Ehr. var Danica Grun. (*G. Danicum Grun olim.*) Dépôt de Mors (*Le G. Rogersii Ehr.* est aussi une forme du *G. Odontella*, ce dernier est de taille très variable.) *

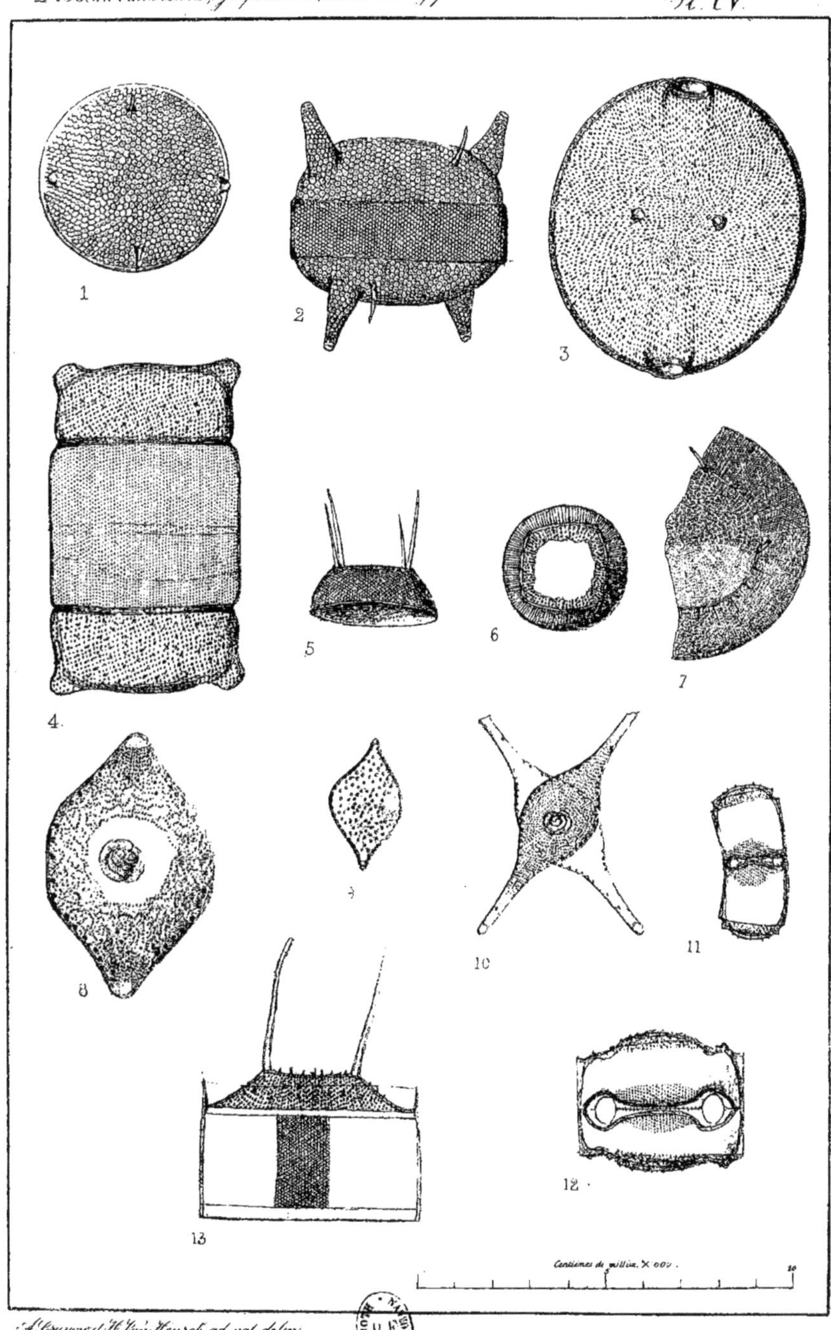

A. Grunow et H. Van Heurck ad. nat. delin.

PLANCHE CVI.

SYRINGIDIUM.

1. S. (Biddulphia?) EXIMIUM Grun. Barbados, dépôt de l'État de Cambridge. *
3. Le même exemplaire dans une autre position. $\frac{300}{1}$ *
2. S. AMERICANUM Bailey. Dépôt de Nancoori, Iles Nicobares. * (Vivant : *Para river*, *Embouchure du Maranhon*, *Bengale*, *Trinité.*)
4. S. WITTII Grun. Barbados (dépôt de l'État de Cambridge). *

CLIMACIDIUM.

5. C. FRAUENFELDII Grun. Parmi d'autres diatomées marines des Iles Nicobares. *

HEMIAULUS.

6-7-8-9. H. KITTONII Grun. avec spores. (*Hemiaulus species? Kitton in Journal of Quekett. Micros. Club. vol. II, tab.* 14, *fig. II.*) Dépôt de Mors. *

10-11. H. (Heibergii var?) AFFINIS Grun. Dépôt de Mors. *

DICLADIA.

12-13. D. MITRA Bailey. (*D. Groenlandica Cleve.*) Cap Wankarema, Sibérie septentrionale; Kamschatka, détroit de Davis. *

14-15-16. D. CAPREOLUS Ehr. des dépôts de Petersburgh et de Naparima. *

Se rencontre fréquemment vivant ou fossile.

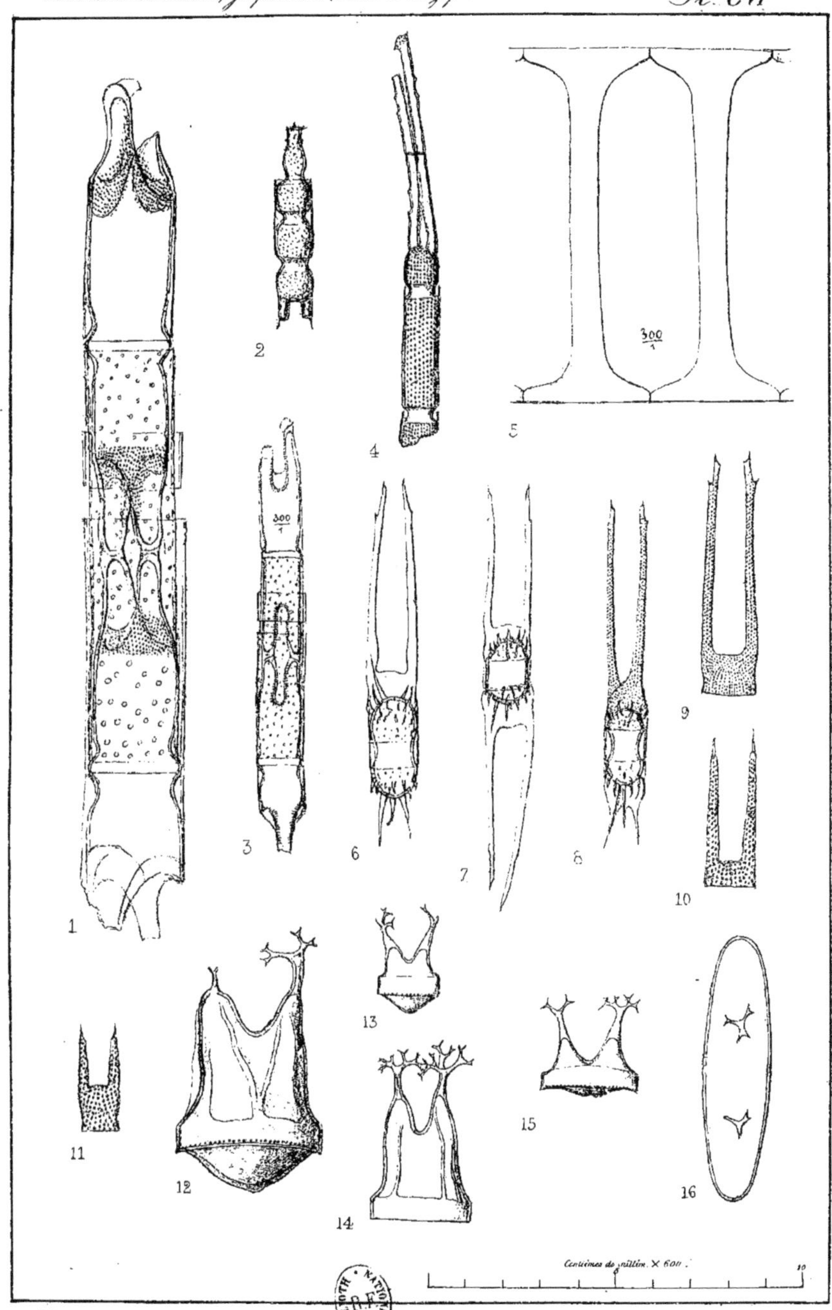

A. Grunow ad nat. delin.

PLANCHE CVII.

TRICERATIUM.

1-2-3. TR. (Odontella) FAVUS Ehr. fig. 3. Reproduction d'une photographie de M. Ravet.

4. IDEM, ponctuation à $\frac{1000}{1}$

5. TR. FAVUS var maxima Grun. Détails de structure à diverses mises-à-point. Cette forme est analogue au *T. grande* mais encore plus grande et ses côtés atteignent jusqu'à 0.345 mm. — Mer rouge. *

Observation. Sous le nom de *Triceratium* les auteurs ont confondu une foule de diatomées triangulaires appartenant à des genres complètement différents. M. Grunow se propose d'en faire une monographie qui sera publiée dans son travail sur les « *Diatomées de la Terre de François-Joseph* » ; en attendant nous laissons ces diatomées réunies sous le nom de Triceratium en indiquant entre parenthèse le genre auquel suivant l'opinion de Mr Grunow la forme parait réellement appartenir.

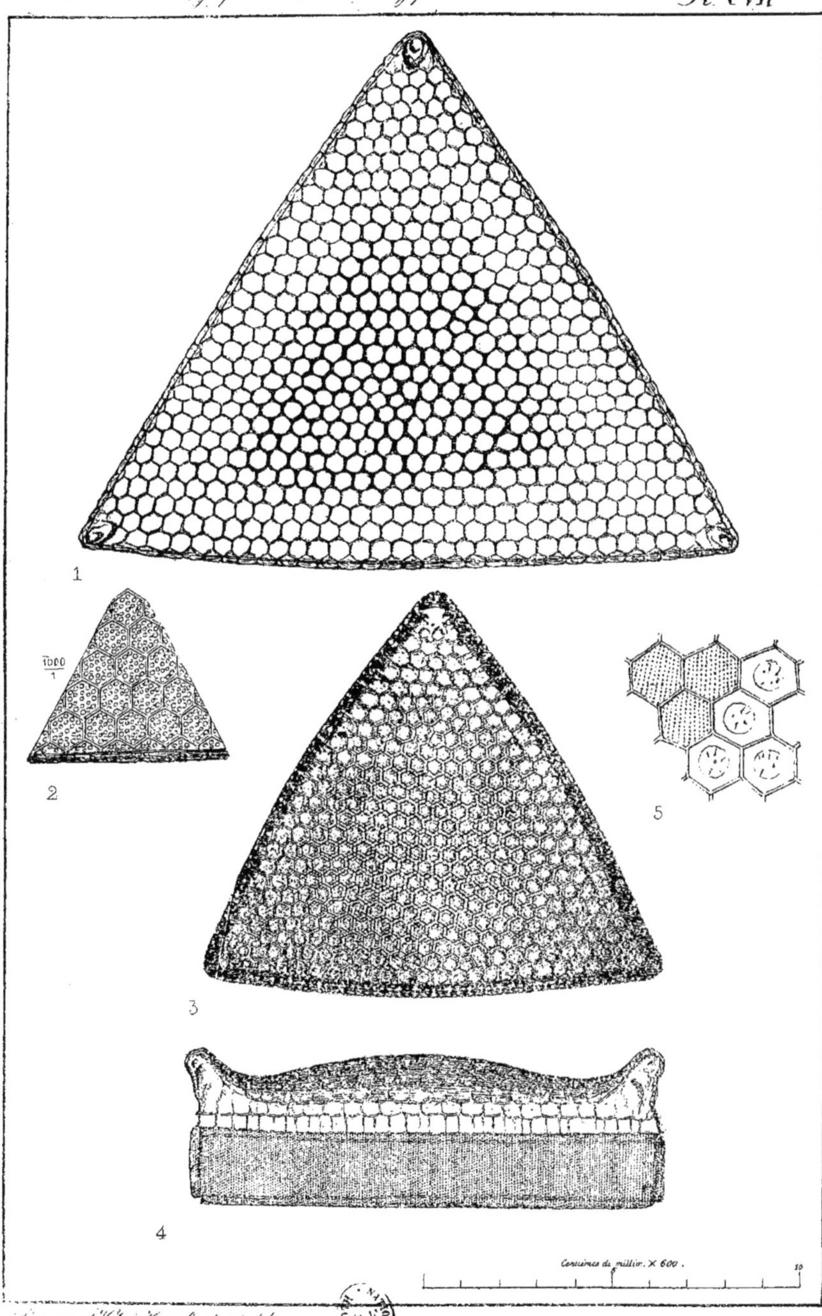

H. Van Heurck ad nat. delin.

PLANCHE CVIII.

TRICERATIUM.

1. TR. (Odontella) ACUTUM Ehr. Dépôt de Nottingham. *
2. TR. (Odontella) CONSIMILE Grun. Dépôt de Santa Monica. *
3. TR. (Odontella) AFFINE Grun. (*Tr. megastomum Brightwell nec Ehr.*) Abondant dans une masse fossile d'origine inconnue. *

   Se trouve à l'état vivant dans l'Australie méridionale, les iles Samoa, les Antilles, dans le Guano d'Ischaboe etc.

4. IDEM, détails de la ponctuation à $\frac{600}{1}$ *

5-6. TR. (Odontella-Lampriscus) SHADBOLTIANUM Greville. * Taiti. $\frac{300}{1}$ Ponctuation analogue à celle de la fig. 10. *

7. IDEM forma pentagona. Taiti. $\frac{300}{1}$ *

8. TR. (Odontella) MADAGASCARENSE Grun. Ngucy, Madagascar. *

10. TR. (Lampriscus) CIRCULARE Grun. forma 4-appendiculata. Iles Barbades, vivant. *

    Ici se rapporte, comme forme à 7 appendices le *Lampriscus Kittoni A. Schmidt* Diat. Atl. Pl. 80 fig. 11. On peut constituer Lampriscus comme sous-genre d'Odontella en y comprenant les espèces suivantes : *Tric. Shadboltianum Grev., circulare Grun., elongatum Grun., gibbosum Bailey.*

11. TR. (Odontella discigera var ?) CALIFORNICUM Grun. Dépôt de Santa Monica. *

12. TR. (Odontella) CORNUTUM Grev. var. pulchella Grun. forma 5-gona. Iles Seychelles. *

13. IDEM, forma 4 gona. Iles Seychelles. *

BIDDULPHIA.

9. B. (Odontella) DISCIGERA Grun. Iles Baléares. *

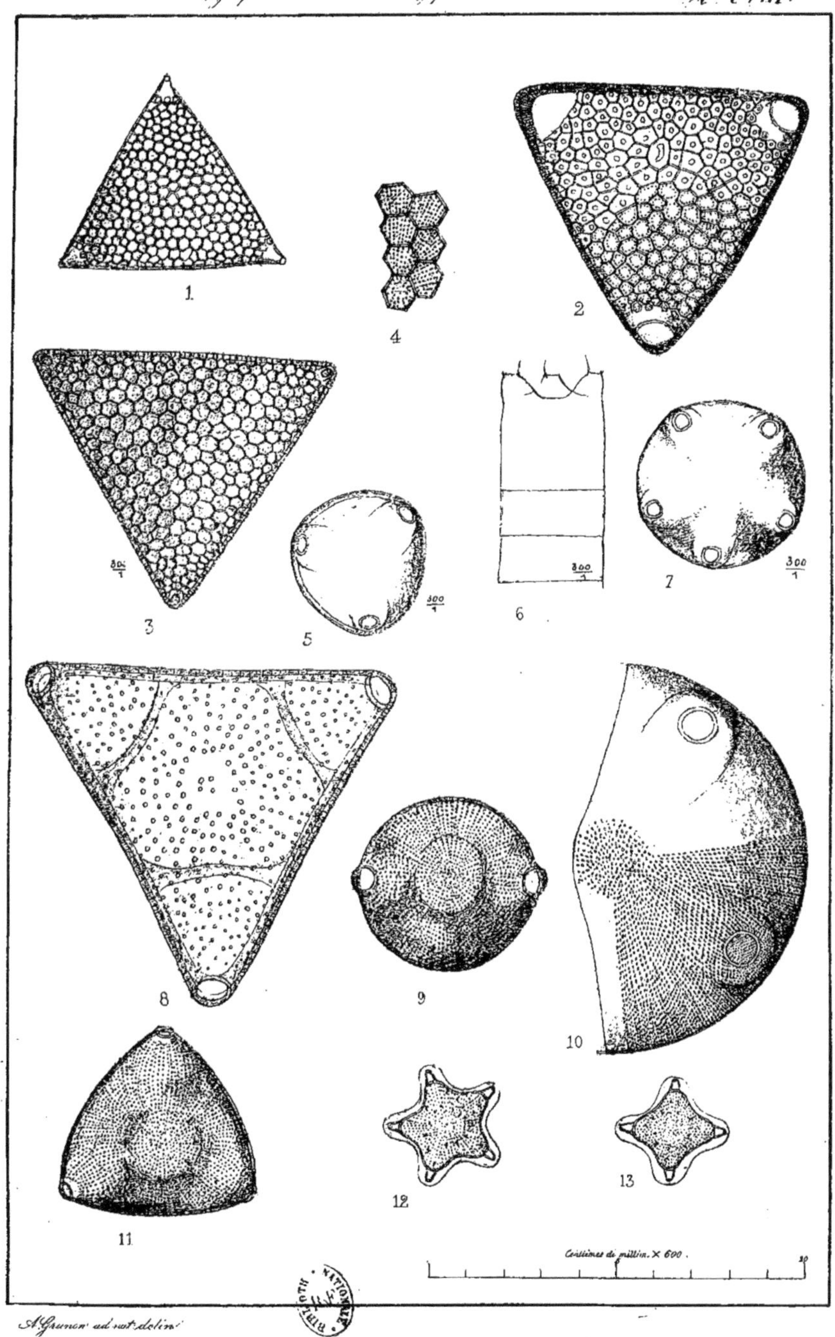

A. Grunow ad nat. delin.

PLANCHE CIX.

TRICERATIUM.

1. TR. (ODONTELLA) ELEGANS GREV. FORMA MAJOR. Sta Monica. *
2. TR. (LAMPRISCUS) GIBBOSUM BAILEY VAR CRENULATA GRUN. Iles Samoa. *
3. TR. (ODONTELLA) ELEGANS GREV. FORMA PUSILLA. Sta Monica. *
4-5. TR. (ODONTELLA) ANTEDILUVIANUM (*Ehr.*) (*Amphitetras. Ehr.*)
6. TR. (BIDDULPHIA) PUNCTATUM BRIGHTWELL, FORMA 5-GONA. Iles Seychelles. *
9. IDEM, FORMA 4-GONA MINUTA. Iles Seychelles. *
10. IDEM, FORMA 3-GONA MINUTA. Iles Seychelles. *
7. TR. (BIDDULPHIA) SCULPTUM SHADB. — Anvers, Escaut.
8. IDEM, ponctuation à $\frac{1000}{1}$

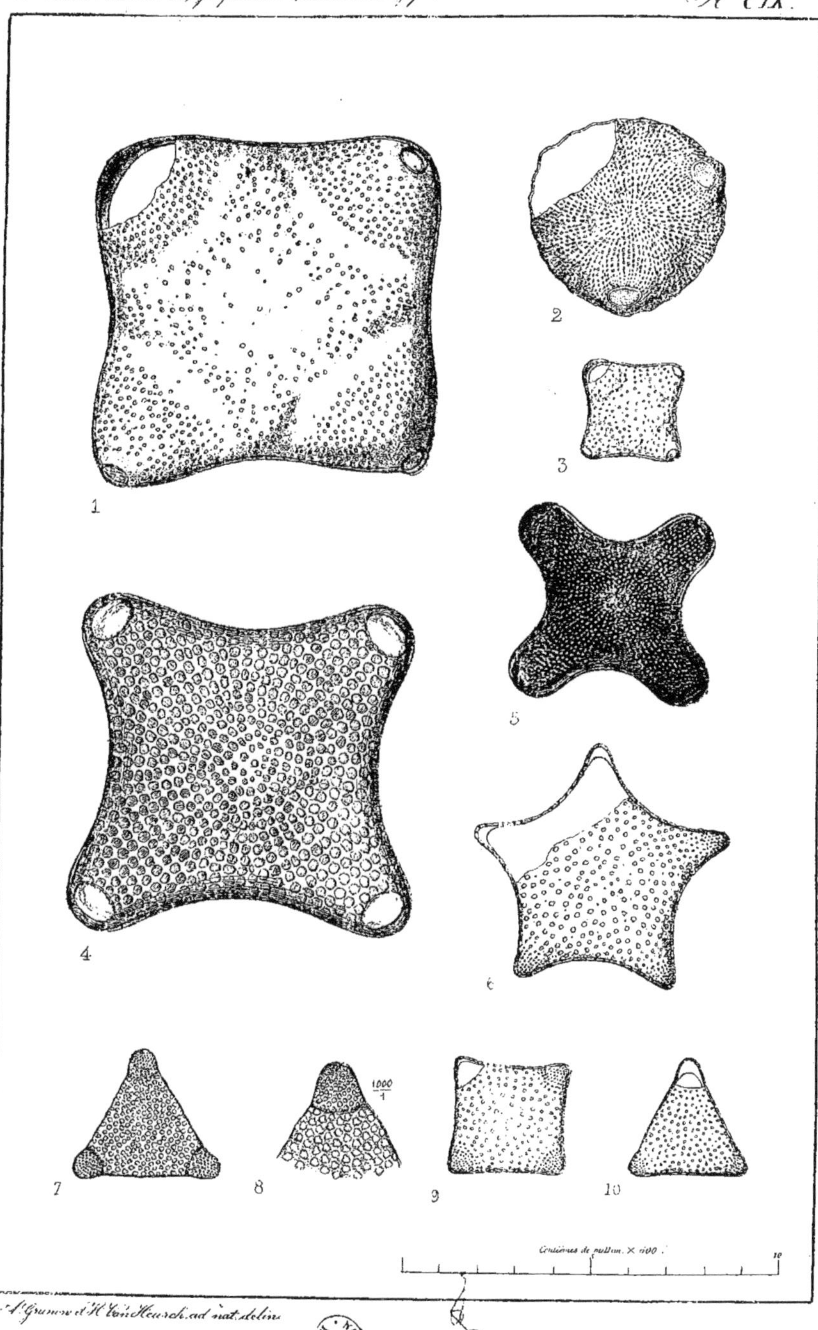

A. Grunow et H. Van Heurck, ad nat. delin.

PLANCHE CX.

TRICERATIUM.

1. TR. (BIDDULPHIA) SEYCHELLENSE GRUN. Iles Seychelles. *
2. TR. (BIDDULPHIA) INELEGANS GREV. VAR. ARAEOPORA. Dépôt de Sta Monica. *
3. TR. (BIDDULPHIA) INELEGANS GREV. VAR. MICROPORA GRUN. Dépôt de Sta Monica. *

4-5. TR. (BIDDULPHIA) INELEGANS GREV. VAR.? YUCATENSIS GRUN. Dépôt de Sta Monica. *

6. TR. (BIDDULPHIA) MORONENSE GREV. VAR. NICOBARICA GRUN. Dépôt de Nancoori, Iles Nicobares. *
7. TR. (BIDDULPHIA) REPLETUM GREV. VAR. BALEARICA GRUN. Iles Baléares. *
8. TR. (BIDDULPHIA) TRIPARTITUM GRUN. Baie de Campèche. *
9. TR. (PSEUDOSTICTODISCUS) EULENSTEINII GRUN. VAR IRREGULARIS GRUN. Dépot de Nancoori. *
10. TR. (BIDDULPHIA) FRAUENFELDII GRUN. St Paul dans la Mer du Sud. *
11. TR. (BIDDULPHIA) OBLIQUUM GRUN. Dépot de Sta Monica. *

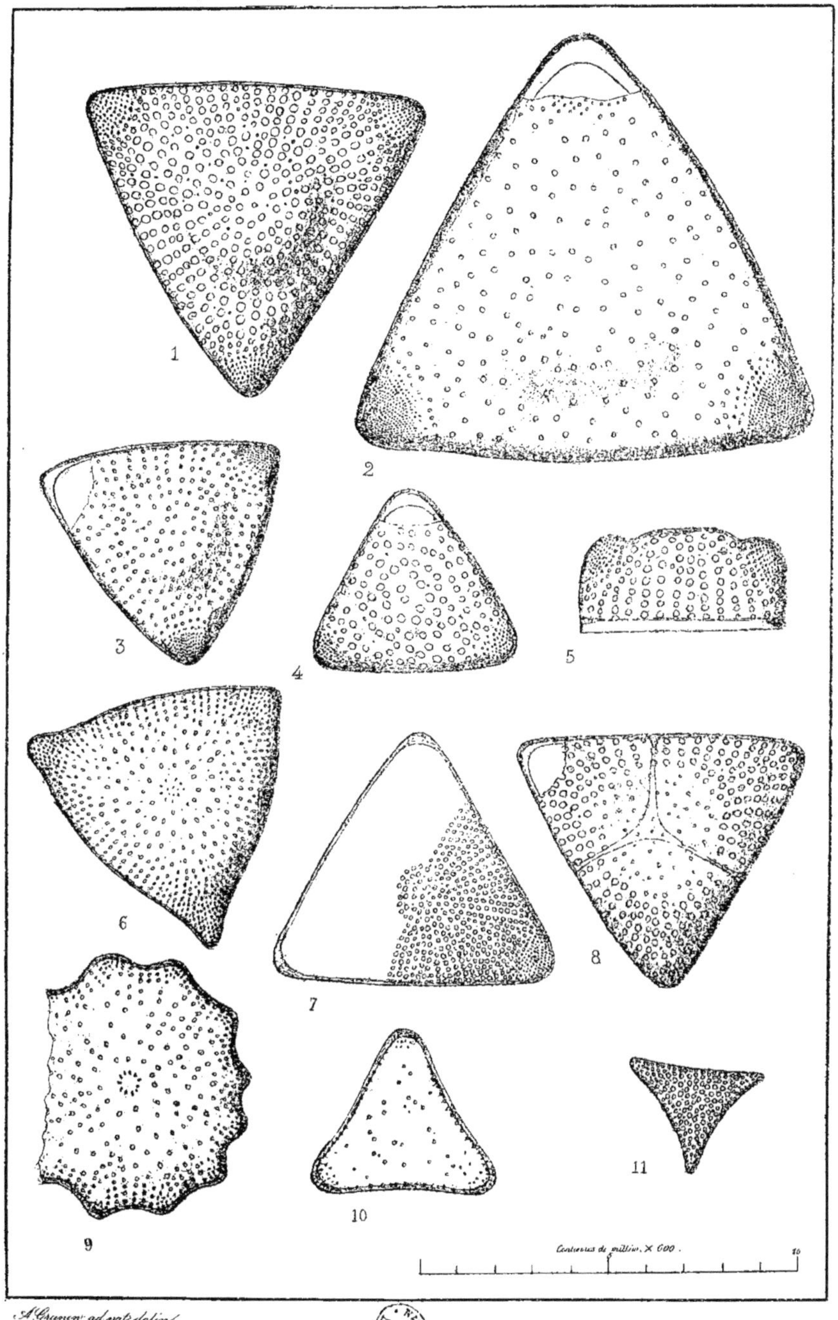

1

2

3

4

5

6

7

8

9

10

11

Centièmes de millim. × 600.

5 10

A. Grunow ad nat. delin.

PLANCHE CXI.

TRICERATIUM.

1. TR. (BIDDULPHIA?) PARALLELUM (*Ehrg.*) VAR. SPARSA. *
2-4-6. TR. PARALLELUM VAR. TRIGONA FORMA PARVA) *Triceratium obtusum Ehrg. partim?* Iles Gallopages. *
3. TR. PARALLELUM VAR. MADAGASCARENSIS GRUN. Madagascar. *
5. TR. PARALLELUM VAR. TRIGONA GRUN. FORMA. Iles Gallopages. *
7. TR. (BIDDULPHIA) INELEGANS GREV. VAR? NICOBARICA GRUN. Dépôt de Nancoori. *
8. TR. (BIDDULPHIA) SCULPTUM SHADBOLT VAR.? PETROPOLITANA GRUN. Dépôt de Petersburg, Virginie. *
9. TR. (PSEUDOCOSCINODISCUS?) LABYRINTHICUM GRÉVILLE. Dépôt de Chalky Mount, (*Barbados*). *
10. TR. (BIDDULPHIA) IRREGULARE GREV. VAR. HEBETATA GRUN. Dépôt de Petersburg, Virginie. *

Les appendices sont toujours inégalement devellopés.

Dr Henri Van Heurck, Synopsis des Diatomées de Belgique

Pl. CXI

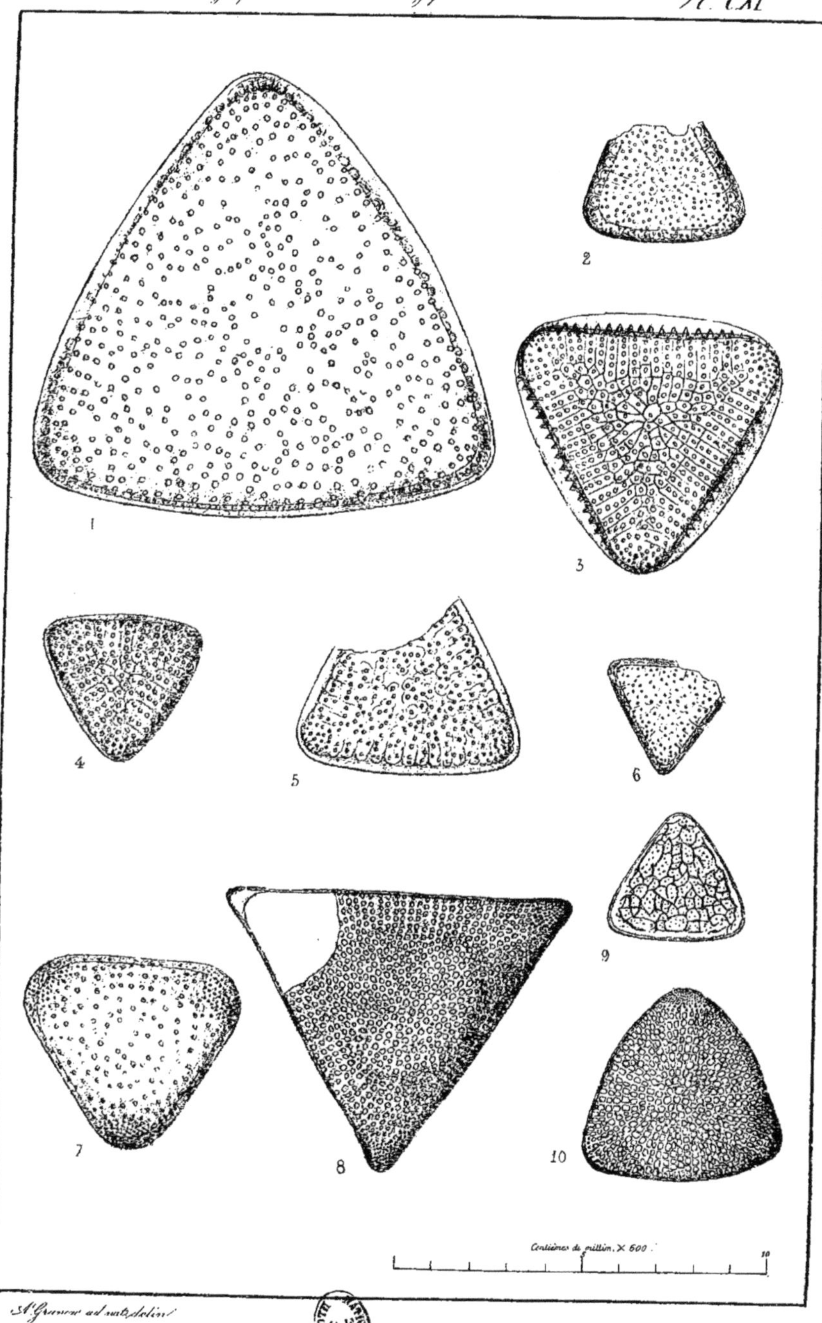

A. Grunow ad nat. delin.

PLANCHE CXII.

TRICERATIUM.

1. TR. (BIDDULPHIA BALAENA EHR. VAR.) ARCTICUM FORMA CAMPECHIANA GRUN. Baie de Campèche. *

2. TR. (BIDDULPHIA) HETEROPORUM GRUN. Dépôt de Santa Monica. *

3. TR. (PSEUDOCOSCINODISCUS) PILEATUM GRUN. Baie de Campèche.
   N'a pas ses angles prolongés en appendices et, vu sur la face de suture, ressemble à un chapeau plat. *

4. ENTOGONIA INOPINATA GRÉV. CAMBRIDGE. Dépôt de Cambridge, (*Barbados*). *

5. TR. (BIDDULPHIA) RADIOSO-RETICULATUM GRUN. Dépôt de Chalky Mount (*Barbados*). *
   Les aréoles sont finement ponctuées.

6. TR. (ODONTELLA ?) MAMMIFERUM GRUN.
   Provient d'une masse fossile d'origine inconnue trouvée flottante sur l'Elbe et communiquée par M. J. D. Möller.

7. IDEM, VAR MINOR, même origine. *

8. TR. (BIDDULPHIA) RADIATUM BRIGHTWELL. Dépôt de Chalky Mount (*Barbados*). *

9-10-11. TR. (BIDDULPHIA) HEIBERGII GRUN. (*Tric. maculatum Kitton.*) Dépôts de Nykjöbing et de Mors. **

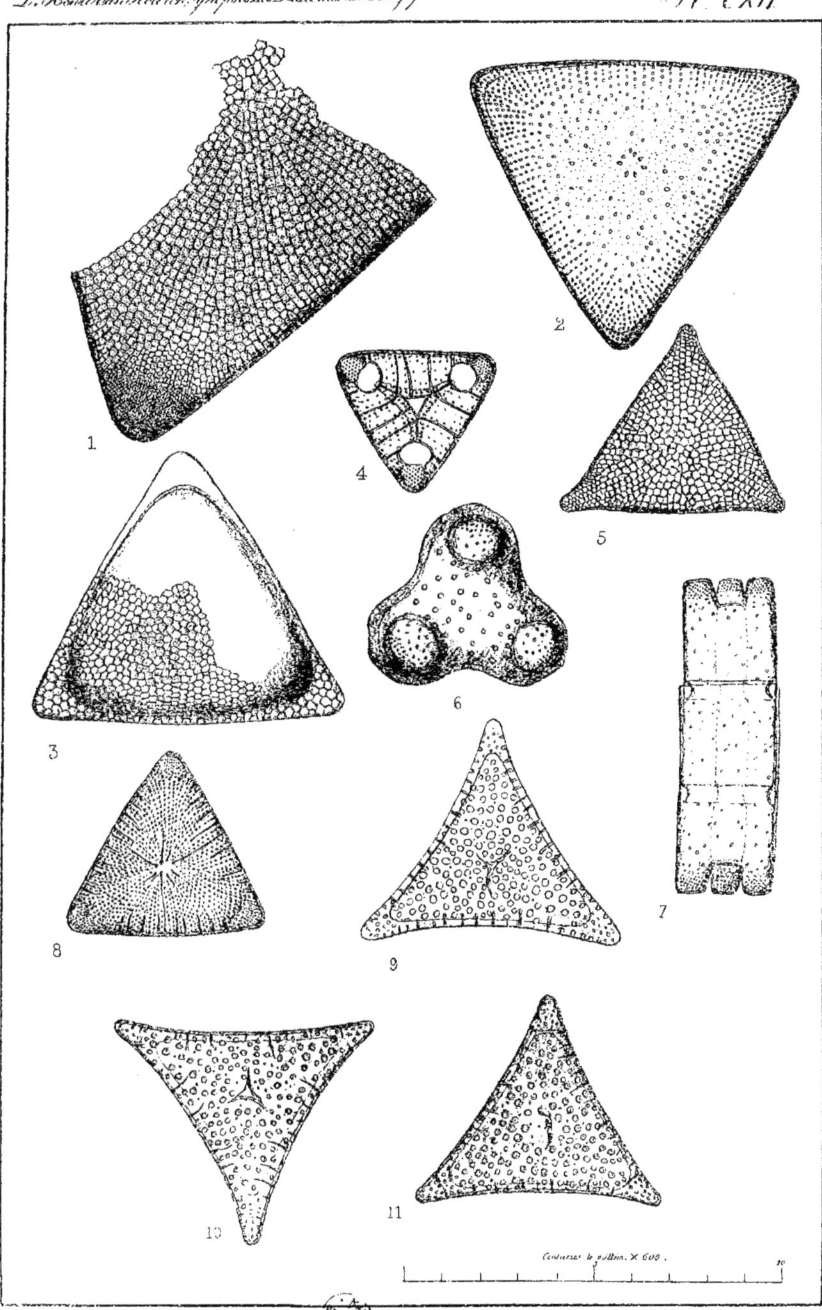
1
2
4
5
3
6
7
8
9
10
11
Centièmes de millim. × 600.
10

PLANCHE CXIII.

TRICERATIUM.

1-2. TR. (BIDDULPHIA) ABYSSORUM GRUN. *
Provenant d'un sondage fait par le bateau des États-Unis « Gettysburg » Lat. 34.25. Long. 69.42. Prodeur 2924 fathoms. Se trouve aussi fossile à Mors et à Limfjord.

3. TR. (BIDDULPHIA) VENOSUM BRIGHTWELL VAR. Dépôt de Chalky Mount (*Barbados*). *

4-7. TR. (BIDDULPHIA) ALTERNANS BAILEY VAR. Blanckenberghe.
Le *Triceratium variabile* Brightwell appartient à cette forme.

5. IDEM, détails à $\frac{1000}{1}$

6. TR. ALTERNANS BAILEY FORMA MINOR. Ile Bartholomée. *

8. TR. (BIDDULPHIA) DIVISUM GRUN. Dépôt de Chalky Mount (*Barbados*). *

9-11. TR. (BIDDULPHIA) NANCOORENSE GRUN. Dépôt de Nancoori. Iles Nicobares. *

10. TR. (BIDDULPHIA) PLICATUM GRUN. Dépôt de Chalky Mount (*Barbados*). *

12. TR. (NANCOORENSE VAR.?) ACUTANGULUM GRUN. Dépôt de Nancoori. *

13. TR. (HEMIAULUS?) QUINQUEGUTTATUM GRUN. Dépôt de Simbirsk, Siberie. *

14. TR. (HEMIAULUS ?) MESOLEIUM GRUN. Dépôt de Simbirsk. *

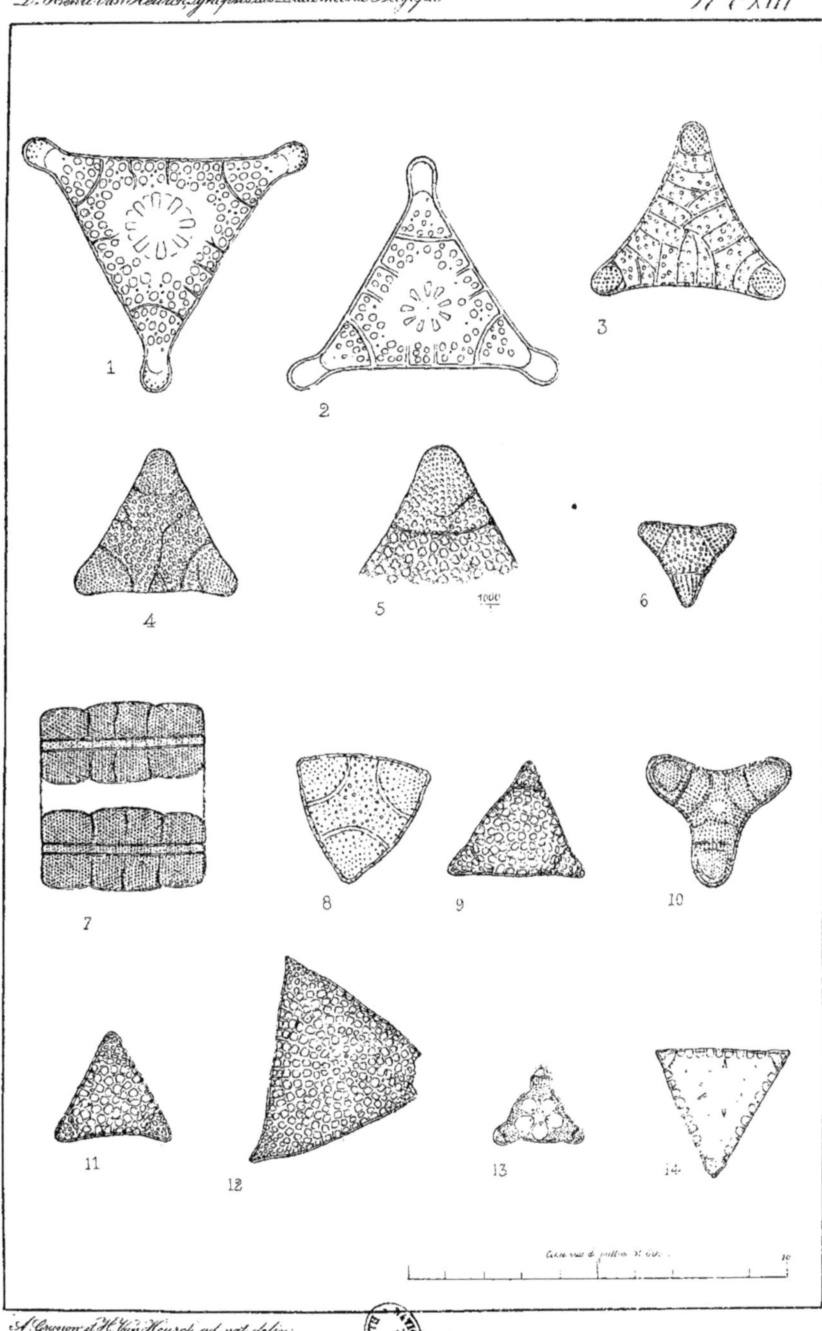

A. Grunow et H. Van Heurck ad. nat. delin.

PLANCHE CXIV.

TRICERATIUM.

1. TR. MALLEUS BRIGHTWELL VAR? TETRAGONA. Escaut à Anvers. $\frac{300}{1}$ *

Espèce insuffisamment connue.

2. TR. (DITYLIUM) INTRICATUM WEST. Blanckenberghe. *

3-5-6-7. TR. (DITYLIUM) BRIGHTWELLII WEST VAR. INAEQUALIS (*Bailey*) GRUN. (*Ditylium inaequale Bailey.*) St Paul dans la mer du Sud. **

4-8. TR. (DITYLIUM) BRIGHTWELLII WEST VAR. TETRAGONA. Blanckenberghe. *

9. TR. (DITYLIUM) BRIGHTWELLII WEST VAR. TRIGONA (*Ditylium trigonum Bailey*). Cuxhaven. *

11-11. TR. (ODONTELLA ?) LAEVE CLÈVE VAR. ANNULIFERA GRUN. Iles Galopages. *

Très reconnaissable par l'anneau de points plus gros situés à la partie médiane et les bandes de poils entre les appendices qui rappellent le *Tric. contortum*, le *Biddulphia Mobiliensis* et les *Ditylium*.

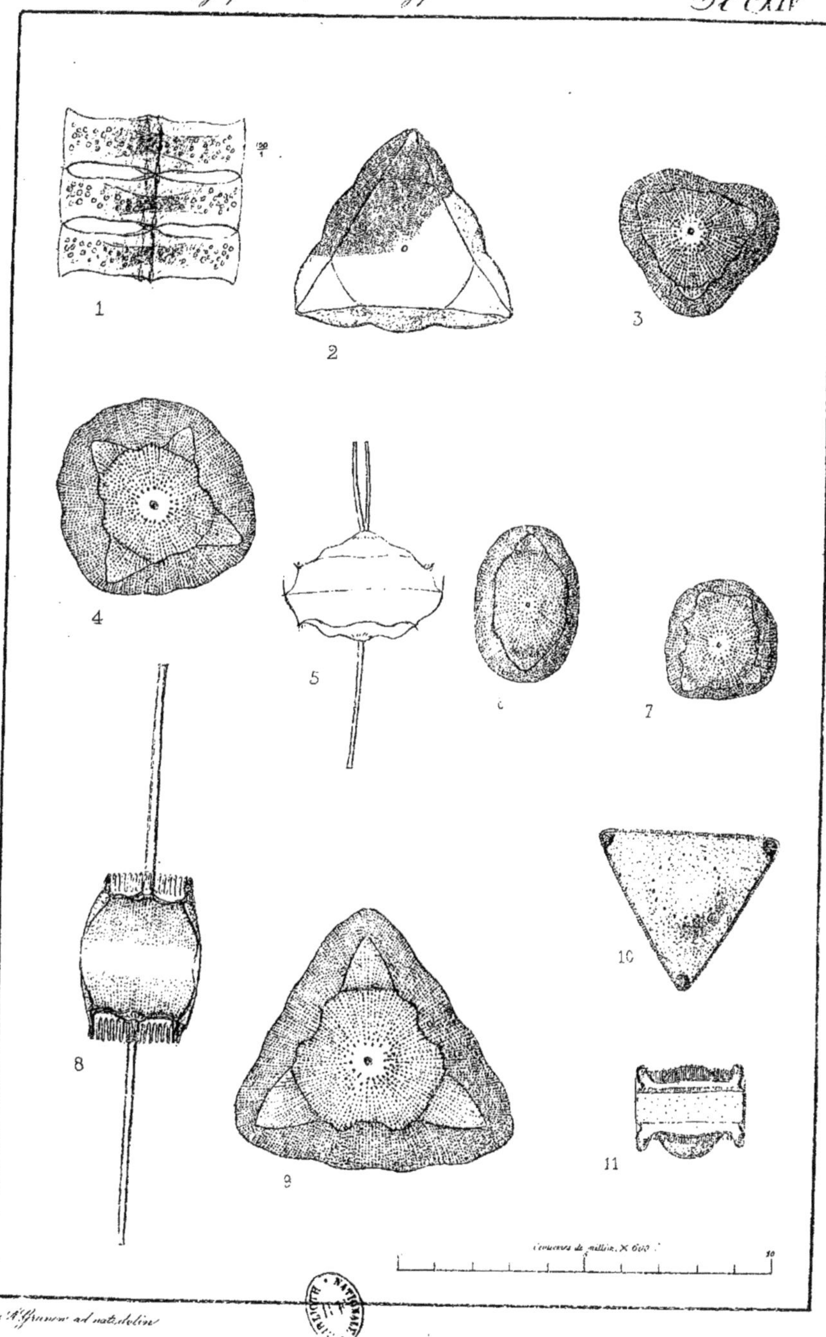

A. Grunow ad nat. delin.

PLANCHE CXV.

TRICERATIUM.

1-2. TR. (DITYLIUM) SOL. *(Autor ?)* Entre d'autres diatomées marines, Java. Chine. *

3-6. TR. *(Lithodesmium ?)* IMPRESSUM GRUN. Parmi d'autres diatomées marines de Java. $\frac{300}{1}$ **

4. IDEM $\frac{600}{1}$ *

Entre les valves *a a* se trouve une membrane celluleuse généralement non divisée mais parfois divisée imparfaitement et qui est analogue à celle du *Lithodesmium undulatum*. On ne trouve cependant pas les piquants robustes de cette dernière espèce mais qui sont représentés ici (voyez fig. 3 et 6) par des élévations du centre de la valve. On n'a pas encore trouvé des frustules complets.

5. IDEM à $\frac{600}{1}$ *

7-8. TR. (DITYLIUM ?) EHRENBERGII GRUN. *(Discoplea undulata Ehr.)* Dépôt de Nottingham. *

LITHODESMIUM.

9. L. CALIFORNICUM GRUN. Dépôt de S. Diego (Californie). *

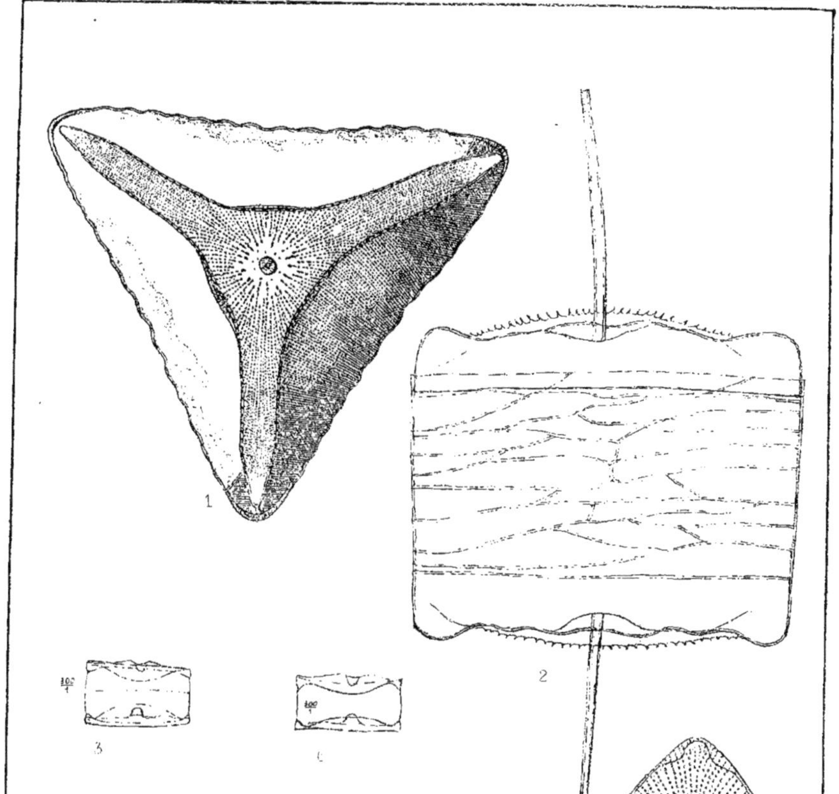

A. Grunow ad nat. delin.

PLANCHE CXVI.

LITHODESMIUM.

1-2-3-4. L. MINUSCULUM Grun. Dépôt de S. Diégo (Californie). *

5. IDEM.

Fragment d'une valve avec un fragment de la membrance celluleuse qui la recouvre extérieurement.*

6. IDEM forma major. Dépôt de Monterey Californie. *

TRICERATIUM.

7. TR. (Ditylium?) UNDULATUM Ehr. Dépôt de Nottingham. *

LITHODESMIUM.

8. L. UNDULATUM Ehrg. *

a a Zône suturale, *b b* valves, *c c* membrane celluleuse se trouvant entre les frustules et recouvrant les piquants.

9. IDEM Valve. *

10-11. IDEM de Blankenberghe.

12. IDEM var. minor Grun. Iles Barbades. *

Frustule entier avec zône connective allongée et divisée plusieurs fois, et, montrant aussi au bord des valves des fragments de la bande celluleuse.

TRICERATIUM.

13. TR. UNDULATUM Ehr. var? Petropolitana Grun. Dépôt de Petersburg (Virginie.) *

FRAGILARIA.

14. FR. PARASITICA *(Sm.)* var. trigona Grun. *(Triceratium exiguum W. Smith.)* Ormesby. *

RHAPHONEIS.

15. RH. AMPHICEROS var. trigona Grun. Iles Seychelles. *

16. IDEM var. tetragona Grun. (*Triceratium cruciferum Kitton.*) Iles Seychelles. *

17. RH. AMPHICEROS Ehrg. forma minor. Iles Seychelles. *

Dr. Henri Van Heurck, Synopsis des Diatomées de Belgique

Pl. CXVI

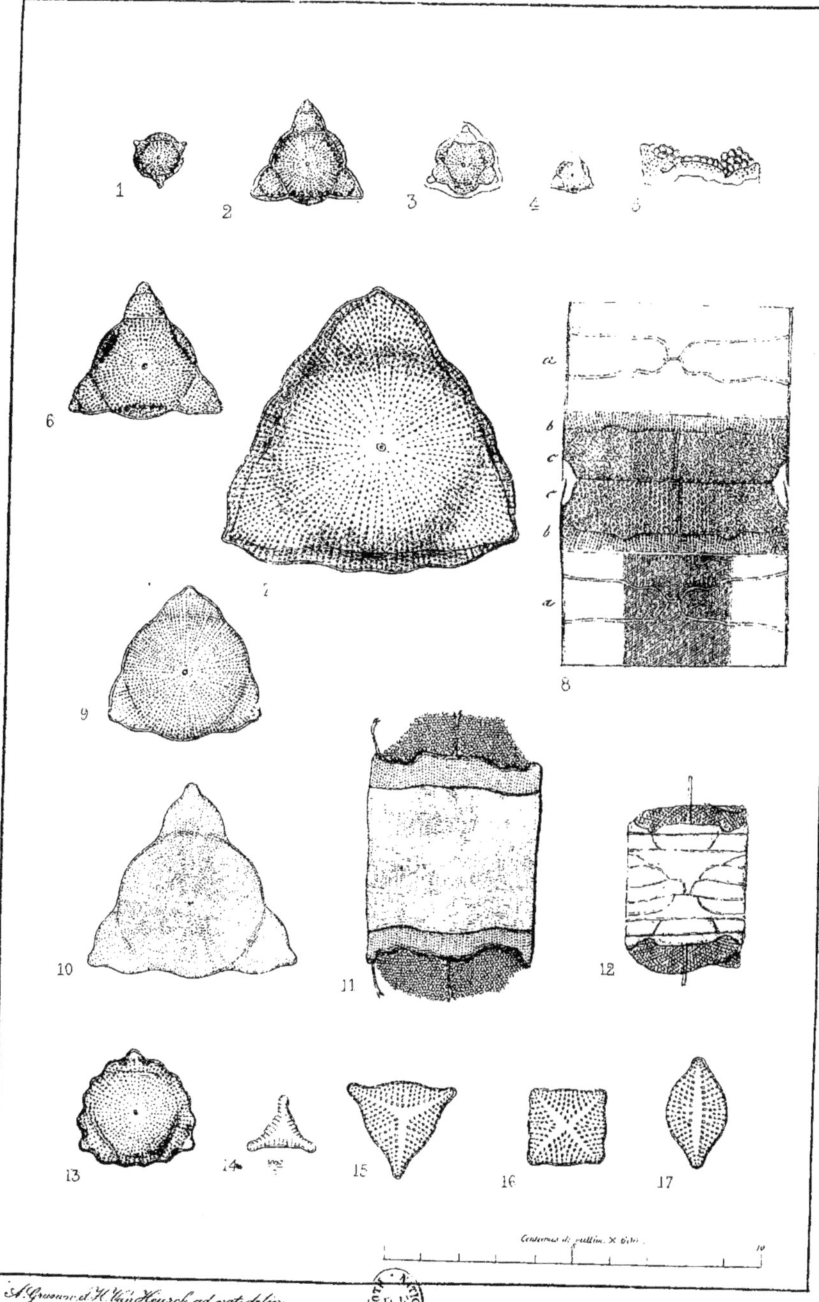

A. Grunow et H. Van Heurck ad nat. delin.

PLANCHE CXVII.

AULISCUS.

1-2. A. SCULPTUS (*W. Smith.*) Ralfs.

EUPODISCUS.

3-4-5-6. E. ARGUS Ehrg. Blankenberghe.

Fig. 4 et 6 photographies de M. Ravet.

Note. La structure de l'Eupodiscus Argus est assez difficile à comprendre. La valve se compose en réalité d'une couche supérieure celluleuse à grandes mailles et d'une couche inférieure portant des séries radiantes de ponctuations. Il est très rare de trouver ces couches séparées toutefois l'auteur a pu préparer des fragments isolés de ces couches dans une recolte de Blanckenberghe et a reçu dernièrement de M. Ch. Stodder, de Boston, une préparation de Tampa Bay (Floride) où ces deux couches étaient isolées sur une grande partie de la valve. (H. Van Heurck.)

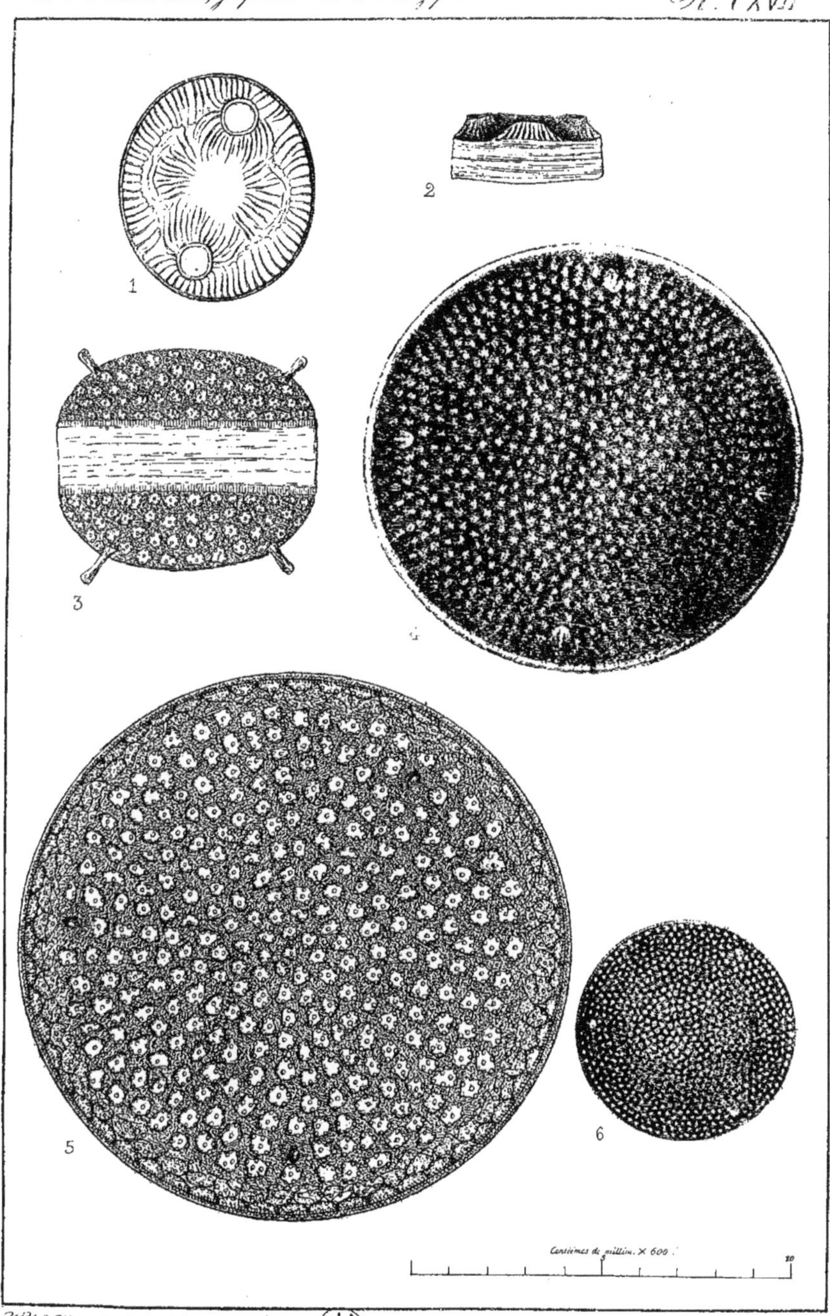

F. H. Van Heurck ad nat. delin.

PLANCHE CXVIII.

EUPODISCUS.

1-2. E. RADIATUS Bailey.

GLYPHODISCUS.

3. G. STELLATUS Greville var. major Grun. Dépôt de Sta Monica.*

Pour éviter la confusion on a dessiné sur des endroits séparés de la valve les mailles qui vers le centre passent à l'état de côtes dichotomes et les séries de ponctuations interrompues.

ACTINOCYCLUS ?

4. A. (gen. nov?) STICTODISCUS Grun. (*Stictodiscus appendiculatus Grun. olim.*) Java.*

N'a qu'un seul ocelle.

PODOSIRA ?

5. P. (genus novum microspodiscus Grun.?) OLIVERIANA (*O Meara*) Grun. (*Actinocyclus Oliverianus O Meara*). *

Terre de Kerguelen. Ne diffère des Podosira que par le petit appendice mais qui existe aussi dans plusieurs Coscinodiscus.

ROPERIA.

6. R. TESSELATA Grun. (*Eupodiscus tesselatus Roper*). Hull. *

Ne peut être réuni aux Eupodiscus à cause de sa structure, qui s'approche de celle des Euodiées.

7. IDEM, détails de structure à $\frac{1000}{1}$ * Dans diverses mises-à-point.

EUPODISCUS.

8. E. (trioculatus var?) CALIFORNICUS Grun. Golfe de Californie. *

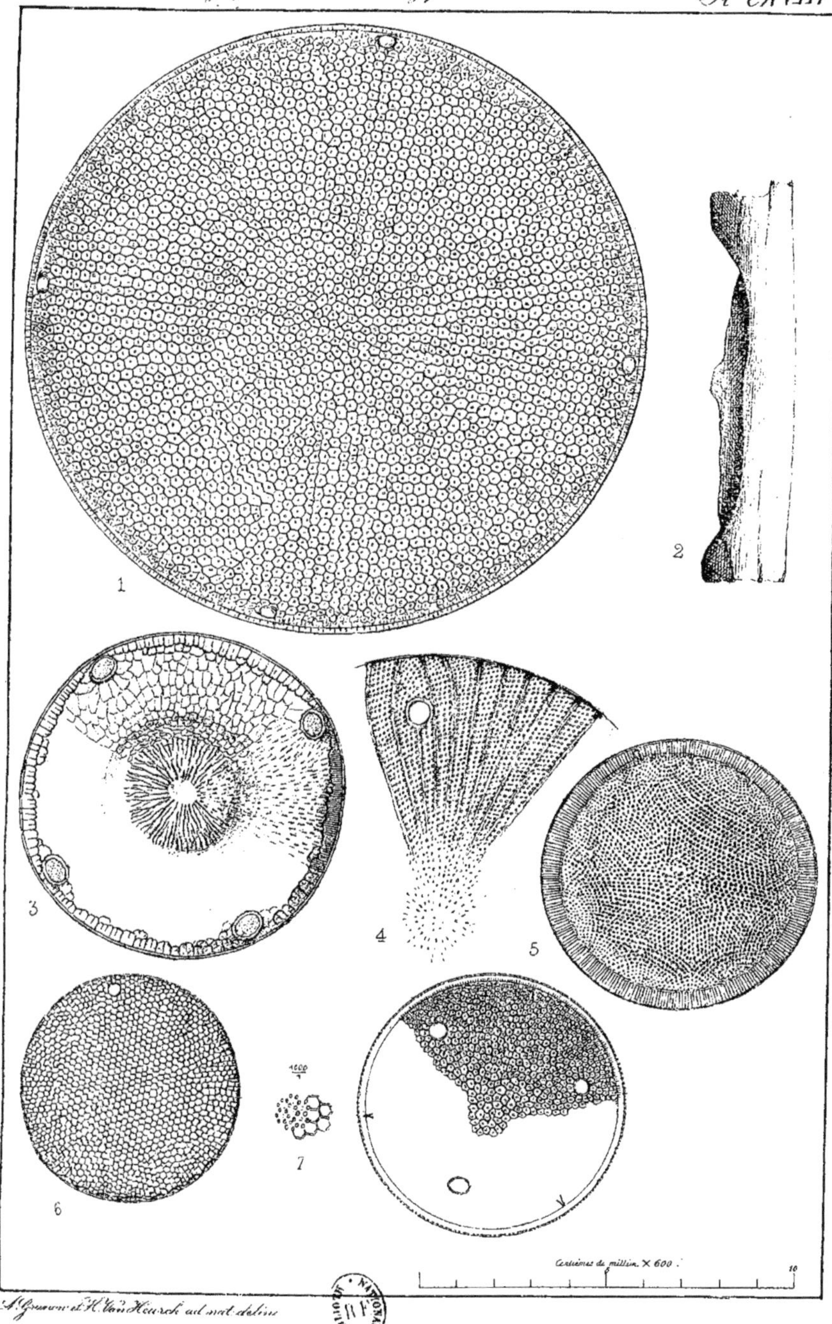

A. Grunow et H. Van Heurck ad nat. delin.

PLANCHE CXIX.

ACTINOPTYCHUS.

1-2. A. SPLENDENS (*Shadbolt*) Ralfs. (*Actinosphaenia Shadbolt*). Escaut à Anvers.

2 valve vue de biais pour montrer les élévations. Comparer planche 122. B. Fig. 14.

3. A. SPLENDENS VAR. HALIONYX GRUN. (*A. Halionyx Grun. Halionyx spec. Ehrg?*) Photographie de M. Ravet.

4. A. SPENDENS (*Shadb.*) Ralfs. Finistère. *

Dans cette figure et dans celles des planches suivantes on n'a représenté que deux des compartiments montrant la grosse structure celluleuse et deux autres qui montrent la fine ponctuation. Lorsque la grosse structure celluleuse n'est pas apparente on s'est contenté de représenter deux compartiments avec la fine ponctuation.

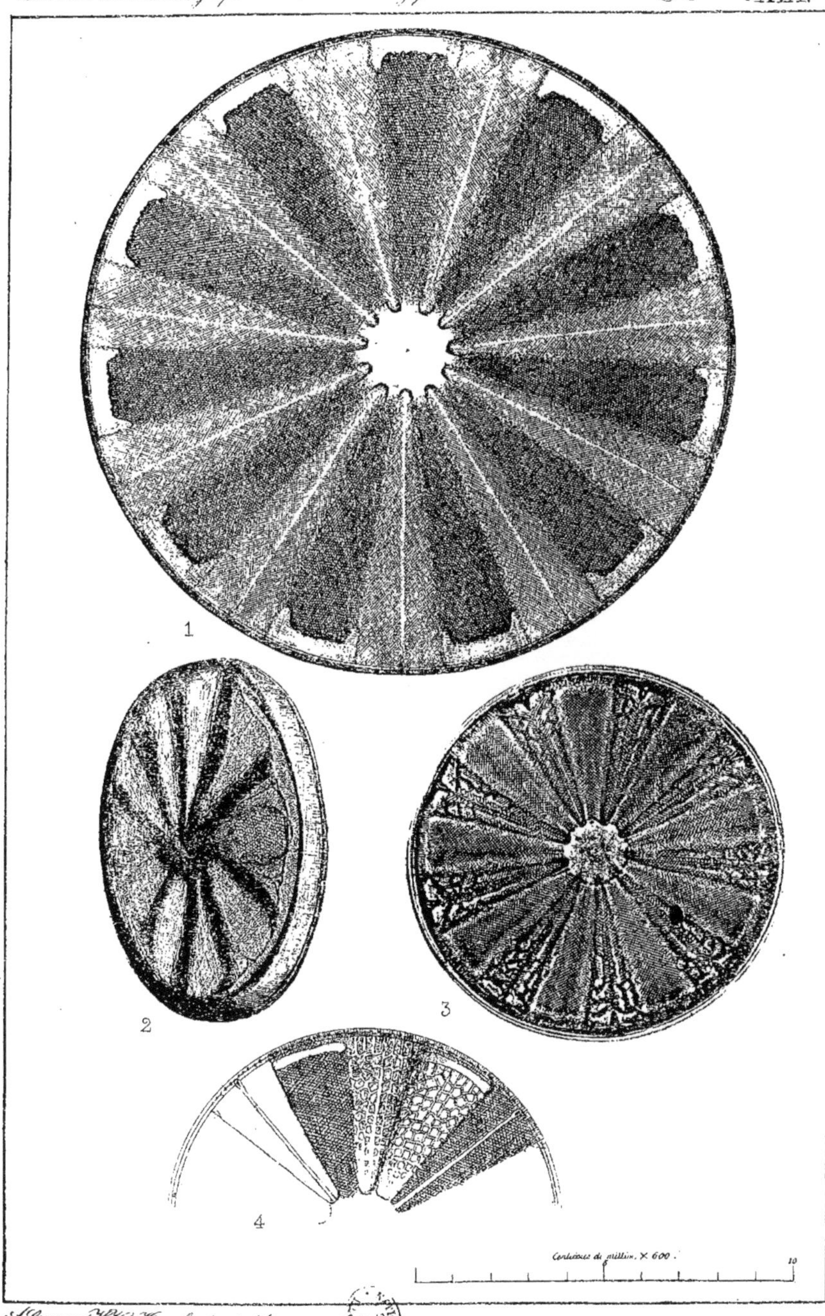

A. Grunow et H. Van Heurck ad nat. delin.

PLANCHE CXX.

ACTINOPTHYCHUS.

1. A. SPLENDENS VAR. CALIFORNICA GRUN. Dépôt de Sta Monica. *
2. A. SPLENDENS VAR. CRUCIFERA GRUN. Californie. Fossile. *
3. A. SPLENDENS VAR. HALIONYX GRUN. Guano du Perou. *
5. IDEM de Lagos. *
4. A. SPLENDENS VAR. NICOBARICA GRUN. Dépôt de Nancoori. *
6. A. (SPLENDENS VAR ?) GLABRATUS GRUN. Dépôt de Sta Monica.
   Ne montre pas de deuxième couche valvaire.
7. A. GLABRATUS VAR. MONTEREYI GRUN. Dépôt de Monterey. *
8. A. GLABRATUS VAR. INCISA GRUN. Dépôt de Sta Monica. *
9. A. GLABRATUS VAR. ANGELORUM GRUN. Dépôt de Sta Monica. *

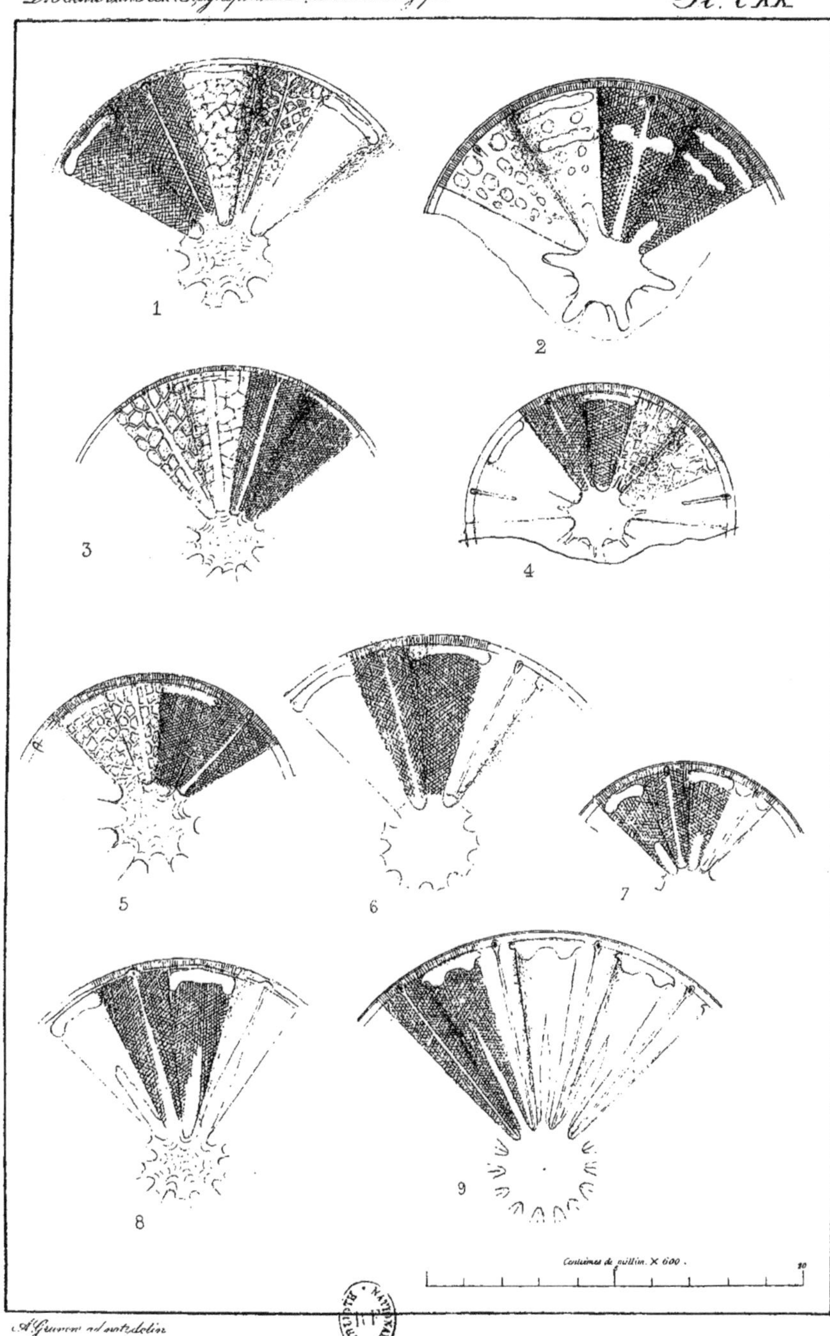

A. Grunow ad nat. delin.

PLANCHE CXXI.

ACTINOPTYCHUS.

1. A. CAPENSIS GRUN. Afrique mérid. Guano. *
2. A. ADRIATICUS VAR. BALEARICA GRUN. Iles Baléares. *

   Le lignes médianes des compartiments convexes n'atteignent pas l'ombilic.

3. A. ADRIATICUS VAR? PUMILA GRUN. Lesina, Mer Adriatique.

   Se distingue de l'*A. Adriaticus* par l'absence des lignes médianes et ne peut non plus être reuni à l'*A. vulgaris*.

4. A. ADRIATICUS GRUN. Mer Adriatique et méditerrannée. *

5-6. A. (VULGARIS VAR?) SPINIFERUS GRUN. Dépôt de Sta Monica. *

7. A. VULGARIS SCHUMANN. VAR. VIRGINICA GRUN. Dépôt de Richmond.*
8. A. VULGARIS VAR. AUSTRALIS GRUN. Australie septentrionale. *
9. A. VULGARIS VAR. MONICAE GRUN. Dépôt de Sta Monica. *

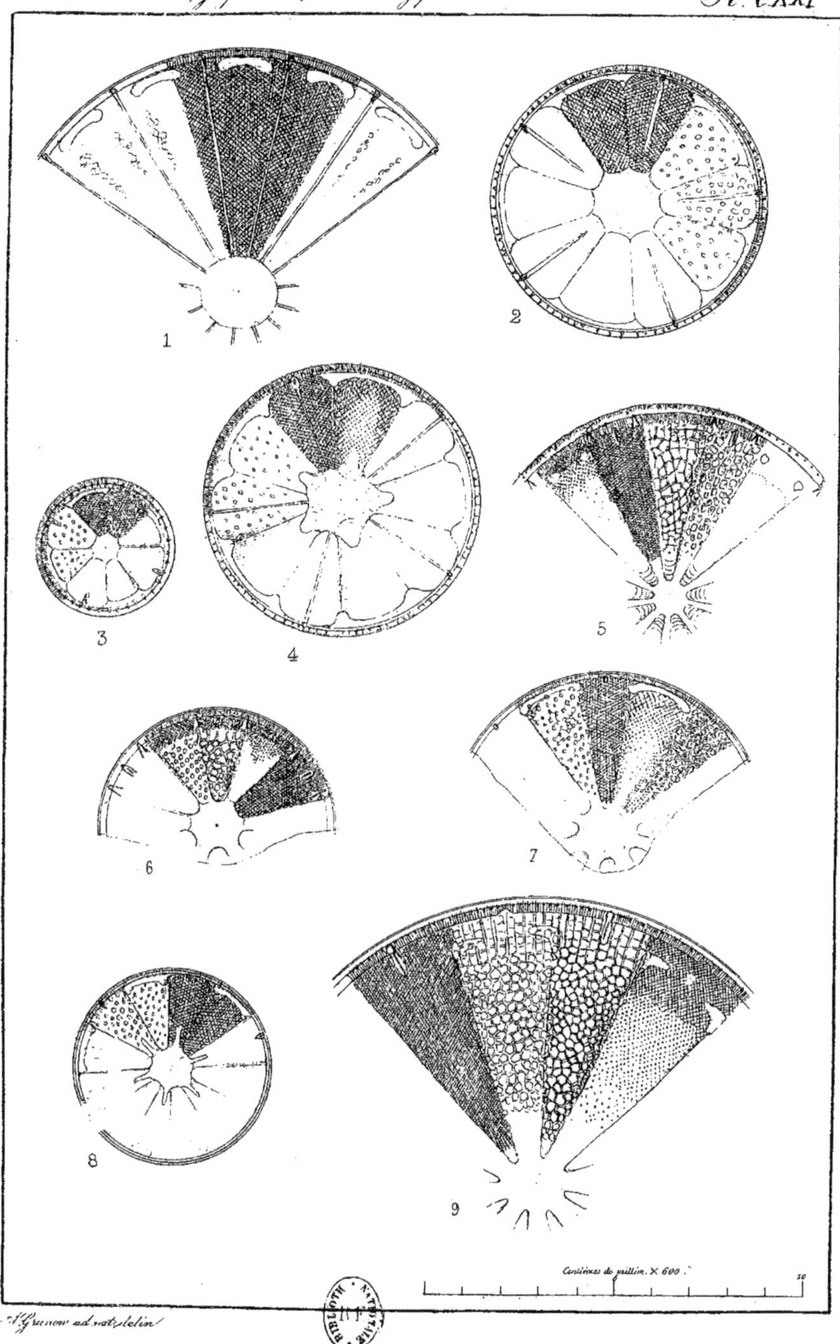

A. Grunow ad. nat. delin.

PLANCHE CXXII.

ACTINOPTYCHUS.

1. A. UNDULATUS Ehr.
2. A. UNDULATUS var. microsticta Grun. forma sexappendiculata (*Omphalopelta areolata Ehrg.*) Guano du Perou. *

   On rencontre des valves ayant six appendices et d'autres qui n'en ont que trois, et cela souvent dans le même frustule.
3. A. UNDULATUS Ehr. Dépôt de Richmond. *
4. A. UNDULATUS var. microsticta Grun. Guano du Perou. *
5. A. RADIOLATUS Grun. Dépôt de Chalky Mount (*Barbados*). *
6. A. JANISCHII Grun. (*Halionyx viccnarius* (*Ehr?*) *Janisch*). Guano du Perou. *

   Se distingue de toutes les autres espèces du g nre en ce que la valve a toute juste moitié autant d'ondulations que de divisions, de façon qu'une élévation n'est suivie d'une autre élévation que près du deuxième appendice suivant. Une espèce analogue mais plus petite est l'*A. Mölleri* d'Adelaïde qui se distingue en outre par sa structure plus délicate et l'absence d'une ligne mediane.
7. A. LAEVIGATUS Grun. Dépôt de Monterey. *

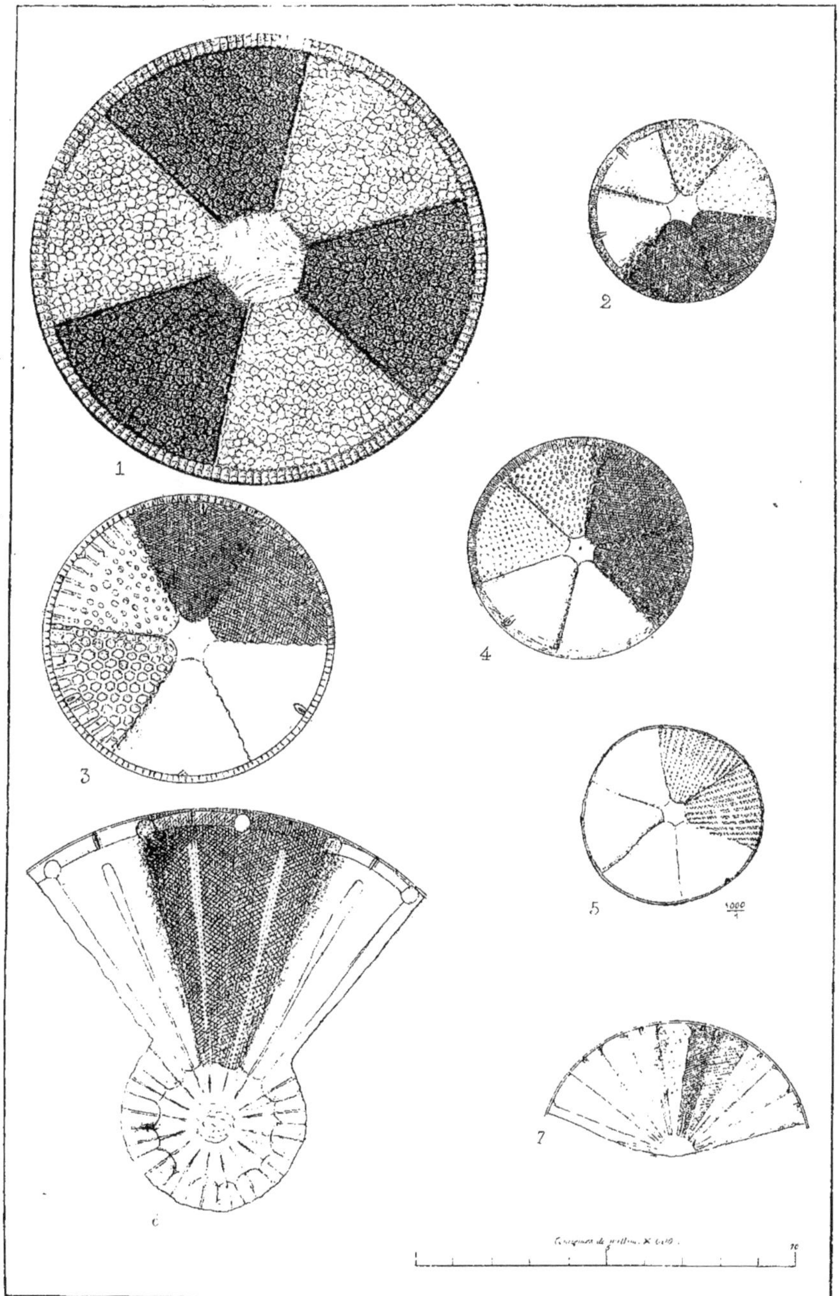
1
2
3
4
5
1000/1
6
7
5
10

A. Grunow et H. Van Heurck ad. nat. delin.

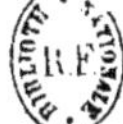

PLANCHE CXXIII.

ACTINOPTYCHUS.

1. A. PELLUCIDUS Grun. Guano du Perou. Le bord manque. *
2. A. HISPIDUS Grun. Guano du Perou.*

   Nettement caracterisé par ses compartiments élevés etroits et par ses épines.
3. A. HELIOPELTA Grun. *(Heliopelta species omnes Ehr.)* Dépôt de Nottingham. *

POLYMYXUS.

4. P. CORONALIS Bailey. Embouchure du Fleuve des Amazônes. *
5. A? PULCHELLUS Grun. Dépôt de Sta Monica. *

ACTINOCYCLUS.

6. A. RALFSII W. Smith. (*Eulenstein type* 114.)
7. A. EHRENBERGII Ralfs, Photographie de M. Ravet.

Dr. Henri Van Heurck, Synopsis des Diatomées de Belgique. Pl. CXXIII

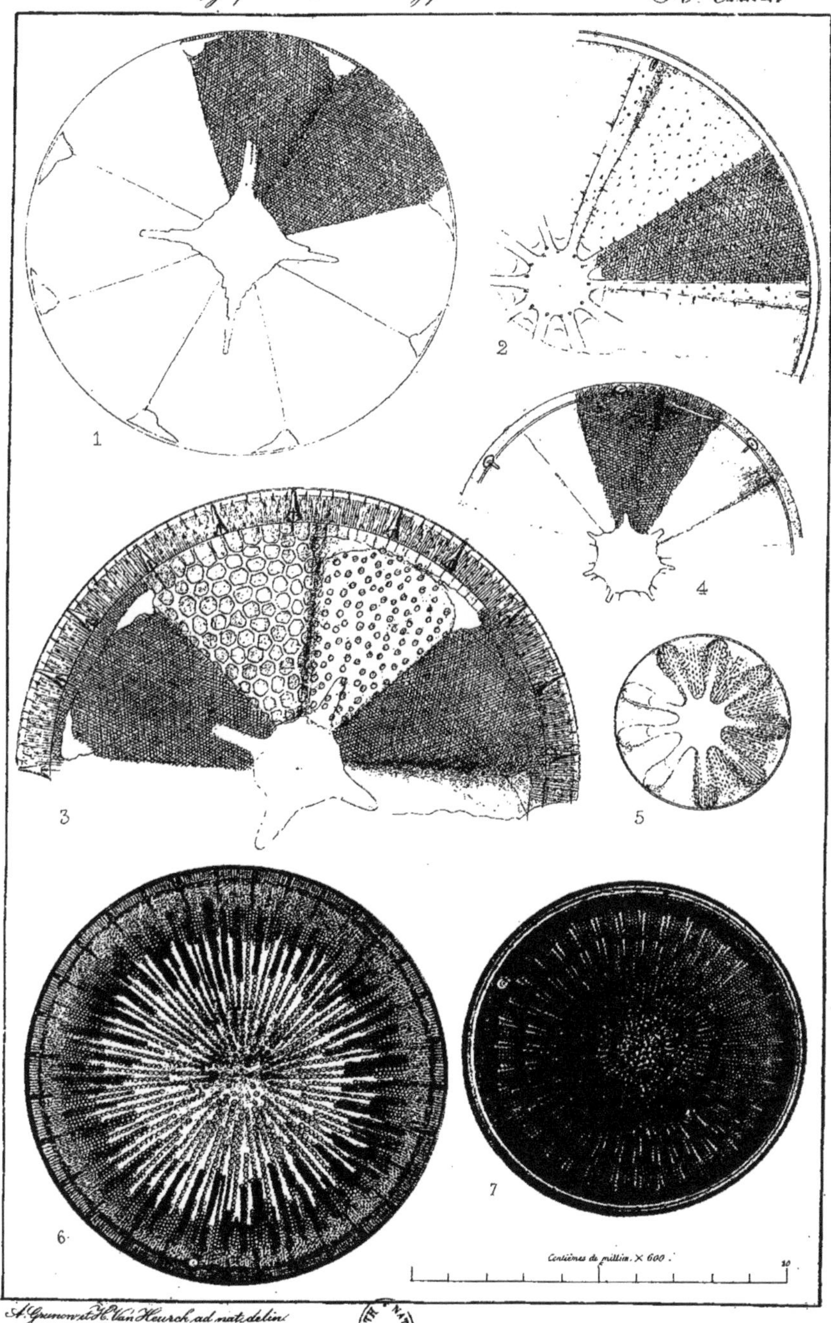

A. Grunow et H. Van Heurck ad. nat. delin.

PLANCHE CXXIV.

ACTINOCYCLUS.

1. A. RALFSII var. Samoensis Grun. Iles Samoa.*
2. A. RALFSII var. Australiensis Grun. forma minor. Australie mérid.*
4. IDEM forma major. Australie mérid. *
3. A. RALFSII var. Monicae Grun. Dépôt de Sta Monica. *

Comme l'indique le dessin, la ponctuation est très différente suivant les mises-à-point.

5. A. EHRENBERGII var. intermedia Grun. Dépôt de Sta Monica. *

Etablit la transition à l'*A. tenuissimus Clève* par sa ponctuation rapprochée (12 séries en 0.01 mm.)

8. A. CRASSUS W. Smith. (*Type de W. Smith*, *n*° 41.)
6. IDEM détails à $\frac{1000}{1}$
7. A. SUBTILIS (*Gregory*) Ralfs. (*Eupodiscus Gregory*. (*Eulenst. type* 113.)
9. A. MONILIFORMIS Ralfs (*A. semiocellatus Schumann?*) Dépôt de Caltanisetta.*

Nodule souvent indistinct. Espèce difficilement séparable de l'*A. Erhenbergii*.

10. A. ELLIPTICUS Grun. Dépôt de Richmond, Virginie. *
11. A. OVALIS Norman. Iles Samoa.*
12. A. BARKLEYI (*Ehrg*). Grun. (*Coscinodiscus Ehr.*) Dépôt de Yarra-Yarra. *

Nodule très petit et très rapproché du bord. Le *Coscinodiscus fuscus* de Norman doit probablement se rapporter à ce type.

ACTINOPTYCHUS.

13. A. (genus novum?) ANNULATUS var? minor Grun. Mer du Sud. *
14. A. (genus novum?) ANNULATUS (*Wallich*) Grun. (*Triceratium annulatum Wallich. Tr. Sinence Schwartz*). Nimrod Sound, Chine. *

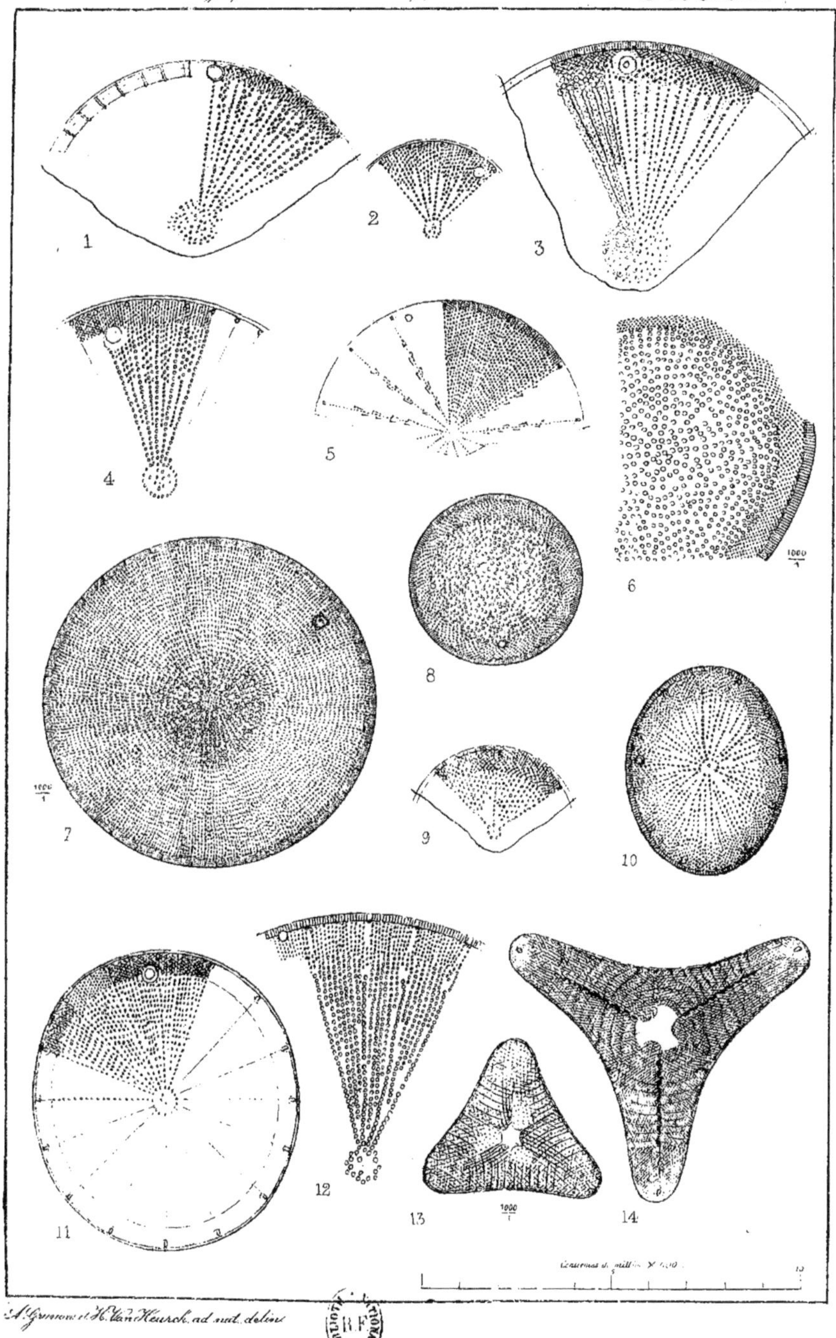

A. Grunow et H. Van Heurck, ad nat. delin.

PLANCHE CXXV.

ACTINOCYCLUS.

1. A. EHRENBERGII RALFS. VAR. (*A. Janischii Schumann.*) Dépôt de Sta Monica, Californie. *
2. A. TENUISSIMUS CLÈVE. Barbados. (*Clève et Möller Diat. n° 121*).*

Probablement identique avec l'*A. fulvus* (W Sm.) Ralfs. Se lie à l'*A Ehrenbergii* par des variétés intermédiaires.

3. A. TENUISSIMUS VAR. AUTRALIENSIS GRUN. Australie mérid. *
4. A? INCERTUS GRUN. Dépôt de Sta Monica. *

Nodule indistinct et couvert de petites ponctuations. Les détails de la structure sont dessinés à diverses mises-à-point.

5. A. ROPERII (*Bréb.*) GRUN. (*Coscinodiscus ovalis Roper, Eupodiscus Roperii Bréb. Actinocyclus ovalis Grun.* (*nec Norman*) *in Clève et Möller Diat. n°* 222) Carteret. *
6. IDEM Structure à $\frac{1000}{1}$ *

7-8. A. AUSTRALIS GRUN. Provenant de *Salpa* de la Mer du Sud. *

9. A. SUBTILIS (*Gregory*) RALFS FORMA MINOR, Spalato. *

11. IDEM FORMA MAJOR. Plymouth. *

10. A? ALIENUS GRUN. VAR. CALIFORNICA GRUN. Dépôt de Sta Monica. *

12. IDEM VAR. ARCTICA GRUN. Cap Wankarema, Siberie septent.*

15. A? ELONGATUS GRUN. *

Provenant d'un sondage fait à bord de la *Gazelle*, dans la Mer du Sud à une profondeur de 2981 mètres. Possède de petites epines et un très petit nodule. Atteint jusqu'à 0,125 mm. de long tout en conservant la mêmes largeur.

17. IDEM VAR. DUBIA GRUN. *

Forme analogue sans nodule distinct, provenant de la recolte fossile d'origine inconnue mentionnée Pl. 112 fig. 6.

16. IDEM deux frustule réunis. $\frac{300}{1}$*

COSMIODISCUS.

13. C. TENUIS GRUN. Dépôt de Monterey. *

COSCINODISCUS.

14. C (?) ELONGATUS GRUN. Guano de Mejillones. *

Dans cette forme on trouve aux extremités de la valve un point plus marqué que les autres.

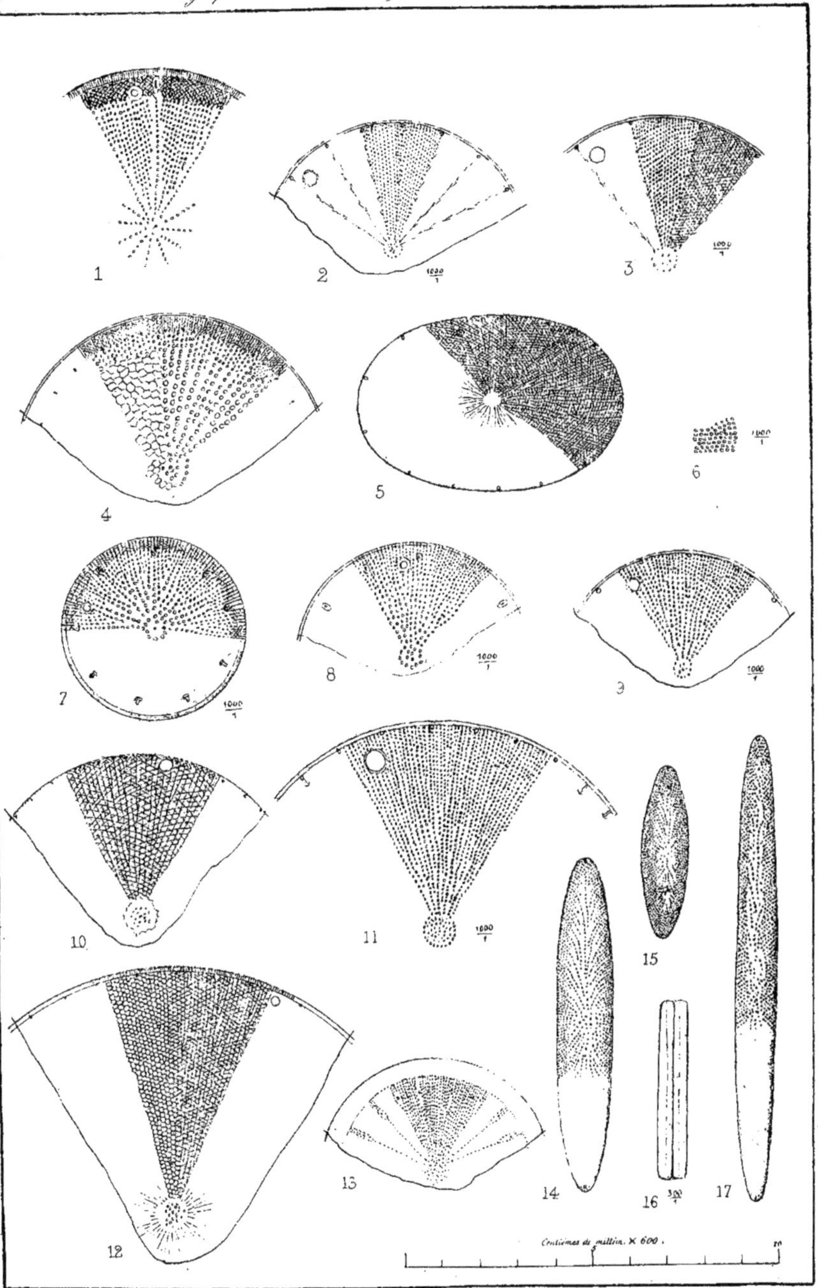

1 2 $\frac{1000}{1}$ 3 $\frac{1000}{1}$

4 5 6 $\frac{1000}{1}$

7 $\frac{1000}{1}$ 8 $\frac{1000}{1}$ 9 $\frac{1000}{1}$

10 11 $\frac{1000}{1}$ 15

12 13 14 16 $\frac{300}{1}$ 17

Centièmes de millim. × 600.

5 10

A. Grunow ad nat. delin.

PLANCHE CXXVI.

CESTODISCUS.

1. C. (GENUS NOVUM)? CINNAMOMEUS (*Grev.*) GRUN. (*Triceratium cinnamomeum Greville.*) Dépôt de Nancoori, Dépôt de Moron, Mer du Sud, Baie de Campèche. *

On trouve une forme quadrangulaire dans le dépôt de Naparima ; les épines du bord sont souvent très petites, parfois à peine visibles.

2. IDEM VAR. MINOR GRUN. Provenant du *Salpa spinosa* de la Mer du Sud. $\frac{1000}{1}$ *
3. C. (PULCHELLUS VAR?) HIRTULUS GRUN. Dépôt de Naparima, Trinité. *
4. C. (PULCHELLUS VAR.) TRINITATIS GRUN. Dépôt de Naparima. *
8. C. PROTEUS HARTMANN mspt. Trinité. *

EUNOTOGRAMMA.

5. E. PRODUCTA GRUN. Dépôt de Simbirsk, Siberie. *
6-7-9. E. LAEVIS GRUN. Caroline du Nord, Floride. **
10. E. VARIABILIS GRUN. VAR. SEPTEMLOCULARIS. (*Ehr.*) GRUN. (*E. septemlocularis Ehr.*) Dépôt de Simbirsk. *
11-12. E. VARIABILIS VAR. QUINQUELOCULARIS (*Ehr.*) GRUN. (*E. quinquelocularis Ehr.*) Dépôt de Simbirsk. *
14. E. FRAUENFELDII GRUN. (*Euodia Grun. olim.*) Golfe de Carpentaria, Pernambuco etc. *
15. E. LAEVIS GRUN. Floride. *
17. E.? DEBILIS GRUN. Baie de Campèche. *
18. IDEM de l'Ile Bartolomée. *
19. IDEM d'Ostende (Belgique.) *

EUODIA.

13. E. (GENUS NOVUM?) WEISSFLOGII GRUN. Bouche de Roquelle, Sierra Leone, Bengale, Chine, Santos, Bouches du Fleuve des Amazones. *

Dans quelques exemplaires on trouve des traces d'un petit nodule ce qui parmettrait de rapporter cette espèce interessante au genre Roperia. $\frac{1000}{1}$

16. E. (BRIGHTWELLII RALFS VAR?) PRODUCTA GRUN. Dépôt de États de Cambridge, (*Barbados*). *
20. E. BRIGHTWELLII RALFS (*Triceratium semicirculare Brightwell.*) Dépôt de Nottingham. *

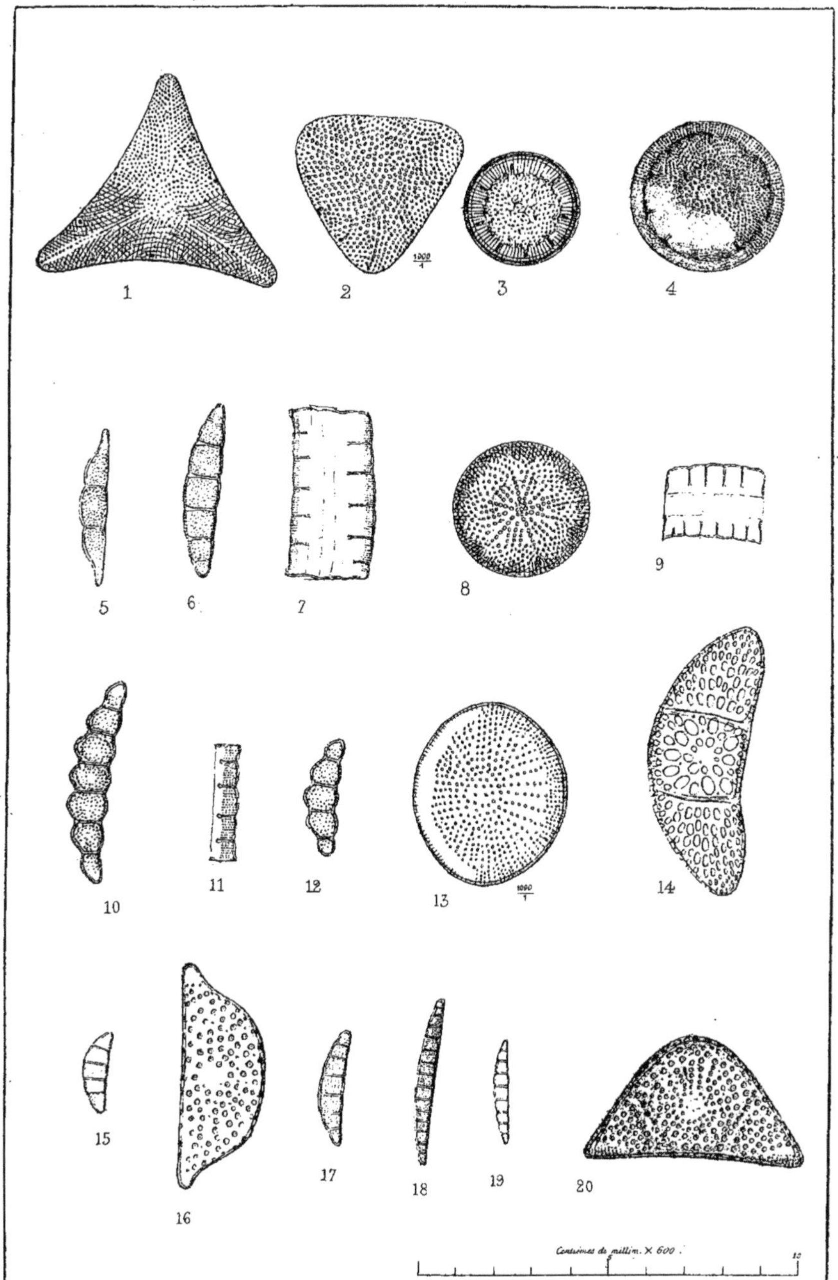
1
2
1000/1
3
4
5
6
7
8
9
10
11
12
13
1000/1
14
15
16
17
18
19
20
Centièmes de millim. × 600.

A. Grunow ad nat. delin.

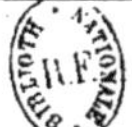

PLANCHE CXXVII.

EUODIA.

1-2-3-4. E. JANISCHII Grun. (*Eunotiopis Grun. olim.*) Japon, Chine, Iles Seychelles, Ceylan, Australie, Madagascar, Iles Gallopages, Dépôt de Sta Monica. Assez fréquent dans le dépôt fossile d'origine inconnue etc.**

Epithemia? Leudugei-Fortmorel, Diatomées de Ceylan. Pl. 9 fig. 87.

ASTEROMPHALUS.

5-6. A. FLABELLATUS Breb. var. Tergestina Grun. Trieste. **

11. A. RETICULATUS Clève. Java.

Provenant d'un sondage fait à bord de la *Gazelle.**

13. A. NANCOORENSIS var. minor Grun. Dépôt de Naparima. Trinité. *

ASTEROLAMPRA.

7. A. NICOBARICA. Grun. Dépôt de Nancoori. *

9. A. (pulchra Grev. var?) WEISSFLOGII Grun. Dépôt de Cambridge, Barbados. *

12. A. GREVILLII Wallich. var. Adriatica Grun. Mer Adriatique. Iles Baléares. *

ACTINOGONIUM.

8. A. SEPTENARIUM Ehr. Dépôt de Cambridge, Barbados. *

Valves intérieures d'un *Asterolampra.*

LIOSTEPHANIA?

10. L. SCHMIDTII Grun. (*Sans nom dans l'atlas de Schmidt tab.* 80 *fig.* 9.10.) Dépôt de Cambridge, Barbados. *

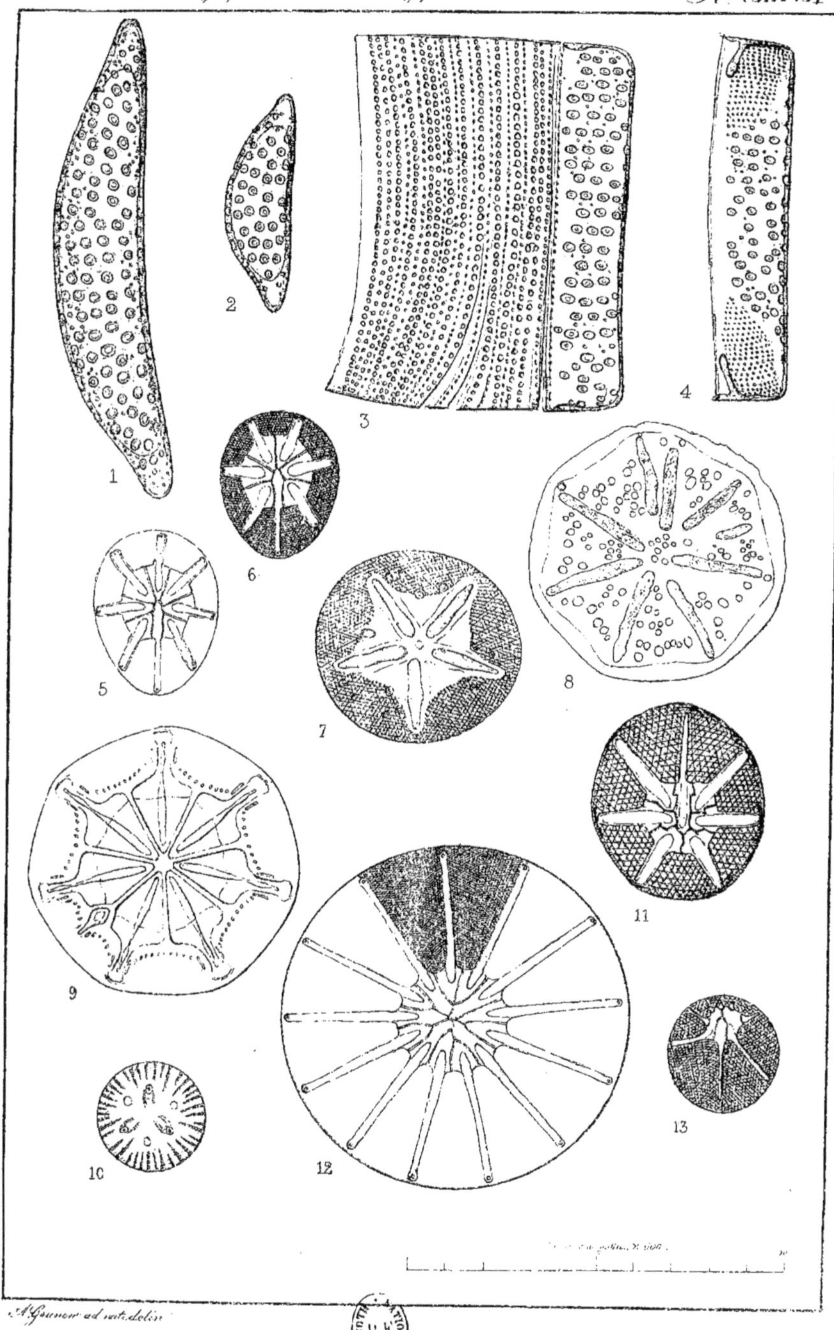

A. Grunow ad nat. delin.

PLANCHE CXXVIII.

COSINODISCUS.

1. C. ASTEROMPHALUS VAR. PRINCEPS GRUN.

Trouvé dans la masse fossile, d'origine inconnue, déjà mentionnée plusieurs fois.

2-3. IDEM. Structure à $\frac{1000}{1}$ **

4. C. FRAGILISSIMUS GRUN. Mer Arafura.*

Entre d'autres diatomées marines. La structure très délicate a été dessinée à deux mises-à-point différentes.

5. C. ASTEROMPHALUS VAR. PABELLANA GRUN. Guano de Pabellan de Pico.*

La ponctuation des cellules est très délicate.

7. C. GRISEUS GREVILLE VAR. GALLOPAGENSIS GRUN. Iles Gallopages.* (*A comparer au C. undulatus Clève.*)

STOSCHIA ?

6. S.? PALEACEA GRUN. Dépôt de Nancoori. Dépôt de Naparima.

Les frustules entiers sont etroits et ont deux valves identiques. Le genre *Stoschia*, y compris le *St. mirabilis* se distinge du *Coscinodiscus radiatus* par ses valves allongées un peu cunéiformes et sera élucidé par M. JANISCH dans son travail sur les diatomées recoltées pendant l'expédition de la « *Gazelle.* »

BRIGHTWELLIA.

8. BR. HYPERBOREA GRUN.*

Draguage fait par le bateau des États Unis « *Gettysburry* » et « *Terre de François-Joseph.* » Lat. 34.25. Long. 69.42. Profondeur : 2924 fathons.

9. BR. PULCHRA GRUN.

Dépôt de Cambridge, Barbados. Se distingue du *B. Johnsoni* par le manque des rayons carénés et du *B. coronata* par la structure de la partie extérieure de la valve qu'on ne peut résoudre en petits points.

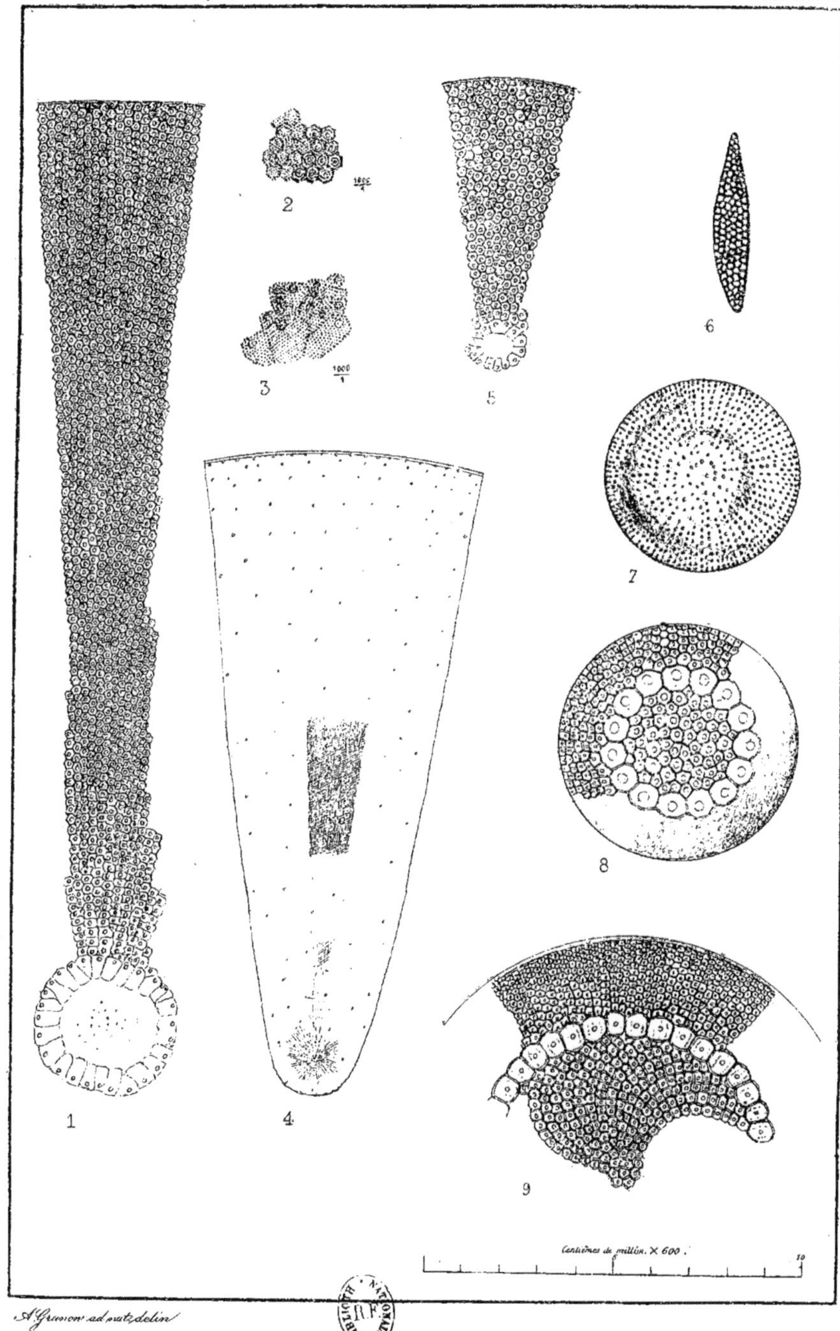

A. Grunow ad nat. delin.

PLANCHE CXXIX.

COSCINODISCUS.

1. C. RADIATUS VAR. IRREGULARIS GRUN. Dépôt de Naparima. *

Se rapproche du genre *Stoschia*.

2. C. NOTTINGHAMENSIS GRUN. Dépôt de Nottingham. *

CESTODISCUS.

3. C. RHOMBICUS GRUN. Depôt de Naparima, Trinité.*

Les petites épines de l'échantillon représenté sont à peine visibles. D'autres exemplaires qui ont jusqu'à 0.10 mm. de longueur et jusqu'à 0,045 mm. de largeur ont une couronne de petites épines distantes, très-visibles.

5. C. RADIATUS EHRG. Photographie de M. Ravet.
4. C. OBSCURUS A. SCHMIDT. Photographie de M. le Docteur Woodward.
6. C. SOL. WALLICH. SANS BORD? Photographie (*C. excentricus?* on ne voit cependant pas les petites épines marginales.)

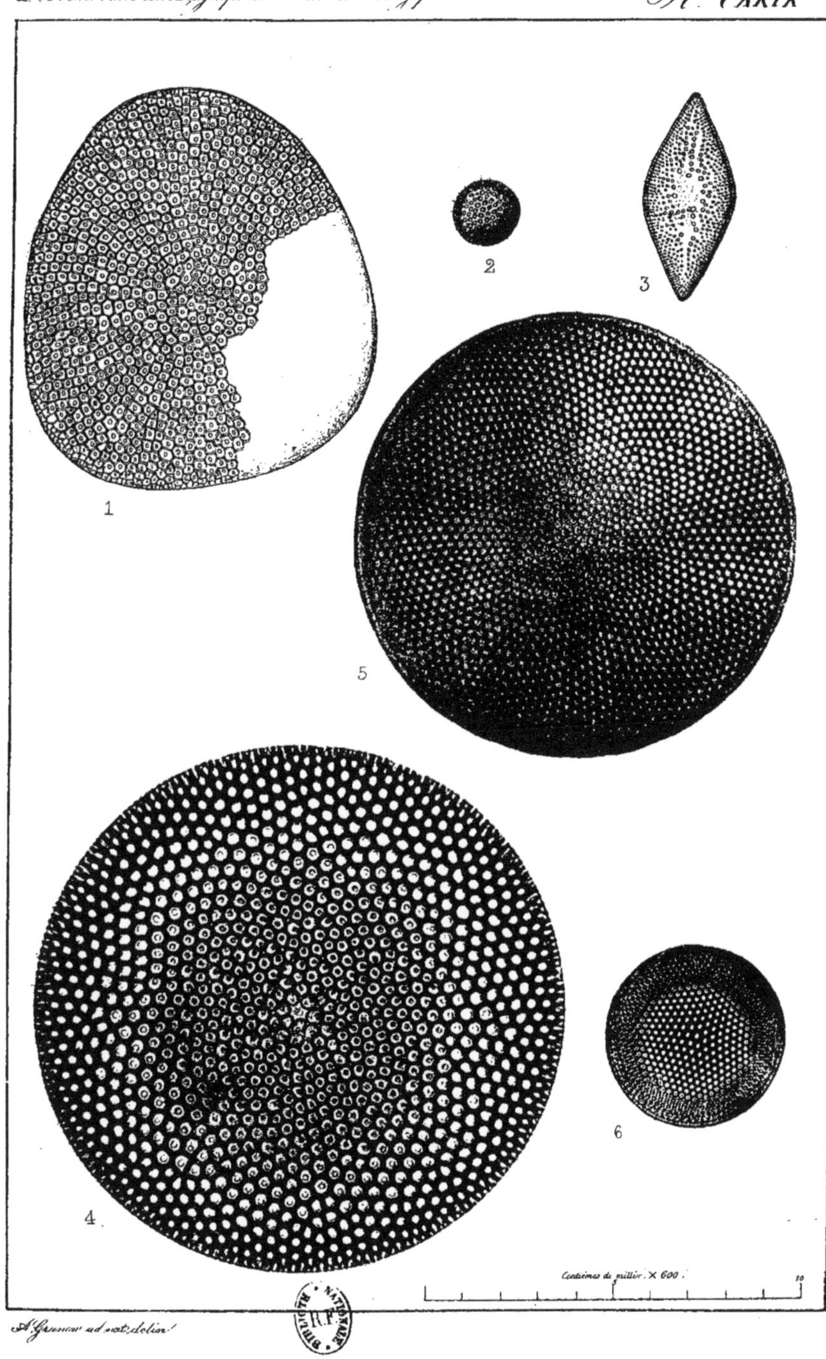

A. Grunow ad nat. delin.

PLANCHE CXXX.

COSCINODISCUS.

1-5. C. ASTEROMPHALUS VAR. CONSPICUA GRUN. (*C. Asteromphalus Ehr?*) Java. $\frac{350}{1}$

2. IDEM. Structure. $\frac{1000}{1}$

6. IDEM. Structure à $\frac{775}{1}$ (*Möller typen Platten.*)

3. C. DEVIUS A. SCHMIDT. (*Clève et Möller n°* 150).

4. C. EXCENTRICUS EHR. Chester.

8. C. EXCENTRICUS EHR. (*W. Smith n°* 38.)

7. IDEM. Structure à $\frac{1000}{1}$

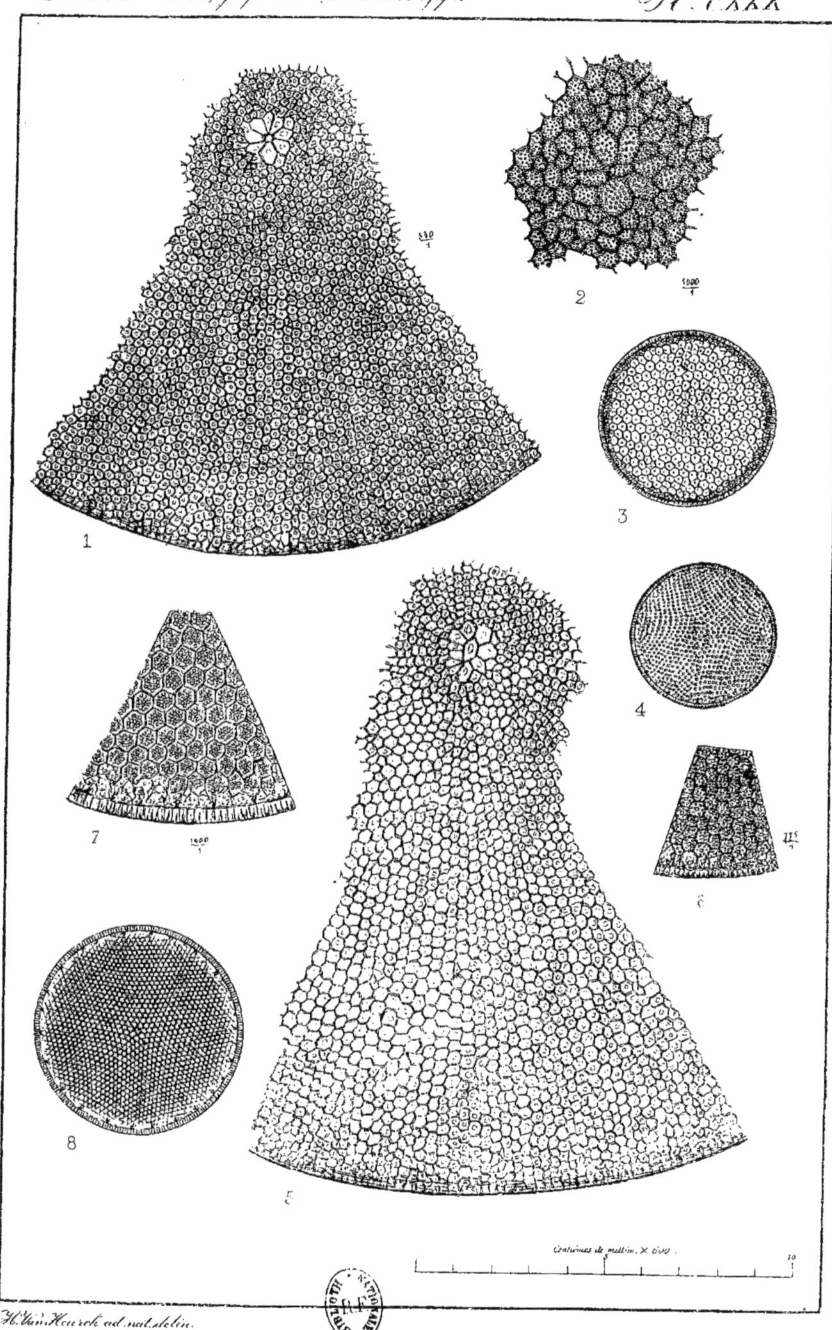

H. Van Heurck ad nat. delin.

PLANCHE CXXXI.

COSCINODISCUS.

1. C. NORMANNICUS Gregory. *(C. fasciculatus A. Schmidt?)* (*Coscinodiscus subtilis Ehr.-Eulenstein. Type* 115.)
2. C. FIMBRIATUS Ehr. var. Oran (*Eulen.* 803).
3. C. LINEATUS Ehr. Baie de Campèche. Structure à $\frac{1600}{1}$
4. C. CIRCUMDATUS A. Schmidt.
5. C. (lineatus var?) LEPTOPUS Grun. (Appendice semblable à celui de *Podosira (Micropodiscus?) Oliveriana Tab.* 118 *Fig.* 5.) Guano de Californie. Iles Baleares. Guano du Cap Mejillones etc.

   Il y a encore plusieurs espèces avec de très petits appendices difficilement separables des genres auquels ils sont liées par des espèces très-semblables.
6. IDEM. Structure $\frac{1400}{1}$

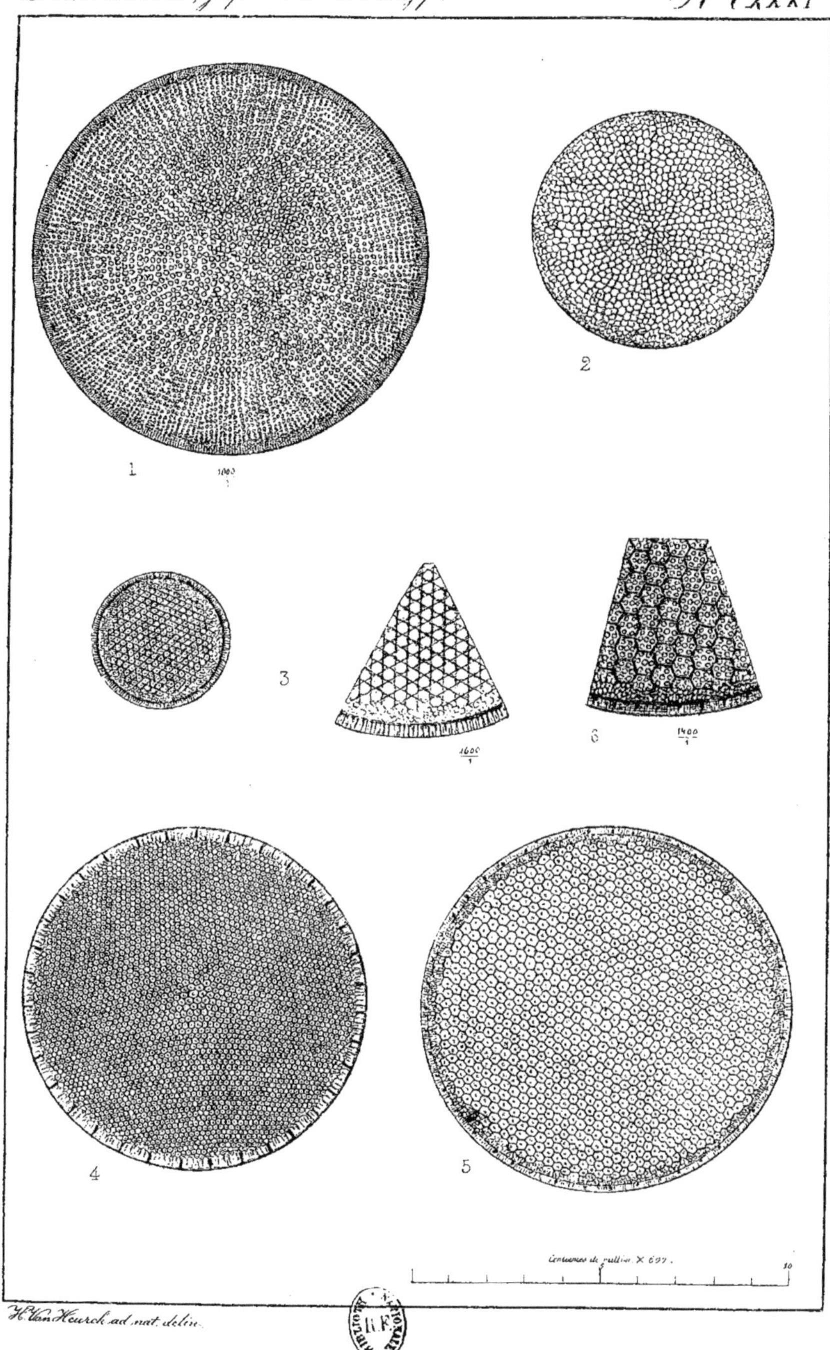

H. Van Heurck ad. nat. delin.

PLANCHE CXXXII.

COSCINODISCUS.

1. C. GRISEUS GREVILLE VAR. GALLOPAGENSIS GRUN. Iles Gallopages.* (*Comparez pl.* 128 *fig.* 7.)
2. C. NITIDULUS GRUN. Baie de Campèche. *
3. C. DIPLOSTICTUS GRUN. Iles Baleares.*

   On a figuré à part les gros points et la ponctuation délicate de la valve.
4. C. BOLIVIENSIS GRUN. Guano de Bolivie. *
5. C. IMPRESSUS GRUN. Dépôt de Sta Monica.*

   Présente d'un côté près de la partie médiane une dépression de la valve.
6. C. BIPLICATUS GRUN. Iles Samoa, Cuxhaven.*

   Presentant des dépressions allongées près du milieu de la valve.
7. C. RADIOSUS GRUN. Dépôt de Monterey. Dépôt de Barbados. Mer du Sud.*

   Probablement identique avec l'une des espèces d'Ehrenberg telles que *C. radiolatus, punctatus intermedius, granulatus.* Toutes ces espèces doivent être rejetées comme n'etant pas reconnaissables. Il est apparenté au *C. radiatus d'Eh.* et plus encore au *C. fimbriatus* mais a des cellules beaucoup plus petites.
8. C. PELLUCIDUS GRUN. Detroit de Davis. $\frac{1000}{1}$ *
9. C. BENGALENSIS GRUN. Elephant Point, Bengale. *

ACTINOCYCLUS.

10. A. (RALFSII VAR.) PARTITUS GRUN. Dépôt de Nottingham. *

ACTINOPTYCHUS.

11. A. IRREGULARIS GRUN. Dépôt de Bail (Californie.) *

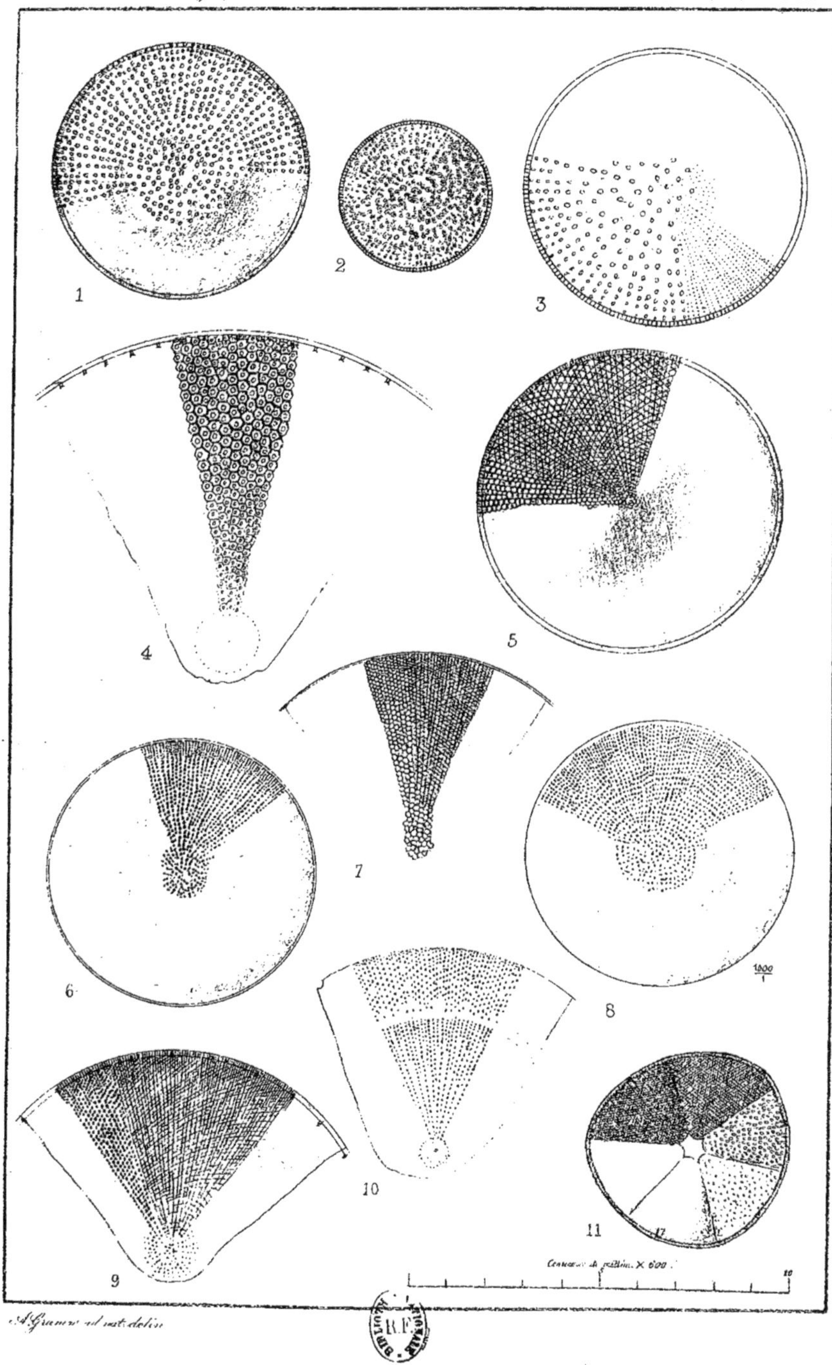

A. Grunow ad nat. delin.

TABLE DES GENRES

FIGURÉS DANS L'ATLAS.

LES NOMS EN ITALIQUE SONT CEUX DES SYNONYMES.

ERRATA.

PL. VI.	fig. 18 et 20 représentent le *N. appendiculata.*
»	» 19 est le *N. molaris.*
PL. VIII.	Les fig. 5 et 6 représentent les deux formes du *N. Rheinhardti.*
PL. XXII.	fig. 11 et 12 représentent *l'Amphiprora alata.*
»	» 14 représente » *mediterranea.*
PL. XXXVIII.	fig. 2 est le véritable *Synedra* (*Ulna*) *splendens Kütz.*
»	» 3 est le *Synedra* (*Ulna var*). *longissima W. Sm.*
PL. XLV.	fig. 9-10-11 au lieu de : possède un petit espace hyalin. lisez : *ne* possède *pas* un petit espace hyalin.
PL. XLVIII.	fig. 10-11-12 au lieu de : peut à peine être distinguée de la *précédente.* lisez : peut à peine être distinguée de la ***suivante.***

L'impression du fasc. VI terminant l'Atlas a été achevée le 2 Mai 1883.

NOTE SUR LA CITATION DU SYNOPSIS.

L'auteur réclame ici énergiquement contre les citations de son nom écourtées fautivement. D'après les usages locaux ([1]) qui, selon lui, doivent seuls faire autorité en ce cas, le *Van* fait partie intégrante du nom malgré qu'on l'écrive en deux mots. Il faut donc écrire soit *Van Heurck* en entier ou en abrégé *V. H.* ou *V. Heurck.* Ecrire *Heurck* comme on le fait fréquemment est aussi fautif que d'écrire *Chène*, *Bois*, *Chartre*, *Caisne* ou *Mortier* pour *Duchène*, *Dubois*, *Duchartre*, *Decaisne* ou *Du Mortier.*

(*) Dans les listes officielles les noms précédés de *Van*, *Van de*, *Van den*, *Van der* suivent l'ordre alphabétique et sont classés dans la lettre V.

TABLE ALPHABÉTIQUE DU

SYNOPSIS DES DIATOMÉES

DE BELGIQUE.

SYNOPSIS

DES

DIATOMÉES

DE BELGIQUE

PAR LE

DR HENRI VAN HEURCK,

Chevalier de l'Ordre Royal de la Couronne d'Italie,
Directeur du Jardin Botanique d'Anvers et Professeur de Botanique pure et Medico-Commerciale au même établissement,
Professeur de Chimie à l'École Industrielle, Président de la Société Phytologique et Micrographique de Belgique;
Vice-Président du Kruidkundig Genootschap et ancien Président de la Société Belge de Microscopie;
Membre honoraire de la Société Royale de Micrographie de Londres,
Membre correspondant de l'Académie des Sciences de New-York,
de l'Académie Royale des Sciences de Barcelone, de l'Académie Impériale Léopoldine des Curieux de la Nature,
etc., etc.

TABLE ALPHABÉTIQUE

des Noms Génériques et Spécifiques et des Synonymes
contenus dans l'Atlas.

ANVERS.
ÉDITÉ PAR L'AUTEUR.

1884.

Imp. J. F. Dieltjens à Anvers

OBSERVATIONS.

1. Dans le but de faciliter la lecture, les chiffres romains, des planches de l'Atlas, ont été remplacés, dans cette table, par des chiffres arabes.
2. Les Synonymes sont imprimés en *Italiques* et mis entre parenthèses.
3. Les noms spécifiques, placés entre parenthèses, dans les légendes, pour indiquer l'affinité des formes, sont mis, dans cette table, entre des griffes [ ]. Ces formes sont répertoriées tant à l'initiale du nom principal qu'à l'initiale du nom accessoire. C'est ainsi que la forme qui est indiquée dans les légendes sous le nom de **Navicula (veneta var. ?) pumila** se trouve la liste des **Navicula** au mot **veneta** et au mot **pumila**.
4. Les noms génériques ont été traités de la même manière : le **Navicula (Diadesmis) Flotovii** p. ex. est répertorié aussi bien comme Navicula que comme Diadesmis. On a suivi le même système pour classer les formes triangulaires actuellement confondues sous le nom de Triceratium et qui ont été ramenées à leur genre réel par M. Grunow.

Une liste des Errata de l'Atlas se trouve à la fin de la table.

Table alphabétique du Synopsis des Diatomées de Belgique.

Achnanthes

PL.	FIG.	
		Achnantidium
26	17-20	*(coarctatum, Bréb.)*
27	41-44	*(cryptocephalum, Naegeli ?)*
	3.4	*(delicatulum, Kütz.)*
26	29-31	flexellum, Bréb.
27	24	*(Jackii, Rab.)*
	8-11	*(lanceolatum, Bréb.)*
	31.32	*(linearis, W. Sm.)*
	20-23	*(microcephalum, Kütz.)*
14	29	*(microcephalum, W. Sm. ?)*
27	50	*(trinodis, Arn.)*
		Actinella
35	19	Brasiliensis, Grun.
	17.20	Guianensis, Grun.
	16	mirabilis, Grun.
	18.21	punctata, Grun.
		Actiniscus
82b	11.12	pennatus., Grun.
80	3-5	*(spec. plur, Ehr.)*
82b	10	
82b	10	varians, (Lauder), Grun.
		Actinocyclus
125	12	? alienus, var. Arctica, Grun.
	10	? alienus, Grun. var. Californica, Grun.
	7.8	Australis, Grun.
124	12	Barkleyi, (Ehr.), Grun.
	6.8	crassus, W. Sm.
123	7	Ehrenbergii, Ralfs.
125	1	idem „ var.

PL.	FIG.	**Actinocyclus** (suite)
124	5	Ehrenbergii, var. intermedia, Grun.
	10	ellipticus, Grun.
125	15	? elongatus, Grun.
	16.17	idem, var. dubia, Grun.
	4	? incertus, Grun.
	1	*(Janischii, Schum.)*
124	9	moniliformis, Ralfs.
118	5	*(Oliverianus, O'Meara.)*
124	11	ovalis, Norm.
125	5	*(ovalis, Grun. nec Norm.)*
132	10	partitus, Grun. [Ralfsii var.]
123	6	Ralfsii, W. Sm.
124	2	Ralfsii, var. Australiensis, Grun., forma minor.
	4	idem, forma major.
	3	Ralfsii, var. Monicae, Grun.
	1	Ralfsii, var. Samoensis, Grun.
132	10	[Ralfsii, var.] partitus, Grun.
125	5.6	Roperii, (Bréb.) Grun.
124	9	*(semiocellatus, Schum. ?)*
118	4	? Stictodiscus, Grun. [genus novum ?]
124	7	subtilis, (Greg.), Ralfs.
125	11	idem, id. id. forma major.
	9	idem, id. id. forma minor.
	2	tenuissimus, Cleve.
	3	tenuissimus, var. Australiensis, Grun.
		Actinogonium
127	8	septenarium, Ehr.
		Actinophaenia
119	1.2	*(splendens, Shadb.)*

PL.	FIG.	Actinoptychus
121	4	Adriaticus, Grun.
	2	Adriaticus, var. Balearica, Grun.
	3	Adriaticus, var. ? pumila, Grun.
124	14	annulatus, (Wall.), Grun. [genus novum ?]
	13	annulatus, var. ? minor, Grun. [genus novum ?]
121	1	Capensis, Grun.
120	6	glabratus, Grun. [splendens var. ?]
	9	glabratus, var. Angelorum, Grun.
	8	var. incisa, Grun.
	7	var. Montercyi, Grun.
119	3	*(Halionyx, Grun.)*
123	3	Heliopelta, Grun.
	2	hispidus, Grun.
132	11	irregularis, Grun.
122	6	Janischii, Grun.
	7	laevigatus, Grun.
123	1	pellucidus, Grun.
	5	? pulchellus, Grun. Polymyxus.
122	5	radiolatus, Grun.
121	5.6	spiniferus, Grun. [vulgaris var. ?]
119	1.2.4	splendens, (Shadb.), Ralfs.
120	1	var. Californica, Grun.
	2	var. crucifera, Grun.
119 120	3 3.5	var. Halionyx, Grun.
	4	var. Nicobarica, Grun.
	6	[splendens var. ?] glabratus, Grun.
22bis 122	14 1.3	undulatus, Ehr.
	4	var. microsticta, Grun.
	2	forma sexappendic.
121	8	vulgaris, var. Australis, Grun.
	9	var. Monicae, Grun.
	7	Schum., var. Virginica, Grun.
	5.6	[vulgaris var. ?] spiniferus, Grun.

PL.	FIG.	
		Amphipleura
14	33	*(Danica, Kütz. ?)*
17	14.15	pellucida, (Ehr.), Kütz.
66	2	*(rigida, Kütz.)*
	2	*(sigmoidea, W. Sm.)*
		Amphiprora
22	11.12	alata, Ehr., Kütz. [Amphitropis]
22bis	3	conspicua, Grev. idem
22	13	decussata, Grun. idem
	15.16	duplex, Donkin. idem
	1.6	elegans, W. Sm. [Plagiotropis]
	17	hyalina, Eulenstein Ms. [Amphitropis]
17 60	12 1	*(latestriata, Bréb.)*
22	2.3	lepidoptera, Greg.
	4.5	maxima, Greg.
	14	Mediterranea, Grun. [Plagiotropis]
22bis	5	ornata, Bailey. [Amphitropis]
22	10	paludosa, W. Sm., var. var. idem.
	15-17	*(paludosa, var. ?)*
22bis	12	*(plicata, Greg. ?)*
	1.2	pulchra, Bailey. [Amphitropis]
	3	*(pulchra, var. ?)*
17	9	*(Ralfsii, Arn.)*
22bis	9.10	*(recta, Greg. ?)*
22	7-9	vitrea, A. Schum. [Plagiotropis]
		Amphitetras
103	c	antediluviana, Ehr.
109	4.5	*(antediluviana, Ehr.)* Triceratium, Odontella.
100	3.4	*(minuta, Grev. ? ?)*

PL.	FIG.	
		Amphitropis
22	11.12	alata, Ehr., Kütz. [Amphiprora]
22 bis	3	conspicua, Grev. idem
22	13	decussata, Grun. idem
	15.16	duplex, Donk. idem
	17	hyalina, Eulenst. Ms. idem
22 bis	5	ornata, Bailey. idem
22	10	paludosa, W. Sm., var. var. idem
22 bis	1.2	pulchra, Bailey. idem
		Amphora
I	2	(*abbreviata, Bleisch.*)
	18	acutiuscula, Kütz.
	2	affinis, Kütz.
	4.5	(*affinis, forma minor.*)
	14	(*affinis, W. Sm. nec Kütz.*)
	21	angularis, Greg., var. ? hybrida, Grun.
	20	borealis, Kütz.
	19	(*coffeaeformis var. ?*)
	14	commutata, Grun.
22 bis	12	decipiens, Grun. [Amphoropsis]
I	11	globulosa, Schum., var. perpusilla, Grun.
	3	gracilis, Ehr. ?, forma parva.
	12	humicola, Grun.
	15	laevissima, Greg.
	2	(*Libyca, Ehr., partim.*)
	23	lineolata, Ehr.
	13	lineolata, Ehr., (nec Kütz.), forma minor.
	19	(*lineolata, Kütz. nec Ehr.*)
	22	lyrata, Greg.
	16	marina, W. Schum.
	6.7	(*minutissima, W. Sm.*)
	26	ocellata, Donk., forma minor.

PL.	FIG.	
		Amphora (suite)
I	25	ostrearia, Bréb.
	1	ovalis, Kütz.
	2.3	(*ovalis, var. ?*)
	6.7	Pediculus, (Kütz.), Grun.
	4.5	Kütz., forma major.
	9.10	var. exilis, Grun.
	8	var. minor, Grun.
	23	(*plicata, Greg.*)
	24	quadrata, Bréb.
	17	(*quadricostata, Rab.*)
22bis	9.10	recta, Grun. [Amphoropsis]
I	19	salina, W. Sm.
	20	(*salina, forma minor ?*)
	17	veneta, Kütz. !
		Amphoropsis
22bis	11	decipiens, Grun. [Amphora]
	9.10	recta, Grun. idem
		Anaulus
103	1.2	birostratus, Grun.
-	3	idem, forma angustior.
22bis	15	birostratus, Grun., var.
102	8.10.11	(*birostratus var. ?*)
	8.10.11	Méditerraneus, Grun.
	9	idem, var. intermedia.
103	4.5	minutus, Grun.
		Anomoeoneis
12	1	sculpta, (Ehr.) Navicula
	2	sphaerophora, (Kütz.) idem
	3	idem, forma minor. idem

PL.	FIG.	
		Ardissonia
42	9	Baculus, (Greg.) [Synedra]
	10	crystallina, var. Smithii, Grun. idem
	8	formosa, (Hantzsch), var. amphipachya, (Grun.) idem
43	1.2	fulgens, ((Kütz.) W. Sm.) idem
42	6.7	robusta, (Ralfs (nec Ehr.)) idem
	6	(*robusta, de Notaris.*)
		Asterionella
52	1	Bleakeleyi, W. Sm. ! (formosa var. ?)
	3	(*Bleakeleyi var. ? notata, Grun.*)
37	11.12	(*? Frauenfeldii, Grun.*)
43	11.12	(*Frauenfeldii, Grun., partim.*)
51	19.20	formosa, Hassal.
	22	idem, var. gracillima, (Hantzsch), Grun.
	23	idem, var. inflata, Grun.
	21	idem, var. subtilis, Grun.
	24	idem, var. subtilissima, Grun.
52	1	[formosa var. ?] Bleakeleyi, W. Sm. !
	2	[formosa var. ?] Ralfsii, W. Sm.
	4.5	Kariana, Grun.
	3	notata, Grun.
	2	Ralfsii, W. Sm. [formosa var. ?]
		Asterolampra
127	12	Grevillii, Wallich, var. Adriatica, Grun.
	7	Nicobarica, Grun.
	9	[pulchra, Grev. var. ?] Weissflogii, Grun.
	9	Weissflogii, Grun. [pulchra, Grev. var. ?]

PL.	FIG.	
		Asteromphalus
127	5.6	flabellatus, Bréb., var. Tergestina, Grun.
	13	Nancoorensis, var. minor, Grun.
	11	reticulatus, Cleve.
		Auliscus
117	1.2	sculptus, (W. Sm.), Ralfs.
		Bacillaria
62	19	(*cursoria, Donkin.*)
68	18	(*Frauenfeldii, Grun.*)
61	6	(*paradoxa, Gmelin.*)
38	7	(*Ulna, Nitzsch 1817.*)
		Bacteriastrum
80	3-5	varians, Lauder.
82bis	10	(*varians, Lauder.*)
		Bangia
16	11	(*micans, Lyngb.*)
		Berkeleya
16	20	Antarctica, (Harv.), Grun.
	15	Dillwynii, (Ag.), Grun.
	12	fragilis, Grev. (partim).
	14	Harveyana, Grun.
	11	micans, (Lyngb.), Grun.
	16	obtusa, (Grev.)
	17.18	obtusa, var. Adriatica, (C. Ag.), Grun.
	19	parasitica, (Griff.), Grun.
	13	pumila, (Ag.), Grun.

PL.	FIG.		
		Biblarium	
45	28	*(leptostauron, Ehr. ?)*	
		Biddulphia	
113	1.2	[B. Abyssorum, Grun.]	Triceratium
	4.5-7	[B. alternans var.]	idem
98	4-9	aurita, (Lyngb.), Bréb.	
	11-13	id. var. minima, Grun.	
	10	id. var. minuscula, Grun.	
101	4-6	*(Baileyi, W. Sm.)*	
112	1	[Balaena, Ehr. var. Arctica, forma Campechiana, Grun.]	Triceratium
103	1.2	*(birostrata, Grun. olim.)*	
102	4	? cristata, Grun.	Odontotropis
100	3.4	decipiens, Grun.	
108	9	discigera, Grun.	Odontella
113	8	[B. divisa, Grun.]	Triceratium
100	9.10	Edwardsii, Febiger.	
106	1.3	[B. ?] eximia, Grun.	Syringidium
110	10	[B. Frauenfeldii, Grun.]	Triceratium
99	7.8	granulata, Roper.	
102	5	heteroceros, Grun.	
112	2	[B. heteropora, Grun.]	Triceratium
	9-11	[B. Heibergii, Grun.]	idem
110	2	[B. inelegans, Grev., var. aracopora.]	idem
	3	[B. idem, Grev., var. micropora.]	idem
111	7	[B. idem, Grev., var. ? Nicobarica, Grun.]	idem
110	4.5	[B. idem, Grev., var. ? Yucatensis, Grun.]	idem
111	10	[B. irregularis, Grev., var. hebetata, Grun.]	idem
104	3.4	*(laevis, W. Sm. nec Ehr.)*	

8776

PL.	FIG.	Biddulphia (suite)
100	7	longicruris, Grev., var. Japonica, Grun.
101	1	idem, Grev., var. leptoceros, Grun.
102	6	longispina, Grun.
101 103	4-6 A	Mobiliensis, (Bailey), Grun.
110	6	[B. Moronensis, Grev., var. Nicobarica, Grun.] Triceratium
102	7	multicornis, Grun.
113	9.11	[B. Nancoorensis, Grun.] idem
110	11	[B. obliqua, Grun.] idem
100	11-14	obtusa, (Kütz.), Ralfs.
111	1	[B? parallela, (Ehr.), var. sparsa.] idem
110	2.3	Peruviana, Grun., [tumida, Roper, var.?]
113	10	[B. plicata, Grun.] Triceratium
97	1-5	pulchella, Gray.
109	6	[B. punctata, Brightw., forma 5-gona.] idem
	9	[idem, forma 4-gona, minuta.] idem
	10	[idem, forma 3-gona, minuta.] idem
97	1-3	*(quinquelocularis, Kütz.)*
112	8	[B. radiata, Brightw.] idem
105	1.2	*(radiata, Roper.)*
112	5	[B. radioso-reticulata, Grun.] idem
98	1	Regina, W. Sm.
110	7	[B. repleta, Grev., var. Balearica, Grun.] idem
102	1.2	reticulata, Roper.
	3	idem, var. trigona, Grun.
99	1.3	Rhombus, (Ehr.), W. Sm.
	2	idem, var. trigona, Cleve.
	4-6	Roperiana, Grev.
109	7.8	[B. sculpta, Shad.) idem
111	8	[B. sculpta, Shad., var.? Petropolitana, Grun.] Triceratium
97	1-3	*(septemlocularis, Kütz.)*

PL.	FIG.	Biddulphia (suite)	
101	7.8	seticulosa, Grun.	
110	1	[B. Seychellensis, Grun.]	Triceratium
100	5.6	subaequa, Kütz., var.? Baltica Grun.	
	8	sublaevis, Grun.	
	15.16	suborbicularis, Grun.	
95 bis	7-9	? Titiana, Grun. [Janischia?]	
97	1-3	*(trilocularis, Kütz.)*	
110	8	[B. tripartita, Grun.]	Triceratium
98	2.3	Tuomeyi, Bailey.	
101	2.3	[tumida, Rop., var.?]Peruviana, Grun.	
104	1.2	*(turgida, W. Sm.)*	
113	3	[B. venosa, Brightw., var.]	Triceratium
100	1.2	Weissflogii, Janisch.	
		Brightwellia	
128	8	hyperborea, Grun.	
	9	pulchra, Grun.	
		Campylodiscus	
75	2	bicostatus, W. Sm.	
	1	Clypeus, Ehr.	
77	3	*(costatus, W. Sm.)*	
76	1.2	*(cribosus, W. Sm.)*	
75	3	decorus, Bréb.	
76	1.2	Echeneis, Ehr.	
77	3	Hibernicus, Ehr., var.	
	4-6	Noricus, Ehr.	
	2	parvulus, W. Sm.	
75	2	*(Remora, Ehr.?)*	
77	1	*(simulans, Greg.)*	
	1	Thuretii, Bréb.	

PL.	FIG.	
		Campyloneis
28	15.16	Argus, Grun.
	10-12	Grevillei, (W. Sm.), Grun.
	8.9	idem, id. id. var. microstica Grun.
	13.14	regalis, (Grev.), Grun., var. minuta, Grun.
		Campylosira
45	43	cymbelliformis, (A. Schmidt), Grun.
		Cerataulus
104	3.4	polymorphus, (Kütz.) [Odontella ?]
105	3.4	idem, id., forma minor. idem
	1.2	Smithii, Ralfs. idem
104	1.2	turgidus, Ehr. idem
		Ceratoneis
37	7	Arcus, (Kütz.)
70	5	*(Closterium, Ehr.)*
21	8	*(fasciola, Ehr.)*
80	2	*(gracilis, Bréb.)*
70	1.2	*(longissima, Bréb.)*
35	3.4	*(lunaris, Grun., olim.)*
		Cestodiscus
126	1	cinnamomeus, (Grev.), Grun. [genus novum ?]
	2	idem, var. minor, Grun.
	3	hirtulus, Grun. [pulchellus, var. ?]
129	4	obscurus, A. Schmidt.
126	8	Proteus, Hardmann.
	3	[pulchellus var. ?] hirtulus, Grun.
	4	[pulchellus var.] Trinitatis, Grun.

PL.	FIG.	
		Climacidium
106	5	Frauenfeldii, Grun.
34	29.30	*(triodon, Ehr. ?)*
		Cocconeis
29	9	*(aggregata, Kütz.)*
30	8.9	[ambigua, Grun., var. ?] Californica, Grun.
	10	idem, forma subcontinua.
	35	amygdalina, Bréb., forma major.
	5	idem, (Bréb.), forma minor.
	1.2	Britannica, Naegeli.
	8.9	Californica, Grun. [ambigua, Grun., var. ?]
	10	idem, forma subcontinua.
29	9	*(consociata, Kütz.)*
30	11.12	costata, Greg.
	15-17	idem, var. hexagona, Grun.
	13.14	idem, var. pacifica, Grun.
	24.25	cyclophora, Grun.
29 30	15 5	*(diaphana, W. Sm., partim.)*
	5	*(diaphana, var. amygdalina, Bréb. Ms.)*
29	13.14	dirupta, Greg.
	15	idem, forma parva.
	18.19	dirupta, var. Antarctica, Grun.
	16.17	idem, var. flexella, Grun.
30	33	*(euglypta, Ehr. ?)*
28	3	*(fimbriata, Brightw.)*
	8.9	*(Grevillei, W. Sm.)*
30	3.4	interrupta, Grun.
29	15	*(limbata, Ehr. ?)*
30	31.32	lineata, (Ehr. ?), Grun.
	33.34	lineata, var. euglypta, Grun.
29	21	*(major, Greg.)*

PL.	FIG.	**Cocconeis** (suite)	
30	18.19	molesta, Kütz., forma angusta.	
	22.23	idem, var. crucifera, Grun., forma major.	
	20.21	idem, idem, forma minor.	
36	33	*(nitida, Greg., var. ?)*	
29	15	*(oceanica, Ehr. ?)*	
30	28-30	Pediculus, Ehr., (partim).	
	6.7	pinnata, Greg.	
	26.27	Placentula, Ehr.	
29	20.21	pseudo-marginata, Greg.	
28	13.14	*(regalis, Grev.)*	
30	2	*(scutelliformis, Grun., in litt.)*	
29	1-3	Scutellum, Ehr.	
	8.9	idem, forma parva.	
28	7	*(Scutellum, var. γ., Roper.)*	
29	4.5	Scutellum, var. ampliata, Grun.	
	12	idem, var. minutissima, Grun.	
	6.7	idem, var. ornata, Grun.	
	10.11	idem, var. stauroneiformis, Sm.	
28	1.2	*(splendida, Grev.)*	
26	29	*(Thwaitesii, W. Sm.)*	
		Cocconema	
2	12	C. Cistula, Hempr.	[Cymbella]
	13	C. Cistula, forma minor.	idem
	16	C. [Cistula var.] maculata, (Kütz.)	idem
	17	idem, forma curta	idem
	11	C. cymbiformis, Ehr.	idem
3	20	*(gracilis, Ehr. ?)*	
2	15	C. ? Helvetica, Kütz.	idem
	7	C. lanceolata, Ehr.	idem
	16	C. maculata, Kütz. [Cistula var.]	idem
	14	*(parvum, W. Sm.)*	
	10	*(stomatophorum, Grun.)*	
	10	C. tumida, Bréb. !	idem

PL.	FIG.	
		Colletonema
15	37	*(neglectum, Thwaites, (W. Sm. partim).)*
	40	*(subcohaerens, Thwaites.)*
	38	*(Thwaitesii, W. Sm. partim.)*
17	3	*(viridulum, Bréb. olim.)*
	6	*(vulgare.)*
		Conferva
52	10-12	*(flocculosa, Roth.)*
		Coscinodiscus
130	1.5	*(Asteromphalus, Ehr. ?)*
	1.2.5.6	Asteromphalus, var. conspicua, Grun.
128	5	idem, var. Pabellana, Grun.
	1-3	idem, var. princeps, Grun.
124	12	*(Barkleyi, Ehr.)*
132	9	Bengalensis, Grun.
	6	biplicatus, Grun.
	4	Boliviensis, Grun.
103	B	centralis, Ehr. (?)
131	4	circumdatus, A. Schmidt.
91	10	decipiens, Grun.
130	3	devius, A. Schmidt.
132	3	diplostictus, Grun.
125	14	? elongatus, Grun.
129	6	*(excentricus ?)*
130	4.7.8	excentricus, Ehr.
131	1	*(fasciculatus, A. Schmidt ?)*
	2	fimbriatus, Ehr., var.
128	4	fragilissimus, Grun.
94	28	granulosus, Grun. [Cyclotella ? ?]
128 132	7 1	griseus, Grev., var. Gallopagensis, Grun.

PL.	FIG.	
		Coscinodiscus (suite)
94	29	Hauckii, Grun. [Cyclotella ? ?]
132	5	impressus, Grun.
131	5.6	leptopus, Grun. [lineatus var. ?]
	3	lineatus, Ehr.
	5.6	[lineatus var. ?] leptopus, Grun.
94	33	marginulatus, var. Campechiana, Grun.
	32	idem, var. curvata-striata, Grun.
	30	idem, Grun. var. Gallopagensis, Grun. [Cyclotella ? ?]
	31	idem, var. sparsa, Grun.
	34	idem, var. stellulifera, Grun.
91	10	(*minor, Anglor. nec Ehr.*)
132	2	nitidulus, Grun.
131	1	Normannii, Greg.
129	2	Nottinghamensis, Grun.
125	5	(*ovalis, Roper.*)
132	8	pellucidus, Grun.
129	1	radiatus, var. irregularis, Grun.
132	7	radiosus, Grun.
92	6	(*striatus, Kütz.*)
131	1	(*subtilis, Ehr.*)
		Cosmiodiscus
125	13	tenuis, Grun.
		Craspedodiscus
84	1.2	(*Stella, Ehr. ?*)
		Creswellia
83ter	12	(*Turris, Grev.*)

Cyclotella

PL.	FIG.	
92	1	antiqua, W. Sm.
93	10	Bodanica, Eulenst. Ms. [comta var.]
	16.17	Comensis, Grun. [comta var. ?]
92	16-22	comta, (Ehr.) Kütz.
93	11-13	idem, var. affinis, Grun.
	21	idem, idem, forma parva.
	14.15	idem, var. glabriuscula, Grun.
	18.19	idem, var. oligactis, (Ehr.), Grun.
	20	idem, var. paucipunctata, Grun.
92 93	23 1-9	idem, var. radiosa, Grun.
	10	[comta var.] Bodanica, Eulenst. Ms.
	16.17	[comta var. ?] Comensis, Grun.
92	6	*(Dallasiana, W. Sm.)*
94	22-26	*(Graeca, var. stelligera, Ehr. ?)*
	28	[C. ? ?] granulosa, Grun. Coscinodiscus
	29	[C. ? ?] Hauckii, Grun. idem
	1.4	Kützingiana, (Thwaites ?), Chauvin.
	5	idem, forme très-anormale.
	6	idem, forma major.
	10	idem, var. ? Caspia, Grun.
	9	idem, var. Cataractarum, Grun.
	2.3	idem, var. Schumanni, Grun.
	7.8	[Kützingiana var. ?] pelagica, Grun.
	30	[C. ? ?] marginulata, Grun., var. Gallopagensis, Grun. Coscinodiscus
	11-13	Meneghiniana, Kütz.
	15	idem, var. Baileyi, Grun.
	20	idem, var. binotata, Grun.
	17-19	idem, var. rectangulata, Grun.
	21	idem, var. ? stellifera, Grun.
	14	idem, var. ? Vogesiaca, Grun.
	16	[Meneghiniana, var. ?] pumila, Grun.

PL.	FIG.	Cyclotella (suite)
95	7.8	*(minutula, Kütz.)*
	10	*(operculata, Hantzsch.)*
93	22.23	operculata, Kütz.
	24	idem, forma minuta.
	25-28	idem, var. mesoleia, Grun.
92	23	*(operculata, var. radiosa, Grun., olim.)*
94	7.8	pelagica, Grun. [Kützingiana var. ?]
	16	pumila, Grun. [Meneghiniana var. ?]
91	7-9	*(radiata, Brightw. ? ?)*
94	17-19	*(rectangulata, Bréb.)*
95	5	*(Rotula, Kütz.)*
84	15-17	*(Scotica, Kütz. !)*
95	13.14	*(spinosa, Schum.)*
94	22-26	stelligera, Cleve et Grun.
	27	idem, var.
92	6	striata, (Kütz.), Grun., forma major.
	7.8	idem, idem, formae minores.
	12	idem, var. ambigua, Grun.
	13-15	idem, var. Baltica, Grun.
	10	idem, var. intermedia, Grun.
	9	idem, var. mesoleia, Grun.
	2.3.4	[striata var. ?] stylorum, Brightw.
	5	idem, forma minuta.
	11	[striata var. ?] subsalina, Grun.
	2.3.4	stylorum, Brightw. [striata var. ?]
	5	idem, idem, idem, forma minuta.
	11	subsalina, Grun. [striata var. ?]
		Cyclophora
36	5	tenuis, Castracane.
	6	tenuis, var. tropica, Grun.

PL.	FIG.	
		Cylindrotheca
80	2	(*Gerstenbergeri, Rab.*)
	2	gracilis, (Bréb.) Grun.
	1	idem, var. major, Grun.
		Cymatopleura
55	1	elliptica, (Bréb.), W. Sm.
	2	idem, forma subconstricta.
	3.4	[elliptica var.] Hibernica, W. Sm.
	3.4	Hibernica, W. Sm. [elliptica var.]
	5-7	Solea, (Bréb.), W. Sm.
		Cymatosira
45	38-41	Belgica, Grun.
	42	Lorenziana, Grun.
		Cymbella
3	8	abnormis, Grun.
2	19	affinis, Kütz.
	6	amphicephala, Naegeli !
	4	Anglica, Lagerst.
37	7	(*Arcus, Hassal.*)
2	12	Cistula, Hempr. [Cocconema]
	13	idem, forma minor. idem
	16	[Cistula var.] maculata, (Kütz.) idem
	17	idem, idem, forma curta. idem
	3	cuspidata, Kütz.
	11	cymbiformis, Ehr. idem
	14	[cymbiformis var.] parva, W. Sm.
3	6	delicatula, Kütz.

PL.	FIG.	**Cymbella** (suite)
2	1	Ehrenbergii, Kütz., major.
	2	idem, id., minor.
	8	gastroides, Kütz.
	9	idem, id., minor.
3	1[b]	gracilis, var. laevis, Kütz. !
2	15	Helvetica, Kütz. [Cocconema ?]
3	7	laevis, Naegeli !
2	7	lanceolata, Ehr. [Cocconema]
	18	leptoceras, (Ehr. ?), Kütz., Rab.
3	24	idem, (Ehr. ? ?), Kütz., Rab., forma curta, obtusa.
	23	*(lunata W. Sm.)*
2	16	*(maculata, Kütz., nec Bréb.)*
	16	maculata, (Kütz.) [Cistula var.] [Cocconema]
	17	idem, idem, forma curta.
8	36	microcephala, Grun., forma major,
	37-39	idem, formae minores.
3	17	*(minuta, Hilse.)*
2	5	naviculiformis, Auersw., var.
3	1[a]	obtusa, Greg. !
2	14	parva, W. Sm. [cymbiformis var.]
I	6.7	*(Pediculus, Kütz.)*
3	1[b]	*(Pisciculus, Greg.)*
	2	*(Pisciculus, Grun. nec Greg.)*
	5	pusilla, Grun.
	21	*(Scotica, W. Sm., partim.)*
	16	*(Silesiaca, Bleisch.)*
	2	subaequalis, Grun.
	4	idem, id., forma minor.
	3	idem, var. Florentina, Grun.
2	10	tumida, Bréb. ! [Cocconema]
3	12	*(turgida, Greg.)*
	15	*(ventricosa, Kütz. nec C. Ag.)*
32	11-13	*(ventricosa, C. Ag.)*

PL.	FIG.	
		Cymbophora
3	19	(*maculata, Bréb., partim.*)
		Denticella
97	1-3	(*Biddulphia, Ehr.*)
98	2.3	(*margaritifera, Shad.*)
	2.3	(*polymera, Ehr.*)
99	1-3	(*Rhombus, Ehr.*)
98	2.3	(*simplex, Ehr.*)
	2.3	(*tridens, Ehr.*)
	2.3	(*tridentula, Ehr.*)
99	7.8	(*turgida, Ehr.*)
		Denticula
36	15	(*distans, Greg.*)
49	14.15	elegans, Kütz.
	16	idem, var. Cyprica, Grun.
	5	(*elegans, var. valida, Pedicino.*)
	19-21	[elegans var.] Kittoniana, Grun.
	17.18	[elegans, var.] thermalis, Kütz.
	35-38	(*frigida, Kütz.*)
36	7	(*fulva, Greg.*)
49	7-9	Indica, Grun.
	32-34	(*inflata, W. Sm.*)
	19-21	Kittoniana, Grun. [elegans var.]
60	10	(*Kützingii, Grun., olim.*)
49	1.2	lauta, Bailey.
36	9	(*marina, Greg.*)
	10	(*minus, Greg.*)
	11[b]	(*nana, Greg.*)
49	3	Nicobarica, Grun.
60	10	(*obtusa, (Kütz.?) W. Sm.*)
	11	(*sinuata, W. Sm.*)

PL.	FIG.	
		Denticula (suite)
36	2	(*staurophora, Greg.*)
49	10-13	subtilis, Grun.
	28-31	tenuis, Kütz., genuina.
	27	idem, var. bicuneata, Grun.
	35-38	idem, var. frigida, Grun.
	26	idem, idem, forma.
	32-34	idem, var. inflata, Grun.
	22.25	idem, var. intermedia, Grun.
	23.24	idem, var. mesolepta, Grun.
	17.18	thermalis, Kütz. [elegans var.]
	5	valida, (Pedicino).
	4	idem, forma major.
	6	idem, forma minor.
		Desmogonium
35	16	(*mirabile, Eulenst. in litt.*)
		Diadesmis
14	31[b]	(*biceps, Arn.*)
	36	[D.] confervacea, (Kütz.), Grun. [Navicula]
	41	[D.] Flotowii, Grun. idem
	39	Gallica, W. Sm.
	40	[D.] lucidula, Grun. idem
	37	(*peregrina, W. Sm.*)
36	14	(*? Williamsonii, Greg.*)
		Diatoma
51	5-9	anceps, (Ehr.), Grun.
98	4-9	(*aurita, Lyngb.*)
48	10-12	(*flabellatum, Jürg.*)
50	16	? gracillimum, Naeg.

PL.	FIG.	
		Diatoma (suite)
51	22	(*gracillimum, Hantzsch.*)
	1.2	hiemale, (Lyngb.), Heiberg.
	3.4	idem, var. mesodon.
44	14.15	(*hyalinum, Kütz.*)
	16c.d.e. 18	(*minimum, Ralfs.*)
50	23-26	pectinale, Kütz.
	14a.b.	tenue, (C. Ag. partim), Kütz.
	"	(*tenue, C. Ag. in herb. C. Agardh !*)
	7.8	(*tenue, Ag. in herb. Grev.*)
	17	tenue, var. densestriata, Grun.
50	14c.	idem, elongata, Lyngb.
	18-22	idem, idem, formae breviores.
	10-13	idem, hybrida, Grun.
	15	idem, pachycephala, Grun.
44	16a.b.	(*vitreum, Kütz.*)
50	1-6	vulgare, Bory.
	7.8	idem, var. b. linearis, W. Sm.
	9	idem, var. constricta, Grun.
		Dickieia
15	27	(*pinnata, Ralfs. !*)
16	10	ulvacea, Berkeley.
		Dicladia
106	14-16	Capreolus, Ehr.
	12.13	(*Groenlandica, Cleve.*)
	"	Mitra, Bailey.
		Dimeregramma
45	43	(*Arcus, W. Arn. herb.*)
36	15	(*distans, Ralfs.*)

PL.	FIG.	Dimeregramma (suite)
36	18	(*? ? dubium.*)
	7	fulvum, (Greg.), Ralfs.
	8	[fulvum var. ?] furcigerum, Grun.
	"	furcigerum, Grun. [fulvum var. ?]
	9	marinum, (Greg.), Ralfs.
	10	minus, (Greg.), Ralfs.
	11[a]	minus, Ralfs., var.
	11[b]	[minus var. ?] nanum, (Greg.), Ralfs.
	"	nanum, (Greg.), Ralfs. [minus var. ?]
	13	idem, var. minima, Grun.
	12	idem, var. parva, Grun.
	14	(*Williamsonii, Grun.*)
		Discoplea
95	5	(*Astraea, Ehr.*)
93	18	(*oligactis, Ehr.*)
95	7.8	(*Oregonica, Ehr.*)
115	7.8	(*undulata, Ehr.*)
		Ditylum
114	3.5.6.7	[D. Brightwellii, West, var. inaequalis, (Bail.) Grun.] Triceratium
	4.8	[D. idem, id. var. tetragona.] idem
	9	[D. idem, id. var. trigona.] idem
115	7.8	[D. ? Ehrenbergii, Grun.] idem
114	3.5.6.7	(*inaequale, Bailey.*)
	2	[D. intricatum, West.] idem
115	1.2	[D. Sol. (Autor ?)] idem
114	9	(*trigonum, Bailey.*)
116	7	[D. ? undulatum, Ehr.] idem

PL.	FIG.	
		Donkinia
17	9	recta, (Donk.), Grun.
		Doryphora
36	22.23	(*amphiceros, Kütz.*)
		Druridgia
91	25.26	geminata, Donkin.
		Echinella
46	2.3	(*flabellata, Carmichael.*)
		Encyonema
3	14	(*Auerswaldii, Rab.*)
	13	caespitosum, Kütz., var.
	14	idem, var.
	18	forme moyenne entre l'E. caespitosum et l'E. Lunula.
	20	gracile, (Ehr. ?), Rab.
	22	idem, forma minor.
	21	idem, var.
	23	[gracile var. ?] lunatum, (W. Sm.)
	"	lunatum, (W. Sm.) [gracile, var. ?]
	9-11	prostratum, (Berk.), Ralfs.
	12	turgidum, (Greg.), Grun.
15	40	(*Ungeri, Grun. in Schmidt, Atlas.*)
3	15	ventricosum, (Kütz.) passant à l'E. Lunula, Ehr.
	16	idem, Kütz., forme un peu étroite.
	17	idem, id., forma minuta.
	19	idem, (Kütz.), var.

PL.	FIG.	
		Endosigma
21	2	eximium, Bréb.
		Entogonia
112	4	inopinata, Grev.
		Entomoneis
22	11.12	(*alata, Ehr.*)
		Epithemia
31	19	(*alpestris, W. Sm.*)
	15-18	Argus, (Ehr.), Kütz.
	19	idem, var. amphicephala, Grun.
32	16-18	(*constricta, Bréb.*)
	1.2	gibba, (Ehr.), Kütz.
	3	gibba, var. parallela, Grun.
	4.5	gibba, var. ventricosa, Grun.
	11-13	gibberula, (Ehr. ?), Kütz., var. producta, Grun.
31	5.6	(*granulata, (Ehr.), Kütz.*)
	7	(*granulata, W. Sm.*)
	3.4	Hyndmanii, W. Sm.
56	14.15	(*marina, Donk.*)
32	14.15	Musculus, Kütz.
31	10	(*proboscidea, Kütz.*)
32	6-8	Sorex, Kütz.
	9.10	idem, forme sporangiale.
	16-18	succincta, Bréb.
31	1.2	turgida, (Ehr.), Kütz.
	5.6	idem, var. granulata, Grun.
	7	idem, var. Vertagus, Grun.
32	4.5	(*ventricosa, Kütz.*)
31	7	(*Vertagus, Kütz.*)

PL.	FIG.	
		Epithemia (suite)
31	8	Westermannii, (Ehr. ?), Kütz.
	9.14	Zebra, (Ehr.), Kütz.
	11-13	idem, formae minores.
	10	idem, var. proboscidea, Grun.
		Eucampia
95bis	5	cornuta, (Cleve), Grun.
	6	? Virginica, Grun.
95 95bis	17.18 1.2	Zodiacus, Ehr.
	3.4	idem, var. cornigera, Grun.
		Eunotia
56	1.2	(*amphioxys, Ehr.*)
37	7	(*Arcus, W. Sm.*)
34	2	Arcus, Ehr., (partim), var.
	7	idem, var. bidens, Grun.
	4	idem, var. ? hybrida, Grun.
	3	idem, var. minor, Grun.
	5.6	idem, var. ? tenella, Grun.
	13	idem, var. uncinata, Grun.
35	15	auriculata, Grun.
34	32	bactriana, Ehr.
35	11	bicapitata, Grun., [flexuosa var. ?]
	"	(*biceps, Ehr., partim ? ?*)
34	14	(*biceps, Ehr., partim.*)
	20	(*bidens, (Ehr.), W. Sm.*)
	28	bidentula, W. Sm., var.
	26	bigibba, Kütz., [praerupta var. ?]
	27	bigibba, var. pumila, Grun.
35	14	[bigibba, var. ?] Herkiniensis, Grun.
33	14	denticula, (Bréb.), Rab.
	18	(*depressa, Ehr. ?*)

PL.	FIG.	**Eunotia** (suite)
33	6	diodon, Ehr.
	5	idem, id., forma minor.
	7	idem, var. ? diminuta, Grun.
35	22	*(Doliolus, Wallich.)*
34	11	exigua, (Bréb.), Grun.
	12	idem, var. vix diversa.
	8.10	[exigua, Bréb., var.] Nymanniana, Grun.
	9	[idem, idem,] paludosa, Grun.
	34	Faba, (Ehr.), Grun., à valves doubles internes.
35	23	*(Falx, Grev.)*
	9.10	flexuosa, Kütz.
	8	idem, var. ? eurycephala, Grun.
	7	idem, var. pachycephala, Grun.
	11	[flexuosa, var. ?] bicapitata, Grun.
34	1	Formica, Ehr.
35	13	gibbosa, Grun.
33	1.2	gracilis, (Ehr.), Rab. nec W. Sm.
34	9	*(gracilis, W. Sm. nec Ehr.)*
35	14	Herkiniensis, Grun., [bigibba var. ?]
	1	impressa, var. angusta, Grun.
33	22	idem, Ehr., var. angusta, Grun., forma vix impressa.
34	35[a]	incisa, Greg.
	35[b]	idem, var. obtusiuscula, Grun.
35	3.4	lunaris, (Ehr.), Grun.
	6[a]	idem, forma major.
	5	idem, var. ? alpina, (Naeg.), Grun.
	6[b]	idem, var. bilunaris, Grun.
	6[c]	idem, var. excisa, Grun.
	2	idem, var. subarcuata, (Naeg.), Grun.
34	14	major, (W. Sm.), Rab.
	15	idem, var. bidens, (Greg.), W. Sm.
33	20.21	minor, (Kütz.), Rab. [pectinalis var. ?]

PL.	FIG.	**Eunotia** (suite)
34	12	*(minuta, Hilse.)*
33	3	monodon, Ehr.
	4	idem, id., forma curta.
34	14	*(monodon, Ehr., partim.)*
33	6	*(monodon, var. diodon, Grun.)*
34	8.10	Nymanniana, Grun. [exigua, Bréb., var.]
35	7	*(pachycephala, Kütz.)*
34	9	paludosa, Grun. [exigua, Bréb., var.]
33	8	*(Papilio, Ehr., partim.)*
34	16	parallela, Ehr., forma angustior.
33	15	pectinalis, (Kütz.), Rab., forma curta.
	16	idem, forma elongata.
	19^{a}	idem, var. biconstricta, Grun.
	18	idem, var. stricta, Rab.
	17	idem, var. undulata, Ralfs.
	19^{b}	idem, var. ventricosa, Grun.
	20.21	[pectinalis var. ?] minor, (Kütz.), Rab.
34	31	perpusilla, Grun. [tridentula, Ehr., var. ?]
	33	polyglyphis, Grun., var. hexaglyphis, (Ehr.)
	20	praerupta, var. bidens, Grun.
	21	idem, forma compacta.
	22	idem, var. bidens, forma minor.
	24	idem, var. curta, Grun.
	19	idem, Ehr., var. genuina.
	17	idem, var. inflata, Grun.
	18	forme voisine de l'Eunotia praerupta, var. inflata (f. 17) se rapprochant davantage de la var. genuina.
	23	idem, idem, forma curta.
	25	idem, var. laticeps, Grun., forma curta.
	26	[praerupta var. ?] bigibba, Kütz.
35	12	Rabenhorstii, Cleve et Grun.
	12^{b}	Rabenhorstii, Cleve et Grun., var. monodon.
	12^{a}	idem, idem, var. triodon.

PL.	FIG.	
		Eunotia (suite)
33	12	robusta, var. Diadema, (Ehr.), Ralfs.
	13	idem, var. hendecaodon, (Ehr.), Ralfs.
	8	robusta, var. Papilio, Grun.
	11	idem, var. tetraodon, Ehr., Ralfs.
34	29.30	tridentula, Ehr., var. ? perminuta, Grun., formae 2-5 dentatae.
	31	[tridentula, Ehr., var. ?] perpusilla, Grun.
33	9.10	triodon, Ehr.
34	13	*(uncinata, Ehr., partim.)*
33	19b	*(ventricosa, Ehr.)*
		Eunotiopsis
127	1-4	*(Janischii, Grun. olim.)*
		Eunotogramma.
126	17-19	? debilis, Grun.
	14	Frauenfeldii, Grun.
	6.7.9.15	laevis, Grun.
	5	producta, Grun.
	11.12	*(quinquelocularis, Ehr.)*
	10	*(septemlocularis, Ehr.)*
	11.12	variabilis, var. quinquelocularis, (Ehr.), Grun.
	10	idem, var. septemlocularis, (Ehr.), Grun.
		Euodia
126	20	Brightwellii, Ralfs.
	16	[Brightwellii, Ralfs, var. ?] producta, Grun.
	14	*(Frauenfeldii, Grun., olim.)*
127	1-4	Janischii, Grun.
126	16	producta, Grun. [Brightwellii, Ralfs, var. ?]
	13	Weissflogii, Grun. [genus novum ?]

PL.	FIG.	
		Eupodiscus
117	3-6	Argus, Ehr.
118	8	Californicus, Grun. [trioculatus var. ?]
	1.2	radiatus, Bailey.
105	1.2	(*radiatus, W. Sm. nec Bailey.*)
125	5	(*Roperii, Bréb.*)
124	7	(*subtilis, Greg.*)
118	6.7	(*tesselatus, Roper.*)
	8	[trioculatus var. ?] Californicus, Grun.
		Fragilaria
45	4.32	(*acuta, Ehr., partim ?*)
44	7	aequalis, var. ? producta, Lagerstedt. [Staurosira]
51	5-8	(*anceps, Ehr.*)
45	6	bidens, Heiberg, forma major. idem
	7	idem, forma minor. idem
44	23	(*? binalis, Ehr.*)
45	24.25	(*binodis, Ehr.*)
	31	brevistriata, Grun., var. Mormorum, Grun.
	34	idem, var. pusilla, Grun.
	32	idem, var. subacuta, Grun.
	33	idem, var. subcapitata, Grun.
	35	[brevistriata var.? mutabilis var. ?] Lapponica, Grun.
44	13	Californica, Grun. [striatula var. ?]
	19	Capensis, Grun.
45	2	capucina, Desmazières. [Staurosira]
	8	idem, var. acuminata, Grun.
	4	idem, var. acuta, Grun.
	5	idem, var. lanceolata, Grun.
	1	(*capucina, var. major, W. Sm.*)
	3	capucina, var. mesolepta, (Rab.)

PL.	FIG.	
		Fragilaria (suite)
45	26c.d.27	construens, (Ehr.), genuina. [Staurosira]
	24.25	idem, var. binodis, Grun.
	21a	idem, Ehr., var. pumila, Grun. idem
	21b.22.23. 24b.26a.b.	idem, var. Venter, Grun.
	3	(*contracta, Schum.*)
40	10	(*? Crotonensis, Kitton, var.*)
36	18	? dubia, Grun.
45	15	elliptica, Schum. [mutabilis var.]?
	16.17	idem, formae minores, [mutabilis var. ?]
	28	Harrisonii, (W. Sm.), Grun. [Staurosira]
51	1.2	(*hiemalis, Lyngb.*)
44	14.15	hyalina, (Kütz.), Grun.
45	9-11	intermedia, Grun. idem
36	17	? Ischaboensis, Grun.
45	37	Islandica, Grun.
	20	lancettula, Schum.
	35	Lapponica, Grun. [brevistriata var. ? mutabilis var. ?]
51	3.4	(*mesodon, Ehr.*)
45	3	(*mesolepta, Rab.*)
	14	minutissima, Grun. [mutabilis var. ?]
	12	mutabilis, (W. Sm.), Grun. [Staurosira]
	18	(*idem, var. ? cuneata, Grun.*)
	13	idem, var. intercedens, Grun.
	9-11	(*idem, var. ? intermedia, Grun.*)
	15	[mutabilis var.] ? elliptica, Schum.
	16.17	[mutabilis var. ?] elliptica, formae minores.
	35	[idem, brevistriata var. ?] Lapponica, Grun.
	14	[idem,] minutissima, Grun.
44	10	nitzschioides, Grun.
	11	idem, var. ? Brasiliensis, Grun.

PL.	FIG.	
		Fragilaria (suite)
44	17	? Northumbrica, Grun.
	20-22	? pacifica, Grun.
45	30	? parasitica, (W. Sm.), Grun. [Synedra ?]
	29	parasitica, var. subconstricta, Grun.
116	14	idem, (Sm.), var. trigona, Grun.
45	12	(*pinnata, Ehr., partim.*)
44	8	producta, var. Bohemica, Grun.
	24	? Schwarzii, Grun.
45	1	Smithiana, Grun. [Staurosira]
44	12	striatula, Lyngb.
45	9-12	(*striatula, Ehr., partim ?*)
44	13	[striatula var. ?] Californica, Grun.
	9	undata, W. Sm.
45	21^{b} 22.23 24^{b}	(*Venter, Ehr.*)
44	1	virescens, Ralfs.
	2.3	idem, var. ? exigua, Grun.
	6	idem, var. ? oblongella, Grun.
	4	idem, idem, forma clavata.
	5	idem, var. ? subsalina, Grun.
	16$^{a.b.}$	vitrea, (Kütz.), Grun.
	16$^{e.d.c.}$ 18	vitrea, var. minima, Grun.
		Frustulia
4	19	(*elliptica, C. Ag.* !)
67	13-15	(*linearis, Ag.*)
14	32	(*pelliculosa, Bréb.* !)
59	23	(*serians, Bréb.*)
		Gaillonella
90	1.2	(*biseriata, Ehr.*)
91	17	(*coronata, Ehr.*)
88	7	(*Crotonensis, Bailey.*)

PL.	FIG.	
		Gaillonella (suite)
85	1.2	(*nummuloides, Bory.*)
91	7-9	(*Oculus, Ehr.*)
90	8.9	(*punctigera, Ehr.*)
91	13.14	(*sculpta, Ehr.*)
	7-9	(*Sol, Ehr.*)
	16	(*sulcata, Ehr.*)
90	8.9	(*undulata, Ehr., partim.*)
	1.2	(*varians, Ehr.*)
91	11.12	[G. ?] Westii, W. Sm.
		Gloionema
21	2	(*sigmoideum, Ehr.*)
		Glyphodesmis
36	14	(*Adriatica, Castracane.*)
	15	distans, Greg., Grun.
	16	idem, forma minor.
	14	Williamsonii, (W. Sm.), Grun.
		Glyphodiscus
118	3	stellatus, Grev., var. major, Grun.
		Gomphogramma
52	13.14	(*rupestre, A. Braun.*)
		Gomphonema
25	16	abbreviatum, Kütz. !
	17	[abbreviatum var.] Brasiliense, Grun.
23	16	acuminatum, Ehr.
	20	idem, id. var. Clavus.

PL.	FIG.	**Gomphonema** (suite)
23	15	acuminatum, Ehr., var. coronata.
	21	idem, id. var. intermedia, Grun.
	17	idem, id. var. laticeps.
	19	idem, id. var. pusilla, Grun.
	18	idem, id. var. trigonocephalum.
	23.24	[acuminatum, var.] Brebissonii, Kütz.
	25.26	idem, idem, formae haud constrictae.
	22	[idem, var.] elongatum, W. Sm.
	33-36	[idem, var.] montanum, (Schum.)
25	3	aequale, Greg. [angustatum var. ?]
24	8.9	affine, Kütz.
	10	idem, forma major.
	49.50	angustatum, (Kütz.), Grun.
	51	idem, var. angustissima ?
	47	idem, var. intermedia.
	48	idem, idem, forma major.
	52-55	idem, var. producta.
25	1	idem, var. subaequalis, Grun.
	3	[angustatum var. ?] aequale, Greg.
24	43-45	[angustatum var.] obtusatum, Kütz.
25	2	[idem,] Sarcophagus, Greg.
	25	angustum, Kütz. [olivaceum var. ?]
24	47	*(angustum, Bréb. nec Kütz.)*
25	30	Arcticum, Grun.
23	29	Augur, Ehr.
	28	idem, var.
24	15.18	auritum, A. Braun, [gracile var.]
25	24	Balticum, Cleve, [olivaceum var. ?]
24	37.38	Bengalense, Grun.
25	17	Brasiliense, Grun. [abbreviatum var.]
23	23.24	Brebissonii, (Kütz.) [acuminatum var.]
	25.26	idem, formae haud constrictae.
25	23	*(calcareum, Cleve.)*

PL.	FIG.	**Gomphonema** (suite)
23	7	capitatum, Ehr. [constrictum var.]
	8	idem, forma curta.
	9	clavatum, Ehr.
	12	idem, id. var. curta.
	20	*(Clavus, Bréb.)*
24	49.50	*(commune, Rab.)*
	2	commutatum, Grun.
	3	[commutatum var. ?] Mexicanum, Grun.
23	6	constrictum, Ehr.
	5	idem, id. var. subcapitata.
	7	[constrictum var.] capitatum, Ehr.
	8	idem, forma curta.
	11	[constrictum var. ?] turgidum, Ehr.
	15	(*coronatum, Ehr.*)
26	1-3	(*curvatum, Kütz.*)
	4	(*curvatum, b marina, Kütz.*)
24	19.20. 30.31	(*dichotomum, Kütz., partim.*)
	19-21	dichotomum, W. Sm.! [gracile var. ?]
23	39-41	(*dichotomum, b sessile, Kütz.*)
25	35.36	(*digitatum, Kütz.* !)
	19	elegans, Grun.
23	22	elongatum, W. Sm. [acuminatum var.]
	10	Eriense, Grun.
25	34	exiguum, Kütz.!
	35.36	idem, Kütz., var. digitata.
	38	idem, idem, minutissima.
	39	idem, idem, perpusilla, Grun.
	37	idem, idem, telographica.
36	19	*(Tibula, Bréb.)*
23	4	geminatum, Ag., var. hybrida, Grun.
24	12	gracile, Ehr., forma major.
	13	gracile, var. naviculoides, (W. Sm.) Grun.

PL.	FIG.	**Gomphonema** (suite)
24	14	gracile, var. forma parva.
	15.18	[gracile var.] auritum, A. Braun.
	19.20	[gracile var. ?] dichotomum, W. Sm. !
23	2	Herculeanum, Ehr.
25	34	*(hyalinum, Heiberg.)*
24	39	insigne, Greg., forma major.
	40	idem, forma minor.
	41	idem, forma minor ?
	28.29	intricatum, Kütz.
	30.31	idem, var. dichotoma, Grun.
	32-34	idem, var. pulvinata, Grun.
	35.36	idem, var. pumila, Grun.
23	8	*(Italicum, Ehr.)*
25	29	Kamtschaticum, Grun.
	28	idem, var. Californica, Grun.
	8	Lagenula, Kütz. !
	7	idem, Kütz., var.
24	11	lanceolatum, Kütz. !
	10	*(lanceolatum, Ehr.)*
23	17	*(laticeps, Ehr.)*
	1	Mamilla, Ehr.
26	4	(marinum, W. Sm.)
23	3	maximum, Grun. [Oregonicum var. ?]
24	3	Mexicanum, Grun. [commutatum, var. ?]
	46	micropus, Kütz. !
25	4	idem, Kütz., forma major.
	6	idem, Kütz., var. exilis, Grun.
	5	idem, Kütz., var. minor, Grun.
	38	*(minutissimum, Kütz. !)*
23	33-36	montanum, (Schum.) [acuminatum var.]
	37	montanum, var. media, Grun.
	32	idem, var. Suecica, Grun.

PL.	FIG.	
		Gomphonema (suite)
25	26.27	subramosum, Kütz. ! (C. Ag. ?) [olivaceum var. ?]
23	13	subtile, Ehr.
	14	idem, forma angusta.
	27	[subtile var.] Sagitta, Schum.
25	37	*(telographicum, Kütz.)*
24	22-25	tenellum, Kütz., (nec W. Sm.)
48	13-15	*(tinctum, C. Ag.)*
23	18	*(trigonocephalum, Ehr.)*
	11	turgidum, Ehr. [constrictum var. ?]
	31	Turris, Ehr.
25	13	ventricosum, Greg.
	14.15	idem, var. ornata, Grun.
24	26	Vibrio, Ehr.
	27	Vibrio, var. subventricosa.
12	13	*(? vitreum, Grun.)*
		Goniothecium
105	11.12	*(Danicum, Grun. olim.)*
	»	Odontella, Ehr., var. Danica, Grun.
		Grammatophora
53 bis	9	Adriatica, Grun. [marina var. ?]
	14	ambigua, Grun. [maxima var. ?]
	5	angulifera, var. Australiensis, Grun.
53	4	angulosa, var. hamulifera, Grun.
	5	idem, var. Mediterranea, Grun.
	6	idem, var. uncina, Grun.
	7	[angulosa var.?] Islandica, Ehr.
53 bis	3	Arctica, Cleve.
	4	Arnottii, Grun. [Mülleri var.?]

PL.	FIG.	Grammatophora (suite)
53bis	19	Caribaea, Cleve. [undulata var. ?]
	26	Epsilon, Grun.
	22	flexuosa, var. delicatula, Grun.
	23	idem, var. Hondurensis, Grun.
	20	Gallopagensis, Grun. [undulata var. ?]
53	18	gibberula, Kütz.
	4	(*hamulifera, Kütz.*)
53bis	6	hamulifera, var. constricta, Grun.
	7	idem, idem, forma Capensis.
53	15	intermedia, Grun. [marina var.]
	7	Islandica, Ehr. [angulosa var. ?]
53bis	18	Japonica, Grun. [undulata var. ?]
	1	longissima, Petit.
	2	idem, var. Italiana, Castracane.
	21	lyrata, Grun.
53	16	macilenta, var. subtilis, Grun.
	14	[macilenta, W. Sm., var.] nodulosa, Grun.
	12	marina, var.
	10.11	idem, var. major, Grun.
	13	idem, var. minor, Grun.
	9	idem, var. tropica, Grun.
53bis	9	[marina var. ?] Adriatica, Grun.
53	15	[marina var.] intermedia, Grun.
53bis	11	[marina var. ?] Mexicana, Ehr.
	10	[idem,] subundulata, Grun.
	12	maxima, Grun.
	13	idem, var. Magellanica, Grun.
	14	[maxima var. ?] ambigua, Grun.
	11	Mexicana, Ehr. [marina var. ?]
53	19	Mülleri, Grun.
53bis	4	[Mülleri var. ?] Arnottii, Grun.
53	14	nodulosa, Grun. [macilenta, W. Sm., var.]

PL.	FIG.	
		Grammatophora (suite)
53	14	*(oceanica, Ehr., partim.)*
53bis	15	oceanica, var. Indica, Grun.
	16	idem, var. Novae-Zeelandiae, Grun.
	24	Ovalauensis, Grun.
	25	idem, forma longior.
	8	perpusilla, Grun.
53	17	Puiggariana, Grun.
	8	pusilla, Grev., var. Scotica, Grun.
	1-3	serpentina, Ehr.
53bis	10	subundulata, Grun. [marina var. ?]
53	9	*(tropica, Kütz.)*
	6	*(uncina, Leud.-Fortm.)*
53bis	19	[undulata var. ?] Caribaea, Cleve.
	17	undulata, var. gibba, (Ehr.), Grun.
	20	[undulata var. ?] Gallopagensis, Grun.
	18	[idem,] Japonica, Grun.
		Grammonema
44	12	*(striatula, C. Ag.)*
		Grunowia
60	10	*(Denticula, Rab.)*
		Halionyx
119	3	*(spec. Ehr. ?)*
122	6	*(vicenarius, (Ehr. ?) Janisch.)*
		Hantzschia
56	1.2	amphioxys, Grun.
	4	idem, var. intermedia, Grun.

PL.	FIG.	
		Hantzschia (suite)
56	3.11	amphioxys, var. major, Grun.
	5.6	idem, var. vivax, Grun.
	7.8	[amphioxys var. ?] elongata, Grun.
	9.10	[idem,] rupestris, Grun.
	7.8	elongata, Grun. [amphioxys var. ?]
	14.15	? marina, (Donk.), Grun.
	9.10	rupestris, Grun. [amphioxys var. ?]
	12.13	virgata, (Roper), Grun.
		Heliopelta
123	3	*(species omnes, Ehr.)*
		Hemiaulus
106	10.11	affinis, Grun. [Heibergii, var. ?]
103	6-9	bipons, (Ehr. ?), Grun.
	10	Hauckii, Grun.
106	10.11	[Heibergii var. ?] affinis, Grun.
	6-9	Kittonii, Grun., avec spores.
113	14	[H. ? mesolcium, Grun.] Triceratium
	13	[H. ? quinqueguttatum, Grun.] idem
106	6-9	*(species ? Kitton in Journ. Quek. M. Cl.)*
		Heteromphala
36	14	*(Himantidium, Ehr.)*
		Himantidium
34	15	*(bidens, Greg.)*
33	14	*(denticulatum, Bréb.)*
35	22	*(Doliolus, Grun. olim.)*

PL.	FIG.	
		Himantidium (suite)
34	11	*(exiguum, Bréb.)*
33	1.2	*(gracile, Ehr.)*
	20.21	*(minus, Kütz.)*
34	14	*(major, W. Sm.)*
33	15	*(pectinale, Kütz.)*
	17	*(undulatum, W. Sm.)*
36	14	*(Williamsonii, W. Sm.)*
		Homœocladia
68	30	*(Bulnheimiana, Rab.)*
16	13	*(pumila, Kütz.)*
66	11-13	*(sigmoidea, W. Sm.)*
	14	subcohaerens, Grun., var. Scotica, Grun.
67	7	Vidovichii, Grun.
		Hyalodiscus
84	15-18	*(Franklini, (Ehr. ?) Grun., olim.)*
	»	Scoticus, (Kütz.), Grun.
	1.2	stelliger, Bailey.
		Hyalosira
54	5.6	*(delicatula, Kütz.)*
	7	*(minutissima, Kütz.)*
	1	*(obtusangula, Kütz.)*
	3	*(rectangula, Kütz).*
		Isthmia
96	1-3	enervis, Ehr.

PL.	FIG.	
		Janischia
95bis	10.11	? antiqua, Grun.
	7-9	[J. ?] Titiana, Grun. Biddulphia.
		Lampriscus
108	10	[L. circulare, Grun., forma 4-appendiculata.] Triceratium
109	2	[L. gibbosus, Bail., var. crenulata, Grun.] idem
		Licmophora
46	14	Anglica, (Kütz.), Grun.
	15	idem, forma elongata.
	6.7	angustata, Grun.
	2.3	*(argentescens, C. Ag.)*
48	16	Australis, (Kütz.), Grun. [paradoxa var. ?]
	17	idem, forma major.
47	14	Californica, Grun.
48	8.9	communis, (Heiberg ?) Grun.
47	6	constricta, Grun. [Jürgensii var. ?]
48	19.20	crystallina, (Kütz.), Grun. [paradoxa var. ?]
47	7	Dalmatica, (Kütz.), Grun.
	9	idem, forma brevis.
	8	idem, var. tenella, Grun.
48	23	debilis, (Kütz.), Grun.
	22	idem, forma elongata.
	25	idem, var. laevissima, Grun.
	24	idem, idem, forma elongata.
	4.5	*(divisa, Kütz.)*
47	10.11	Ehrenbergii, (Kütz.), Grun.
	12	[Ehrenbergii, var. ?] ovata, (W. Sm.) Grun.
46	2.3	flabellata, (Carmichael), C. Ag.

PL.	FIG.	**Licmophora** (suite)
43	1	*(fulgens, Kütz.)*
46	13	gracilis, (Kütz.), Grun.
48	2.3	grandis, (Kütz.), Grun.
	4.5	idem, var. divisa, Grun.
	6.7	hyalina, (Kütz.), Grun.
46	10.11	Jürgensii, C. Ag., genuina.
	8[a.b.c.]	idem, var. Capensis, Grun.
	9	idem, var. Chersonensis, Grun.
	12	idem, var. dubia, Grun., formae longiores et brevissimae.
47	6	[Jürgensii var. ?] constricta, Grun.
	4.5	[idem,] Reichardti, Grun.
46	5	Kamtschatica, Grun.
	1	Lyngbyei, (Kütz.), Grun.
47	16	idem, idem, genuina.
	17.18	idem, forma minor.
	20	idem, var. abbreviata, Grun.
	21	idem, var. elongata, Grun.
48	1	idem, var. ? longa, Grun.
47	19	idem, var. minuta, Grun.
	15	idem, var. Pappeana, Grun.
48	18	Nubecula, (Kütz.), Grun. [paradoxa var. ?]
47	2.3	Oedipus, (Kütz.), Grun.
	1	idem, forma elongata.
	12	ovata, (W. Sm.), Grun. [Ehrenbergii var. ?]
	13	ovata, forma Barbadensis.
48	10-12	paradoxa, C. Ag.
	8.9	*(paradoxa, Grun., olim.)*
	16	[paradoxa var. ?] Australis, (Kütz.), Grun.
	19.20	[idem,] crystallina, (Kütz.), Grun.
	18	[idem,] Nubecula, (Kütz.), Grun.
47	4.5	Reichardti, Grun. [Jürgensii var. ?]
46	4	Remulus, Grun.

PL.	FIG.	
		Licmophora (suite)
46	2.3	*(splendida, Grev.)*
48	21	tenuis, (Kütz.), Grun.
	13-15	tincta, (C. Ag.), Grun.
		Liostephania
127	10	? Schmidtii, Grun.
		Liparogyra
89	14-16	*(circularis, Ehr.)*
	9-13	*(dentroteres, Ehr.)*
	7.8	*(spiralis, Ehr.)*
		Lithodesmium
115	9	Californicum, Grun.
	3-6	[L. ? impressum, Grun.] Triceratium
116	1-5	minusculum, Grun.
	6	idem, forma major.
	8-11	undulatum, Ehr.
	12	idem, var. minor, Grun.
		Lysigonium
91	11.12	*(Westii, O'Meara.)*
		Mastogloia
4	24	Baltica, Grun.
	28	bisulcata, var. Corsicana, Grun.
	21.22	Braunii, Grun.
	23	idem, var. pumila, Grun.

PL.	FIG.	
		Mastogloia (suite)
28	6	cribrosa, Grun.
4	18	Dansei, Thwaites.
	19	[Dansei var. ?] elliptica, (C. Ag.)
	"	elliptica, (C. Ag.), [Dansei var. ?]
	25.26	exigua, Lewis.
	20	Grevillei, W. Sm.
	14	lacustris, Grun. [Smithii var. ?]
	15-17	lanceolata, Thwaites.
28	5	ovata, Grun.
4	13	Smithii, Thwaites.
	27	idem, var. amphicephala, Grun.
	14	[Smithii var. ?] lacustris, Grun.
		Mastogonia
83ter	2.3.4	*(Actinoptychus, Ehr.)*
	1	Crux, Ehr.
		Melosira
90	4	anastomosans, Grun.
85	3.4	*(Arctica, Dickie, nec Ehr.)*
90	1.2.3	arenaria, Moore.
88	16	Binderiana, Kütz. [crenulata var.]
85	5.6.7	Borreri, Grev.
	8	idem, var. hispida, Castracane.
87	27	Carconensis, Grun. [granulata var. ?]
91	1.2	? clavigera, Grun.
	4.6	*(costata, Grev.)*
88	3.4.5	crenulata, Kütz.
	12-15	idem, var. ambigua, Grun.
	7	idem, var. Italica, (Kütz.), Grun.
	6	idem, var. Javanica, Grun.

PL.	FIG.	**Melosira** (suite)
88	8	crenulata, var. valida, Grun.
	16	[crenulata var.] Binderiana, Kütz.
	19	[crenulata var ?] laevis, (Ehr.), Grun.
	1.2	[idem,] lineolata, Grun.
	18	[idem,] semilaevis, Grun.
	9.10	[crenulata var.] tenuis, Kütz.
	11	[idem,] tenuissima, Grun.
90	10.12. 15.16	Dickiei, (Thwaites), Kütz.
	13.14	idem, forma Chilensis.
86	21-23	distans, Kütz., genuina.
	17.20	idem, Kütz., var.
	28.29.30ª	idem, var. alpigena, Grun.
	24	[distans var. ?] laevissima, Grun.
	25-27	[distans var.] nivalis, W. Sm.
	34.35	[distans var. ?] Scala, (Ehr.)
	30ᵇᵇ31	[distans var.] scalaris, Grun.
84	13.14	*(dubia, Kütz.)*
	11.12	*(globifera, Harv.)*
87	9-12	granulata, (Ehr.), Ralfs.
	9	idem, var. procera.
	13-16	idem, forma Australiensis.
	15	idem, idem, var. procera.
	7.8	granulata, (Ehr.), Ralfs, var.
	17	granulata, passant en partie à la var. decussata.
	18	granulata, var. curvata, Grun.
88	17	idem, var. Jeremiae, Grun.
87	23-26	idem, var. Jonensis, Grun.
	24	idem, forma curvata.
	23	idem, forma procera.
	27	[granulata var. ?] Carconensis, Grun.
	19-22	[idem,] spiralis, (Ehr.)
85	3.4	hyperborea, Grun. [nummuloides var. ?]
88	7	*(Italica, Kütz.)*

PL.	FIG.	**Melosira** (suite)
86	5-8	Jürgensii, Ag. !
	1.2	idem, Ag. var. ?
	3.4	anormal ?
	9	Jürgensii, var. subangularis, Grun.
83	12	*(? ? Jütlandica, Grun.)*
88	19	laevis (Ehr.), Grun. [crenulata var. ?]
86	24	laevissima, Grun. [distans var. ?]
85	5-7	*(lineata, Ag.)*
88	1.2	lineolata, Grun. [crenulata var. ?]
87	1.2	lyrata, (Ehr.), Grun.
	6	lyrata, var. biseriata, Grun.
	3	lyrata, var. lacustris, Grun.
	4.5	idem, formae tenuiores.
91	3.5	Mediterranea, Grun. [Skeletonema ?]
85	5-7	*(moniliformis, Ag.)*
86	25-27	nivalis, W. Sm. [distans var.]
90	7	Normani, Arn. Ms. [undulata var. ?]
84	3	*(nummuloides, Ehr.)*
85	1.2	nummuloides, (Bory), Ag.
	3.4	[nummuloides var. ?] hyperborea, Grun.
91	19-21	ornata, Grun. [Paralia ?]
89	1-6	Roeseana, Rab., typica.
	9-13	idem, var. dentroteres, (Ehr.), Grun.
	9	idem, forma elongata.
	12.13	idem, normalis.
	11	idem, porocyclia.
	10	idem, spiralis.
	17.18	Roeseana, var. epidendron, (Ehr.), Grun.
	19.20	idem, forma porocyclia, Grun.
88	3.4	*(orichalcea, W. Sm., nec Kütz. et Mertens.)*
89	14-16	Roeseana, var. Hamadryas, (Ehr.), Grun.
	7.8	idem, var. spiralis, (Ehr.), Grun.
86	34.35	Scala, (Ehr.) [distans var. ?]

PL.	FIG.	**Melosira** (suite)
86	30bis 31	scalaris, Grun. [distans var.]
91	13.14	sculpta, (Ehr.) [Orthosira ?]
88	18	semilaevis, Grun. [crenulata var. ?]
86	10-16	setosa, Grev.
91	7-9	Sol, (Ehr.), Kütz. [Orthosira]
86	36-39	solida, Eulenst. Ms.
	40-42	solida, var. Haitiensis, Grun.
87	19-22	spiralis, (Ehr.), [granulata var. ?]
91	16	sulcata, (Ehr.), Kütz. [Paralia]
	23	idem, var. biseriata, Grun., forma cellulis minoribus.
	24	idem, forma coronata cellulis majoribus.
	17	idem, var. coronata, (Ehr.), Grun.
	18	idem, idem, forma minor.
	22	idem, var. Siberica, Grun.
88	9.10	tenuis, Kütz. [crenulata var.]
	11	tenuissima, Grun. [crenulata var.]
104	3.4	*(thermalis, Menegh.)*
90	8.9	undulata, Kütz.
	5.6	idem, var. Samoensis, Grun.
	7	[undulata, var. ?] Normani, Arn. Ms.
85	10-15	varians, Ag.
91	11.12	Westii, W. Sm. [Gaillonella ?]
		Meridion
51	10-12	circulare, C. Ag.
	18	circulare ?
	14.15	[circulare var. ?] constrictum, Ralfs.
	14-17	constrictum, Ralfs. [circulare var. ?]
	13	forme intermédiaire entre M. circulare et M. constrictum.
37	8	*(marinum, Greg.)*
	2	*(marinum, Greg. partim.)*

PL.	FIG.	
		Micromega
15	20	(*albicans, Kütz.* !)
	15	(*corniculatum, C. Ag.* !)
	17	(*floccosum, Kütz., Ralfs.*)
	8	(*hyalinum, Kütz.*)
	12	(*Kützingii, Ralfs nec Rab.*)
	1	(*myxacanthum, Kütz.*)
	16	(*pallidum, C. Ag.* !)
	9.13	(*setaceum, Kütz. partim* !)
	18	(*sirospermum, Kütz.* !)
		Micropodiscus
118	5	[M. ?] Oliverianus, (O'Meara.) Grun.
		Mölleria
95bis	5	(*cornuta, Cleve.*)
		Navicula
10	4	abrupta, Greg. var.
21	12	(*acuminata, Kütz.*)
13	4	affinis, Ehr. var.
	6	idem, var. undulata, Grun.
22	11.12	(*alata, Ehr.*)
12	30	alpestris, Grun.
	5	ambigua, Ehr.
	6	idem, forme craticulaire.
	37	Americana, Ehr.
13	2	amphigomphus, Ehr. [Iridis var.]
	5	amphirhynchus, Ehr.
11	7	amphisbaena, Bory.
	6	(*amphisbaena, var. b. W. Sm.*)

PL.	FIG.	**Navicula** (suite)
11	5	[amphisbaena var. ?] Fenzlii, Grun.
	6	[idem,] subsalina, Donk.
	4	[idem,] idem, forma major.
8	29.30	Anglica, Ralfs. [Placentula var. ?]
	31	idem, var. subsalina, Grun.
11	10	angulosa, Greg., var.
7	17	angusta, Grun. [Cari, Ehr., var.]
12	15	Aponina, Kütz.
6	18.20	appendiculata, (Ag.), Kütz.
	30.31	idem, var. irrorata, Grun.
	27.28	[appendiculata var. ?] Budensis, Grun.
	29	[idem,] Naveana, Grun.
37	7	(*Arcus, Ehr.*)
8	18	arenaria, Donkin, var. ?
10	13	(*? aspera, Ehr.*)
14	12	atomoides, Grun.
	11ᵃ	idem, id. var.
	13.14	idem, id. forma magis stauroneiformis.
	11ᵇ	idem, var. subserians, Grun.
	16	forme moyenne entre le N. atomoides et le N. minima.
	12.26	(*Atomus, Autor nec Kütz.*)
	24	Atomus, Naegeli ! Kütz. !
	25	idem, formae tenuistriatae.
7	27	avenacea, Bréb. [viridula var.]
12	28	bacillaris, Greg., var. inconstantissima, Grun.
	27	idem, idem, var. thermalis, Grun.
	33	[bacillaris var. ?] fontinalis, Grun.
13	11	bacilliformis, Grun.
	8	Bacillum, Ehr.
	10	idem, id. forma minor.
10	8	balnearis, Grun. [pygmaea var. ?]
20	1	(*Baltica, Ehr.*)

PL.	FIG.	**Navicula** (suite)
11	4	(*Barkeriana, O'Meara ?*)
	12	Barklayana, Greg., forma minor, obtusa. [palpebralis var.]
6	14	bicapitata, Lagerst.
	9	idem, idem, var. hybrida, Grun.
	14	(*biceps, Greg.*)
12	3	(*biceps, Ehr., partim.*)
13	7	bipunctata, Grun.
6	3	borealis, (Ehr.), Kütz.
	4	idem, forma evidentius punctata.
7	23	Bottnica, Grun.
6	21	Braunii, Grun.
5	7	Brébissonii, Kütz.
	8	idem, var. diminuta, Grun.
	9	idem, var. subproducta, Grun.
11	18	brevis, Greg., var.
	19	brevis, Greg., magis typica.
6	5	brevistriata, Grun. [gibba var.]
	27.28	Budensis, Grun. [appendiculata var. ?]
14	6	Bulnheimii, Grun.
	1	(*Carassius, Ehr., partim ?*)
7	11	Cari, Ehr.
	17	[Cari, Ehr., var.] angusta, Grun.
8	35	Cesatii, Rab.
7	13.14	cincta, (Ehr.), Kütz.
	12.15	[cincta var.] Heufleri, Grun.
	16	[idem,] leptocephala, Bréb.
12	29	(*Claviculus, Arn. herb., nec Greg.*)
14	1	cocconeiformis, Greg.
	36	confervacea, (Kütz.), Grun. [Diadesmis]
	38	idem, var. Hungarica, Grun.
	37	idem, var. peregrina, Grun.
17	12	(*convexa, W. Sm.*)

PL.	FIG.	**Navicula** (suite)
9	2	Crabro. (Ehr.), var. multicostata, Grun.
	1	idem, var. Pandura, Bréb.
17	4	(*crassinervia, Bréb., olim.*)
10	15	Crucicula, (W. Sm.), Donk.
8	12-14	(*cryptocephala, W. Sm. ?*)
	5	cryptocephala, Kütz.
	1	idem, Kütz. ! (nec W. Sm.)
	2.4	idem, var. exilis, Grun.
	10	idem, Kütz., var. intermedia.
	11	[cryptocephala, Kütz., var.] lancettula, Schum.
21	3	(*curvula, Ehr. ?*)
12	4	cuspidata, Kütz.
7	32	Cymbula, Donk.
	3	Cyprinus, (Ehr. ?), W. Sm.
5	1	Dactylus, (Ehr.), Kütz., forma maxima.
11	13	Delognei, Van Heurck.
6	14	(*dicephala, Ehr., partim.*)
7	28.29	(*dicephala, Ehr., partim ?*)
8	34	dicephala, (Ehr. ?), W. Sm.
	33	idem, (Ehr. ?), idem, forma minor.
9	5.6	didyma, Ehr.
12	16.17	difficilis, Grun.
7	4	digito-radiata, (Greg.)
6	32	divergentissima, Grun.
8	34	(*Elginensis, Greg.*)
10	10	elliptica, Kütz.
	11	idem, var. minutissima, Grun.
	12	idem, var. oblongella, (Naeg.)
8	32	exigua, Greg. [Gastrum, Ehr. var. ?]
12	11.12	exilis, Grun.
7	16	(*exilis, Kütz., partim.*)
8	2.4.11	
12	11.12	
14	5	

PL.	FIG.	**Navicula** (suite)
14	30	exilissima, Grun.
	5	Falaisensis, Grun.
	6^b	idem, id. var. ? lanceola, Grun.
12	34	fasciata, Lagerst.
11	5	Fenzlii, Grun. [amphisbaena var. ?]
14	41	Flotowii, Grun. [Diadesmis]
12	32	fonticola, Grun.
	33	fontinalis, Grun. [bacillaris var. ?]
10	3	forcipata, Grev.
	5	idem, id. var. suborbicularis.
	6	idem, id. var. versicolor, Grun.
11	2	formosa, Greg., typica.
	3	[formosa var. ?] Liburnica, Grun.
14	33	fusiformis, Grun., var. Ostrearia.
11	17	*(gastroides, Greg.)*
8	25	Gastrum, (Ehr.), Donk.
	27	idem, Ehr., forma minor.
	32	[Gastrum, Ehr., var. ?] exigua, Greg.
6	5	[gibba var.] brevistriata, Grun.
12	19	*(gibberula, Kütz. ?)*
	13	gomphonemacea, Grun.
8	8	Gottlandica, Grun.
7	7.8	gracilis, (Ehr. ?), Kütz., Grun.
	9.10	gracilis, var.
6	24	gracillima, Greg., var.
11	15	granulata, Bréb., forma minor.
13	13	*(Granum, Schum. ?)*
8	12-15	Gregaria, Donk.
11	5	*(Grunowii, O'Meara.)*
9	14	Hennedyi, W. Sm.
7	12.15	Heufleri, Grun. [cincta var.]
20	3	*(Hippocampus, Ehr.)*
11	20	humerosa, Bréb., var.

PL.	FIG.	**Navicula** (suite)
11	23	humilis, Donk.
14	43	incerta, Grun.
11	22	integra, W. Sm., Brit. Diat.
9	7	interrupta, Kütz.
	8	idem, Kütz., var.
13	1	Iridis, Ehr., var.
	2	[Iridis var.] amphigomphus, Ehr.
17	11	(*Jenneri, W. Sm.*)
10	22	Kotschyana, Grun.
12	31	lacunarum, Grun.
13	13	laevissima, (Kütz. ?), Grun.
64	3	(*lamprocampa, Kütz.*)
8	16	lanceolata, Kütz. !
	17	idem, forma curta.
	40	(*lanceolata, Kütz., var. ?*)
	11	lancettula, Schum. [cryptocephala, Kütz., var.]
6	1.2	lata, Bréb.
	16	Legumen, (Ehr.), var. decrescens, Grun.
	17	idem, forma vix undulata.
13	12	lepida, Greg., forma curta.
14	42	lepidula, Grun.
7	16	leptocephala, Bréb. [cincta var.]
	16	(*leptocephala, Bréb. in Herb. Kütz.*)
13	13	(*leptogongyla, Ehr., partim ?*)
6	7	(*leptogongyla, (Ehr.), var. stauroneiformis ?*)
12	29	leptosoma, Grun.
	36	Liber, W. Sm.
	35	idem, var. linearis, Grun.
11	3	Liburnica, Grun. [formosa var. ?]
12	18	limosa, Kütz.
	23	idem, var. curta, Grun.
	19	idem, var. gibberula, Grun.
	20	idem, var. subinflata, Grun.

PL.	FIG.	**Navicula** (suite)
12	22	limosa, var. undulata, Grun.
	21	[limosa var. ?] Silicula, Grun.
	24	[idem,] ventricosa, (Ehr. ?), Donk.
	35	*(linearis, Grun.)*
	7	*(lineolata, Ehr.)*
14	40	lucidula, Grun. [Diadesmis]
10	1	Lyra, Ehr., typica.
	2	idem, elliptica.
5	3.4	major, Kütz.
11	16	marina, Ralfs.
8	20	Meniscułus, Schum. [peregrina var. ?]
	21.22	idem, id. var., var.
	23.24	idem, id. var. Upsalensis, Grun.
	19	Meniscus, Schum. [peregrina var. ?]
6	10.11	mesolepta, (Ehr.), var., var.
	15	idem, (Ehr.), var. stauroneiformis.
14	29	microcephala, Grun.
	15	minima, Grun.
	16	forme moyenne entre le N. minima et le N. atomoides.
11	11	*(minor, Greg.)*
	11	minor, Greg. [palpebralis var.]
14	3	minuscula, Grun.
	2	idem, id. var. Bahusiensis, Grun.
	4	idem, id. var. Istriana, Grun.
	15	*(minutissima, Grun. nec Rab.)*
10	7	*(minutula, W. Sm.)*
6	19	molaris, Grun.
9	2	*(multicostata, Grun.)*
14	27	muralis, Grun.
	26	idem, id. forma minuta.
	28	idem, id. forma sublanceolata.
10	19	*(mutica, Kütz.)* type original.
	17	mutica, Kütz., var. Cohnii, (Hilse.)

PL.	FIG.	**Navicula** (suite)
10	18.18[b]	mutica, Kütz. var. Göppertiana, (Bleisch.)
	20[a]	idem, var. producta.
	20[b]	idem, var. subundulata.
	20[c]	idem, var. undulata, (Hilse.)
	21	[mutica var. ?] quinquenodis, Grun.
6	29	Naveana, Grun. [appendiculata, var. ?]
10	21	*(nivalis, Ehr. ?)*
5	2	nobilis, (Ehr.), Kütz., var.
7	1	oblonga, Kütz.
10	12	*(oblongella, Naeg. !)*
9	10	oculata, Bréb.
14	33	*(ostrearia, Turpin nec Bréb.)*
11	9	palpebralis, Bréb.
	8	idem, id. var.
	11	[palpebralis var.] minor, Greg.
	12	[idem,] Barklayana, Greg., forma minor, obtusa.
9	1	*(Pandura, Bréb.)*
24	49.50	*(Parmula, Naegeli.)*
6	6	parva, (Ehr.)
14	32	pelliculosa, (Bréb.), Hilse.
17	14	*(pellucida, Ehr.)*
7	2	peregrina, (Ehr. ?), Kütz.
8	20	[peregrina, var. ?] Menisculus, Schum.
	19	[idem,] Meniscus, Schum.
11	1	permagna, Bailey.
14	7	perminuta, Grun. [veneta var. ?]
	22.23	perpusilla, Grun.
9	9	*(Pfitzeriana, O'Meara.)*
8	40	phyllepta, Kütz. !
	28	Placentula, Ehr. !
	26	idem, Ehr. forma minor.
	29.30	[Placentula var. ?] Anglica, Ralfs.
9	13	Praetexta, Ehr.

PL.	FIG.	**Navicula** (suite)
13	3	producta, W. Sm.
	9	pseudo-Bacillum, Grun.
10	11	*(Puella, Schum. ?)*
8 14	6.7 35	pumila, Grun. [veneta var. ?]
12	7	*(punctulata, Ehr.)*
11	16	*(punctulata, W. Sm.)*
13	15	Pupula, Kütz. !
	16	idem, Kütz., forma minuta.
11	17	pusilla, W. Sm.
10	7	pygmaea, Kütz.
	8	[pygmaea var. ?] balnearis, Grun.
	21	quinquenodis, Grun. [mutica var. ?]
7	20	radiosa, Kütz.
	21.22	*(radiosae formae minutae ?)*
	19	radiosa, Kütz., var. acuta.
10	9	Reichardti, Grun.
7	5.6	Reinhardti, Grun.
17	1	*(rhomboides, Ehr.)*
8	6.7	*(Rhombulus, Schum. ? ?)*
7	31	rhynchocephala, Kütz.
	30	idem, var. amphiceros, Kütz.
	23	rostellata, Kütz. ?
	24	idem, forma minor.
12	1	*(rostrata, Ehr. ?)*
11	22	*(rostrata, W. Sm., Micr. J., nec Ehr.)*
14	17	Rotaeana, (Rab.), Grun. [Pseudo-Pleurosigma]
	19	idem, Grun., forma minor, tenuistriata.
	18	idem, id., var.
	20	idem, id., var. excentrica, Grun.
	21	idem, id., var. oblongella, Grun.
10	7	*(rotundata, Hantzsch.)*
8	9	salinarum, Grun.
14	8a	Saugerri, Desmazières !

PL.	FIG.	
		Navicula (suite)
14	16^b	Saugerri, var. striis tenuioribus ?
21	13	(*Scalpellum, Kütz.* ?)
20	4	(*Scalprum, Gaillon et Turpin ?*)
11	21	Schumanniana, Grun.
12	1	sculpta, Ehr.
9	11	Scutellum, O'Meara.
11	14	Scutum, Schum. ?
14	8^b	seminulum, Grun.
	9^a	idem, id. forma major.
	9^b	idem, id. var.
	10	idem, var. fragilarioides, Grun.
12	7	serians, (Bréb.), Kütz.
	9	idem, var. minima, Grun.
	8	idem, var. minor, Grun.
	10	idem, var. thermalis, Grun.
63	5-7	(*sigmoidea, Ehr.*)
12	21	(*Silicula, Ehr., partim* ?)
	»	Silicula, Grun. [limosa var. ?]
7	28.29	Slesvicensis, Grun.
9	12	Smithii, Bréb.
12	2	sphaerophora, Kütz.
	3	idem, forma minor.
9	4	splendida, Greg., var.
6	7	stauroptera, Grun.
	8	(*stauroptera, var.* ?)
	7	(*stauroptera a. gracilis, Grun.*)
	6	(*stauroptera b. parva, Grun.*)
17	7.8	Styriaca, Grun. [Vanheurckia ?]
6	23	subcapitata, Greg., var. paucistriata, Grun.
	22	idem, id. var. stauroneiformis.
13	14	subhamulata, Grun.
6	25.26	sublinearis, Grun. [tenuis, Greg. var. ?]
11	6	subsalina, Donk. [amphisbaena var. ?]

PL.	FIG.	**Navicula** (suite)
11	4	subsalina, Donk., forma major. [amphisbaena var. ?]
6	8	Tabellaria, (Ehr. partim) var. stauroneiformis.
12	14	(tabida, Rylands Ms.)
7	21.22	tenella, Bréb.
6	25.26	[tenuis, Greg., var. ?] sublinearis, Grun.
	12.13	Termes, (Ehr.), var. stauroneiformis.
18	2	*(Thuringiaca, Kütz. !)*
27	50	*(trinodis, Sm. (partim* ?))
14	31[a]	trinodis, W. Sm., forma minuta.
	31[b]	idem, var. biceps, Grun.
11	21	[Trochus, (Ehr. ? ?) Schum.] Schumanniana, Grun.
12	1	(*tumens, W. Sm.*)
17	11	*(tumida, Bréb.)*
10	14	Tuscula, (Ehr.), Grun.
9	9	vacillans, A. Schmidt, forma minuta.
8 14	3 34	veneta, Kütz.
	7	[veneta var. ?] perminuta, Grun.
8 14	6.7 35	[idem,] pumila, Grun.
12	24	ventricosa, (Ehr. ?), Donk. [limosa var. ?]
	26	idem, forma minuta ?
	25	idem, var. truncatula, Grun.
7	5.6	*(vernalis, Donk.)*
5	5	viridis, Kütz.
	6	idem, var. commutata, Grun.
7	25	viridula, Kütz. ! typica.
	26	idem, Kütz., forma minor.
	23	*(viridulae affinis.)*
	27	[viridula var.] avenacea, Bréb.
	18	vulpina, Kütz.
9	3	Williamsonii, O'Meara.
12	14	Zellensis, Grun.

PL.	FIG.	Nitzschia
70	6	acicularis, (Kütz.), W. Sm.
	9	idem, var. closterioides, Grun.
63	4	Acula, Hantzsch. [dissipata var. ?]
68	19-22	acutiuscula, Grun. [amphibia var.]
	23	idem, forma major, marina.
58	16.17	acuminata, (W. Sm.), Grun.
	18	[acuminata var. ?] Novae Hollandiae, Grun.
61	2	Adriatica, Grun. [insignis var.]
62	16	affinis, Grun. [angularis var.]
68	15-17	amphibia, Grun.
	19-22	[amphibia var.] acutiuscula, Grun.
	23	idem, forma major, marina.
	24	[amphibia var. ?] fossilis, Grun.
	18	[amphibia var.] Frauenfeldii, Grun.
56	1.2	*(amphioxys, W. Sm.)*
62	11-14	angularis, W. Sm.
	15	idem, var. occidentalis, Grun.
	16	[angularis var.] affinis, Grun.
57	22-24	angustata, (Sm.), Grun.
	25	idem, var. curta, Grun.
58	26.27	apiculata, (Greg.), Grun.
63	8	Armoricana, (Kütz.), Grun. [sigmoidea var. ?]
57	28	Balatonis, Grun.
60	1	bilobata, W. Sm.
	2	idem, var. minor, Grun.
	3	idem, forma striis carinalibus brevioribus.
	4.5	[bilobata var. ?] hybrida, Grun.
70	1.2	*(birostrata, W. Sm.)*
58	9	bombiformis, Grun. [constricta var.]
63	8	*(Brébissonii, W. Sm.)*
64	4.5	Brébissonii, W. Sm.
67	4	brevissima, Grun. [obtusa var.]
59	4.5	calida, Grun.

PL.	FIG.	**Nitzschia** (suite)
59	8	circumsuta, (Bailey), Grun.
66	10	Clausii, Hantzsch.
70	5	Closterium, (Ehr.), W. Sm., forma minutissima.
	7.8	idem, var.
	10.11	*(Closterium, Eul. typ.)*
57	4	coarctata, Grun. [punctata var.]
69	32	communis, Rab.
	35	idem, var. abbreviata, Grun.
	33.34	idem, var. obtusa, Grun.
59	13.14	commutata, Grun.
58	8	constricta, (Greg.), Grun., forma parva.
	7	idem, var. subconstricta, Grun.
	9	[constricta var.] bombiformis, Grun.
59	24	*(cuneata, Suringar.)*
62	19	cursoria, (Donk.), Grun.
57	19-21	debilis, (Arn.), Grun.
60	10	Denticula, Grun.
	9	idem, var. Delognei, Grun.
63	1	dissipata, (Kütz.), Grun.
	23	idem, var. media, Grun.
	4	[dissipata var. ?] Acula, Hantzsch.
62	10	distans, Greg.
	18	idem, var. ? subsigmoidea, Grun.
	17	idem, var. tumescens, Grun.
59	9-12	dubia, W. Sm.
	13.14	*(dubia, var. b, W. Sm., partim.)*
69	22ᵃ	elegantula, Grun. [microcephala var. ?]
56	7.8	elongata, Grun. [amphioxys var. ?]
	»	*(elongata, Hantzsch.)*
63	5-7	*(elongata, Hassal.)*
60	6-8	epithemioides, Grun.
66	11-13	fasciculata, Grun.
62	3.4	Fluminensis, Grun. [vivax var. ?]

PL.	FIG.	**Nitzschia** (suite)
62	5	[Fluminensis var.] majuscula.
69	15-20	fonticola, Grun.
68	24	fossilis, Grun. [amphibia var. ?]
	18	Frauenfeldii, Grun. [amphibia var.]
	31	(*Frustulum, Kütz. !*)
	28.29	Frustulum, (Kütz.), Grun.
	27	idem, (Kütz.), Grun., var.
	30	idem, var. Bulnheimiana, Grun.
	31	idem, var. perminuta, Grun.
69	30	idem, var. tenella, Grun.
	9	[Frustulum var.] glacialis, Grun.
	1	[idem,] Hantzschiana, Rab.
	2	idem, forma subserians, Grun.
	6	[Frustulum var.] inconspicua, Grun.
	5	[idem,] minutula, Grun.
	7	[idem,] perminuta, forma curta.
	4	[idem,] idem, Grun. forma striis parum densioribus
	8	[idem,] perpusilla, Rab.
69	9	glacialis, Grun. [Frustulum var.]
68	11	gracilis, Hantzsch.
	12	idem, forma brevior minus producta.
57	5	granulata, Grun.
69	1	Hantzschiana, Rab. [Frustulum var.]
	2	idem, forma subserians, Grun.
68	13.14	Heufleriana, Grun.
58	19-22	Hungarica, Grun.
	23-25	idem, var. linearis, Grun.
62	9	hyalina, Greg. [spathulata var.]
60	4.5	hybrida, Grun. [bilobata var. ?]
69	6	inconspicua, Grun. [Frustulum var.]
68	5.6	incrustans, Grun. [lanceolata, var. ?]
70	13.14	incurva, Grun. [Lorenziana var.]

PL.	FIG.	Nitzschia (suite)
70	13.14	*(incurva, Grun.)*
61	1	insignis, var. Mediterranea, Grun.
	2	[insignis var.] Adriatica, Grun.
	5	[insignis var. ?] notabilis, Grun.
	4	[idem,] Smithii, Ralfs.
	3	[insignis var.] spathulifera, Grun.
69	10	intermedia, Hantzsch.
	11	idem, forma Bengalensis.
	24-26	Kützingiana, Hilse. [Palea var. ?]
	27	idem, var. exilis, Grun.
64	3	lamprocampa, Hantzsch. [vermicularis var. ?]
57	6	lanceola, Grun.
	7	[lanceola var. ?] minutula, Grun.
68	1.2	lanceolata, W. Sm.
	4	idem, forma minima.
	3	idem, forma minor.
	5.6	[lanceolata var. ?] incrustans, Grun.
65	3	latiuscula, Grun. [sigma var. ?]
57	15	Levidensis (Sm.) [Tryblionella var.]
	16.17	idem, formae minores densius striatae.
59	7	forme se rapprochant du N. Levidensis.
68	25.26	Liebetruthii, Rab.
69	3	idem, var.
67	13-15	linearis, (Ag.), W. Sm.
	16	[linearis, var.] tenuis, (W. Sm. ?), Grun.
59	1-3	littoralis, Grun. [Tryblionella var. ?]
	21	littorea, Grun. [thermalis var. ?]
	25	idem, var. parva, Grun.
70	1.2	longissima, (Bréb.), Ralfs.
	3	idem, forma parva.
	4	idem, var. reversa, Grun.
	12	Lorenziana, Grun.
	13.14	[Lorenziana var.] incurva, Grun.

PL.	FIG.	**Nitzschia** (suite)
64	6.7	macilenta, W. Sm.
65	6	major, Grun. [Sigma var. ?]
62	5	majuscula. [Fluminensis var.]
58	13	marginulata, Grun.
	14	idem, var. didyma, Grun.
	15	idem, forma parva.
	12	marginulata, var. subconstricta, Grun.
57	26.27	marina, Grun.
65	1.2	maxima, Grun. [sigma var. ?]
63	2.3	*(media, Hantzsch.)*
69	21	microcephala, Grun.
	22ª	[microcephala var. ?] elegantula, Grun.
	23	minuta, Bleisch. [Palea var.]
63	1	*(minutissima, W. Sm., partim ?)*
69	5	minutula, Grun. [Frustulum var.]
57	7	idem, id. [lanceola var.?]
67	3	nana, Grun. [obtusa var.]
57	1	navicularis, (Bréb.), Grun.
61	5	notabilis, Grun. [insignis var. ?]
58	18	Novae-Hollandiae, Grun. [acuminata var. ?]
67	1	obtusa, W. Sm.
	2	obtusa, var. scalpelliformis, Grun.
	4	[obtusa var.] brevissima, Grun.
	3	[idem,] nana, Grun.
	5.6	[obtusa var. ?] Schweinfurthii, Grun.
69	36	ovalis, Arn. Ms.
	22ᵇ	Palea, (Kütz.), W. Sm.
	22ᶜ	idem, forma major.
	28.29	idem, var. debilis, (Kütz.), Grun.
	31	idem, var. tenuirostris, Grun.
	24-26	[Palea var. ?] Kützingiana, Hilse.
	23	[Palea var.] minuta, Bleisch.
68	9.10	paleacea, Grun. [subtilis var.]

PL.	FIG.	**Nitzschia** (suite)
58	1.2.3	panduriformis, Greg.
	6	idem, var. continua, Grun.
	5	idem, var. delicatula, Grun.
	4	idem, var. minor, Grun.
61	6	paradoxa, (Gmel.) Grun.
	7	idem, forma major latior.
59	25	*(parva, W. Sm. ?)*
67	4	*(parvula, Lewis nec W. Sm.)*
69	4	perminuta, Grun. forma striis parum densioribus. [Frustulum var.]
	7	idem, forma curta. [Frustulum var.]
	8	perpusilla, Rab. [Frustulum var.]
68	25.26	*(perpusilla, Grun. nec Rab.)*
62	6	Petitiana, Grun.
58	10.11	plana, W. Sm.
57	2	punctata, (Sm.), Grun.
	3	idem, var. elongata, Grun.
	4	[punctata var.] coarctata, Grun.
62	17	*(Quarnerensis, Grun., partim.)*
67	17.18	recta, Hantzsch.
70	4	*(reversa, W. Sm.??)*
69	12.13	Romana, Grun.
70	10.11	*(rostrata, Grun.)*
57	18	salinarum, Grun. [Tryblionella var.]
59	6	petite forme analogue du N. (Tryblionella var. ?) salinarum, Grun.
67	12	salinarum, Grun. [vitrea var.]
60	14.15	scalaris, (Ehr.), W. Sm.
67	5	Schweinfurthii, Grun. [obtusa var. ?]
59	23	serians, (Bréb.), Rab.
65	7.8	Sigma, W. Sm.
66	9	idem, var. diminuta, Grun.
	4	idem, var. Habirshawii, Febiger, forma brevior.

PL.	FIG.	**Nitzschia** (suite)
66	1	Sigma, var. intercedens, Grun.
	2	idem, var. rigida, (Kütz.), Grun.
	5	idem, idem, Grun.
	8	idem, var. rigidula, Grun.
	6	idem, var. Sigmatella, (Greg. ?) Grun.
	7	idem, formae elongatae.
	3	petite forme tenant le milieu entre la var. rigida et la var. Sigmatella.
65	3	[Sigma var. ?] latiuscula, Grun.
	6	[idem,] major, Grun.
	1.2	[idem,] maxima, Grun.
	4.5	[idem,] valida, Cleve et Grun., forma longissima.
63	5.6.7	sigmoidea, (Ehr.), W. Sm.
	8	[sigmoidea var. ?] Armoricana, (Kütz.), Grun.
60	11	sinuata, (W. Sm.), Grun.
	12.13	[sinuata var.] Tabellaria, Grun.
61	4	Smithii, Ralfs. [insignis var. ?]
	8	socialis, Greg.
62	7.8	spathulata, Bréb.
	9	[spathulata var.] hyalina, Greg.
61	3	spathulifera, Grun. [insignis var.]
67	8.9	spectabilis, (Ehr.), Ralfs.
61	4	*(spectabilis, W. Sm.)*
59	24	stagnarum, Rab.
68	7.8	subtilis, (Kütz.), Grun.
	9.10	[subtilis var.] paleacea, Grun.
60	12.13	Tabellaria, Grun. [sinuata var.]
80	2	*(Taenia, W. Sm.)*
68	7.8	*(tenuis, (W. Sm. ? ?))*
67	16	tenuis, (W. Sm. ?) Grun. [linearis var.]
59	20	thermalis, (Kütz.), Grun.
	15-19	idem, idem, var. intermedia, Grun.

PL.	FIG.	
		Nitzschia (suite)
59	22	thermalis, var. minor, Hilse.
	23	*(thermalis, forma brevis ?)*
	21	[thermalis, var. ?] littorea, Grun.
57	9.10	Tryblionella, Hantzsch.
	11-13	idem, var. maxima, Grun.
	14	idem, var. Victoriae, Grun.
	15	[Tryblionella var.] Levidensis, (Sm.)
	16.17	idem, formae minores densius striatae.
59	1.2.3	[Tryblionella var. ?] littoralis, Grun.
57	18	[Tryblionella var.] salinarum, Grun.
59	6	petite forme analogue du N. (Trybl. var. ?) salinarum, Grun.
69	14	tubicola, Grun.
60	11	*(tumida, Hantzsch.)*
65	4.5	valida, Cleve et Grun., forma longissima. [Sigma var. ?]
64	2	vermicularis, (Kütz.), Hantzsch.
	1	idem, idem, forma minor.
	3	[vermicularis var. ?] lamprocampa, Hantzsch.
57	8	vexans, Grun.
56	12.13	*(virgata, Roper.)*
67	10	vitrea, Norman.
	11	idem, forma major.
	12	[vitrea var.] salinarum, Grun.
56	5.6	*(vivax, Hantzsch, nec W. Sm.)*
62	1	vivax, W. Sm. (nec Hantzsch.)
	2	idem, forma minor.
	3.4	[vivax var. ?] Fluminensis, Grun.
		Odontella
108	1	[O. acuta, Ehr.] Triceratium
	3.4	[O. affinis, Grun.] idem
109	4.5	[O. antediluviana, (Ehr.)] idem

PL.	FIG.		
		Odontidium (suite)	
51	1.2	*(hiemale, Kütz.)*	
	3.4	*(mesodon, Kütz.)*	
45	14	*(minimum, Naegeli.)*	
	12	*(mutabile, W. Sm.)*	
	30	*(? parasiticum, W. Sm.)*	
		Odontotropis	
102	4	cristata, Grun.	Biddulphia ?
		Omphalopelta	
122	2	*(areolata, Ehr.)*	
		Omphalotheca	
83	12	? Jütlandica, Grun.	
		Orthoneis	
28	7	binotata, Grun.	
	4	Clevei, (Grun.)	
	6	*(cribrosa, Grun.)*	
	3	fimbriata, (Brightw.), Grun.	
	5	*(ovata, Grun.)*	
	1.2	splendida, (Greg.), Grun.	
		Orthosira	
91	10	*(angulata, Greg. !)*	
90	10.12. 15.16	*(Dickiei, Thwaites.)*	
91	16	*(marina, W. Sm.)*	

PL.	FIG.		
		Orthosira (suite)	
89	17.18	*(spinosa, Grev.)*	
91	13.14	[O.?] sculpta, (Ehr.)	Melosira
	7-9	[O.] Sol.	idem
		Paralia	
91	19-21	[?] ornata, Grun.	Melosira
	16	*(sulcata, Heiberg.)*	
		Peronia	
36	19	erinacea, Bréb. et Arn.	
		Periptera	
83ter	7-9	*tetracladia, Ehr.*	
		Pinnularia	
7	19	*(acuta, W. Sm.)*	
11	23	*(nana, Greg. ?)*	
7	3	*(Normani, Rab.)*	
11	23	*(pygmaea, Ehr.)*	
7	25	*(Silesiaca, Bleisch.)*	
10	14	*(Tuscula, Ehr. 1840 !)*	
		Plagiogramma	
36	2	Gregorianum, Grev.	
	1	interruptum, var. ? Adriatica, Grun.	
	3	[ornatum var. ?] undulatum, Grun.	
	"	undulatum, Grun. [ornatum var. ?]	
	4	Van Heurckii, Grun.	

PL.	FIG.	
		Plagiotropis
22	1	[elegans, W. Sm. [Amphitropis]
22bis	11-13	gibberula, Grun.
22	14	[Mediterranea, Grun. [Amphiprora]
22bis	6-8	Van Heurckii, Grun.
22	7-9	[vitrea, A. Schm. [Amphiprora]
		Pleurosigma
21	12	acuminatum, (Kütz.), Grun.
20	4	*(acuminatum, W. Sm.)*
18	8	Aestuarii, W. Sm.
	9	affine, Grun.
	2.3.4	angulatum, W. Sm.
	5	idem, id. forma major.
21	11	attenuatum, (Kütz.), W. Sm. [Navicula Kütz.]
20	1	Balticum, (Ehr.), W. Sm.
21	6	Brébissonii, Grun.
	3	curvulum, Grun. forma longior. [Spencerii var. ?]
	4.5	idem, formae breviores.
19	1	decorum, W. Sm.
18	7	elongatum, W. Sm.
21	8	Fasciola, (Ehr.), W. Sm.
	7	idem, var. sulcata.
19	4	formosum, W. Sm.
21	14	*(gracilentum, Rab.)*
20	3	Hippocampus, (Ehr.), W. Sm.
18	6	intermedium, W. Sm.
21	14	Kützingii, Grun., forma minor.
	12	*(lacustre, W. Sm.)*
	9	macrum, W. Sm.)
	13	nodiferum, Grun. [Spencerii var. ?]

PL.	FIG.	
		Pleurosigma (suite)
21	2	*(obtusatum, Sull.)*
	10	Parkeri, Harrison.
18	1	quadratum, W. Sm.
17	9	*(rectum, Donk.)*
19	3	rigidum, W. Sm.
21	1	scalproides, Rab.
20	4	Scalprum, Grun.
21	6	*(Scalprum, Bréb.)*
	3	[Spencerii var. ?] curvulum, Grun., forma longior.
	4.5	idem, formae breviores.
	13	[Spencerii var. ?] nodiferum, Grun.
	15	Spencerii var. Smithii, Grun.
20	2	Strigilis, W. Sm.
19	2	strigosum, W. Sm.
		Podocystis
55	8	Adriatica, Kütz.
	»	*(Americana, Bailey.)*
		Podosira
84	20	Adriatica, (Kütz.), Grun.
	19.21	[Adriatica var. ?] delicatula, Grun.
91	25.26	*(compressa, West.)*
84	19.21	delicatula, Grun. [Adriatica var. ?]
	13.14	dubia, (Kütz.), Grun.
	22-24	Febigerii, Grun.
	3	hormoides, Mont.
	4-6	idem, var. Montereyi, Grun.
	7.8	[hormoides, Mont., var. ?] minima, Grun.
	15-17	*(hormoides, W. Sm. nec Mont.)*

PL.	FIG.	
		Podosira (suite)
84	1.2	(*maculata, W. Sm.*)
	7.8	minima, Grun. [hormoides, Mont., var. ?]
	11.12	Montagnei, Kütz.
	9.10	idem, var. minor, Grun.
118	5	[P. ?] Oliveriana, (O'M.) Grun. [genus nov. Micropodiscus, Grun. ?]
84	25	? stellulifera, Grun., var. sublaevis, Grun.
		Podosphenia
48	8.9	(*communis, Heib.* ?)
	23	(*debilis, Kütz.*)
47	10.11	(*Ehrenbergii, Kütz.*)
46	13	(*gracilis, Kütz.*)
	15	(*gracilis, b, minor, Kütz.*)
48	6.7	(*hyalina, Kütz.*)
	13-15	(*hyalina, b, racemosa, Kütz.*)
47	16	(*Lyngbyei, Kütz.*)
	12	(*ovata, W. Sm.*)
	15	(*Pappeana, Grun., olim.*)
48	21	(*tenuis, Kütz.*)
		Polymyxus
123	4	coronalis, Bailey.
	5	pulchellus, Grun. Actinoptychus ?
		Porpeia
95 bis	15	quadrata, Grev.
	12	quadriceps, Bail., var. clavulata, (Ehr.), Grun.
	13.14	idem, id. var. intermedia, Grun.

PL.	FIG.	
		Porocyclia
89	19.20	*(dendrophila, Ehr.)*
		Pseudo-Coscinodiscus
111	9	[Ps.-C. ? labyrinthicus, (Grev.)] Triceratium
112	3	[Ps.-C. ? pileatus, Grun.] idem
		Pseudo-Eunotia
35	22	Doliolus, (Wall.), Grun.
	23	Hemicyclus, (Ehr.), Grun.
		Pseudo-Pleurosigma
14	17	[Ps.-Pl.] Rotaeana, (Rab.), Grun. Navicula
		Pseudo-Stictodiscus
110	9	[Ps.-St. Eulensteinii, Grun., var. irregularis, Grun.] Triceratium
		Pterotheca
83 bis	5	aculeifera, Grun. var. [Pyxilla ? ?]
	7.8	[P. ?] Danica, Grun. Stephanogonia
	9-11	Kittoniana, Grun. [Pyxilla ? ?]
	6	subulata, Grun. [idem]
		Pyxidicula
84	20	*(Adriatica, Kütz.)*
95	15.16	Mediterranea, Grun.

PL.	FIG.	
		Pyxilla
83	13.14	? ? aculeifera, Grun.
83 bis	5	[? ?] idem, id. var. Pterotheca
	1-3	Americana, (Ehr.), Grun.
83	1.2	? Baltica, Grun.
83 bis	4	Baltica, Grun. var.
83	5.6	carinifera, Grun.
	7.8	? dubia, Grun.
83 bis	12	dubia, Grun. var.
83	10.11	? ? Kittoniana, Grun.
83 bis	9-11	[? ?] idem, id. Pterotheca
	6	[? ?] subulata, Grun. idem
83	3.4	? variabilis, Grun.
		Rhabdonema
54	11-13	Adriaticum, Kütz.
	14-16	arcuatum, (Ag.), Kütz.
	17-21	minutum, Kütz.
		Raphoneis
36	22.23	Amphiceros, Ehr.
116	17	idem, id. forma minor.
36	24	idem, var. Californica, Grun.
	20.21	idem, var. rhombica, Grun.
116	16	idem, var. tetragona, Grun.
	15	idem, var. trigona, Grun.
36	25	Belgica, Grun. [pretiosa, Ehr. var. ?]
	29	idem, var. elongata, Grun.
	30	idem, var. intermedia, Grun.
	28	Castracanei, Grun.
	27b	*(fasciolata, var. Australis, Petit.)*
	34	? Fluminensis, Grun.

PL.	FIG.	
		Rhizosolenia (suite)
79	3.7	imbricata, Brightw., var. striata, Grun.
78	6-8	setigera, Brightw.
79	11-13	Shrubsolii, Cleve.
	3	(*striata, Grev.*)
78 79	1-5 1.2.4	styliformis, Brightw.
		Rhoiconeis
27	50	(*trinodis, Grun.*)
		Rhoicosphenia
26	1-3	curvata, (Kütz.), Grun.
	4	idem, var. marina, (Kütz.), Grun.
	5-9	Van Heurckii, Grun.
		Roperia
118	6.7	tesselata, Grun.
		Rosaria
84	11.12	(*globifera, Carm.*)
		Rutilaria
105	8	[Epsilon var. ?] hexagona, Grun.
	10	[idem,] tenuicornis, Grun.
	8	hexagona, Grun. [Epsilon var. ?]
	9	? recens, Cleve.
	10	tenuicornis, Grun. [Epsilon var. ?]

PL.	FIG.	
		Sceptroneis
37	1	(*? australis, var. ? Auklandica, Grun.*)
	5	Caduceus, Ehr.
	3	? gemmata, Grun.
	6	? Kamtschatica, Grun.
	2	marina, (Greg. ?), Grun.
45	18.19	idem, var. ? ? parva.
	36	? marina var. ? ? perminuta, Grun.
37	4	? nitzschioides, Grun.
		Schizonema
16	17.18	(*Adriaticum, C. Ag.*)
15	20	albicans. (Kütz. nec Menegh.)
	35	Americanum, Grun. [tenue var.]
	3	amplius, Grun.
16	20	(*Antarcticum, Harv.*)
	4	apiculatum, C. Ag. var. intermedia, Grun.
	7	idem, id. var. minima.
	6	idem, id. var. minor.
	5.5b	idem, id. var. ramosissima.
	8	[apiculatum var.] fastigiatum, Kütz.
	9	[apiculatum var. ?] Scoticum. Grun.
15	12	(*araneosum, Kütz., partim.*)
16	3	(*araneosum, Aut., partim.*)
15	26	Bryopis, Kütz. !
16	3	comoides, C. Ag.
	"	(*comoides, Aut. partim.*)
15	15	corniculatum, C. Ag.
16	21	corymbosum, C. Ag.
	1.2	crucigerum, W. Sm.
15	36	Damaecorne, Harv. Ms.
16	15	(*Dillwynii, Aut.*)
15	10	divergens, W. Sm. !

PL.	FIG.	Schizonema (suite)
21	2	(*eximium, Thwaites.*)
16	8	fastigiatum, Kütz. [apiculatum var.]
15	12	floccosum, Kütz.
16	2	Grevillei, C. Ag.
	6	(*Harveyanum, Menegh.*)
15	8	hyalinum, (Kütz.), Rab.
	17	Kützingii, Rab., (nec Ralfs.)
	25	laciniatum, Harv. !
	40	lacustre, C. Ag. !
	29	lapidicola, Grun. [Zanardinii var. ?]
	32	Liebmanni, Grun.
	14	Medusinum, var. ? comosum, Grun.
	27	mesogloioides, Kütz. !
	41	minutum, Kütz.
	24	molle, W. Sm.
	22	idem, forma major.
	23	idem, forma media.
	19	mucosum, W. Sm., (nec Kütz.)
	34	(*mucosum, Kütz.*)
	1	myxacanthum, Menegh. !
	2	idem, var. intermedia, Grun.
	11	nebulosum, Menegh. !
	37	neglectum, Thwaites !
7	9.10	(*neglectum, Thw.*)
16	16	(*obtusum, Grev.*)
15	16	pallidum, C. Ag.
16	19	(*parasiticum, Griff., Harv.*)
15	30	parvum, Menegh. !
	5	(*polyclados, Kütz. ! partim.*)
16	13	(*pumilum, C. Ag.*)
15	4	ramosissimum, C. Ag. !
	5	idem, var. polyclados, Grun.
	6	idem, var. splendens, Grun.

PL.	FIG.	
		Schizonema (suite)
15	9	ramosissimum, var. subsetacea, Grun.
16	4.6.7	(*ramosissimum, Harv., partim.*)
	5.5b	(*idem, idem, nec Kütz. nec Ag.*)
15	3	(*rutilans; b, amplius, Kütz. !*)
	7	scoparium, Kütz.
16	9	Scoticum, Grun. [apiculatum var. ?]
15	13	setaceum, (Kütz. partim), Grun.
	18	sirospermum, (Kütz.)
	33	Smithii, C. Ag. ! ! (nec Kütz., Smith, etc.)
	4	(*Smithii, Harv., Kütz. nec Ag.*)
	6	(*splendens, Menegh. !*)
	34	tenue, C. Ag. !
	35	[tenue var.] Americanum, Grun.
	38.39	Thwaitesii, Grun.
	21	torquatum, W. Sm. !
17	3	viridulum, (Bréb.) [Van Heurckia ?]
	6	vulgare, Thwaites. [idem]
15	28	Zanardinii, Menegh. !
	29	[Zanardinii var. ?] lapidicola, Grun.
	31	Sch. vivant dans les gaines du Berkeleya patens, (Kütz.), Grun. et du Sch. comoides, Ag.
		Scoliopleura
17	12	latestriata, (Bréb.), Grun.
	11	tumida, (Bréb.), Rab.
	13	tumida, forma minor.
		Sigmatella
63	8	(*Brébissonii, Kütz.*)
	5.6.7	(*Nitzschii, Kütz.*)
64	2	(*vermicularis, Kütz.*)

PL.	FIG.	
		Skeletonema
91	4.6	costatum, (Grev.), Grun.
	3.5	[?] Mediterranea, Grun. Melosira
83ter	5	mirabile, Grun.
	6	? Penicillus, Grun. [novum genus ?]
		Sphenella
24	49.50	(*angustata, Kütz.*)
	" "	(*naviculoides, Hantzsch.*)
	44.45	(*obtusata, Kütz.*)
25	9	(*parvula, Kütz.*)
	21	(*vulgaris, Kütz.*
		Stauroneis
4	3	acuta, W. Sm.
	4.5	anceps, Ehr.
	6	anceps, var. amphicephala, (Kütz.)
	7.8	anceps, var. linearis, Grun.
10	13	aspera, (Ehr.), Kütz.
12	31	(*Bacillum, Grun.*)
10	17	(*Cohnii, Hilse.*)
27	29	(*exilis, Kütz.* !)
10	18.18[b]	(*Göppertiana, Bleisch.*)
4	1[a]	Heufleri, Grun.
	11	Legumen, Ehr., forma parva.
	8	(*linearis, Kütz., Ehr. ?*)
14	18	(*minuta, Hantzsch.*)
4	2	Phoenicenteron, Ehr.
	12	producta, Grun.
10	14	(*punctata, Kütz. 1844.*)
13	15	(*rectangularis, Greg.*)
7	5.6	(*? Reinhardtii, Grun.*)
14	17	(*Rotaeana, Rab.*)

PL.	FIG.	
		Stauroneis (suite)
10	16	salina, W. Sm.
4	10	Smithii, Grun.
	9	Spicula, Hickie.
10	20[c]	(*undulata*, *Hilse.*)
4	1[b]	ventricosa, Kütz.
		Stauroptera
6	6	(*parva*, *Ehr.*)
		Staurosira
44	7	[St.] aequalis, var. ? producta.
45	6	[St.] bidens, forma major.
	2	[St.] capucina.
	26[cd]27	[St.] construens, genuina.
	21[a]	[St.] construens, var. pumila.
	28	[St.] Harrisonii.
	9-11	[St.] intermedia.
	12	[St.] mutabilis.
	1	[St.] Smithiana.
		Stephanodiscus
95	6	(*Aegyptiacus, Ehr.* ?)
	5	Astraea, (Ehr.), Grun.
	7.8	idem, var. minutula, Grun.
	9	forme intermédiaire entre le St. Astraea et la var. minutula.
	6	Astraea, var. spinulosa, Grun.
	10	(*Balticus, Schum.* ? ?)
	12	[bellus, A. Schm., var. ?] Novae-Zeelandiae, Cleve.

PL.	FIG.	
		Stephanodiscus (suite)
95	1	Carconensis, Grun.
	2	idem, var. minor, Grun.
	3.4	idem, var. pusilla, Grun.
	10	Hantzschianus, Grun.
	11	idem, var. pusilla, Grun.
	13.14	Niagarae, Ehr.
	12	Novae-Zeelandiae, Cleve. [bellus, A. Schm., var. ?]
		Stephanogonia
83ter	2.3.4	Actinoptychus, (Ehr.)
83bis	18.19	[?] Californica, Ehr.
	7.8	Danica, Grun. [Pterotheca ?]
	16	polygona, Ehr.
		Stephanopyxis
83ter	10.11	Corona, (Ehr.), Grun.
	13.14	limbata, Ehr. [novum genus ?]
	12	Turris, (Grev.), Ralfs et var. subcontracta, Grun.
		Stephanosira
89	17.18	*(Epidendron, Ehr.)*
	14-16	*(Hamadryas, Ehr.)*
		Stictodiscus
118	4	*(appendiculatus, Grun. olim.)*

PL.	FIG.	
		Stoschia
128	6	? paleacea, Grun.
		Striatella
54	14-16	*(arcuata, Ag.)*
	5.6	delicatula, (Kütz.), Grun.
	4	idem, var.
	7	idem, var. minutissima, Grun.
	1	idem, var. obtusangula, (Kütz.), Grun.
	3	idem, var. rectangula, (Kütz.), Grun.
	2	idem, var. subarcuata, Grun.
	8	interrupta, (Ehr.), Heiberg.
	9.10	unipunctata, Ag.
		Styllaria
47	16	*(cuneata, Lyngb., Ag.)*
		Surirella
73	13	angusta, Kütz.
72	1.2	*(bifrons, Ehr.)*
	»	biseriata, Bréb., forma major, subacuminata.
	3	idem, id. forma minor obtusa.
59	8	*(circumsuta, Bailey.)*
73	1	Crumena, Bréb.
68	1.2	*(curvula, Bréb.)*
71	3	elegans, Ehr.
55	1	*(elliptica, Bréb.)*
73	18	fastuosa, Ehr.
74	1.2.3	Gemma, Ehr.
73	16	gracilis, Grun.
	17	hybrida, Grun. [lata var. ?]

PL.	FIG.	**Surirella** (suite)
60	6-8	(*laevis, Kütz., partim.* ?)
73	17	[lata var. ?] hybrida, Grun.
55	5-7	(*Librile, Ehr.*)
73	14	minuta ? ?
	9.10	minuta, Bréb., formae longiores.
59	24	(*multifasciata, Kütz., partim.*)
57	1	(*navicularis, Bréb.*)
71	1.2	(*nobilis, W. Sm.*)
73	2	ovalis, Bréb.
	3	ovalis, Bréb., var.
	4	idem, anormale.
	5.6.7	ovata, Kütz., variétés diverses.
	8	ovata, var. aequalis, Kütz.
	11	panduriformis, W. Sm., [pinnata var.]
	12	pinnata, W. Sm.
	11	[pinnata var.] panduriformis, W. Sm.
55	3.4	(*plicata, Ehr.*)
71	1.2	robusta, Ehr.
73	15	salina, W. Sm. ?
55	5.6.7	(*Solea, Bréb.*)
74	4-7	spiralis, Kütz.
72	4	splendida, Ehr., forma minor.
	5	striatula, Turpin.
	6	idem, id. var. biplicata, Grun.
73	19	Suecica, Grun.
59	20	(*thermalis, Kütz.*)
		Synedra
70	6	(*acicularis, Kütz.*)
41	2	(*acicularis, W. Sm.*)
39	3	Acula, Kütz. [Acus var.]
	4a	Acus, Kütz., Grun.

PL.	FIG.	Synedra (suite)
63	8	*(Armoricana, Kütz.)*
39	16[a.b.]	Austriaca, Grun. [amphicephala var. ?]
42	9	Baculus, Greg. [Ardissonia.]
40	6[a-d]	barbatula, Kütz.
27	27	*(Biasolettiana, Kütz. ?)*
35	11	*(biceps, W. Sm. (Kütz. partim.))*
38	8	*(bicurvata, Biene.)*
35	6[b]	*(bilunaris, Ehr.)*
42	1	Capensis, Grun.
38	1	capitata, Ehr.
40	24.25	capitellata, var. cymbelloides, Grun.
	26	idem, Grun. [Vaucheriae var. ?]
	26[b.c.]	idem, Grun. forma striis distantioribus.
70	10.11	Closterioides, Grun.
40	4	commutata, Grun. var. producta.
	5	idem, var. septentrionalis, Grun.
58	26.27	*(constricta, Kütz. !)*
40	10	Crotonensis, var. prolongata, Grun., forma Belgica.
42	10	crystallina, var. Smithii, Grun. [Ardissonia.]
45	43	*(cymbelliformis, A. Schm.)*
43	5	*(Dalmatica, Kütz. ?)*
38	14[a]	Danica, Kütz. [Ulna var.]
	14[b]	idem, forma area media laevi destituta.
69	28.29	*(debilis, Kütz.)*
42	4	decipiens, Cleve et Grun.
40	24.25	*(deformis, forma perminuta, teste W. Arn.)*
39	7	delicatissima, W. Sm.
	9	idem, id. forma brevis.
	8	idem, var. amphicephala.
	10	idem, var. angustissima, Grun.
	6	idem, W. Sm., var. mesoleia, Grun.
41	29	? Demerarae, Grun.

PL.	FIG.	**Synedra** (suite)
40	3[c]	investiens, W. Sm. var. genuina, Grun.
	3[e]	idem, var. Gomphonemacea.
	7	laevigata, var. angustata, Grun.
41	2.9[b].14	(*laevis, Kütz., partim.*)
38	9	lanceolata, Kütz., forma brevis. [Ulna var.]
	10	idem, id. forma longior. [idem]
	3	longissima, W. Sm., forma area media laevi destituta [Ulna var.]
35	3.4	(*lunaris, Ehr.*)
39	13	minuscula, Grun. [famelica var. ?]
41	7	(*minutissima, W. Sm. nec Kütz.*)
67	13-15	(*multifasciata, Kütz., partim.*)
37	4.12[b]	(*? nitzschioides, Grun., forma cuneata ?*)
39	1[b]	notata, Kütz., (partim ?) [Ulna var. ?]
38	6	obtusa, W. Sm., cum area media sublaevi. [Ulna var.]
39	1[a]	Oxyrhynchus, Kütz., (nec W. Sm.)
	2	idem, var. undulata, Grun.
	4[a]	(*Oxyrhynchus, W. Sm. nec Kütz.*)
69	23	(*Palea, var. minor, Kütz.*)
45	30	[S. ?] parasitica, (W. Sm.), Grun., Fragilaria?
40	6[b.c.d.]	(*parva, teste Arnott.*)
41	23	parva, Kütz. ! [affinis var. ?]
	22	parva, Kütz. var.
	24	parva, var. Chilensis, Grun.
69	33.34	(*parvula, Kütz., partim.*)
40	22	parvula, Kütz., (partim ?) Grun. [Vaucheriae var.?]
	23	perminuta, Grun. [idem]
	8	provincialis, Grun.
	9	idem, var. tortuosa, Grun.
	27	pulchella, Kütz., forma major.
	28.29	idem, Kütz., var. genuina, Kütz.
41	1	idem, var. genuina, forma major.

PL.	FIG.	**Synedra** (suite)
41	7	pulchella, var. lanceolata, (O'Meara.)
	6	idem, var. macrocephala, Grun.
	8	idem, var. naviculacea, Grun.
	3	idem, var. Saxonica, (Kütz.), Grun.
	2	idem, var. Smithii, (Ralfs.)
	4	idem, var. id. forma.
	5	idem, var. tenuistriata, Grun.
14	16[b]	*(pusilla, Kütz. !)*
39	11	radians, (Kütz.), Grun.
38	11.12[a]	*(radians, H. L. Smith, nec Kütz., nec W. Sm.)*
42	6.7	robusta, Rlfs., (nec Ehr.) [Ardissonia]
40	14	rumpens, Kütz., genuina !
	12	idem, var. ? fragilarioides, Grun.
	13	idem, var. ? Meneghiniana, Grun.
	11	idem, var. ? Scotica, Grun.
	15	[rumpens var. ?] familiaris, Kütz., forma parva.
	16	idem, forma major.
41	3	*(Saxonica, Kütz. !)*
60	14.15	*(scalaris, Ehr.)*
65	7	*(Sigma, Kütz.)*
63	5.6.7	*(sigmoidea, Kütz.)*
38	4	spathulifera, Grun. [Ulna var.]
67	8.9	*(spectabilis, Ehr.)*
	2	splendens. [Ulna var.]
38	13	subaequalis, Grun. [Ulna var.]
35	2	(subarcuata, Naegeli.)
41	18	*(subtilis, Kütz., partim.)*
68	7.8	(*idem, idem.*)
41	9[a]	tabulata, Kütz., forma curta, acuminata. [affinis var.]
	26	tenella, Grun.
39	12	tenera, W. Sm.
39 41	12 17	*(tenuis, Kütz., partim.)*

PL.	FIG.	**Synedra** (suite)
39	4[b.c.d.]	(*tenuissima, Kütz., partim.*)
43	7.10	(*Thalassiothrix, Grun.*)
40	20	truncata, Grev., (partim ?) [Vaucheriae var.?]
38	7	Ulna (Nitzsch.), Ehr.
	8	Ulna, var. bicurvata, (Biene), Grun.
	5	[Ulna var.] amphirhynchus, Ehr.
	14[a]	[idem,] Danica, Kütz.
	14[b]	idem, forma area media laevi destituta.
	9	[Ulna var.] lanceolata, Kütz., forma brevis.
	10	[idem,] idem, id., forma longior.
	3	[idem,] longissima, W. Sm., forma area media laevi destituta.
39	1[b]	[Ulna var. ?] notata, Kütz., (partim ?)
38	6	[Ulna var.] obtusa, W. Sm. cum area media sublaevi.
	4	[idem,] spathulifera, Grun.
	2	[idem,] splendens.
	13	[idem,] subaequalis, Grun.
	11.12[a]	[idem,] vitrea, Kütz., forma longirostris, (Grun.)
	12[b]	[idem,] forma angustior, tenuirostris, (Grun.)
42	2	undulata, (Bail.), Greg. [Toxarium.]
40	19	Vaucheriae, Kütz., genuina !
	18	idem, var. deformis, Grun.
	17	idem, var. distans, Grun.
	26	[Vaucheriae var. ?] capitellata, Grun.
	21	[idem,] gloiophila, Grun.
	22	[idem,] parvula, Kütz., (partim ?) Grun.
	23	[idem,] perminuta, Grun.
	20	[idem,] truncata, Grev., (partim ?)
64	2	(*vermicularis, Kütz.*)
38	11.12[a]	vitrea, Kütz., forma longirostris, (Grun.), [Ulna var.]
	12[b]	idem, forma angustior, tenuirostris, Grun.

PL.	FIG.	
		Syringidium
106	2	Americanum, Bailey.
	1.3	eximium, Grun. [Biddulphia ?]
	4	Wittii, Grun.
		Systephania
83ter	10.11	(*Corona, Ehr.*)
		Tabellaria
44	23	binalis, (Ehr.), Grun.
52	9	fenestrata, Kütz., var. asterionelloides, Grun.
	6-8	idem, var. intermedia, Grun.
	10-12	flocculosa, (Roth), Kütz.
		Tessella
54	8	(*interrupta, Ehr.*)
		Tetracyclus
44	23	(*abnorme ?, Lewis.*)
52	13.14	(*Braunii, Grun. olim.*)
	"	rupestris, (A. Braun), Grun.
		Thalassiosira
83	9	Nordenskiöldii, Cleve.

PL.	FIG.	
		Thalassiothrix
37	9	elongata, Grun.
	11.12	Frauenfeldii, Grun.
	14	idem, var. ? Arctica, Grun.
	13	idem, var. ? Javanica, Grun.
	15	idem, var. ? tenella, Grun.
	10	longissima, var. antarctica, Cleve et Grun.
	8	marina, (Greg. ?), Grun.
43	7-10	? ? nitzschioides, Grun.
	11.12	? idem, var. Javanica, Grun.
	8.9	? idem, var. lanceolata, Grun.
	6	? idem, var. obtusa, Grun.
		Toxarium
42	3	[T.] Hennedyanum, Greg., forma longissima.
	2	(*undulatum, Bailey.*)
	"	[T.] undulatum, (Bail.), Greg.
		Trachysphenia
37	1	Australis, var. ? Aucklandica, Grun.
		Toxonidea
17	10	insignis, Donkin.
		Triceratium
113	1.2	Abyssorum, Grun. [Biddulphia]
	12	acutangulum, Grun. [Nankoorense var. ?]
108	1	acutum, Ehr. [Odontella]
	3	affine, Grun. [idem]
113	6	alternans, Bailey, forma minor.

PL.	FIG.	**Triceratium** (suite)
113	4.5.7	alternans, Bailey, var. [Biddulphia]
124	14	(*annulatum, Wall.*)
109	4.5	antediluvianum, (Ehr.) [Odontella]
112	1	Arcticum, forma Campechiana, Grun. [Biddulphia Balaena, Ehr. var.]
99	2	(*Biddulphia, Heiberg.*)
114	3.5-7	Brightwellii, West, var. inaequalis, (Bailey), Grun. [Ditylum]
	4.8	idem, id. var. tetragona [idem]
	9	idem, id. var. trigona [idem]
108	11	Californicum, Grun. [Odontella discigera, var.?]
126	1	(*cinnamomeum, Grev.*)
108	10	circulare, Grun., forma 4-appendiculata. [Lampriscus]
	2	consimile, Grun. [Odontella]
	12	cornutum, Grev., var. pulchella, Grun., forma 5-gona [Odontella]
	13	idem, forma 4-gona [idem]
116	16	(*cruciferum, Kitton.*)
113	8	divisum, Grun. [Biddulphia]
115	7.8	Ehrenbergii, Grun. [Ditylum?]
109	1	elegans, Grev., forma major. [Odontella]
	3	idem, id. forma pusilla. [idem]
110	9	Eulensteinii, Grun., var. irregularis, Grun. [Pseudo-Stictodiscus]
116	14	(*exiguum, W. Sm.*)
107	1-4	Favus, Ehr. [Odontella]
	5	Favus, var. maxima, Grun. [idem]
110	10	Frauenfeldii, Grun. [Biddulphia]
109	2	gibbosum, Bail., var. crenulata, Grun. [Lampriscus]
112	9-11	Heibergii, Grun. [Biddulphia]
	2	heteroporum, Grun. [idem]

PL.	FIG.	**Triceratium** (suite)
115	3-6	impressum, Grun. [Lithodesmium ?]
110	2	inelegans, Grev., var. araeopora. [Biddulphia]
	3	idem, Grev., var. micropora, Grun. [Biddulphia]
111	7	idem, Grev., var. ? Nicobarica, Grun. [Biddulphia]
110	4.5	idem, Grev., var. ? Yucatensis, Grun. [Biddulphia]
114	2	intricatum, West. [Ditylum]
111	10	irregulare, Grev., var. hebetata, Grun. [Biddulphia]
	9	labyrinthicum, Grev. [Pseudo-Coscinodiscus ?]
114	10.11	laeve, Cleve, var. annulifera, Grun. [Odontella ?]
112	9-11	(*maculatum, Kitton.*) [Biddulphia]
108	8	Madagascarense, Grun. [Odontella]
114	1	Malleus, Brigthw., var. ? tetragona.
112	6	mammiferum, Grun. [Odontella ?]
	7	idem, var. minor. [idem]
108	3.4	(*megastomum, Brigthw., nec Ehr.*)
99	2	(*membranaceum, Brigthw.*)
113	14	mesoleium, Grun. [Hemiaulus ?]
110	6	Moronense, Grev., var. Nicobarica, Grun. [Biddulphia]
113	9.11	Nankoorense, Grun. [idem]
	12	[Nankoorense var. ?] acutangulum, Grun.
110	11	obliquum, Grun. [Biddulphia]
111	2.4.6	(*obtusum, Ehr., partim. ?*)
	3	parallelum, var. Madagascarensis, Grun.
	1	idem, (Ehr.), var. sparsa. [Biddulphia ?]
	5	idem, var. trigona, Grun., forma.
	2.4.6	idem, idem, forma parva.
112	3	pileatum, Grun. [Pseudo-Coscinodiscus]

Triceratium (suite)

PL.	FIG.	
113	10	plicatum, Grun. [Biddulphia]
109	6	punctatum, Brigthw., forma 5-gona. [idem]
	9	idem, id. id. 4-gona, minuta. [Biddulphia]
	10	idem, id. id. 3-gona, minuta. [Biddulphia]
113	13	quinqueguttatum, Grun. [Hemiaulus ?]
112	8	radiatum, Brigthw. [Biddulphia]
	5	radioso-reticulatum, Grun. [idem]
110	7	repletum, Grev., var. Balearica, Grun. [Biddulphia]
109	7.8	sculptum, Shad. [idem]
111	8	sculptum, Shad., var. ? Petropolitana, Grun. [Biddulphia]
126	20	(*semicirculare, Brigthw.*)
110	1	Seychellense, Grun. [idem]
108	5.6	Shadboltianum, Grev. [Odontella-Lampriscus]
	7	idem, forma pentagona. [idem]
124	14	(*Sinense, Schwarz.*)
115	1.2	Sol (Autor ?) [Ditylum]
99	2	(*striolatum, Ehr.*)
110	8	tripartitum, Grun. [Biddulphia]
116	7	undulatum, Ehr. [Ditylum ?]
	13	idem, id. var. ? Petropolitana, Grun.
113	3	venosum, Brigthw., var. [Biddulphia]

Trochosira

PL.	FIG.	
83bis	13	mirabilis, Kitton, var.
83	15	ornata, Grun. [spinosa, Kitton, var. ?]
83bis	14.15.17	spinosa, Kitton, var.
83	15	[spinosa, Kitton, var. ?] ornata, Grun.

PL.	FIG.	Tryblionella
58	16.17	*(acuminata, W. Sm.)*
57	22.23	*(angustata, W. Sm.)*
58	26.27	*(apiculata, Greg.)*
	8	*(constricta, Greg.)*
57	19-21	*(debilis, Arn.)*
	9.10	*(gracilis, W. Sm. ?)*
	"	*(Hantzschiana, Grun. olim.)*
	15	*(Levidensis, W. Sm.)*
	1	*(marginata, W. Sm.)*
	3	*(Neptuni, Schum.)*
	2	*(punctata, W. Sm.)*
	19-21	*(Sauteriana, Grun. in litt.)*
59	8	*(Scutellum, W. Sm.)*
57	14	*(Victoriae, Grun. olim.)*
		Van Heurckia
17	4.5	crassinervia, Bréb. [rhomboides var.]
	1.2	rhomboides, Bréb.
	4.5	[rhomboides var.] crassinervia, Bréb.
	7.8	[V. ?] Styriaca, Grun. Navicula
	3	viridula, Bréb.
	6	vulgaris, [Thwaites]. H. Van Heurck.
		Vibrio
61	6	*(paxillifer, Müller.)*

PL.	FIG.	Zygoceros
103	6-9	*(bipons, Ehr.)*
105	13	circinus, Bailey.
101	4-6	*(Mobiliensis, Bailey.)*
105	5-7	? quadricornis, Grun.
99	1-3	*(Rhombus, Ehr.)*
98	2.3	*(Tuomeyi, Bailey.)*

TABLE DES LOCALITÉS CITÉES DANS L'ATLAS.

NOTES ET ERRATA.

PL.	FIG.	
1	11	A. globulosa var. ? perpusilla Grun. Cette forme est probablement à élever au rang d'espèce. (Note de M. A. Grunow.)
1	21	Lisez A. angularis au lieu de A. angulosa
4	9	„ Hickie „ Dickie.
6	6	„ 6. N. parva „ 5. N. Parva.
	18.20	„ N. appendiculata.
	19	„ N. molaris.
7	5	„ 5-6. N. Rheinhardii „ 5. N. Rheinhardii.
8	23.24	„ Upsalensis „ Upsaliensis
14	5	„ Falaisensis „ Falaisiensis.
	25	„ tenuistriata „ tenustriata.
15	2	„ intermedia „ intermedium.
16	2	„ 1 bis idem „ 2. idem.
18	2	„ Pl. Thuringiacum „ Pl. Thuringiaca.
21	11	„ Navicula attenuata Kütz. au lieu de var. attenuata Kütz.
22	11.12	„ Amphiprora alata.
	14	„ Amphiprora Mediterranea.
22B	1	„ Quincy au lieu de Quinah.
	14	„ (voyez Pl. 122) „ (voyez Pl. 112).
23	3	„ Shasta „ Shastu.
24	42	„ id. „ id.
	15-18	„ 15-18 „ 15.18.
29	9	„ consociata „ consosiata.
31	3.4	„ Hyndmanii „ Hyndmanni.

PL.	FIG.	
32	4.5	lisez var. ventricosa au l. de var. ventricosum.
		„ E. ventricosa „ E. ventricosum.
33	1.2	biffez le mot Eunotia qui se trouve en trop.
34	31	lisez (tridentula Ehr. var.)
36	25	„ (pretiosa Ehr. var.)
38	2	„ Synedra (Ulna) splendens Kütz. genuina.
	3	„ Synedra (Ulna var.) longissima W. Sm.
43	7-10	„ (dans la note) : « est seulement superficielle » au lieu de « est maintenant évidente »
45	9.10.11	lisez : *ne* possède *pas* un petit espace hyalin au lieu de : possède etc.
45	28	lisez Biblarium au lieu de Bibliarium.
48	6.7	„ L. hyalina „ D. hyalina.
48	10.11.12	lisez : peut à peine être distinguée de la suivante au lieu de . . . . . . la *précédente.*
60 à 70		manque partout l'en-tête NITZSCHIA.
67	6	lisez N. (HOMŒOCLADIA) VIDOVICHII.
	10	„ Norman au lieu de Normann.
68	19-22	„ acutiuscula „ actiuscula.
68	31	„ S. Frustulum Kütz. „ N. Frustulum Kütz.
78	1.2	„ 1-3 „ 1-2.
82B	6.7	„ Ch. paradoxum var. subsecunda au lieu de Ch. distans var. subsecunda.
83	9	„ Thalassiosira au lieu de Thalasiosira.
84	1.2	„ Craspedodiscus „ Craspepodiscus.
94		ligne 13 lisez 10 „ de 12.
98		„ 14 „ 13 „ de 12.
100	1.2	lisez B. Weissflogii C. Jan. au lieu de B. Weissflogii Grun.
102	4	M. Grunow a créé pour cette forme, dans les « Diatomées de Franz Joseph Land » le genre Odontotropis.
114		ligne 12 lisez 11-12 au lieu de 11-11.

PL.	FIG.	
114 } 115 } 116 }		lisez partout Ditylum au lieu de Ditylium.
124	14	lisez Tr. Sinense Schwarz au lieu de T. Sinence Schwartz.
126	8	„ Hardman au lieu de Hartmann.
128		En-tête lisez Coscinodiscus au lieu de Cosinodiscus.
129		avant la fig. 5 lisez Coscinodiscus.
131	1	lisez C. Normanii au lieu de C. Normannicus.

L'ouvrage contient 138 planches à savoir :
Les numéros 132 simples ;
Le numéro 22 bis ;
„ 53 bis ;
„ 82 bis ;
„ 83 bis ;
„ 83 ter ;
„ 95 bis.

L'auteur n'ignore pas que l'intercalation de planches à numéros repétés n'est pas recommandable, mais il a cru qu'il était infiniment préférable, pour le lecteur, d'avoir réunies toutes les planches d'un même genre ou d'un même groupe, que de diviser ces derniers en reléguant les planches doublées dans un supplément.

Les quelques planches encore à publier et représentant des espèces nouvelles trouvées depuis la publication de l'Atlas accompagneront le texte et auront une numération complètement distincte qui les différenciera à première vue des planches de l'Atlas.

Publié le 15 Mai 1884.

TABLE GÉNÉRALE DES GENRES.

Monsieur,

)i-joint j'ai l'avantage de ıs remettre le 4e fasci- e de mon « **Synopsis des** ıtomées de Belgique. »

)e fascicule contient 24 nches à frs. 0.75 soit donc 18,00 plus fr. 0,75 pour s d'affranchissement.

e vous prie de me faire ir cette somme par un ıdat postal et en atten- t je vous présente l'as- ınce de ma parfaite sidération.

H. V. H.

---

e fascicule V. est à peu achevé et paraîtra en rier prochain ; ce fasci- contiendra la 1re moitié planches des Crypto- hidées.

Sir,

Inclusive I beg to hand you the 4th fascicle of my « **Synopsis des Diatomées de Belgique.** »

This fascicle contains 24 plates à 0,75 = fr. 18,00 further 0,75 for postage and registering.

I request you to remit me the said amount by a postmandate meanwhile I remain.

Yours truly.

H. V. H.

The fascicle V. is nearly finished and will be published on February next. This fascicle will contains the first half of the plates of the Crypto-Raphideæ.

Geehrter Herr,

Ich habe die Ehre Ihnen hierbei das 4te Fascikel meiner « **Synopsis des Diatomées de Belgique.** » zu übersenden.

Es enthält dasselbe 24 Tafeln, welche à 0,75 f. und zuzüglich 0,75 f. für Francatur zusammen fs 18,75 betragen.

Ich ersuche Sie, mir diese summe mittelst Post-Anweisung einzusenden und zeichne hochachtungsvoll.

H. V. H.

Fascikel V. ist beinahe fertig und wird im Februar erscheinen ; es enthält die erste Hälfte der Crypto-Raphideen.

Table des planches des Pseud o-Raphidées.

	Nombre des Planches.	Nombre des Figures.
'HEMIA	2	40
OTIA, ACTINELLA	3	103
ɪIOGRAMMA, PERONIA, DIMEREGRAMMA.		
HONEIS	1	46
'TRONEIS, CERATONEIS.		
ʟASSIOTHRIX	1	23
ɪDRA	6	160
ɪILLARIA, CYMATOSIRA	2	117
:OPHORA*	3	80
ɪICULA *	1	38
'OMA, MERIDION, ASTERIONELLA.		
ɪLLARIA, GOMPHOGRAMMA	3	80
ɪMATHOPHORA	2	75
ʟOSIRA, STRIATELLA, RHABDONEMA	1	24
ɪTOSIRA, PODOCYSTIS	1	9
ɪZSCHIA *	1	15
SCHIA *	14	470
RELLA	4	35
'YLODISCUS.	3	11
TOTAL	48	1326
ches des Raphidées vraies	30	883
ié presqu'ici	TOTAL 78 Pla: ıches	Fig. 2219

ographie par M. A. Grunow.

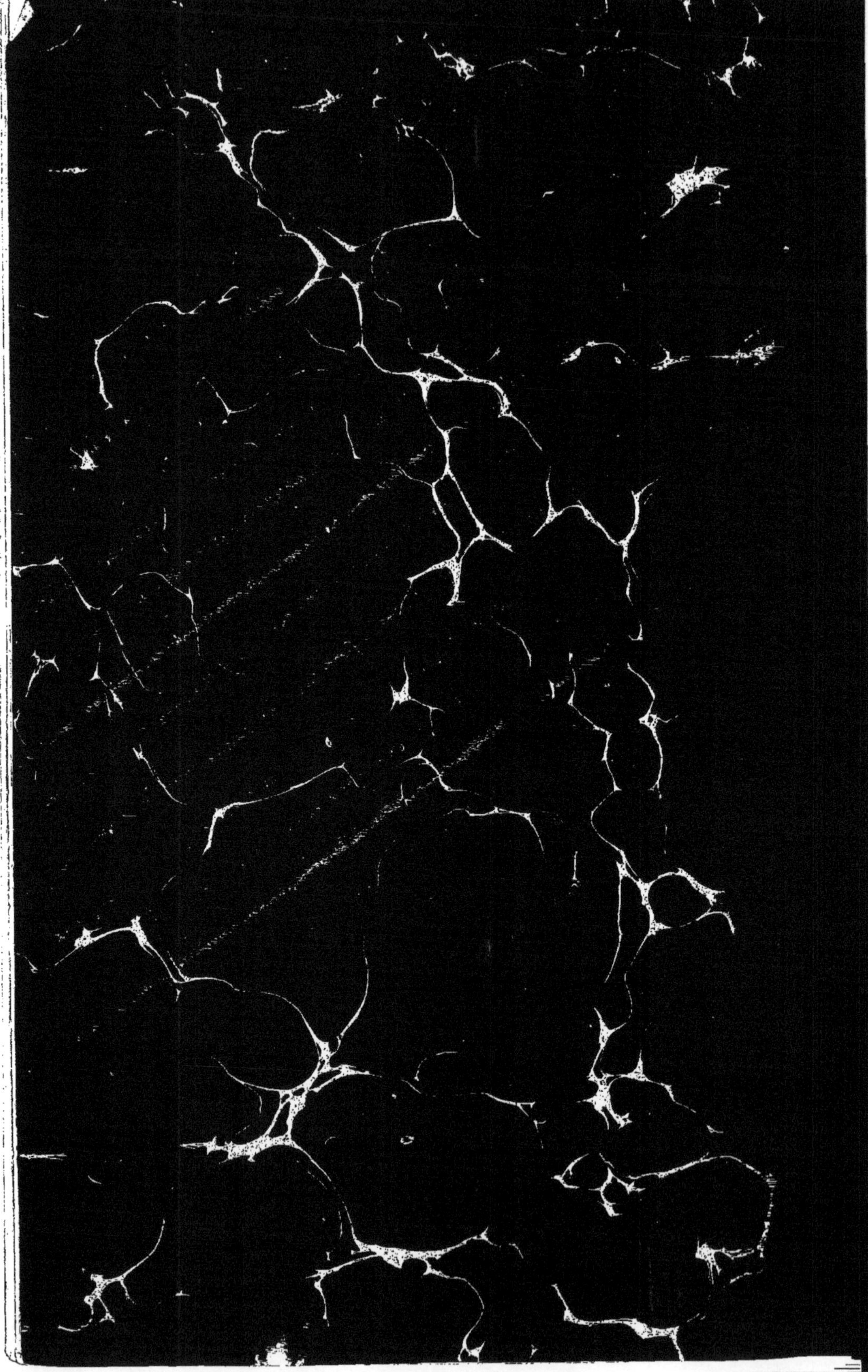

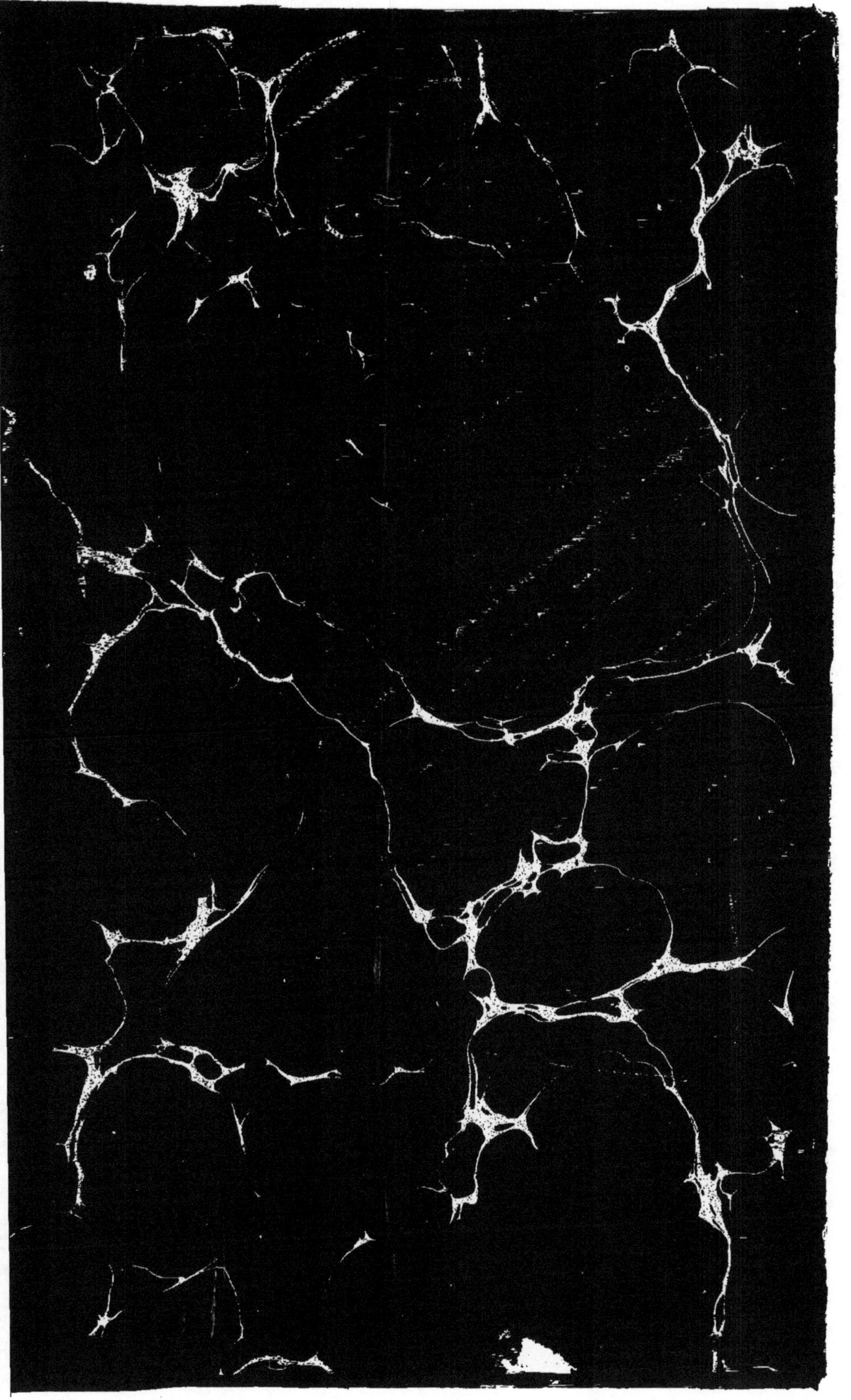

BIBLIOTHEQUE NATIONALE DE FRANCE
3 7531 03287347 4

www.ingramcontent.com/pod-product-compliance
Ingram Content Group UK Ltd.
Pitfield, Milton Keynes, MK11 3LW, UK
UKHW021939200726
13856UKWH00005B/53

9 782013 659048